21世纪高等学校计算机类课程创新规划教材 · 微课版

ASP.NET 网站开发项目化教程（第2版）

微课视频版

◎ 肖宏启 苏畅 编著

清華大学出版社
北京

内 容 简 介

本书以“新知书店”网站项目的开发过程为主线，以 C# 为编程语言，讲述了 Web 应用程序开发从系统架构到编码实现的过程。全书分为 10 个单元，包括：ASP.NET 基础及开发环境搭建、使用控件高效创建网站页面、ASP.NET 内置对象与数据传递、搭建风格统一的 Web 站点、使用 ADO.NET 访问数据库、数据绑定技术、数据绑定控件的应用、使用三层架构搭建系统框架、ASP.NET MVC 编程基础、“新知书店”购物功能的设计与实现。

本书结合专业课程特点，对基于 ASP.NET Web 软件开发的工作过程进行剖析，以真实、完整的项目“新知书店”为载体，在行业专家的指导下，结合 Web 项目开发的流程和规范，分解出工作过程的典型任务，根据工作任务整合相关知识点，按照应用型本科及高职学生的认知特点设计教学过程。把基础知识的应用渗透到各个项目任务中。任务讲解步骤清晰，循序渐进，通过对项目任务的学习，读者可以更好地领会 ASP.NET 的语法和编程技巧，有助于将所学的知识融会贯通。

本书内容丰富、层次清晰、讲解深入浅出，可作为高等院校应用型本科、专科及高等职业院校计算机类专业 Web 应用程序开发课程的教材，也可作为培训班的培训教材，还可供从事 ASP.NET 开发和应用的相关人员学习与参考。

图书在版编目(CIP)数据

ASP.NET 网站开发项目化教程：微课视频版/肖宏启，苏畅编著. —2 版. —北京：清华大学出版社，2020.7 (2025.2 重印)
21 世纪高等学校计算机类课程创新规划教材：微课版
ISBN 978-7-302-55540-7

Ⅰ. ①A… Ⅱ. ①肖… ②苏… Ⅲ. ①网页制作工具－程序设计－高等学校－教材 Ⅳ. ①TP393.092.2

中国版本图书馆 CIP 数据核字(2020)第 086062 号

责任编辑：黄　芝
封面设计：刘　健
责任校对：时翠兰
责任印制：曹婉颖

出版发行：清华大学出版社
网　　址：https://www.tup.com.cn，https://www.wqxuetang.com
地　　址：北京清华大学学研大厦 A 座　**邮　　编**：100084
社 总 机：010-83470000　**邮　　购**：010-62786544
投稿与读者服务：010-62776969，c-service@tup.tsinghua.edu.cn
质量反馈：010-62772015，zhiliang@tup.tsinghua.edu.cn
课件下载：https://www.tup.com.cn，010-83470236
印 装 者：北京建宏印刷有限公司
经　　销：全国新华书店
开　　本：185mm×260mm　**印　张**：23.5　**字　　数**：566 千字
版　　次：2015 年 1 月第 1 版　2020 年 9 月第 2 版　**印　　次**：2025 年 2 月第 5 次印刷
印　　数：14001～14500
定　　价：69.80 元

产品编号：086127-01

前　言

1. 为什么要写本书

.NET 是软件开发人才培养的一个比较重要的方向,但是当前基于.NET 的教材普遍存在两方面的问题:一方面陷入"教材与企业应用严重脱节"的怪圈,即教材中讲的 ASP.NET 开发基本上是拖控件的傻瓜式开发,而实际企业中很少使用拖控件的方式进行开发,这就造成了很多毕业生刚参加工作时无法适应用人单位的技术要求;另一方面,有些基于工作过程或项目应用的教材只给出一段程序,省略了最重要的语法格式,学生只能看懂这段程序,而不知道这段程序为何要这样编写,变换一项要求后就不会编写了,这类教材舍本求末,违反了认知规律。

本书采用符合认知规律的形式,从企业的实际工程项目中提取素材,将其简化和分解后编入课程中,讲授的内容都选取最贴近企业实际开发的技术,让学生不仅能从书上学到必备的理论知识,还能从书上的工程案例中学到更实用的工程经验,服务于学生的就业需求。

2. 本书特色

本书是"高等职业教育人才培养质量提升工程——软件技术骨干专业"建设项目的重要成果之一,突出以工作过程为导向,以工作任务为基础,突出职业和实践特色,侧重培养学生软件设计、代码编写、软件文档编写规范等能力。本书具有以下鲜明特色。

(1) 以实际项目为载体,强调软件开发思维与学习思维的融合,突出综合职业能力的训练。

本书结合专业特点,对基于 ASP.NET Web 软件开发的工作过程进行剖析,以真实、完整的项目"新知书店"为载体,在行业专家的指导下,结合 Web 项目开发的流程和规范,分解出工作过程的典型工作任务,根据工作任务整合相关知识点,按照应用型本科及高职学生的认知特点设计教学过程,把基础知识的应用渗透到各个项目任务中。任务讲解步骤清晰,循序渐进,通过对项目任务的学习,读者可以更好地领会 ASP.NET 的语法和编程技巧,有助于将所学的知识融会贯通。

(2) 配套了丰富的"立体化"教学及学习资源。

本书将 ASP.NET Web 开发技术分成 10 个单元,包括 34 个教学任务,配套了教学课件、微课视频、测试习题、项目库、文档模板和工具使用手册等教学资源,表现形式直观、形象、生动,可供广大教师、学生、社会读者和软件企业从业人员在学习过程中使用。

立体化的数字教学资源包含两方面的内容:第一,课程本身的基本信息,包括课程简介、学习指南、课程标准、单元设计、考核方式等;第二,教学内容的微课视频教学资源,既方便课内教学,又方便学生课外预习与学习。

3. 本书内容

本书主要面向应用型本科及高等职业院校计算机类专业的学生,内容构造体现“以应用为主体”,强调知识的理解和运用,实现高校应用型本科与高等职业教育教学以实践体系为主及以技术应用能力培养为主的目标,符合现代高等职业教育对教材的要求。从学生认知规律的角度将课程教学内容分为 10 个教学单元,各教学单元与任务结构如表 1 所示。

表 1　教学单元与任务结构

单元	单元名称	任务名称
单元 1	ASP.NET 基础及开发环境搭建	任务 1-1　安装和配置 IIS Web 服务器
		任务 1-2　安装 Visual Studio 2017
		任务 1-3　创建简单的 Web 网站
		任务 1-4　ASP.NET 文档分析
单元 2	使用控件高效创建网站页面	任务 2-1　设计“新知书店”用户注册页面
		任务 2-2　为“新知书店”用户注册页面添加验证功能
		任务 2-3　设计“新知书店”求职简历页面
单元 3	ASP.NET 内置对象与数据传递	任务 3-1　体验页内数据传递
		任务 3-2　获取客户端数据与跨页传递数据
		任务 3-3　实现防非法访问的登录功能
		任务 3-4　制作简易在线聊天室
单元 4	搭建风格统一的 Web 站点	任务 4-1　使用母版页搭建“新知书店”后台页面框架
		任务 4-2　实现“新知书店”后台面包屑导航功能
		任务 4-3　实现“新知书店”后台的菜单功能
		任务 4-4　实现“新知书店”前台页面菜单栏功能
单元 5	使用 ADO.NET 访问数据库	任务 5-1　实现“新知书店”用户注册功能
		任务 5-2　实现“新知书店”用户登录功能
单元 6	数据绑定技术	任务 6-1　实现用户注册的省市选择功能
		任务 6-2　实现“新知书店”后台图书列表的检索类别选择
单元 7	数据绑定控件的应用	任务 7-1　实现“新知书店”后台图书信息的查询
		任务 7-2　实现“新知书店”后台图书详细信息的编辑
		任务 7-3　实现“新知书店”后台的图书添加功能
		任务 7-4　实现“新知书店”后台用户信息的更新
		任务 7-5　实现“新知书店”后台用户信息的删除
		任务 7-6　实现“新知书店”前台图书列表显示功能
		任务 7-7　实现“新知书店”前台图书列表显示的排序和分页
		任务 7-8　实现“新知书店”前台图书详细信息显示
单元 8	使用三层架构搭建系统框架	任务 8-1　搭建“新知书店”系统三层架构
		任务 8-2　实现三层架构下的“新知书店”用户注册功能
单元 9	ASP.NET MVC 编程基础	任务 9-1　实现“新知书店”用户信息管理功能
单元 10	“新知书店”购物功能的设计与实现	任务 10-1　设计“新知书店”购物车商品实体类
		任务 10-2　设计“新知书店”购物车类的业务逻辑
		任务 10-3　实现“新知书店”购物车界面设计及显示
		任务 10-4　实现“新知书店”购物车的增、删、改

学习本书内容后，应具备以下技能：

(1) 能使用 Visual Studio 2017 集成开发工具进行常规 Web 应用程序的开发，并学会站点建设与配置。

(2) 能用需求分析和设计的方法规划设计项目的模块、数据等。

(3) 掌握 ASP.NET 的相关控件，对象的应用。

(4) 掌握 ASP.NET 的数据库访问技术及数据服务控件的使用。

(5) 会使用三层架构搭建系统框架。

(6) 掌握使用 MVC 开发简单程序的过程。

(7) 能够利用互联网、MSDN 等帮助文档解决学习工作中的技术难题。

4. 致谢

本书由贵州航天职业技术学院肖宏启主编，参与资料整理和程序调试的有贵州省"高等职业教育人才培养质量提升工程——软件技术骨干专业"建设项目组成员苏畅、陈美成、汤智华、柳均、陆树芬等老师。本书在编写过程中得到了院长唐明华，副院长张亚军、冯伟，计算机科学系主任杨先立的大力支持，在此对大家的辛勤工作表示衷心感谢。本书在编写过程中，还参考了近 5 年出版的 ASP.NET 技术相关专著、教材及杂志，以及互联网上的相关资料，在此对相关作者一并表示衷心的感谢。最后，感谢所有在本书写作过程中给予帮助的人，特别是在此过程中默默付出的我的妻子燕雁。

本书的结构是一种新的尝试，能否得到同行的认可，能否给教学带来新的体验，需要经过实践的检验。本书配套教学课件、源代码、教学大纲、习题答案等资源，可从清华大学出版社网站下载。特别希望各位读者能与作者分享体会，提供意见与建议。由于编写时间紧张，本书难免存在疏漏，敬请读者批评指正。

本书配有微课视频，请读者打开手机微信，扫一扫封底刮刮卡中的二维码，获得权限，再扫一扫文中对应章节处的二维码，即可观看视频。

编　者

2020 年 2 月

目　录

单元 1　ASP.NET 基础及开发环境搭建

随着 Internet 的发展,基于 B/S 架构的 Web 数据库应用程序日趋普及。ASP.NET 是一种开发动态 Web 应用程序的技术,它是微软公司.NET Framework 的重要组成之一,可以使用任何.NET 兼容的语言编写 ASP.NET 应用程序。ASP.NET 技术与 Java、PHP 等相比,具有方便、灵活、性能优、生产效率高、安全性高、完整性强及面向对象等特点,是目前主流的网络编程技术之一。本单元主要讲解 ASP.NET 的发展历程及特性等基础知识;如何安装、搭建 ASP.NET 及 IIS 服务器环境;如何对 IIS 服务器进行安装、配置和管理;如何创建 ASP.NET 网站。

本单元主要学习目标如下。

- 会安装与配置 ASP.NET 网站的开发和运行环境。
- 会安装、配置和管理 IIS 服务器。
- 会创建简单的 ASP.NET 网站。
- 了解 ASP.NET 文档的结构。
- 了解 ASP.NET 的运行机制和 ASP.NET 的文件类型。
- 理解静态网页与动态网页的概念及其工作原理。

1.1　.NET Framework 概述

.NET Framework 是微软公司近年来主推的一套语言独立的应用程序开发框架。微软公司发布.NET Framework 的目的是使开发人员可以更容易地建立网络应用程序和网络服务,.NET Framework 以及针对设备的.NET Framework 简化版为 XML Web 服务和其他应用程序提供了一个高效安全的开发环境,并全面支持 XML。.NET Framework 提供跨平台和跨语言的特性,使用.NET 框架,配合微软公司的 Visual Studio 集成开发环境,可大大提高程序员的开发效率,甚至初学者也能够快速构建功能强大、实用、安全的网络应用程序。有的功能甚至不需要任何开发代码,经过简单的操作就可以实现。

1.1.1　.NET Framework 的定义及组成

.NET Framework 是 Windows 的托管执行环境,可为其运行的应用提供各种服务,它使得不同的编程语言(如 C++、C# 和 VB.NET 等)和运行库能够无缝地协同工作,简化开发和部署各种网络集成应用程序或独立应用程序,如 Windows 窗体应用程序、ASP.NET Web 应用程序、WPF 应用程序、移动应用程序或 Office 应用程序。它包括两个主要组件:一个是公共语言运行库(CLR),它是处理运行应用的执行引擎;另一个是.NET

Framework 类库,它提供开发人员可从自己的应用中调用的已测试、可重用代码库。.NET Framework 基本结构如图 1-1 所示。

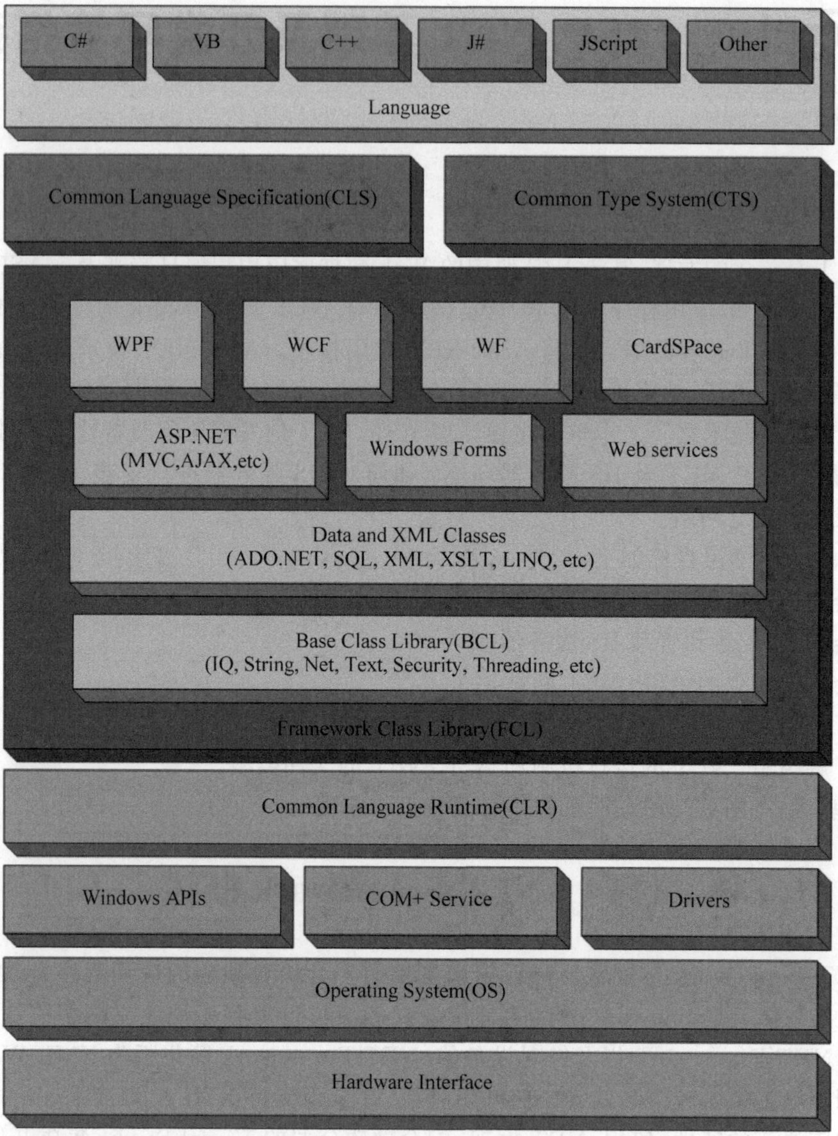

图 1-1 .NET Framework 基本结构

1. 公共语言运行库

公共语言运行库(Common Language Runtime,CLR),又称公共语言运行环境,是 .NET Framework 的基础。运行库作为执行时管理代码的代理,提供了内存管理、线程管理和远程处理等核心服务,并且还强制实施严格的类型安全检查,以提高代码准确性。

在运行库的控制下执行的代码称为托管代码。托管代码使用基于公共语言运行库的语言编译器开发生成,具有跨语言集成、跨语言异常处理、增强的安全性、版本控制和部署支持、简化的组件交互模型、调试和分析服务等优点。

在运行库之外运行的代码称为非托管代码。COM 组件、ActiveX 接口和 Win32 API

函数都是非托管代码的示例。使用非托管代码方式可以提供最大限度的编程灵活性，但不具备托管代码方式所提供的管理功能。

2. .NET Framework 类库

.NET Framework 类库(.NET Framework Class Library，FCL)是一个与公共语言运行库紧密集成的、综合性的、面向对象的类型集合。使用该类库，可以高效率开发各种应用程序，包括控制台应用程序、Windows GUI 应用程序(Windows 窗体)、ASP.NET Web 应用程序、XML Web Services、Windows 服务等。

.NET Framework 类库包括类、接口和值类型。类库提供对系统功能的访问，以加速和优化开发过程。.NET Framework 类库符合公共语言规范(Common Language Specification，CLS)，因而可在任何符合 CLS 的编程语言中使用，实现各语言之间的交互操作。

.NET Framework 类库由基础类库(Base Class Library，BCL)和各种应用程序框架类库组成。基础类库主要提供下列功能。

- 表示基础数据类型和异常。
- 封装数据结构。
- 执行 I/O。
- 访问关于加载类型的信息。
- 调用.NET Framework 安全检查。

各种应用程序框架类库提供构建相应应用程序的功能。

- 数据访问(ADO.NET)。
- Windows 窗体(Windows Form)。
- Web 窗体(ASP.NET)。

1.1.2 .NET Framework 的功能特点

.NET Framework 提供了基于 Windows 的应用程序所需的基本架构，开发人员可以基于.NET Framework 快速建立各种应用程序解决方案。.NET Framework 具有下列功能特点。

1. 支持各种标准互联网协议和规范

.NET Framework 使用标准的 Internet 协议和规范(如 TCP/IP、SOAP、XML 和 HTTP 等)，支持实现信息、人员、系统和设备互连的应用程序解决方案。

2. 支持不同的编程语言

.NET Framework 支持多种不同的编程语言，因此开发人员可以任选其中语言。公共语言运行库提供内置的语言互操作性支持，通过指定和强制公共类型系统以及提供元数据为语言互操作性提供必要的基础。

3. 支持用不同语言开发的编程库

.NET Framework 提供了一致的编程模型，可使用预打包的功能单元(库)，从而能够更快、更方便、更低成本地开发应用程序。

4. 支持不同的平台

.NET Framework 可用于各种 Windows 平台，从而允许使用不同计算平台的人员、系统和设备联网。例如,使用 Windows XP/Vista/Windows 7/Windows 10 等台式机平台或 Windows CE 之类的设备平台的人员可以连接到使用 Windows Server 2003/2008 的服务器系统。

1.1.3 .NET Framework 环境

操作系统/硬件、公共语言运行库、类库以及应用程序(托管应用程序、托管 Web 应用程序、非托管应用程序)之间的关系如图 1-2 所示。

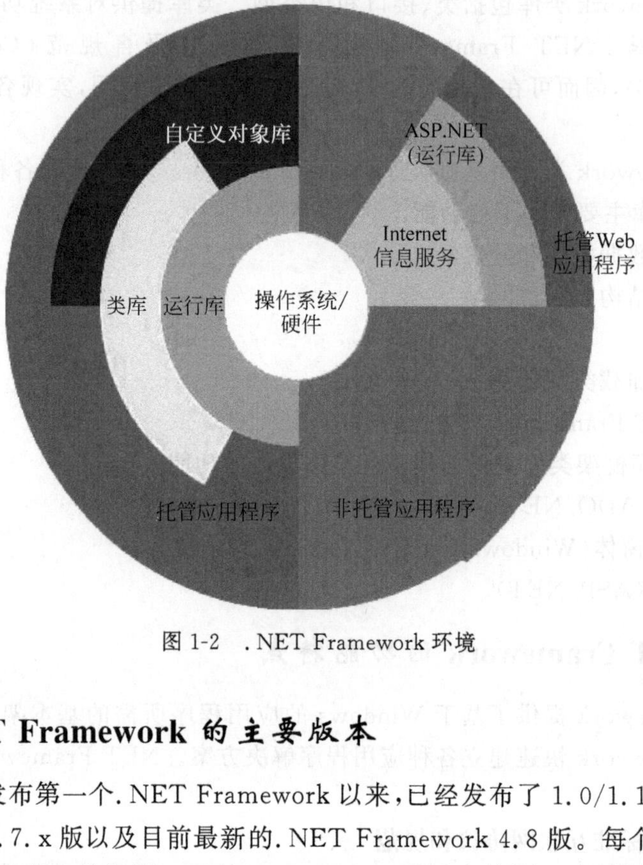

图 1-2 .NET Framework 环境

1.1.4 .NET Framework 的主要版本

自微软公司发布第一个.NET Framework 以来,已经发布了 1.0/1.1、2.0/3.0/3.5 和 4/4.5.x/4.6.x/4.7.x 版以及目前最新的.NET Framework 4.8 版。每个版本都有自己的公共语言运行库、类库和编译器。.NET Framework 通过允许同一台计算机上存在公共语言运行库的多个版本来解决版本冲突,这意味着应用的多个版本可以共存(并行执行),并且应用可在构建它的.NET Framework 版本上运行,应用程序开发人员可以选择面向特定的版本开发和部署应用程序。并行执行适用于.NET Framework 版本组 1.0/1.1、2.0/3.0/3.5 和 4/4.5.x/4.6.x/4.7.x/4.8。

1.2 Web 基础知识

1.2.1 HTTP

HTTP(Hyper Text Transfer Protocol)即超文本传输协议,是在 Internet 中进行信息

传送的协议，浏览器默认使用这个协议。

从浏览器向 Web 服务器发出的搜索某个 Web 网页的请求称为 HTTP 请求。Web 服务器收到 HTTP 请求后，就会按照请求的要求，寻找相应的网页。如果找到，就把网页的 HTML(HyperText Markup Language，超文本标记语言)代码通过 Internet 传回浏览器；如果没有找到，就发送一个错误信息给发出 HTTP 请求的浏览器，后面的这些操作称为 HTTP 响应。

HTTP 协议是一个无状态协议，也就是说，使用该协议时，不同的请求之间不会保存任何信息。每个请求都是独立的，它不知道现在的请求是第一次发出还是第二次或是第三次发出，也不知道这个请求的发送来源。当用户请求到所要的网页后，就会断开与 Web 服务器的链接。

1.2.2 Web 服务器和浏览器

Web 服务器就是安装了 Web 服务器软件的计算机，它可以为提出 HTTP 请求的浏览器提供 HTTP 响应。比较常见的 Web 服务器软件有 Apache 和 IIS。

浏览器是运行在客户机上的程序，客户可以用它来浏览服务器中的可用资源，因此称为浏览器。当客户进行网页浏览时，由客户的浏览器执行来自服务器的 HTML 代码，并将其内容显示给客户。

1.2.3 C/S 模式与 B/S 模式

1. C/S 模式

C/S(Client/Server，客户机/服务器)模式是一种软件系统体系结构。

2. B/S 模式

B/S(Browser/Server，浏览器/服务器)模式是随着 Internet 技术的兴起，对 C/S 模式的一种变化或改进。在这种模式下，用户工作界面是通过 Web 浏览器来实现的。B/S 模式的最大好处是能够实现不同人员从不同地点以不同的接入方式访问和操作共同的数据，这大大减轻了系统维护与升级的成本和工作量，降低了用户的总体成本；最大的缺点是对外网依赖性太强。

1.2.4 Web 的访问原理

Web 应用程序是基于 B/S 结构的。下面首先介绍客户端和服务器端的概念，然后详述静态网页和动态网页的工作原理。

1. 客户端和服务器端

一般来说，凡是提供服务的一方都称为服务器端，而接受服务的一方称为客户端。例如，当用户浏览搜狐主页时，搜狐网站所在的服务器就称为服务器端，而用户自己的计算机就称为客户端，如图 1-3 所示。

如果在计算机上安装了 Web 服务器软件，其他浏览者通过网络就可以访问该计算机，那么它就是服务器端。我们在调试程序时，往往把自己的计算机既作为服务器端，又作为客户端。

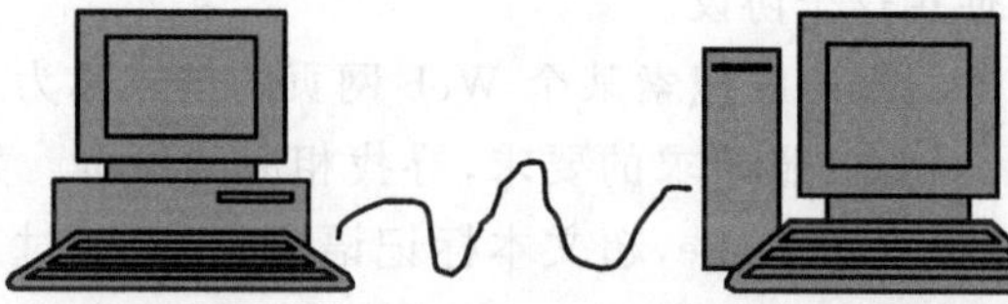

图 1-3　客户端和服务器端示例图

2. 静态网页的工作原理

静态网页又称普通网页,是相对动态网页而言的。静态并不是指网页中的元素都是静止不动的,而是指网页文件中没有程序代码,只有 HTML 标记,一般后缀为. htm、. html、. shtml 或. xml 等。静态网页中可以包括 GIF 动画,鼠标经过 Flash 按钮时,按钮可能会发生变化。静态网页一经制成,内容就不会再变化,不管何人何时访问,显示的都是一样的内容。如果要修改网页的内容,就必须修改其源代码,然后重新上传到服务器。

对于静态网页,用户可以直接双击打开,看到的效果与访问服务器是相同的。这是因为在用户访问该页面之前,网页的内容就已经确定,无论用户何时访问,以怎样的方式访问,网页的内容都不会再改变。静态网页工作流程可以分为以下四个步骤。

(1) 编写一个静态网页文件,并在 Web 服务器上发布。

(2) 用户在浏览器的地址栏中输入此静态网页文件的 URL(统一资源定位符)并按 Enter 键,浏览器发送访问请求到 Web 服务器。

(3) Web 服务器找到此静态网页文件的位置,并将它转换为 HTML 流传送到用户的浏览器。

(4) 浏览器收到 HTML 流,显示此网页的内容。

在步骤(2)~(4)中,静态网页的内容不会发生任何变化,其原理如图 1-4 所示。

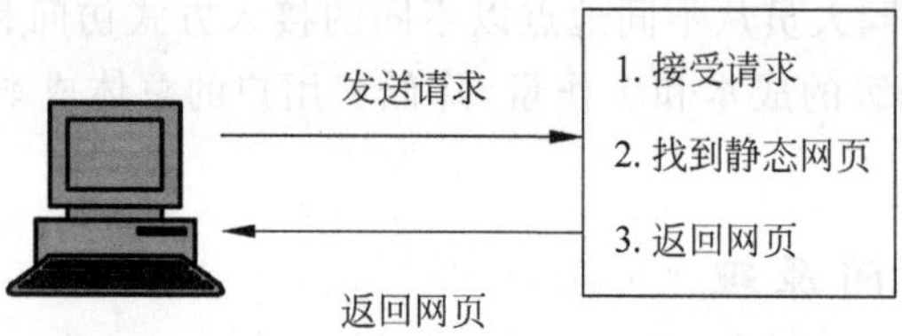

图 1-4　静态网页工作原理图

3. 动态网页的工作原理

动态网页是指在网页文件中除了 HTML 标记外,还包括一些实现特定功能的程序代码,这些程序代码使得浏览器与服务器之间可以发生交互,即服务器端可以根据客户端的不同请求动态产生网页内容。动态网页的扩展名通常随所用的程序设计语言的不同而不同,一般为. asp、. aspx、. cgi、. php、. perl、. jsp 等。动态网页可以根据不同的时间、不同的浏览者而显示不同的信息。常见的留言板、论坛、聊天室都是用动态网页实现的。

动态网页的工作相对复杂,不能直接双击打开,其工作流程分为以下四个步骤。

(1) 编写一个动态网页文件,其中包括程序代码,并在 Web 服务器上发布。

(2) 用户在浏览器的地址栏中输入该动态网页文件的 URL(统一资源定位符)并按 Enter 键,浏览器发送访问请求到 Web 服务器。

(3) Web 服务器找到此动态网页文件的位置,并根据其中的程序代码动态创建 HTML 流传送到用户的浏览器。

(4) 浏览器收到 HTML 流,显示此网页的内容。

从整个工作流程中可以看出,用户浏览动态网页时,需要在服务器上动态执行该网页文件,将含有程序代码的动态网页转化为标准的静态网页,最后把生成的静态网页发送给用户,其工作原理如图 1-5 所示。

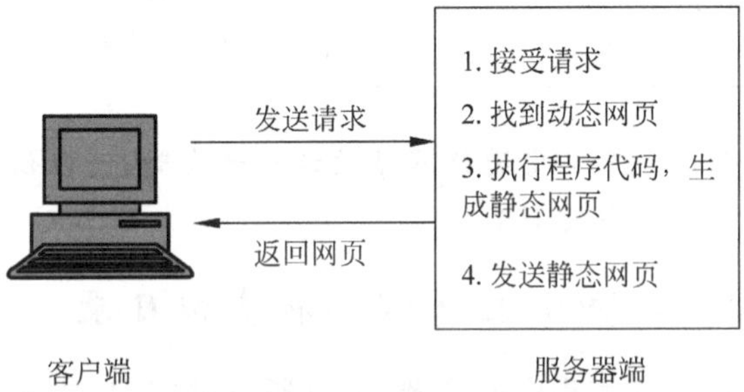

图 1-5　动态网页工作原理图

1.3　IIS 的安装与配置

1.3.1　IIS 概述

IIS 是 Internet Information Services 的缩写,意为互联网信息服务,是由微软公司提供的基于运行 Microsoft Windows 的互联网基本服务。最初是 Windows NT 版本的可选包,随后内置在 Windows 2000、Windows XP Professional 和 Windows Server 2003 中一起发行,但在 Windows XP Home 版本上并没有 IIS。IIS 是一种 Web(网页)服务组件,其中包括 Web 服务器、FTP 服务器、NNTP 服务器和 SMTP 服务器,分别用于网页浏览、文件传输、新闻服务和邮件发送等,它使在网络上发布信息成了一件很容易的事。

IIS 提供了集成、可靠的 Web 服务器功能,常用于部署实际运行的 ASP. NET 网站。IIS 的版本与操作系统有关,例如,Windows 7 旗舰版对应 IIS 7. 5,而伴随 Visual Studio 2017 安装的 IIS Express 则提供了轻量的 Web 服务器功能,常用于 ASP. NET 网站开发阶段的测试。

IIS 版本及其 Windows 版本的对应关系如表 1-1 所示。

表 1-1　IIS 版本及其 Windows 版本的对应关系

IIS 版本	Windows 版本	说　明
IIS 1. 0	Windows NT 3. 51 Service Pack 3	
IIS 2. 0	Windows NT 4. 0	

续表

IIS 版本	Windows 版本	说　明
IIS 3.0	Windows NT 4.0 Service Pack 3	开始支持 ASP 的运行环境
IIS 4.0	Windows NT 4.0 Option Pack	支持 ASP 3.0
IIS 5.0	Windows 2000	在安装相关版本的.NET Framework 之后，可支持 ASP. NET 1.0/1.1/2.0 的运行环境
IIS 6.0	Windows Server 2003 Windows Vista Home Premium Windows XP Professional x64	
IIS 7.0	Windows Vista Windows Server 2008 Windows 7	在系统中已经集成了.NET Framework 3.5。可以支持.NET Framework 3.5 及以下的版本

注意：在 Visual Studio 2017 中进行网站设计与开发时，可以仅使用 IIS Express 运行网站，无须额外安装操作系统中的 IIS。

1.3.2　IIS 中的网站、Web 应用程序和虚拟目录

在 IIS 中，网站是 Web 应用程序的容器，可以通过绑定 IP 地址、端口和可选的主机名来访问网站。Web 应用程序是一种在应用程序池中运行并通过 HTTP 协议向用户提供 Web 内容的程序。其中，应用程序池用于工作进程的运行配置，并保证各工作进程的独立运行，即使有 Web 应用程序出现故障也不会影响其他 Web 应用程序的运行。虚拟目录是映射到本地或远程 Web 服务器上的物理文件夹的别名。

网站、Web 应用程序和虚拟目录在组织结构上呈现出一种层次关系。一个网站必须包含一个或多个 Web 应用程序，一个 Web 应用程序必须包含一个或多个虚拟目录。可通过"Internet 信息服务(IIS)管理器"配置 IIS 中的网站、Web 应用程序和虚拟目录。

注意：IIS 中的网站与 Visual Studio 2017 中的网站不是同一个概念。实际上，IIS 中的 Web 应用程序与 Visual Studio 2017 中的网站相对应。

任务 1-1　安装和配置 IIS Web 服务器

【任务描述】

在 Windows 7 操作系统中正确安装与配置 IIS 管理器，搭建 ASP. Net Web 应用程序的运行环境。

【任务实施】

1. 安装 IIS

(1) 选择"开始"→"控制面板"→"程序"→"程序和功能"→"打开或关闭 Windows 功能"命令，弹出"Windows 功能"窗口，如图 1-6 所示。

(2) 在该窗口中选中"Internet 信息服务"复选框，单击"确定"按钮，弹出"Microsoft Windows"对话框，显示安装进度。安装完成后，"Microsoft Windows"对话框和"Windows 功能"窗口将自动关闭。

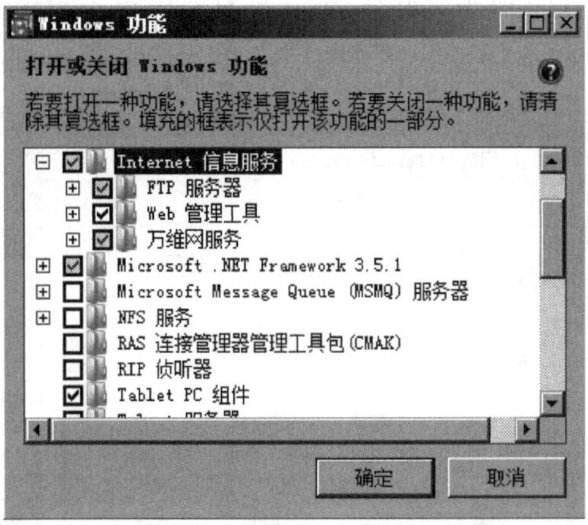

图 1-6 “Windows 功能”窗口

(3) IIS 信息服务管理器安装完成后，选择“控制面板”→“系统和安全”→“管理工具”命令，在其中就可以看到“Internet 信息服务(IIS)管理器”选项，如图 1-7 所示。

图 1-7 “Internet 信息服务器(IIS)管理器”选项

2. 配置 IIS

IIS 安装完成后就要对其进行必要的配置，这样才能使服务器在最优的环境下运行，下面以在 IIS 中添加网站和 Web 应用程序为例，介绍 IIS 服务器配置与管理的具体步骤。

(1) 选择“控制面板”→“系统和安全”→“管理工具”命令，在图 1-7 所示的窗口中双击“Internet 信息服务(IIS)管理器”选项，弹出“Internet 信息服务(IIS)管理器”窗口，如图 1-8 所示。

(2) 在图 1-8 所示的窗口左侧列表中右击“网站”选项，在弹出的快捷菜单中选择“添加网站”命令，弹出图 1-9 所示的对话框，在该对话框中输入网站名称 AspNetCode、物理路径 D:\AspNetCode、端口 8080，并分配 IP 地址 192.168.0.100，单击“确定”按钮，建立

AspNetCode 网站,如图 1-10 所示。此后,若在浏览器中输入 http://192.168.0.100:8080/Default.aspx,则表示访问 D:\AspNetCode 目录下的 Default.aspx 页面。

图 1-8 “Internet 信息服务(IIS)管理器”窗口

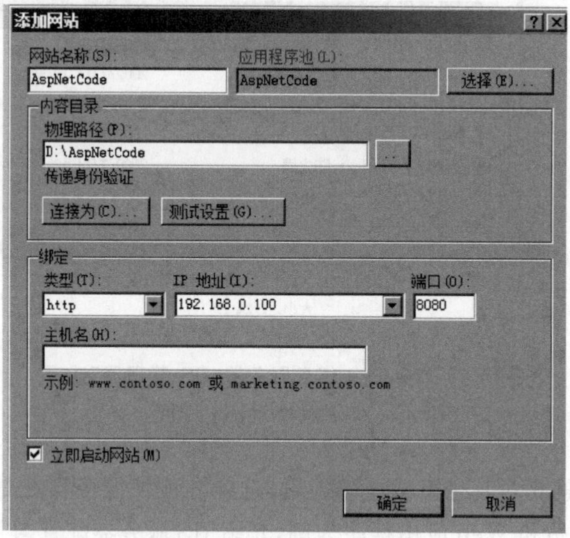

图 1-9 “添加网站”对话框

注意:通过改变端口号,可以在同一台服务器上同时运行多个网站。另外,80 端口为 HTTP 协议的默认端口,也就是说,若一个网站的端口号为 80,则在浏览器中输入地址时不需要输入端口号。

(3) 在图 1-10 所示窗口的左侧列表中选中网站“AspNetCode”,单击该窗口右侧的“基本设置”超级链接，弹出“编辑网站”对话框，在该对话框中可以设置网站的应用程序池、网站的物理路径等信息，如图 1-11 所示。

图 1-10　添加网站“AspNetCode”后的界面

(4) 在图 1-11 所示的对话框中单击“选择”按钮，弹出“选择应用程序池”对话框，该对话框的下拉列表中可以选择要使用的.NET Framework 版本，如图 1-12 所示。

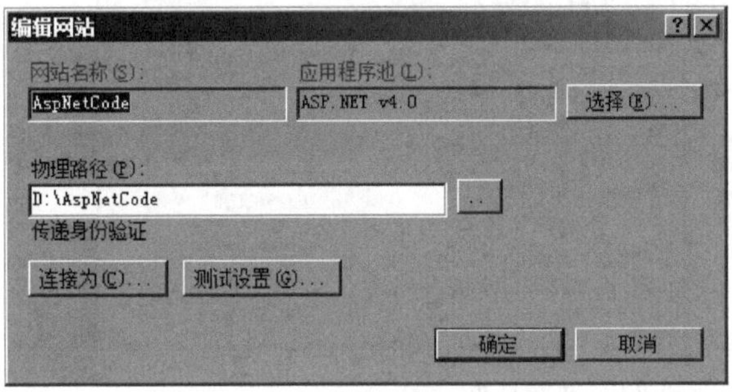

图 1-11　“编辑网站”对话框

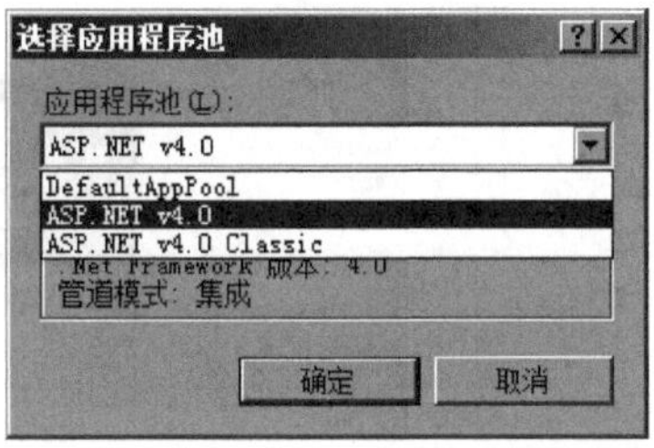

图 1-12　“选择应用程序池”对话框

(5) 在图 1-10 中，展开“网站”选项，右击“AspNetCode”选项，在弹出的快捷菜单中选择“添加应用程序”命令，在弹出的对话框中输入别名 BookShop、物理路径 D:\AspNetCode\BookShop，选择 ASP.NET v4.0，如图 1-13 所示。单击“确定”按钮，完成 Web 应用程序“BookShop”的建立。此后，若在浏览器中输入 http://192.168.0.100:8080/BookShop/Default.aspx，则表示访问 D:\AspNetCode\BookShop 目录下的 Default.aspx 页面，浏览器中的运行效果如图 1-14 所示(说明，此处的“BookShop”应用程序为贯穿本书的项目“新知书店”，网站 Logo 为“新知图书”)。

注意：通过建立不同的 Web 应用程序，可以在同一个网站中同时运行多个 Web 站点

(即 Visual Studio 2017 中网站的概念)。此后,除特别说明外,网站和 Web 应用程序表示同一个概念。

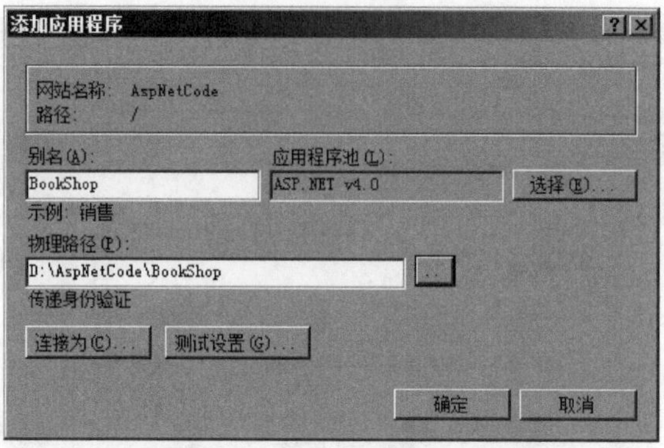

图 1-13 “添加应用程序”对话框

图 1-14 “新知书店”网站首页

1.4 ASP.NET 概述

ASP.NET 是 Microsoft.NET 的一部分,是 Active Server Page(简称 ASP)的另一个版本,是建立在微软公司的新一代.NET 平台架构和公共语言运行库上,在服务器后端为用户提供强大的企业级 Web 应用服务的编程框架。ASP.NET 提供了一种新的编程模型和结构,可生成伸缩性和稳定性更好的应用程序,并提供更好的安全保护。

ASP.NET 是一个已编译的、基于.NET 的环境,可以用任何与.NET 兼容的语言(包括 Visual Basic.NET、C# 和 JavaScript.NET)创作应用程序。另外,任何 ASP.NET 应用程序都可以使用整个.NET Framework。开发人员可以方便地利用这些技术的优点,其中包括托管的公共语言运行库环境、类型安全和继承等。

微软公司为 ASP.NET 设计了功能强大的代码,代码易于重用和共享,可用编译类语言编写策略,从而使程序员更易开发 Web 应用程序,满足不同客户的需求。

1.4.1 ASP.NET 的历史

1996 年,微软公司推出了 ASP(Active Server Page)1.0 版。它允许采用 VBScript/JavaScript 这些简单的脚本语言编写代码,允许将代码直接嵌入 HTML,从而使得设计动态 Web 页面的工作变得简单。在进行程序设计时,ASP 能够通过内置的组件,实现强大的功能(如 Cookie)。ASP 最显著的贡献就是推出了 ActiveX Data Objects(ADO),它使得程序对数据库的操作变得十分简单。

1998 年,微软公司发布了 ASP 2.0 和 IIS 4.0。与前版相比,2.0 版最大的改进是外部的组件需要初始化。用户能够利用 ASP 2.0 和 IIS 4.0 建立各种 ASP 应用,而且每个组件有了自己单独的内存空间,可以进行事务处理。

2002 年推出的新一代体系结构——Microsoft .NET 的一部分,用来在服务器端构建功能强大的 Web 应用,包括 Web 窗体(Web Form)和 Web 服务(Web Services)两部分。

2003 年,微软公司发布了 Visual Studio .NET 2003(简称 VS 2003),提供了在 Windows 操作系统下开发各类基于.NET 框架的全新的应用程序开发平台。

2005 年,.NET 框架从 1.0 版升级到 2.0 版,微软公司发布了 Visual Studio.NET 2005(简称 VS 2005)。相应地,ASP.NET 1.0 也升级成为 ASP.NET 2.0。它修正了以前版本中的一些缺陷并在移动应用程序开发,代码安全以及对 Oracle 数据库和 ODBC 的支持等方面都做了很多改进。

2008 年, Visual Studio.NET 2008(简称 VS 2008)问世了,ASP.NET 从 2.0 版升级到 3.5 版。

2010 年,微软公司发布了 Visual Studio.NET 2010 正式版本。Visual Studio.NET 2010 的五大新特征和功能如下。

- 云计算架构。
- Agile/Scrum 开发方法。
- 搭配 Windows 7 与 Silverlight 4。
- 发挥多核并行运算威力。
- 更好地支撑 C++。

2012 年,Visual Studio 2012 和 ASP.NET 4.5 问世,它是在已经成功发行的 Visual Studio 2010 和 ASP.NET 4 基础之上构建的,保留了很多令人喜爱的功能,并增加了一些其他领域的新功能和工具,如自动绑定程序集的重定向、可以收集诊断信息、帮助开发人员提供高级服务和云应用程序的性能等。

2013 年,微软公司发布了 Visual Studio 2013。Visual Studio 2013 新增了代码信息指示(Code information indicators)、团队工作室(Team Room)、身份识别、.NET 内存转储分析仪、敏捷开发项目模板、Git 支持以及更强力的单元测试支持。

2015 年,微软公司发布了 Visual Studio 2015。Visual Studio 2015 帮助开发人员打造

跨平台的应用程序,支持从 Windows 到 Linux、甚至 iOS 和 Android 操作系统。

Visual Studio 2017 是微软公司于 2017 年正式推出的新版本,是迄今为止最具生产力的 Visual Studio 版本。其内建工具整合了 .NET Core、Azure 应用程序、微服务(microservices)、Docker 容器等所有内容。

1.4.2 ASP. NET 的优点

ASP. NET 是.NET Framework 的一部分,是一种可以在高度分布的 Internet 环境中简化应用程序开发的环境。.NET Framework 包含公共语言运行库,它提供了各种核心服务,如内存管理、线程管理和代码安全,同时也包含.NET Framework 类库。.NET Framework 是一个开发人员用于创建应用程序的综合的、面向对象的类型集合。

ASP. NET 的优点主要表现在以下几个方面。

1) 可管理性

ASP. NET 使用基于文本的、分级的配置系统,简化了将设置应用于服务器环境和 Web 应用程序的工作。因为配置信息是被存储为纯文本格式的,因此可以在没有本地管理工具的帮助下应用新的设置。

注意: 配置文件的任何变化都可以被自动检测到并应用于应用程序。有关这方面的详细信息,请参阅 ASP. NET 配置。

2) 安全性高

ASP. NET 为 Web 应用程序提供了默认的授权和身份验证方案。开发人员可以根据应用程序的需要很容易地添加、删除或替换这些方案。

3) 易于部署

ASP. NET 应用程序可以部署到服务器上,并且不需要重新启动服务器,甚至在部署或替换运行的已编译代码时也不需要重新启动。

4) 增强的性能

ASP. NET 是运行在服务器上的已编译代码。与传统的 ASP 不同,ASP. NET 能利用早期绑定、实时(JIT)编译、本机优化和全新的缓存服务来提高性能。

5) 灵活的输出缓存

根据应用程序的需要,ASP. NET 可以缓存页数据、页的一部分或整个页。缓存的项目可以依赖于缓存中的文件或其他项目,或者可以根据过期策略进行刷新。

6) 移动设备支持

ASP. NET 支持任何设备上的任何浏览器。开发人员使用与传统的桌面浏览器相同的编程技术,来处理新的移动设备。

7) 扩展性和可用性

ASP. NET 具有特别专有的功能来提高群集的、多处理器环境的性能。此外,Internet 信息服务(IIS)和 ASP. NET 运行时密切监视和管理进程,以便在一个进程出现异常时,可在该位置创建新的进程使应用程序继续处理请求。

8) 跟踪和调试

ASP. NET 提供了跟踪服务,该服务可在应用程序级别和页面级别调试过程中启用。可以选择查看页面的信息,或者使用应用程序级别的跟踪查看工具查看信息。在开发或应用程序处于生产状态时，ASP.NET 支持使用.NET Framework 调试工具进行本地和远程调试。当应用程序处于生产状态时，跟踪语句能够留在产品代码中而不会影响性能。

9）与.NET Framework 集成

ASP.NET 是.NET Framework 的一部分，整个平台的功能和灵活性对 Web 应用程序都是可用的，因此可从 Web 上流畅地访问.NET 类库及消息和数据访问解决方案。ASP.NET 是独立于语言之外的，所以开发人员能选择最适合应用程序的语言。另外，公共语言运行库的互用性还保存了基于 COM 开发的现有投资。

10）与现有 ASP 应用程序的兼容性

ASP 和 ASP.NET 可并行运行在 IIS Web 服务器上而互不冲突；不会发生因安装 ASP.NET 而导致现有 ASP 应用程序崩溃的可能。

注意：*ASP.NET 仅处理具有.aspx 文件扩展名的文件，具有.asp 文件扩展名的文件继续由 ASP 引擎来处理。会话状态和应用程序状态并不在 ASP 和 ASP.NET 页面之间共享。*

1.4.3 ASP.NET 的开发模式

ASP.NET 的开发模式包括 ASP.NET Web 窗体、ASP.NET MVC 和 ASP.NET Core 等，实际开发时选择何种开发模式要根据具体需求和公司开发人员的背景来确定，本书采用 ASP.NET Web 窗体开发模式。

1. ASP.NET Web 窗体

自微软公司提出.NET 至今，ASP.NET Web 窗体一直是普遍使用的开发模式。实际开发时，一个 ASP.NET Web 窗体包含 XHTML、ASP.NET Web 控件等用于页面呈现的标记，以及采用.NET 语言(如 C#)处理页面和控件事件的代码。

2. ASP.NET MVC

与 ASP.NET Web 窗体包含标记和代码不同的是，ASP.NET MVC 包含模型、视图和控制器。其中，模型用于实现数据逻辑操作；视图用于显示应用程序的用户界面；控制器作为模型和视图的中间组件，处理用户交互，使用模型获取数据并生成视图，再显示到用户界面上。这种模式使 Web 应用程序开发中的输入逻辑、业务逻辑和界面逻辑相互分离，方便实现并行开发流程。

3. ASP.NET Core

ASP.NET Core 是 ASP.NET 的重构版本，运行于.NET Core 和.NET Framework 上，能用于构建如 Web 应用、物联网应用和智能手机应用等连接到互联网的基于云的现代应用程序。它具有典型的模块化特点，允许开发者通过 NuGet 程序包管理器以插件的形式添加应用所需要的模块，这样可以在不影响其他模块的基础上升级应用中的任意一个模块。它支持在 Windows、Mac 和 Linux 等操作系统上实现跨平台开发和部署，并且可以部署在云上或者本地服务器上。

任务 1-2　安装 Visual Studio 2017

【任务描述】

安装 Visual Studio 2017，搭建 ASP.Net Web 应用程序的集成开发环境。

【任务实施】

(1) 了解安装 Visual Studio 2017 所需的必备条件,检查计算机的软件硬件是否满足 Visual Studio 2017 开发环境的安装要求,具体要求如表 1-2 所示。

表 1-2 安装 Visual Studio 2017 所需的必备条件

软件硬件	要　求
操作系统	Windows 7 (SP1)、Windows 8、Windows 10 、Windows Server 2012、Windows Server 2016
硬件	1. 8GHz 或更快的处理器,推荐使用双核或更好的内核; 2GB RAM,建议 4GB RAM(如果在虚拟机上运行,则最低 2. 5GB); 硬盘空间: 高达 130GB 的可用空间,具体取决于安装的功能,典型安装需要 20～50GB 的可用空间
其他要求	安装 Visual Studio 需要管理员权限; Visual Studio 需要.NET Framework 4. 6. 1,将在安装过程中安装它

注意:本书以 Visual Studio Community 2017 的安装为例讲解具体的安装步骤,Visual Studio Community 2017(VS 2017 社区版)是完全免费的,其下载地址为: https://visualstudio. microsoft. com/zh-hans/downloads/。

(2) 双击已经下载好的 vs_community. exe 文件开始安装,进入图 1-15 所示的安装许可页面。

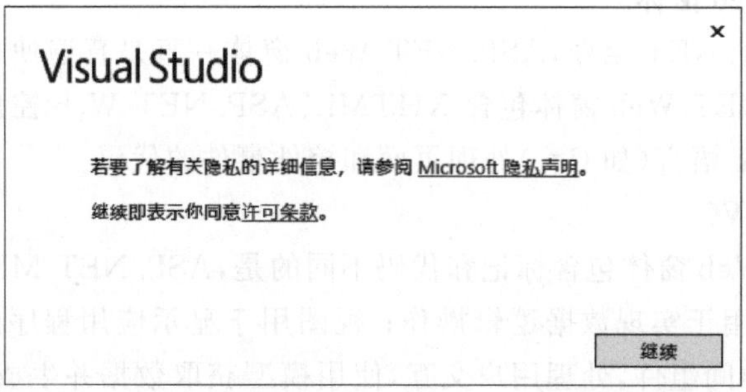

图 1-15 Visual Studio Community 2017 程序安装许可页面

(3) 在图 1-15 所示的页面中单击“继续”按钮,进入图 1-16 所示的“等待文件提取和安装”页面。

(4) 图 1-16 所示的 Visual Studio 文件提取和安装准备完成后,会自动跳转到图 1-17 所示的“安装选择和配置”页面。

注意:图 1-17 所示的“安装选择和配置”页面菜单栏有“工作负载”“单个组件”“语言包”和“安装位置”四项。“工作负载”指的是在开发过程中所需用到的工具,可以根据自己的需要进行选择,“工作负载”的选择会占用存储空间,也可以在安装好 Visual Studio 2017 后,在对应的功能中下载(本书只需要安装“ASP. NET 和 Web 开发”); 选择“工作负载”后,会自动勾选“工作负载”所对应的组件集。当然,也可以根据自己的需要在“单个组件”选项中勾选需要安装的组件; 自定义安装位置可单击菜单栏的“安装位置”或者左下方的“位置”区域中的“更改”,跳转到相应的页面进行设置。

(5) 图 1-17 所示的四项设置完成后,可单击右下方的“安装”按钮,进入图 1-18 所示的“下载和安装进度”页面。

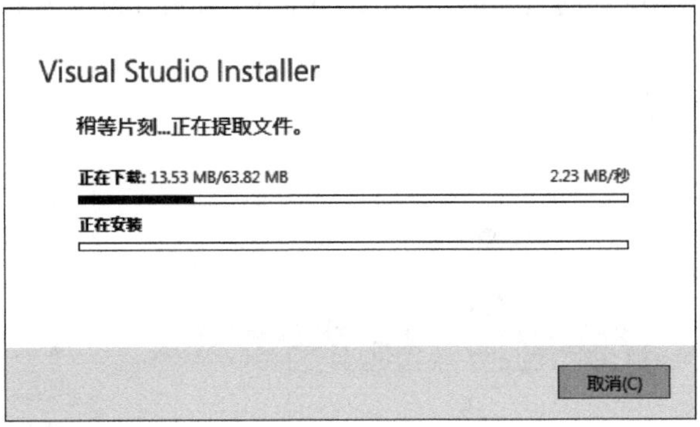

图 1-16 “等待文件提取和安装”页面

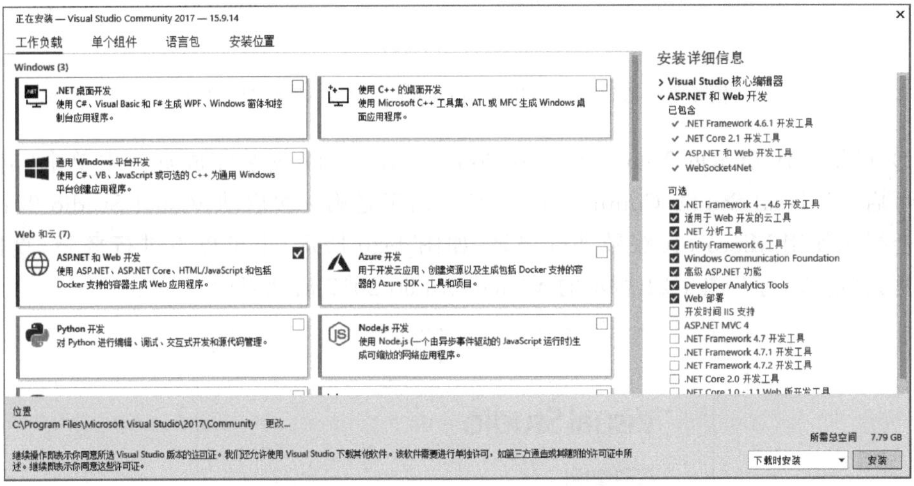

图 1-17 “安装选择和配置”页面

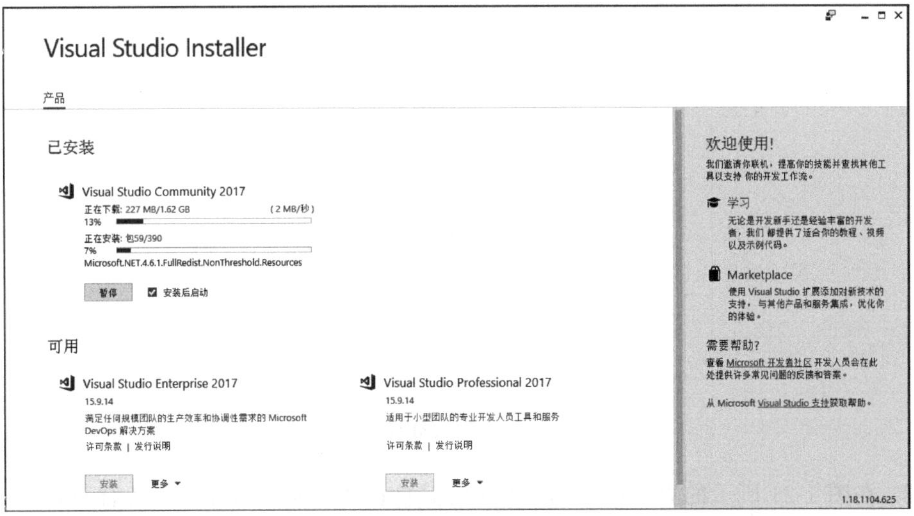

图 1-18 “下载和安装进度”页面

(6) 当出现图 1-19 所示的页面时,Visual Studio Community 2017 安装完成。

图 1-19　Visual Studio Community 2017 安装完成页面

(7) 在图 1-19 所示的 Visual Studio Community 2017 安装完成页面中单击“启动”按钮,即可启动 Visual Studio Community 2017。由于是第一次启动 Visual Studio 2017 开发环境,会提示使用 Microsoft 账号进行登录,如图 1-20 所示,也可以不进行登录,直接单击“以后再说”链接,打开图 1-21 所示的 Visual Studio 2017 启动界面。

图 1-20　启动 Visual Studio 2017

(8) 在图 1-21 所示的界面中,用户可以根据自己的实际情况,选择适合自己的开发语言,这里选择“Web 开发”选项,然后单击“启动 Visual Studio ”按钮,即可进入 Visual Studio 2017 主界面,如图 1-22 所示。

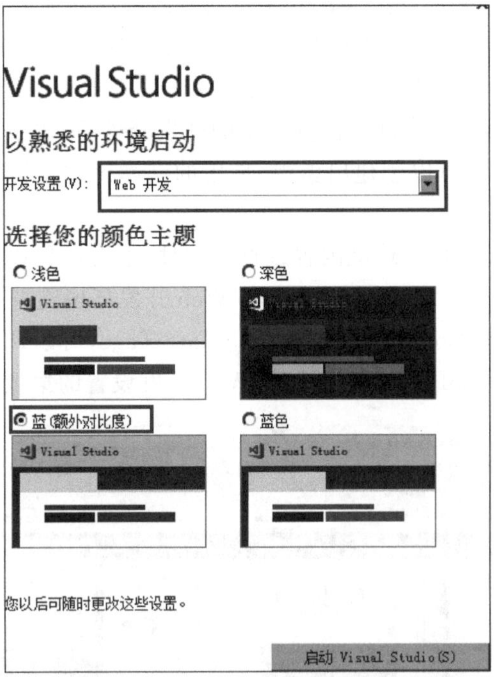

图 1-21　Visual Studio 2017 启动界面

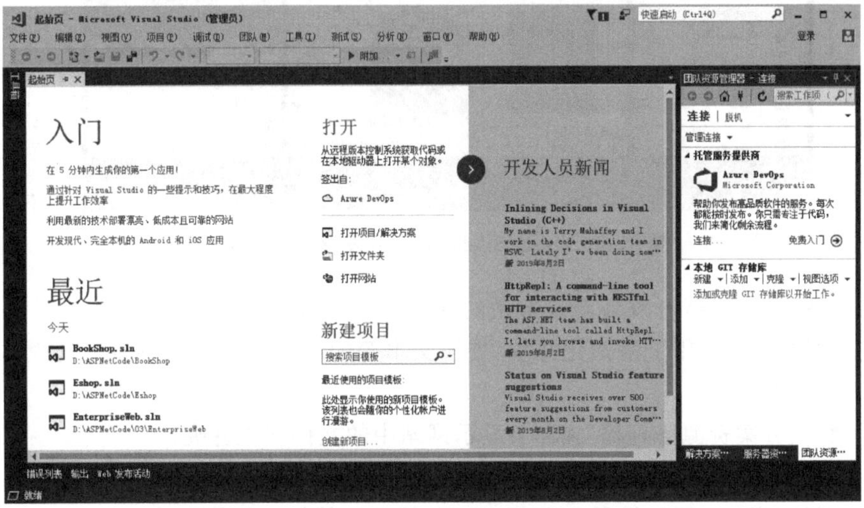

图 1-22　Visual Studio 2017 主界面

1.5　Visual Studio 使用基础

1.5.1　Visual Studio Web 开发环境

Visual Studio 产品系列共用一个集成开发环境。集成开发环境包括：菜单栏、工具栏，以及停靠或自动隐藏在左侧、右侧、底部和编辑器空间中的各种工具窗口。

注意：工具窗口、菜单栏和工具栏是否可用取决于所处理的项目或文件类型。基于用户的自定义设置，IDE 中的工具窗口及其他元素的布置会有所不同。

Microsoft Visual Web 开发环境内置完备的开发套件，可以快速开发 Web 应用。它支持所见即所得的拖曳界面，可以创建出美观、易用的网站。它支持页面模板，从而统一管理网页的排版与布局。

Microsoft Visual Web 开发环境内置近百种控件、上百段代码片段，可以大幅度降低创建互动式 Web 应用的时间。Microsoft Visual Web 开发环境支持 IntelliSense，可以更快地访问资源库和方法。通过 Common Tasks 和 Smart Tags，可以调用最常用的 Web 开发功能。图 1-23 所示为 Microsoft Visual Studio Web 开发设置的集成开发环境布局。

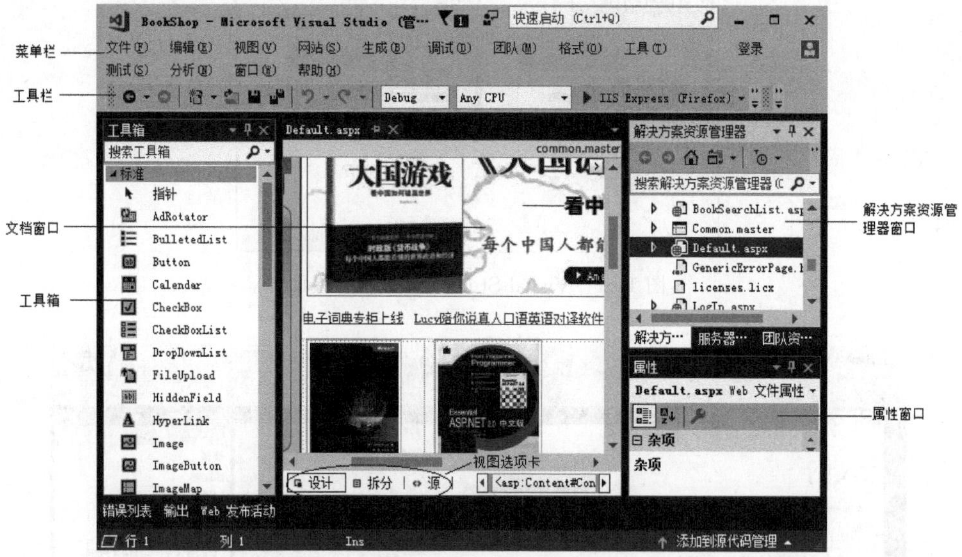

图 1-23　Microsoft Visual Studio Web 开发设置的集成开发环境布局

Visual Studio Web 开发环境最常用的窗口和工具包括以下几种。

(1) 工具栏：提供用于格式化文本、查找文本等的命令。注意：一些工具栏只有在“设计”视图下才可用。

(2) “解决方案资源管理器”窗口：显示网站中的文件和文件夹。

(3) “文档”窗口：显示正在选项卡式窗口中处理的文档。

(4) “属性”窗口：用于设置 HTML 元素、控件及其他对象的属性。

(5) 视图选项卡：用于显示同一文档的不同视图，可在下列选项中切换。

① “设计”视图：一种近似 WYSIWYG（What-You-See-Is-What-You-Get：所见即所得）的编辑界面，一般用于界面布局设计。

② “源”视图：Web 页面内容的 HTML 编辑器，用于直接编辑源码。

③ “拆分”视图：可同时显示文档的“设计”视图和“源”视图。

(6) 工具箱：包括按功能分组的控件和 HTML 元素，可以拖到 Web 页面上。

(7) 服务器资源管理器/数据库资源管理器：用于显示数据库连接。

注意：Visual Studio Web 开发环境的窗口和工具栏均可移动位置或关闭。如果关闭了某窗口，则可通过“视图”菜单的子菜单重新显示。

例如，如果未显示“服务器资源管理器”，可以通过选择“视图”→“服务器资源管理器”菜单命令，重新显示“服务器资源管理器”。

1.5.2 ASP. NET 网站基本构建流程

ASP. NET 应用程序的结构如图 1-24 所示。这是典型的 B/S 架构：Web 客户端(浏览器 Browser)通过 Microsoft Internet 信息服务(Internet Information Services，IIS)与 ASP. NET 应用程序通信，大多数 Web 应用程序使用数据库服务器存储数据。

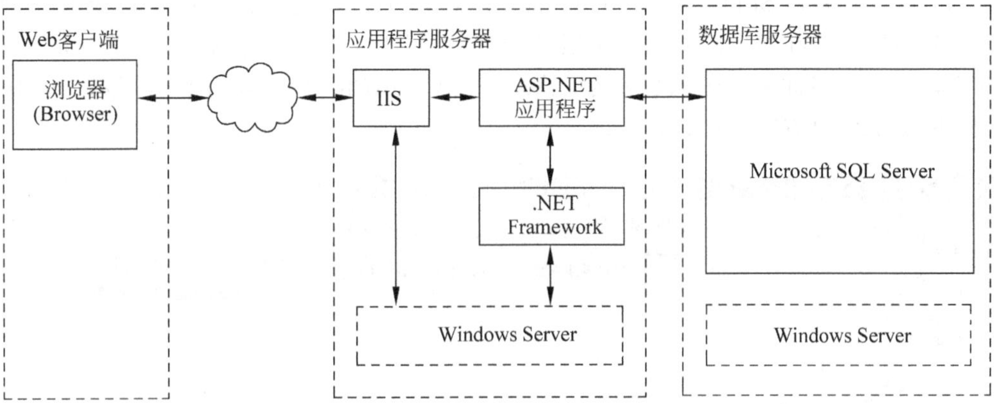

图 1-24 ASP. NET 应用程序的结构

在学习 ASP. NET 应用程序开发之前，有必要了解构建一个 ASP. NET 网站的基本流程。构建一个 ASP. NET 网站的基本流程如图 1-25 所示。

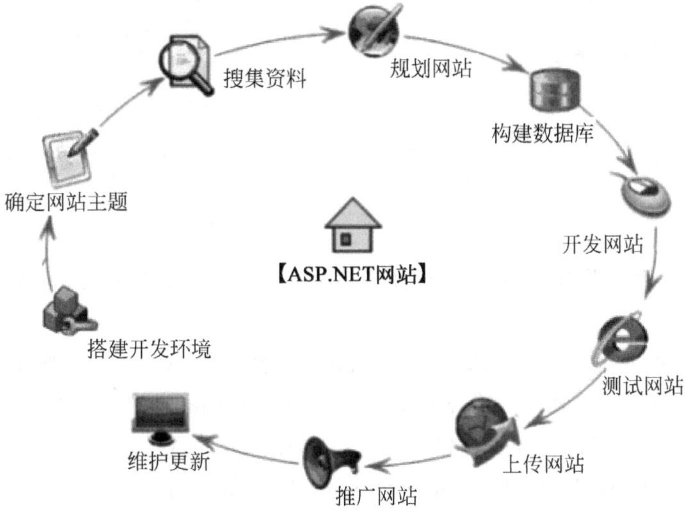

图 1-25 构建一个 ASP. NET 网站的基本流程

任务 1-3　创建简单的 Web 网站

【任务描述】

以“新知书店”网站管理系统为例，介绍使用 Visual Studio 2017 创建 ASP. NET 网站的具体过程。

在客户浏览器中运行默认生成页 Default. aspx，输出用户登录时间。

【任务实施】

1. 创建网站

(1) 运行 Visual Studio 2017，在 Visual Studio 2017 菜单栏中依次选择“文件”→“新建”→“项目”命令，在弹出的对话框中展开“其他项目类型”选项，选择“Visual Studio 解决方案”模板，输入名称为 rw1-3、位置为 D:\AspNetCode\Chap01\，如图 1-26 所示。单击“确定”按钮，完成解决方案 rw1-3 的建立。

图 1-26　“新建项目”对话框

注意：用解决方案管理网站意味后续开发都应先打开解决方案，再在相应的网站中添加文件夹、页面等。

(2) 打开“解决方案资源管理器”窗口，右击“解决方案 rw1-3”，在弹出的快捷菜单中选择“添加”→“新建项目”命令，在弹出的对话框中选择 Visual C＃→Web→“先前版本”→“ASP. NET 空网站”模板，输入网站名称 BookShop 和位置 D:\AspNetCode\Chap01\rw1-3\，如图 1-27 所示，单击“确定”按钮，完成 BookShop 网站的添加。

注意：图 1-27 中建立的网站属于“文件系统”类型网站，该类型将网站的文件放在本地硬盘上的一个文件夹中，或放在局域网上的一个共享位置，对网站的开发、运行和调试均无须使用在操作系统中独立安装的 IIS，而使用随 Visual Studio 2017 安装的 IIS Express。由于“文件系统”网站是 ASP.NET 开发人员最常用的类型，因此本书新建网站均采用该类型。

图 1-27 添加网站“BookShop”对话框

2. 设计 Web 页面

(1) 打开“解决方案资源管理器”窗口，右击网站“BookShop”，在弹出的快捷菜单中选择“添加”→“新建项目”命令，在弹出的对话框中选择 Visual C#→“Web 窗体”模板，输入页面名称 Default.aspx，如图 1-28 所示，单击“确定”按钮，完成 Default.aspx 页面的添加。

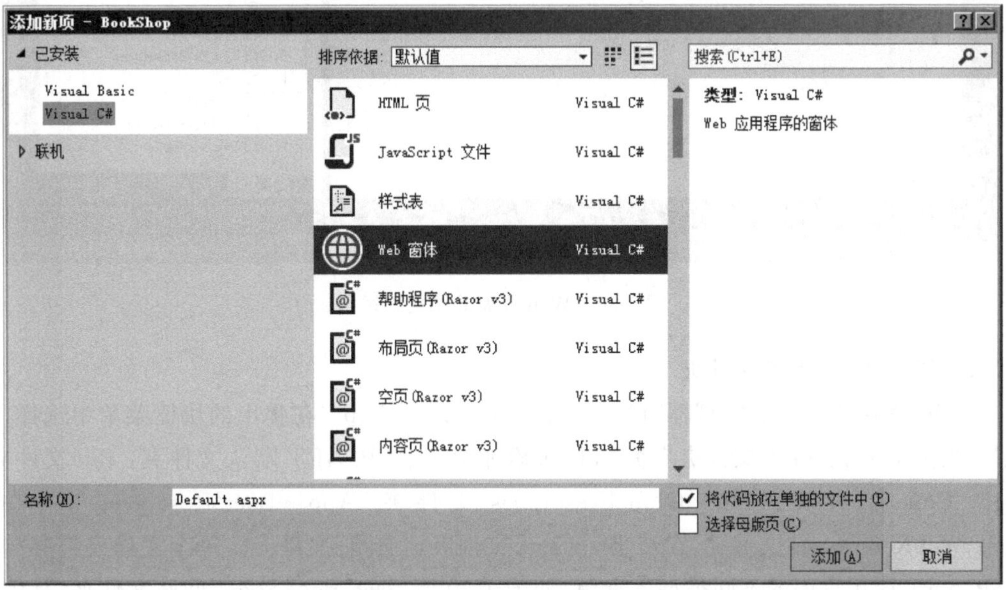

图 1-28 添加网站“Web 窗体”对话框

(2) 单击编辑窗口底部的“设计”视图按钮，切换到网页的设计视图，在 body 区域输入文字“欢迎您光临新知书店网!”，如图 1-29 所示，然后单击工具栏中的“保存”按钮或“全部保存”按钮，保存新建的页面。

图 1-29 在 body 区域输入文字

(3) 单击编辑窗口底部的“源”按钮，切换到页面的源代码视图，在< title ></title >之间输入网页标题“新知书店网”，如图 1-30 所示。

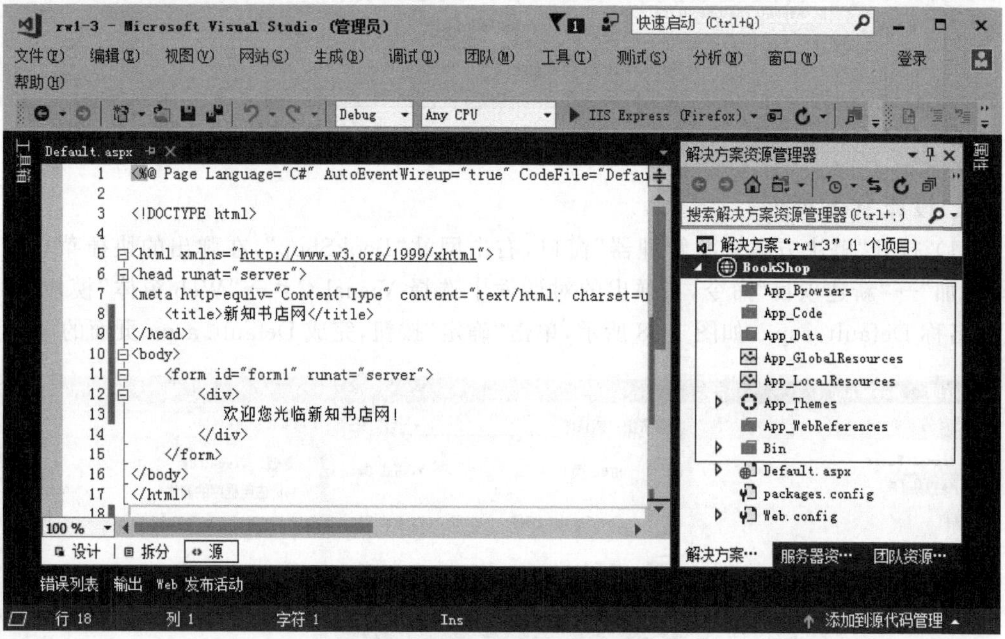

图 1-30 Web 页面的源代码视图

3. 添加 ASP. NET 文件夹

打开“解决方案资源管理器”窗口，右击网站“BookShop”，在弹出的快捷菜单中选择“添加”→“添加 ASP. NET 文件夹”命令，依次添加七个 ASP. NET 默认文件夹：Bin 文件夹、App_Code 文件夹、App_GlobalResources 文件夹、App_LocalResources 文件夹、App_WebReferences 文件夹、App_Browsers 文件夹、“主题”文件夹。每个文件夹都存放有 ASP. NET 应用程序的不同类型的资源，如图 1-30 所示的“BookShop”网站文件夹，具体说明如表 1-3 所示。

表 1-3　ASP.NET 应用程序文件夹说明

文件夹	说　明
Bin	包含程序所需的所有已编译程序集(.dll 文件)。应用程序中自动引用 Bin 文件夹中的代码所表示的任何类
App_Code	包含页使用的类(如.cs、.vb 和.jsl 文件)的源代码
App_GlobalResources	包含编译到具有全局范围的程序集中的资源(.resx 和.resources 文件)
App_LocalResources	包含与应用程序中的特定页、用户控件或母版页关联的资源(.resx 和.resources 文件)
App_WebReferences	包含用于定义在应用程序中使用的 Web 引用的引用协定文件(.wsdl 文件)、架构文件(.xsd 文件)和发现文档文件(.disco 和.discomap 文件)
App_Browsers	包含 ASP.NET 用于标识个别浏览器并确定其功能的浏览器定义(.browser)
主题	包含用于定义 ASP.NET 网页和控件外观的文件集合(.skin 和.css 文件以及图像文件和一般资源)

4. 编写程序代码

在“解决方案资源管理器”窗口中双击 Default.aspx.cs，切换到程序逻辑代码编写页面，在逻辑代码编写页面 Default.aspx.cs 的代码编辑区域中为 Page 对象的 Load 事件编写功能代码，输出用户登录时间，如图 1-31 所示。然后单击工具栏中的“保存”按钮或“全部保存”按钮，保存 Default.aspx.cs 页中输入的程序逻辑代码。

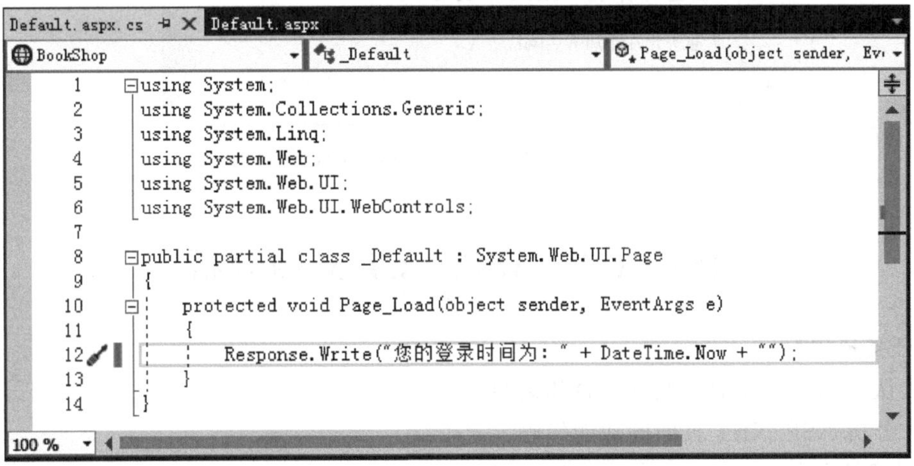

图 1-31　在 Default.aspx.cs 中输入代码

图 1-31 中 Page 对象的 Load 事件的逻辑代码(即第 12 行)如下：

```
Response.Write("您的登录时间为: " + DateTime.Now + "");
```

其余代码均为系统自动生成。

5. 运行和调试页面

直接按 F5 键或者在主窗口中选择"调试"→"启动调试"命令浏览网页,如果出现了图 1-32 所示的"未启用调试"对话框,直接单击"确定"按钮,自动添加启用调试的 Web. config 配置文件,激活调试功能。页面的浏览效果如图 1-33 所示。

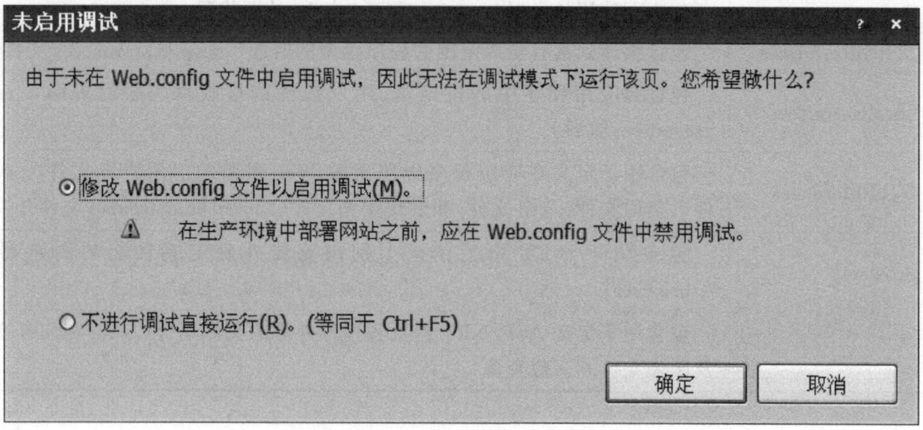

图 1-32 "未启用调试"对话框

图 1-33 Web 页面 Default. aspx 的运行效果

任务 1-4 ASP. NET 文档分析

【任务描述】

- 认识 ASP. NET 文档的内容和结构。
- 分析 ASP. NET 页面的功能代码。

【任务实施】

1. 打开任务 1-3 中所创建的解决方案

启动 Visual Studio 2017,在主窗口中选择"文件"→"项目/解决方案"命令,在"打开项目"对话框中选择任务 1-3 所创建的解决方案 rw1-3,该解决方案的路径为 D:\AspNetCode\Chap01\rw1-3,然后单击"打开"按钮,即可打开解决方案 rw1-3,如图 1-34 所示。

2. 分析 Web 页面的源代码

任务 1-3 中所创建网站 BookShop 的 Web 页面 Default. aspx 的源代码如下所示。

图 1-34 “打开项目”对话框

```
01 <%@ Page Language = "C#" AutoEventWireup = "true" CodeFile = "Default.aspx.cs"
02 Inherits = "_Default" %>
03
04 <!DOCTYPE html>
05
06 <html xmlns = "http://www.w3.org/1999/xhtml">
07 <head runat = "server">
08 <meta http-equiv = "Content-Type" content = "text/html; charset = utf-8"/>
09     <title>新知书店网</title>
10 </head>
11 <body>
12     <form id = "form1" runat = "server">
13         <div>
14             欢迎您光临新知书店网!
15         </div>
16     </form>
17 </body>
18 </html>
```

上述代码解释如下。

(1) 01～02 行代码为页面指令，即<%@ Page %>指令，主要为 ASP.NET 页面文件指定解析和编译时使用的属性和值，每个.aspx 页面文件只能包含一条@ Page 指令。其中，@ Page 指令的 Language 属性为网页文档指定程序语言类型；AutoEventWireup 属性的默认值为 true，表示将自动调用页面事件（相关知识将在后续章节中详述）；CodeFile 指定了与页面相关的后置代码文件，本例后置代码文件为 Default.aspx.cs；Inherits 属性定义了供页面继续的代码后置的类,它与 CodeFile 属性一起使用。

(2) 04～05 行声明文档的类型,说明网页文档使用的 XHTML 是哪一个版本,这里使用的是 XHTML 1.0。

(3) 07～18 行的 HTML 源代码被分为两部分: < head >…</head >之间的网页头部区域和< body >…</body >之间的网页主体部分。

(4) < form >…</from >表示网页中包含一个表单对象。

(5) < div >…</div >表示布局区块,div 是一种 XHTML 的布局标签。

(6) 第 07 行和第 12 行所出现的"runat="server""指明该代码在服务器端执行。

3. 分析 Web 页面的程序逻辑(功能)代码

任务 1-3 中所创建的 Web 页面 Default. aspx 引用的代码隐藏文件的程序逻辑(功能)代码如下所示。

```
1  using System;
2  using System.Collections.Generic;
3  using System.Linq;
4  using System.Web;
5  using System.Web.UI;
6  using System.Web.UI.WebControls;
7
8  public partial class _Default : System.Web.UI.Page
9  {
10     protected void Page_Load(object sender, EventArgs e)
11     {
12         Response.Write("您的登录时间为: " + DateTime.Now + "");
13     }
14 }
```

上述代码解释如下。

(1) 01～06 行表示引入的多个命名空间。

(2) 08～14 行表示创建的类,10～13 行表示页面对象 Page 的 Load 事件过程的程序代码。

(3) 第 12 行表示在页面输出您登录的时间,DateTime 是一个结构类型,Now 是 DateTime 的属性,用于获取当前系统日期和时间。

1.6 ASP. NET 页面的处理机制

ASP. NET 页面由. aspx 文件和. cs 文件构成,事实上. cs 文件和. aspx 文件中标有 runat="server"属性(该属性会在后续内容中介绍)的元素被编译成一个类,两者是局部类(由关键字 partial 声明的类)的关系,在运行过程中,可以将 Web 页面的. cs 文件和. aspx 文件看成一个整体,Web 页面的处理过程如下。

(1) 用户通过客户端浏览器请求页面,页面第一次运行。如果程序员通过编程让它执行初步处理,如对页面进行初始化操作等,可以在 Page_load 事件中进行处理。

(2) Web 服务器在其硬盘中定位所请求的页面。

(3) 如果 Web 页面的扩展名为. aspx，就把这个文件交给 aspnet-isapi. dll 进行处理。如果以前没有执行过这个程序，那么就由 CLR 编译并执行，得到纯 HTML 结果；如果已经执行过这个程序，那么就直接执行编译好的程序并得到纯 HTML 结果。

(4) 把 HTML 流返回给浏览器，浏览器解释执行 HTML 代码，显示 Web 页面的内容。

上述过程可以用图 1-35 加以说明。

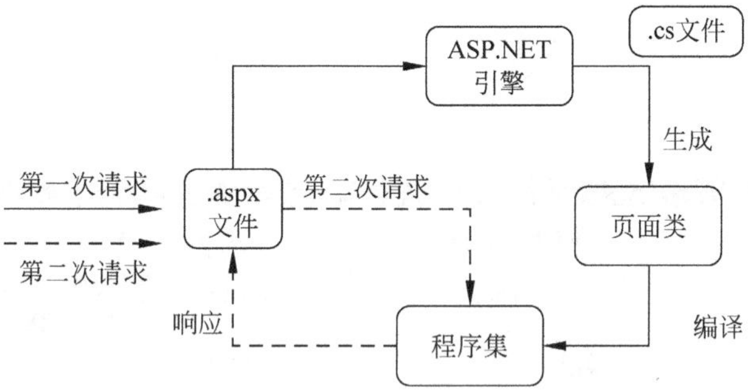

图 1-35　ASP. NET 页面的处理机制

1.7　ASP. NET 的网页代码模型

ASP. NET 网页由以下两部分组成。

(1) 可视元素：包括标记、服务器控件和静态文本。

(2) 页的编程逻辑：包括事件处理程序和其他代码。

ASP. NET 提供了两个用于管理可视元素和代码的模型，即单文件页和代码隐藏页模型。这两个模型功能相同，两种模型中可以使用相同的控件和代码。

1.7.1　单文件页模型

在单文件页模型中，页的标记及其编程代码位于同一个后缀为 . aspx 的文件中。可以通过下面的操作创建一个单文件页模型。打开任务 1-3 所创建的解决方案 rw1-3，在“解决方案资源管理器”窗口中右击网站“BookShop”，从弹出的快捷菜单中选择“添加新项”命令，在“名称”中输入 sPage. aspx，如图 1-36 所示，取消选中“将代码放在单独的文件中”复选框，单击“添加”按钮，即可创建单文件页模型的 ASP. NET 页面，创建后会自动创建相应的 HTML 代码以便页面的初始化，示例代码如下所示。

```
<%@ Page Language = "C#" %>
<!DOCTYPE html>
<script runat = "server">

</script>
<html xmlns = "http://www.w3.org/1999/xhtml">
<head runat = "server">
```

```
<meta http-equiv="Content-Type" content="text/html; charset=utf-8"/>
    <title></title>
</head>
<body>
    <form id="form1" runat="server">
        <div>
        </div>
    </form>
</body>
</html>
```

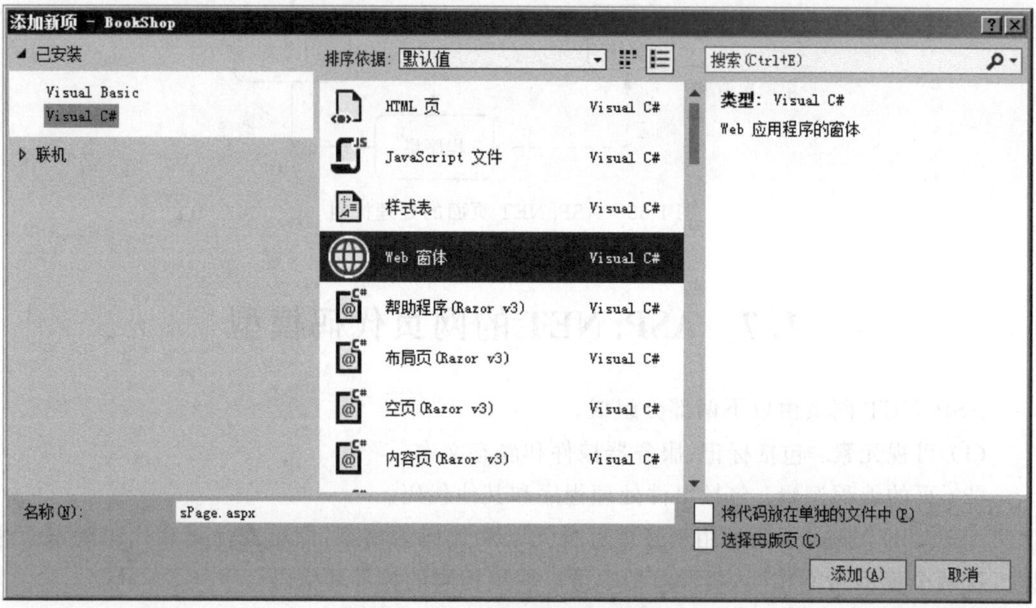

图 1-36　创建单文件页模型

业务逻辑代码位于<script>…</script>标记的模块中,以便与其他显示代码隔离开。服务器端运行的代码一律在<script>标记中注明 runat="server" 属性,此属性将其标记为 ASP.NET 应执行的代码。一个<script>模块可以包括多个程序段,每个网页也可以包括多个<script>模块。

<script runat="server">中的 runat 是<script>标记的一个属性,属性值为"server",表示<script>块中包含的代码在服务器端而不是客户端运行,此属性对于服务器端代码是必需的。

在对单文件页进行编译时,编译器将生成并编译一个从 Page 基类派生或从使用@Page 指令的 Inherits 属性定义的自定义基类派生的新类。在生成页之后,生成的类将编译成程序集,并将该程序集加载到应用程序域,然后对该页类进行实例化并执行该页类,以将输出呈现到浏览器。单文件页模型如图 1-37 所示。

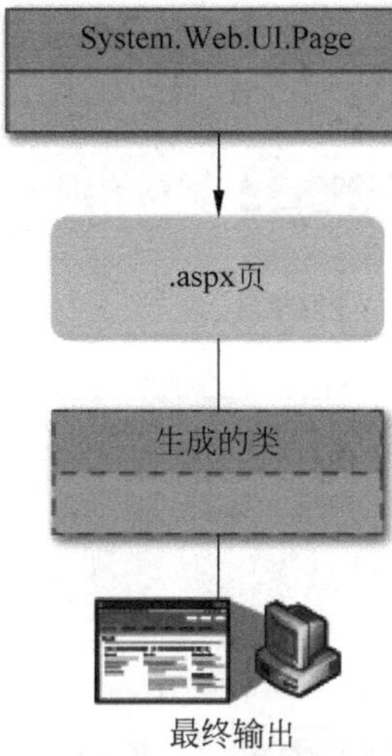

图 1-37　单文件页模型

1.7.2　代码隐藏页模型

在创建网页时，如果选中"将代码放在单独的文件中"复选框，即可创建代码隐藏页模型的 ASP. NET 文件。代码隐藏页模型与单文件页模型不同的是，代码隐藏页模型将事物处理代码都存放在. cs 文件中，当 ASP. NET 网页运行时，ASP. NET 类生成时会先处理. cs 文件中的代码，再处理. aspx 页面中的代码。这种过程被称为代码分离。

代码分离有一种好处，就是在. aspx 页面中，开发人员可以将页面直接作为样式来设计，即美工人员也可以设计. aspx 页面，而. cs 文件由程序员来完成事务处理。同时，将 ASP. NET 中的页面样式代码和逻辑处理代码分离能够让维护变得简单，同时代码看上去也非常优雅。在. aspx 页面中，代码隐藏页模型的. aspx 页面代码基本上和单文件页模型的代码相同，不同的是在 script 标记中的单文件页模型的代码默认被放在了同名的. cs 文件中，任务 1-3 创建网站 BookShop 的 Web 页面 Default. aspx 就是一个典型的代码隐藏页模型。

与单文件页模型相比，代码隐藏页模型的. aspx 页有两处差别。第一个差别是在代码隐藏页模型中，不存在具有 runat="server" 特性的 script 块（如果要在页中编写客户端脚本，则该页可以包含不具有 runat="server" 特性的 script 块）；第二个差别是代码隐藏页模型中的 @ Page 指令包含引用外部文件（如 Default. aspx. cs）和类的特性，如多态、继承等，这些特性将 . aspx 页链接至其代码。

代码隐藏页模型的优点包括以下几点。

（1）适用于包含大量代码或多个开发人员共同创建网站的 Web 应用程序。

（2）代码隐藏页可以清楚地分隔标记（用户界面）和代码。这一点很实用，可以在程序员编写代码的同时让设计人员处理标记。

（3）代码并不会向仅使用页标记的页设计人员或其他人员公开。

（4）代码可在多个页中重用。

但是，ASP. NET 代码隐藏页模型的运行过程比单文件页模型要复杂，其运行示例图如图 1-38 所示。

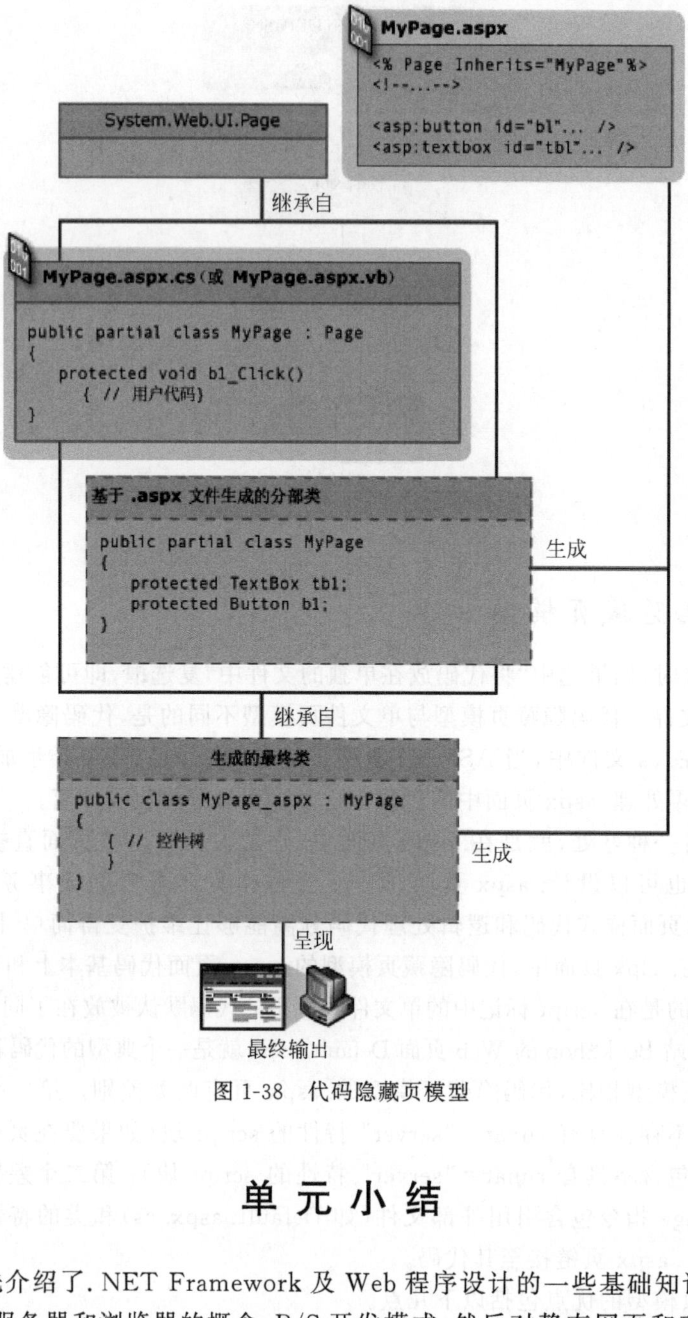

图 1-38　代码隐藏页模型

单 元 小 结

本单元首先介绍了.NET Framework 及 Web 程序设计的一些基础知识，如 HTTP 协议的工作方式、服务器和浏览器的概念、B/S 开发模式，然后对静态网页和动态网页的工作原理进行了分析和比较。接着从 ASP.NET 的历史、ASP.NET 的优点等方面对 ASP.NET 技术进行了简单的介绍，并介绍了 ASP.NET 开发环境的获取和安装，为用户进一步学习奠定了基础。接下来讲解了 ASP.NET 页面是如何组织和运行的，包括页面的往返与运行(处理)机制，在了解这些基本运行机制后，就能够在.NET 框架下进行 ASP.NET 开发了。最后，介绍了在编写 ASP.NET 网页时所采用的代码模型，代码模型有单文件页模型和代码隐藏页模型，在单文件页模型中，页的标记及其程序代码位于同一个扩展名为.aspx

的文件中，而在代码隐藏页模型中，页的标记和服务器端元素仍位于.aspx 文件中，程序代码则单独位于扩展名为.cs 的代码隐藏文件中。

单元练习题

一、选择题

1. 下面不是动态网页技术的是(　　)。

A. ASP.NET　　B. ASP　　C. JSP　　D. HTML

2. 可以不用发布就能在本地计算机上浏览的页面编写语言是(　　)。

A. ASP　　B. HTML　　C. PHP　　D. JSP

3. 默认的 ASP.NET 页面文件扩展名是(　　)。

A. ASP　　B. ASPNET　　C. Net　　D. ASPX

4. 关于 Web 服务器，下列描述不正确的是(　　)。

A. 互联网上的一台特殊机，给互联网的用户提供 WWW 服务

B. Web 服务器上必须安装 Web 服务器软件

C. IIS 是一种 Web 服务器软件

D. 当用户浏览 Web 服务器上的网页时，是使用 C/S 的工作方式

5. 在 IIS 的默认网站下创建了一个 chapter1 虚拟目录，如果想访问该目录下的 1_1.htm 页面，下面(　　)是正确的。

A. http://localhost/chapter1　　B. http://localhost/asp.net/chapter1

C. http://localhost/chapter1/1_1.htm　　D. /chapter1/1_1.htm

6. 如果外地朋友通过 Internet 访问你的计算机上的 ASP.NET 文件，应该选择(　　)链接。

A. http://localhost/chapter1/1-1.aspx

B. /chapter1/1-1.aspx

C. http://你的计算机名/chapter1/1-1.aspx

D. http://你的计算机 IP 地址/chapter1/1-1.aspx

7. .NET 框架的核心是(　　)。

A. .NET Framework　　B. IL

C. FLC　　D. CLR

8. ASP.NET 程序代码编译时，.NET 框架先将源代码编译为(　　)。

A. 汇编语言　　B. IL　　C. CS 代码　　D. 机器语言

二、填空题

1. 计算机中安装________以后，系统就可以运行任何.NET 语言编写的软件。

2. .NET Framework 由两部分组成：________________和________________。

3. CLR 是指________________，其功能是负责________________。

4. .NET Framework 公共语言运行库最重要的功能是为 ASP.NET 提供________。

5. IIS 是指________________________。

6. 目前最专业的.NET 开发工具是________。

三、问答题

1. ASP.NET 有哪些优点？
2. 简述什么是.NET 框架。
3. 简述安装和配置 IIS 服务器的步骤。
4. 简述静态网页和动态网页的工作原理。
5. 简述 ASP.NET 页面的处理机制。

单元 2　使用控件高效创建网站页面

ASP.NET 服务器控件是 ASP.NET 网页中的对象，当客户端浏览器请求服务器端的网页时，这些控件对象将在服务器上运行，然后向客户端浏览器呈现 HTML 标记。使用 ASP.NET 服务器控件，可以大幅度减少开发 Web 应用程序所需编写的代码量，提高开发效率和 Web 应用程序的性能。本单元将对 ASP.NET 中的标准服务器控件、验证控件和常用第三方控件及其使用进行详细讲解。

本单元主要学习目标如下。

- 会使用 HTML 服务器控件创建 Web 页面。
- 会使用 Web 标准服务器控件创建 Web 页面。
- 会使用数据验证控件验证 Web 页面中输入的数据。
- 会创建自定义 Web 用户控件。
- 掌握常用 Web 标准服务器控件的功能、属性和事件。
- 掌握常用数据验证控件的功能和属性。
- 了解常用的第三方控件 CKeditor。

2.1　服务器控件概述

控件是对数据和方法的封装，也可以理解为是一个可重用的组件或对象，例如人们在网页上经常看到输入信息用的文本框、单选按钮、复选框、下拉列表等元素，都属于控件。控件可以有自己的属性、方法和可以响应的事件。而 ASP.NET 控件是一种服务器端运行的组件，服务器可以根据客户端浏览器的类型将其生成适合在该浏览器运行的 HTML 标记，进而在客户端呈现。

部署在 Web 服务器上的网站，用户可以通过浏览器来访问。当用户请求一个静态的 HTML 页面时，服务器找到对应的文件直接将其发送给用户端的浏览器；而在请求 ASP.NET 页面(扩展名为.aspx 的页面)时，服务器将在文件系统中找到并读取对应的页面，然后将页面中的服务器控件转换成浏览器可以解释的 HTML 标记和一些脚本代码，并将转换后的结果页面发送给用户。

在 ASP.NET 页面上，服务器控件表现为一个标记，如<asp:textbox.../>。这些标记不是标准的 HTML 元素，因此，如果它们出现在网页上，浏览器将无法理解。然而，当从 Web 服务器上请求一个 ASP.NET 页面时，这些标记都将被转换为 HTML 元素，因此浏览器只会接收到它能理解的 HTML 内容。

可以将任意的服务器控件放置在创建的.aspx 页面上，然而请求服务器上该页面的浏览器将只能接收 HTML 和 JavaScript 脚本代码。浏览器无法理解 ASP. NET,因此,Web 服务器须读取 ASP. NET 代码并进行处理,将所有 ASP. NET 特有的内容转换为 HTML 并发送给浏览器进行显示。

2.1.1 控件分类

在 ASP. NET 中,控件可分为 HTML 控件和 Web 控件。Web 控件又可以分为 HTML 服务器控件、Web 服务器控件、用户控件和自定义控件。

1. HTML 控件

在学习 HTML 的时候,我们已经知道了许多 HTML 标签,例如< input type="text"/> 就是一个文本框的标签,在 ASP. NET 中,这种标签称为 HTML 控件,特殊的是,ASP. NET 不会对这种控件做任何处理,我们也无法使用"控件+事件"的方式使用它,如果想让 ASP. NET 来处理这些控件,就需要把它们转化为 HTML 服务器控件。

2. Web 控件

所有的 Web 控件都继承自 System. Web. UI. Control 类。

1) HTML 服务器控件

通过增加 runat="server"的属性可以将 HTML 控件转化为 HTML 服务器控件,转化后的 HTML 控件的代码例如:<input id="Text1" type="text" runat="server"/>。这样就可以在服务器端代码中通过 ID 访问和控制该控件,任何 HTML 控件加上 runat="server"属性都可以转换成服务器控件,所有的 HTML 服务器控件位于 System. Web. UI. HtmlControls 命名空间中。

2) Web 服务器控件

TextBox、Label、Button 都是 Web 服务器控件,又称"ASP. NET 服务器控件"。服务器控件提供统一的编程模型,包含属性、方法以及与之相关的事件处理程序,并且这些代码都在服务器端执行。在 ASP. NET 中,我们平时常用的是 Web 服务器控件,所有的 Web 服务器控件位于 System. Web. UI. WebControls 命名空间中。

以下面的 Label 控件的代码为例:

```
< asp:Label ID = "lblShow" runat = "server"></asp:Label >
```

Web 服务器控件的标签都是以 asp:开头,称为标记前缀,后面是控件类型。另外可以看到 runat="server"属性,这个属性声明了该控件在服务器端运行。

提示:对于 Web 服务器控件,虽然 runat="server"是默认属性,但该属性不能省略不写,否则该控件将被服务器忽略。

3) 用户控件

用户控件是一种复合控件,可以通过组合现有的控件并为之定义属性和方法来实现,它的形式类似于 ASP. NET 网页,可以在其他 ASP. NET 页面中重复使用。用户控件很好地体现了代码的复用。

4) 自定义控件

通过派生或复用现有控件可以创建经过编译的自定义控件,自定义控件不仅可以在其他 ASP. NET 页面中复用,还可以在其他项目中使用。自定义控件既体现了代码的复用又体现了资源的共享。

启动 Visual Studio 2017 后，选择“视图”→“工具箱”命令，可以看到“工具箱”中有上述控件。Web 控件的关系如图 2-1 所示。

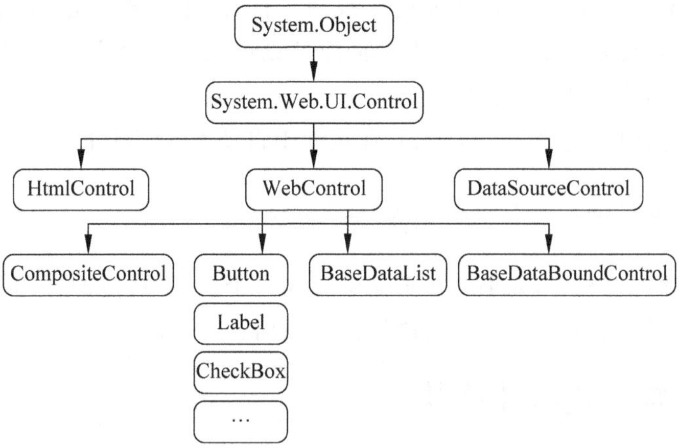

图 2-1　Web 控件关系图

2.1.2　在页面中添加 HTML 服务器控件

给 HTML 标记添加 runat＝"server"属性，该标记就变成了 HTML 服务器控件。每个 HTML 服务器控件都是一个对象，因此，可以在服务器上以编程方式访问其属性和方法，并为其编写在服务器端运行的事件处理程序。

比较如下的代码：

```
< input id = "Button1" type = "button" value = "button" />
```

添加服务器端属性之后的代码如下：

```
< input id = "Button1" type = "button" value = "button" runat = "server" />
```

可以看出，只要在控件中添加一个 runat＝"server"的属性即可。

2.1.3　在页面中添加 Web 服务器控件

添加 Web 服务器控件有两种方式：通过工具箱选择待添加的控件，然后直接将该控件拖动到需要添加的页面位置；或直接进入页面的源视图，通过 HTML 语法，将该控件添加到页面的相应位置。

【示例 2-1】 演示 Web 服务器控件的添加。

(1) 启动 Visual Studio 2017 后，依次选择“文件”→“新建”→“项目”命令，在弹出的对话框中展开“其他项目类型”选项，选择“Visual Studio 解决方案”模板，输入 Chap02、位置为 D:\AspNetCode\。单击“确定”按钮，完成解决方案 Chap02 的建立。

(2) 打开“解决方案资源管理器”窗口，右击，解决方案 Chap02，在弹出的快捷菜单中选择“添加”→“新建项目”命令，在弹出的对话框中选择 Visual C＃→Web→“先前版本”→

“ASP.NET 空网站”模板，输入网站名称 Ch2_1 和位置 D:\AspNetCode\Chap02，单击“确定”按钮，完成 Ch2_1 网站的添加。在网站中添加一个新的.aspx 页面，命名为 AddWebControl.aspx。

(3) 双击新建的页面，进入页面的设计视图。打开“工具箱”，在“标准”控件组中选择 TextBox 控件，然后将其拖到页面中，这时页面的设计视图中会自动出现一个 TextBox 控件，该控件的默认名称为 TextBox1。

(4) 切换到页面的源视图，可以看到，在页面中自动增加了如下代码：

```
<asp:TextBox ID = "TextBox1" runat = "server"></asp:TextBox>
```

通过上述步骤可以看出，如果要在页面中添加一个控件，通过源视图的 HTML 代码或通过设计视图的可视化编辑，均可以完成控件的添加。

2.1.4 设置服务器控件属性

每个控件都有自己的属性，如 ID、Text 属性等，通过设置不同的属性，可以改变服务器控件的展示内容和现实风格。

在 ASP.NET 中，可以通过三种方式来设置服务器控件的属性，分别是：通过“属性”对话框直接设置；在控件的 HTML 代码中设置；或者通过页面的后台代码以编程的方式指定控件的属性。

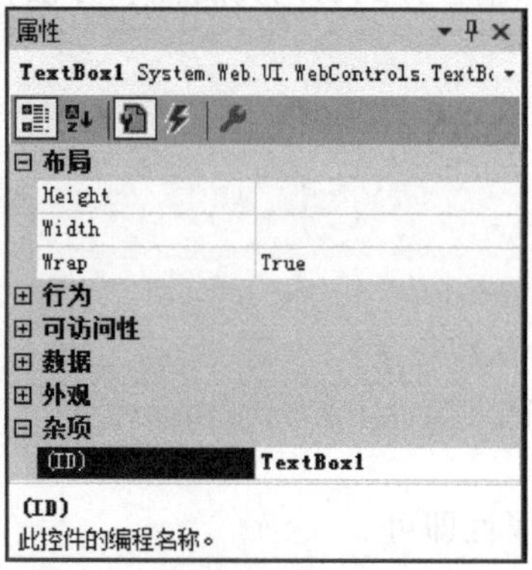

图 2-2 控件的“属性”设置窗口

通过“属性”窗口直接进行设置是最简单的方式，设置的时候，只需在设计视图下右击该控件，从弹出的快捷菜单中选择“属性”命令，即可对控件的属性进行设置，如图 2-2 所示。

通过“属性”窗口设置的控件属性，会自动更新到页面该控件的 HTML 代码中。如果对控件的某些属性比较熟悉，也可以在控件的 HTML 代码中直接编写代码，但对属性内容的设置，必须参照每个控件的声明语法，设置语法中存在的属性和值。

对控件的 HTML 代码进行设置时，非常方便，Visual Studio 2017 会根据控件的类型给予智能提示，即在每个控件的作用域内，按空格键，会弹出该控件在此作用域内的所有可设置属性。

除了设置控件的初始属性之外，控件的属性也可以通过编程的方法在页面相应代码区域编写，设置经过某些响应或事件之后控件的属性信息，示例代码如下：

```
protected void Page_Load(object sender, EventArgs e)
{
  TextBox1.Text  =  "You are Welcome!"; //在 Page_Load 中设置 TextBox1 的 Text 值
}
```

上述代码编写了一个 Page_Load(页面加载)事件，当页面初次被加载时，会执行 Page_

Load 中的代码。这里通过编程的方式对控件的属性进行设置，当页面加载时，控件的 Text 属性值会被呈现。

2.2 标准服务器控件

2.2.1 文本类型控件

文本类型控件主要包括 Label 控件和 TextBox 控件，二者都用来接收文本信息，本节将对这两个控件进行讲解。

1. Label 控件

使用 Label 控件可以在页面上的固定位置显示文本。与静态文本不同，可以通过设置 Text 属性来自定义所显示的文本，示例代码如下所示。

```
<asp:Label ID = "Label1" runat = "server" Text = "Label"></asp:Label>
```

上述代码中，声明了一个标签控件，并将这个标签控件的 ID 属性设置为默认值 Label1。由于该控件是服务器端控件，所以在控件属性中包含 runat="server"属性。该代码还将标签控件的文本初始化为 Label，开发人员能够配置该属性进行不同文本内容的呈现。

同样，标签控件的属性能够在相应的.cs 代码中初始化，示例代码如下：

```
protected void Page_PreInit(object sender, EventArgs e)
{
    Label1.Text  =  "Hello World";        //标签赋值
}
```

注意：通常情况下，控件的 ID 也应该遵循良好的命名规范，以便维护。

上述代码在页面初始化时把 Label1 的文本属性设置为“Hello World”。值得注意的是，对于 Label 标签，同样也可以显式 HTML 样式，示例代码如下：

```
protected void Page_PreInit(object sender, EventArgs e)
{
    Label1.Text = "Hello World <hr/>< span style = \"color:red\"> A Html Code </span >";
  //输出 HTML
    Label1.Font.Size  =  FontUnit.XXLarge;    //设置字体大小
}
```

上述代码中，Label1 的文本属性被设置为一串 HTML 代码，当 Label 文本被呈现时，会以 HTML 效果显示，运行结果如图 2-3 所示。

如果开发人员只是为了显示一般的文本或者 HTML 效果，不推荐使用 Label 控件，因为当服务器控件过多时，会导致性能问题。使用静态的 HTML 文本能够让页面解析速度更快。

图 2-3　Label 的 Text 属性的使用

2. TextBox 控件

在 Web 页面中，常常使用文本框控件(TextBox)来接收用户的输入信息，包括文本、数字和日期等。默认情况下，文本框控件是一个单行的文本框，用户只能输入一行内容，但是通过设置它的 TextMode 属性，可以将文本框改为允许输入多行文本或者输入密码的形式。TextBox 的语法格式如下：

```
<asp: Textbox id = "控件名称"
    TextMode = " SingleLine | Multiline | Password"
    Text = "显示的文字"
    MaxLength = "整数,表示输入的最大的字符数"
    Rows = "整数,当为多行文本时的行数"
    Columns = "整数,当为多行文本时的列数"
    Wrap = "True | False,表示当控件内容超过控件宽度时是否自动换行"
    AutoPostBack = "True | False,表示在文本修改以后,是否自动上传数据"
    OnTextChanged = "当文字改变时触发的事件过程"
    runat = "server" />
```

TextBox 控件的常用属性如下所示。

(1) AutoPostBack：在文本修改以后，是否自动重传。

(2) Columns：文本框的宽度。

(3) EnableViewState：控件是否自动保存其状态以用于往返过程。

(4) MaxLength：用户输入的最大字符数。

(5) ReadOnly：是否为只读。

(6) Rows：作为多行文本框时所显示的行数。

(7) TextMode：文本框的模式，设置单行、多行或者密码。

(8) Wrap：文本框是否换行。

使用上述所列的 TextBox 控件属性时，TextMode 属性是比较特殊的一个，该属性用于控制 TextBox 控件的文本显示方式，它的属性值有三个枚举值，分别如下所示。

(1) 单行(SingleLine)：用户只能在一行中输入信息，还可以通过设置 TextBox 的 Columns 属性值，限制文本的宽度；通过设置 MaxLength 属性值，限制输入的最大字符数。

(2) 多行(MultiLine)：文本很长时，允许用户输入多行文本并执行换行，还可以通过设置 TextBox 的 Rows 属性值，限制文本框显示的行数。

(3) 密码(Password):将用户输入的字符用星号(*)屏蔽,以隐藏这些信息。

【示例 2-2】 演示文本框控件 TextBox 的使用。

(1) 创建页面文件 TextBoxDemo. aspx,从工具箱中拖放三个文本框控件,代码如下:

```
用户名:< asp:TextBox ID = "TextBox1" runat = "server"></asp:TextBox >< br />
密  码:< asp:TextBox ID = "TextBox3" runat = "server" TextMode = "Password"> </asp:TextBox >
< br />
信  息:< asp:TextBox ID = "TextBox2" runat = "server" Height = "101px" TextMode = "MultiLine"
            Width = "325px"></asp:TextBox >
```

(2) 浏览 TextBoxDemo. aspx 页面,结果如图 2-4 所示。

无论是在 Web 网站开发还是 WinForm 应用开发中,文本框控件都是非常重要的。文本框在用户交互中能够起到非常关键的作用。

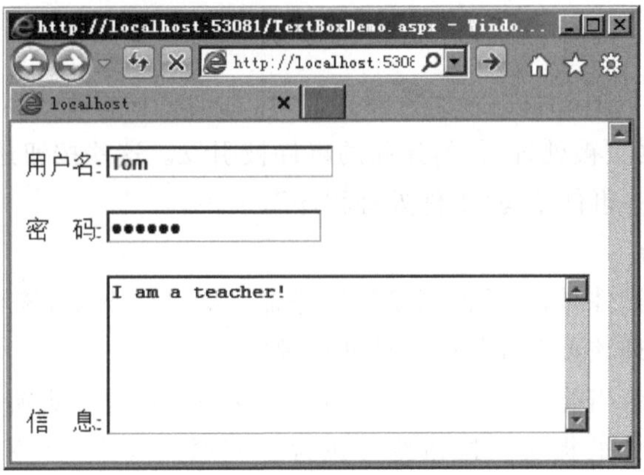

图 2-4　文本框的三种形式

另外,TextBox 控件还有一个比较常用的事件,即 TextChanged 事件,该事件在用户更改 TextBox 控件中的文本时触发。

注意:在对 TextChanged 事件编程时,首先要将该控件的 AutoPostBack 属性设置为 true。AutoPostBack 属性用于控制 TextBox 控件的事件是否自动提交服务器,系统默认为 false。当该属性设置为 true 时,若事件被触发则事件自动被提交到服务器,否则事件在下一次页面提交时才被触发。

2.2.2　按钮类型控件

在 Web 应用程序和用户交互时,常常需要提交表单、获取表单信息等操作。在这期间,按钮控件是非常必要的。按钮控件能够触发事件,或者将网页中的信息回传给服务器。在 ASP. NET 中包含两类按钮控件,分别为 Button 和 ImageButton。两种控件的比较如表 2-1 所示。

表 2-1　按钮控件的比较

控件	说　明
Button	显示一个标准命令按钮,该按钮呈现为一个 HTML 的 input 元素
ImageButton	以图形形式呈现按钮。这对于提供丰富的按钮外观非常有用

Button(按钮)控件是一个普通按钮控件,其语法格式如下:

```
<asp:Button id="控件名称"
    Text="按钮上的文字"
    CommandArgument="此按钮管理的命令参数"
    CommandName="与此按钮关联的命令"
    OnCommand="事件过程名称"
    OnClick="事件过程名称"
    runat="server"/>
```

ImageButton(图像按钮)控件用来创建一个图像提交按钮,其语法格式如下:

```
<asp:ImageButton id="控件名称" ImageUrl="要显示图像的 URL" OnClick="事件过程名称"
            runat="server" />
```

1. 按钮事件

当用户单击任何 Button(按钮)服务器控件时,都会将该页发送到服务器。这使得在基于服务器的代码中,网页被处理,任何挂起的事件被引发。这些按钮还可以引发它们自己的 Click 事件,可以为这些事件编写"事件处理程序"。

2. 按钮回发行为

当用户单击按钮控件时,该页面回发到服务器。默认情况下,该页回发到其本身,重新生成相同的页面并处理该页上控件的事件处理程序。

可以配置按钮以将当前页面回发到另一页面,这对于创建多页窗体非常有用。

按钮控件用于事件的提交。按钮控件包含一些通用属性,常用的通用属性包括以下几种。

(1) Causes Validation:按钮是否激发验证检查。

(2) PostBackUrl:获取或设置单击按钮时从当前页发送到网页的 URL。

(3) CommandArgument:此按钮管理的命令参数。

(4) CommandName:与此按钮关联的命令。

(5) ValidationGroup:使用该属性可以指定单击按钮时调用页面上的哪些验证程序;如果未建立任何验证组,则会调用页面上的所有验证程序。

这两种按钮控件对应的事件通常是 Click 单击和 Command 命令事件,在 Click 单击事件中,通常用于编写用户单击按钮时所需要执行的事件。

【示例 2-3】 演示 Button、ImageButton 控件的 Click 单击事件。

(1) 创建页面文件 ButtonDemo. aspx,从工具箱中分别拖放 Button、ImageButton 控件及两个 Label 控件至页面并完善,主体部分代码如下:

```
<body>
    <form id="form1" runat="server">
        <asp:Button ID="Button1" runat="server" OnClick="Button1_Click" Text="Button"
            CommandArgument="Hello" CommandName="FirstBtn" />
        普通的按钮
```

```
        <br /><br />
        <asp:ImageButton ID = "ImageButton1" runat = "server" ImageUrl = "~/images/image.
png"
Height = "50" AlternateText = "this is a ImageButton." OnClick = "ImageButton1_Click" />
        图像类型的按钮
        <br /><br />
        <asp:Label ID = "Label1" runat = "server" Text = "Label"></asp:Label>
        <br />
        <asp:Label ID = "Label2" runat = "server" Text = "Label"></asp:Label>
    </form>
</body>
```

(2) 在 ButtonDemo.aspx.cs 中分别添加 Button1 和 ImageButton1 按钮的事件过程代码如下：

```
protected void Button1_Click(object sender, EventArgs e)
{
    Label1.Text = "普通按钮被触发";        //输出信息
}

protected void ImageButton1_Click(object sender, ImageClickEventArgs e)
{
    Label2.Text = "图片按钮被触发";        //输出信息
}
```

(3) 运行后，分别单击 Button 和图片，效果如图 2-5 和图 2-6 所示，(2)中所示代码分别为两种按钮生成了事件，将 Label1、Label2 的文本设置为相应文本。

图 2-5　运行效果

图 2-6　两种类型按钮的 Click 事件触发后的效果

按钮控件中的 Click 事件并不能传递参数，所以处理的事件相对简单。而 Command 事件可以传递参数，负责传递参数的是按钮控件的 CommandArgument 和 CommandName 属性，如图 2-7 所示。

将示例 2-3 中按钮 Button1 的 CommandArgument 和 CommandName 属性分别设置为 Hello 和 FirstBtn，单击创建一个 Command 事件并在事件中编写相应代码，示例代码如下所示，运行后，分别单击 Button 和图片，效果如图 2-8 所示。

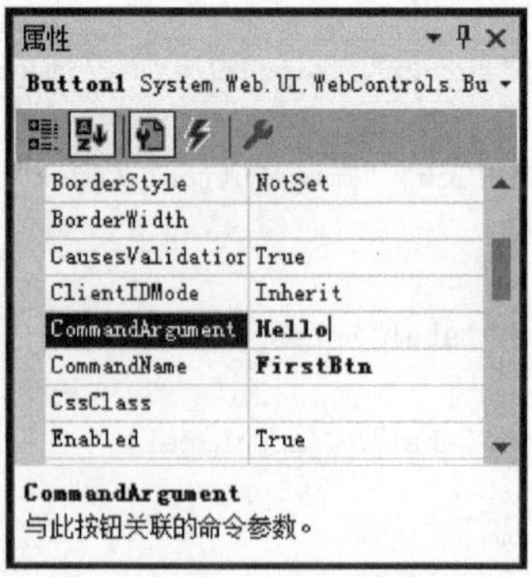

图 2-7 Button 控件属性设置

图 2-8 Button 控件 Command 事件运行效果

```
protected void Button1_Command(object sender, CommandEventArgs e)
{
    //如果 CommandName 属性的值为 FirstBtn,则运行下面代码
    if (e.CommandName == "FirstBtn")
    {
        Label1.Text = e.CommandArgument.ToString();
        //CommandArgument 属性的值赋给 Label1
    }
}
```

注意:当按钮同时包含 Click 和 Command 事件时,通常情况下会执行 Command 事件。Command 有一些 Click 不具备的好处,就是传递参数。可以对按钮的 CommandArgument 和 CommandName 属性分别设置,通过判断 CommandArgument 和 CommandName 属性来执行相应的方法。这样一个按钮控件就能够实现不同的方法,使得多个按钮与一个处理代码关联或者一个按钮根据不同的值进行不同的处理和响应。相比 Click 单击事件而言,Command 命令事件具有更高的可控性。

2.2.3 链接类型控件

链接类型控件主要包括 HyperLink 和 LinkButton 两个控件,本节将分别对它们的使用进行讲解。

1. HyperLink 控件

HyperLink 控件又称超链接控件,该控件在功能上和 HTML 的"< a href = "" >"元素相似,其显示模式为超级链接形式。HyperLink 控件与大多数 Web 服务器控件不同,当用户单击时并不会在服务器代码中引发事件,它只是实现导航功能。HyperLink 控件的语法格式如下:

```
<asp:HyperLink id = "控件名称"
    Text = "显示文字"
    NavigateUrl = "URL 地址"
    Target = "目标框架,默认为本框架,_blank 为新窗口"
    runat = "server" />
```

如果将图像文件的路径指定为 ImageUrl 属性，那么这个图像就会取代 Text 属性，成为< a >元素中的内容，例如：

```
<asp:HyperLink ID = "HyperLink1"
    ImageUrl = "images/pict.jpg"
    NavigateUrl = "http://www.microsoft.com"
    Text = "超级链接"
    Target = "_blank"
    runat = "server"/>
```

注意：与标签控件相同的是，如果只是为了单纯实现超链接，同样不推荐使用 HyperLink 控件，因为过多地使用服务器控件同样有可能造成性能问题。

2. LinkButton 控件

LinkButton 控件又称链接按钮控件，该控件在功能上与 Button 控件相似，但在呈现样式上与 HyperLink 相似，LinkButton 控件以超链接的形式显示。LinkButton 控件的语法格式如下：

```
<asp:linkbutton id = "控件名称" Text = "按钮上的文字" OnClick = "事件过程名称" runat =
"server" />
```

LinkButton 控件最常用的一个属性是 PostBackUrl 属性，该属性用来获取或设置单击 LinkButton 控件时从当前页发送到的网页的 URL，其常用的一个事件是 Click 事件，用来在单击该超链接按钮时触发，例如：

< asp:LinkButton ID = "LinkButton1" runat = "server" BackColor = "#FFFFC0" BorderColor = "Black" BorderWidth = "2px" PostBackUrl = "~/HyperLinkDemo.aspx">链接按钮</asp:LinkButton >

2.2.4 选择类型控件

选择类型控件就是在控件中可以选择项目，在 ASP.NET 中，常用的选择类型控件主要包括 RadioButton、RadioButtonList、CheckBox、CheckBoxList、DropDownList 和 ListBox 六个控件，本节将分别对它们进行介绍。

1. RadioButton 控件

RadioButton 控件是一种单选按钮控件，用户可以在页面中添加一组 RadioButton 控件，通过为所有的单选按钮分配相同的 GroupName（组名），来强制执行从给出的所有选项集合中仅选择一个选项。单选控件的常用属性如下所示。

（1）Checked：控件是否被选中。

（2）GroupName：单选控件所处的组名。

（3）TextAlign：文本标签相对于控件的对齐方式。

单选控件通常需要 Checked 属性来判断某个选项是否被选中，多个单选控件之间可能存在着某些联系，这些联系通过 GroupName 进行约束和联系，示例代码如下：

```
<asp:RadioButton ID = "RadioButton1"
    runat = "server"
    GroupName = "choose"
    Text = "男"
    AutoPostBack = "True"
    OnCheckedChanged = "RadioButton1_CheckedChanged" />
<asp:RadioButton ID = "RadioButton2"
    runat = "server"
    GroupName = "choose"
    Text = "女"
    AutoPostBack = "True"
    OnCheckedChanged = "RadioButton2_CheckedChanged" />
```

上述代码声明了两个单选控件,并将 GroupName 属性都设置为"choose"。单选控件中最常用的事件是 CheckedChanged,当控件的选中状态改变时,则触发该事件,示例代码如下:

```
protected void RadioButton1_CheckedChanged(object sender, EventArgs e)
{
    if (RadioButton1.Checked == true)
    {
        Label1.Text = "你选择的是" + RadioButton1.Text;
    }
}
protected void RadioButton2_CheckedChanged(object sender, EventArgs e)
{
    if (RadioButton2.Checked == true)
    {
        Label1.Text = "你选择的是" + RadioButton2.Text;
    }
}
```

上述代码中,当选中状态被改变时,则触发相应的事件。运行结果如图 2-9 所示。

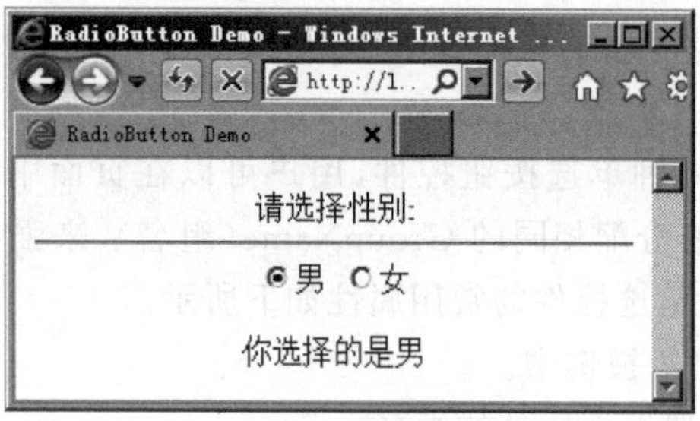

图 2-9　单选控件的使用

2. RadioButtonList 控件

与单选控件相同,单选组控件也是只能选择一个项目的控件,而与单选控件不同的是,单选组控件没有 GroupName 属性,但是却能够列出多个单选项目。另外,单选组控件所生成的代码也比单选控件实现的相对较少。示例代码如下：

```
<asp:RadioButtonList ID = "RadioButtonList1"
runat = "server"
RepeatDirection = "Horizontal">
  <asp:ListItem Selected = "True">男</asp:ListItem>
  <asp:ListItem>女</asp:ListItem>
</asp:RadioButtonList>
```

RadioButtonList 控件中最常用的事件是 SelectedIndexChanged，当控件的选中状态改变时，则触发该事件，示例代码如下：

```
protected void RadioButtonList1_SelectedIndexChanged(object sender, EventArgs e)
{
    Label1.Text = "你选择的是:" + RadioButtonList1.SelectedItem.Text;
}
```

3. CheckBox 和 CheckBoxList 控件

CheckBox(复选框)控件和 CheckBoxList(复选框列表)控件分别用于向用户提供选项和选项列表。CheckBox 控件适合用在选项不多且比较固定的情况，CheckBoxList 控件适合选项较多或者需要在运行时动态决定有哪些选项时使用较为方便。CheckBox 控件的语法格式如下：

```
<asp: CheckBox ID = "控件名" runat = "server" Text = "控件的文字" value = ""/>
```

CheckBox 控件的常用属性如下所示。

(1) Checked 属性：获取或设置该项是否选中。

(2) TextAlign 属性：控件文字的位置。

(3) Text 属性：获取或设置 CheckBox 控件的文本内容。

(4) Value 属性：获取或设置 CheckBox 控件的值内容。

(5) AutoPostBack 属性：获取或设置当改变 CheckBox 控件的选择状态时，是否自动回传窗体数据到服务器。值为 true 时，表示单击 CheckBox 控件，页面自动回发；值为 false 时，不回发。默认值为 false。

(6) CheckBox 控件具有 CheckedChanged 事件。当 Checked 属性的值改变时，会触发此事件。与 TextBox 控件类似，该事件要与 AutoPostBack 属性配合使用。

CheckBoxList 控件的语法格式如下：

```
<asp: CheckBoxList ID = "控件名" Runat = "server">
    <asp: ListItem value = "" > text </asp: ListItem>
    …
    …
</asp: CheckedBoxList>
```

该控件的属性、用法及功能与 CheckBox 控件基本相同。除此之外，它还有自己的特殊属性。

(1) RepeatDirection：表示是横向还是纵向排列(Vertical|Horizontal)。

(2) RepeatColumns：一行排几列。

(3) TextAlign 属性：控件文字的位置。

(4) Selected 属性：表示该选项是否选中。

【示例 2-4】 演示 CheckBox、CheckBoxList 的使用。

(1) 创建页面文件 CheckBox_CheckBoxList. aspx，从工具箱中拖放一个 Button、一个 Label、两个 CheckBox 和一个 CheckBoxList 控件。

(2) 在设置 CheckBoxList 的选项时，可以通过 ListItem 窗口进行设置，在页面设计视图下选中 CheckBoxList 控件，在“CheckBoxList 任务”下选择“编辑项...”选项来打开“ListItem 集合编辑器”对话框，单击“添加”按钮，可以添加多选项，如图 2-10 所示。

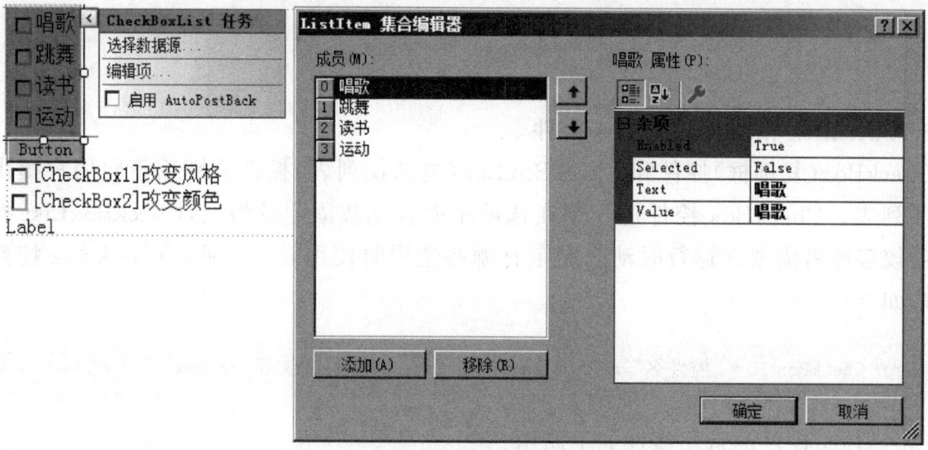

图 2-10 “ListItem 集合编辑器”对话框

(3) 根据需要在页面 CheckBox_CheckBoxList. aspx 添加相应代码，主体部分代码如下：

```
<body>
    <form id = "form1" runat = "server">
        <asp:CheckBoxList ID = "CheckBoxList1" runat = "server">
            <asp:ListItem>唱歌</asp:ListItem>
            <asp:ListItem>跳舞</asp:ListItem>
            <asp:ListItem>读书</asp:ListItem>
            <asp:ListItem>运动</asp:ListItem>
        </asp:CheckBoxList>
        <asp:Button ID = "Button1" runat = "server" OnClick = "Button1_Click1" Text = "Button" /><br />
<asp:CheckBox ID = "CheckBox1" runat = "server"
      OnCheckedChanged = "CheckBox1_CheckedChanged1" />改变风格<br />
<asp:CheckBox ID = "CheckBox2" runat = "server"
      OnCheckedChanged = "CheckBox2_CheckedChanged1" />改变颜色<br />
    <asp:Label ID = "Label1" runat = "server" Text = "Label"></asp:Label>
    <br />
    </form>
</body>
```

（4）在 CheckBox_CheckBoxList.aspx.cs 中添加相应控件的事件过程代码，如下：

```
…
using System.Drawing;
public partial class ch3_4_CheckBox_CheckBoxList : System.Web.UI.Page
{
    protected void Page_Load(object sender, EventArgs e)
    {
    }
    protected void Button1_Click1(object sender, EventArgs e)
    {
        string str = "选择结果：";
        Label1.Text = "";
        for (int i = 0; i < CheckBoxList1.Items.Count; i++)
        {
            if (CheckBoxList1.Items[i].Selected)
            {
                str += CheckBoxList1.Items[i].Text + "、";
            }
        }
        if (str.EndsWith("、") == true) str = str.Substring(0, str.Length - 1);
        Label1.Text = str;
        if (str == "选择结果：")
        {
            string scriptString = "alert('请做出选择!');";
              Page.ClientScript.RegisterClientScriptBlock(this.GetType(), "warning!",
scriptString, true);
        }
        else
        {
            Label1.Visible = true;
            Label1.Text = str;
        }
    }
    protected void CheckBox1_CheckedChanged1(object sender, EventArgs e)
    {
        this.CheckBoxList1.BackColor = CheckBox1.Checked ? Color.Beige : Color.Azure;
        CheckBoxList1.RepeatDirection =
              CheckBox1.Checked ? RepeatDirection.Horizontal : RepeatDirection.Vertical;
    }
    protected void CheckBox2_CheckedChanged1(object sender, EventArgs e)
    {
        if (CheckBox2.Checked)
        {
            this.CheckBoxList1.ForeColor = Color.Red;
            Label1.ForeColor = Color.Red;
        }
        else
        {
            this.CheckBoxList1.ForeColor = Color.Black;
```

```
            Label1.ForeColor = Color.Black;
        }
    }
}
```

(5) 运行页面,效果如图 2-11 和图 2-12 所示。

图 2-11　运行初始状态

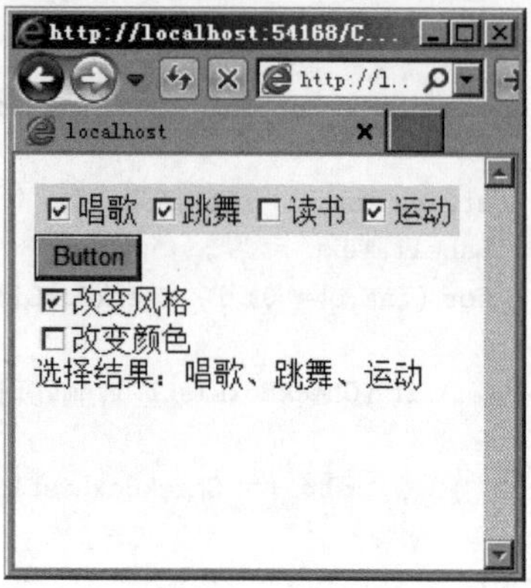

图 2-12　选择复选框后单击 Button 按钮

4. DropDownList 和 ListBox 控件

在 Web 开发中,经常会需要使用 DropDownList 和 ListBox 列表控件,让用户的输入更加简单。例如在用户注册时,用户的所在地是有限的集合,而且用户不喜欢经常输入,这样就可以使用列表控件。同样,列表控件还能够简化用户输入并且防止用户输入在实际中不存在的数据,如性别的选择等。

1) DropDownList 列表控件

列表控件能在一个控件中为用户提供多个选项,同时又能够避免用户输入错误的选项。DropDownList 是一个单项选择下拉列表框控件,其语法格式如下:

```
<asp:DropDownList ID = "控件名" runat = "server" >
    <asp:ListItem Value = "" > Text </asp:ListItem >
    …
</asp:DropDownList >
```

DropDownList 控件的主要属性如下所示。

(1) AutoPostBack 属性:获取或设置当改变 DropDownList 控件的选择状态时,是否自动上传窗体数据到服务器,默认为 false。

(2) Items 属性:包含该控件所有选项的集合。每个列表项都是一个单独的对象,具有自己的属性。

(3) SelectedIndex 属性:获取当前选择项的下标(下标从 0 开始)。

(4) SelectedItem 属性:获取当前选择项对象。

(5) DropDownList 控件有 SelectedIndexChanged 事件,当用户选择一项时,DropDownList 控件将引发 SelectedIndexChanged 事件。

默认情况下，此事件不会向服务器发送页面，但当该控件的 AutoPostBack 属性设置为 true 时，该事件会立即回发页面。

2) ListBox 列表控件

ListBox 控件与 DropDownList 控件的功能相似，ListBox 控件将所有选项都显示出来，提供单选或多选的列表框。

ListBox 控件比 DropDownList 控件多两个属性。

(1) Rows 属性：获取或设置 ListBox 控件显示的选项行数，默认值为 4。

(2) SelectionMode 属性：获取或设置 ListBox 控件的选项模式，Single 为单选，Multiple 为多选，默认为 Single。当允许多选时，只需按住 Ctrl 键或 Shift 键并单击要选取的选项，便可完成多选。

【示例 2-5】 演示 DropDownList、ListBox 控件的使用。

(1) 创建页面文件 DropDownList.aspx，从工具箱中拖放一个 DropDownList 和两个 Label 控件，通过 ListItem 为 DropDownList 和 ListBox 控件添加选项，页面主体部分代码如下：

```
<body>
    <form id="form1" runat="server">
    <div>
        <asp:DropDownList ID="DropDownList1" runat="server" AutoPostBack="True"
            OnSelectedIndexChanged="DropDownList1_SelectedIndexChanged1">
            <asp:ListItem>请选择一门课程</asp:ListItem>
            <asp:ListItem>ASP.NET</asp:ListItem>
            <asp:ListItem>Java</asp:ListItem>
            <asp:ListItem>英语</asp:ListItem>
            <asp:ListItem>数据结构</asp:ListItem>
            <asp:ListItem>操作系统</asp:ListItem>
            <asp:ListItem>数据库原理</asp:ListItem>
        </asp:DropDownList>
        <asp:Label ID="Label1" runat="server" Text="Label"></asp:Label>
        <br />
        <asp:ListBox ID="ListBox1" runat="server" AutoPostBack="True"
            OnSelectedIndexChanged="ListBox1_SelectedIndexChanged"
            SelectionMode="Multiple">
            <asp:ListItem>请选择多门课程</asp:ListItem>
            <asp:ListItem>ASP.NET</asp:ListItem>
            <asp:ListItem>Java</asp:ListItem>
            <asp:ListItem>英语</asp:ListItem>
            <asp:ListItem>数据结构</asp:ListItem>
            <asp:ListItem>操作系统</asp:ListItem>
            <asp:ListItem>数据库原理</asp:ListItem>
        </asp:ListBox>
        <asp:Label ID="Label2" runat="server" Text="Label"></asp:Label>
    </div>
    </form>
</body>
```

(2) 在 DropDownList. aspx. cs 中添加相应控件的事件过程代码，如下：

```
protected void DropDownList1_SelectedIndexChanged1(object sender, EventArgs e)
{
    Label1.Text = "你选择了" + DropDownList1.Text + "课程";
}
protected void ListBox1_SelectedIndexChanged(object sender, EventArgs e)
{
    string str = "";
    Label2.Text = "";
    for (int i = 0; i < ListBox1.Items.Count; i++)
    {
        if (ListBox1.Items[i].Selected)
        {
            str += ListBox1.Items[i].Text + "、";
        }
    }
    Label2.Text = "你选择了" + str + "课程";
}
```

(3) 运行页面，效果如图 2-13 和图 2-14 所示。

图 2-13 列表初始状态

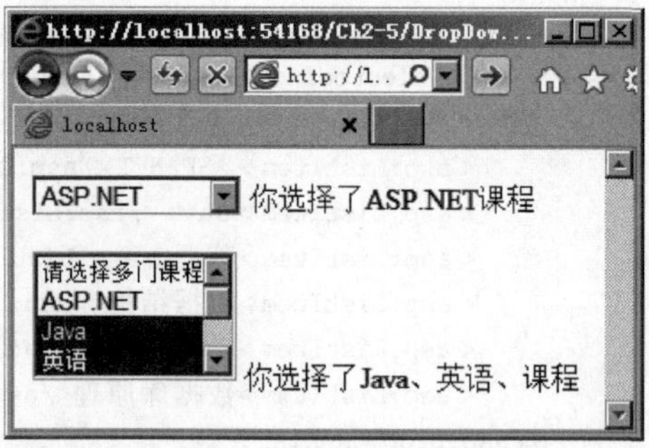

图 2-14 列表选择之后的效果

注意：ListBox 控件中如果允许用户选择多项，需要设置其 SelectionMode 属性为 Multiple。

任务 2-1 设计“新知书店”用户注册页面

【任务描述】

◆ 使用控件设计图 2-15 所示的用户注册页面。

◆ “已经有账号，马上登录”和“这里”是个链接，链接地址设为空。

【任务实施】

(1) 创建网站项目 rw2-1，将教学资源包中对应的 Css 及 image 文件夹复制到网站根目录，右击网站项目，创建页面 Register. aspx。

(2) 在页面 Register. aspx 的< head runat="server"></head >标签内添加以下代码，用以导入样式文件 member. css 及设置页面标题。

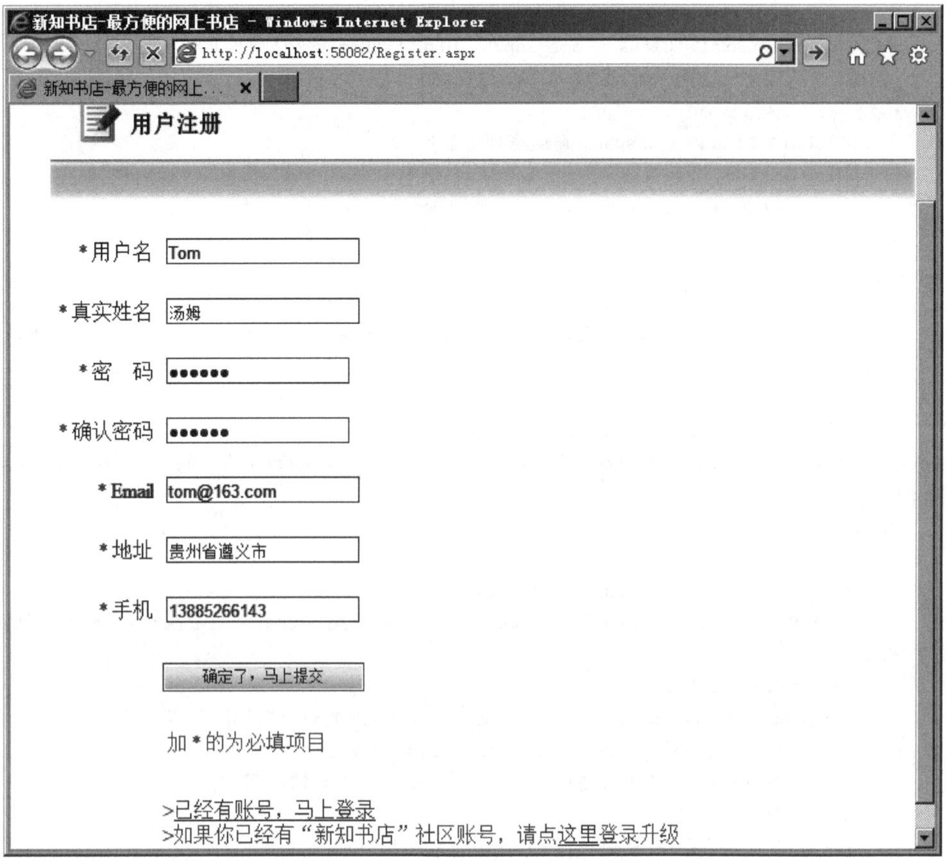

图 2-15　“新知书店”用户注册页面

```
<title>新知书店 - 最方便的网上书店</title>
<link href = "Css/member.css" rel = "stylesheet" type = "text/css" />
```

(3) 切换至 Register.aspx 页面设计视图，按图 2-15 所示，从工具箱拖入 Label 标签、TextBox、Button 控件至页面相应位置，并切换至源视图，调整编写代码如下：

```
<form id = "form1" runat = "server">
  <div id = "action_area" class = "member_form">
    <h2 class = "action_type"><img src = "Images/register.gif" alt = "会员注册" /></h2>
    <p>
        <label><span>*</span>用户名</label>
         <asp:TextBox CssClass = "opt_input" ID = "txtLoginId" runat = "server"></asp:
TextBox>
    </p>
    <p>
        <label><span>*</span>真实姓名</label>
        <asp:TextBox CssClass = "opt_input" ID = "txtName" runat = "server"></asp:TextBox>
    </p>
    <p>
```

```
            <label><span>*</span>密    码</label>
            <asp:TextBox CssClass="opt_input" ID="txtLoginPwd" runat="server"
                  TextMode="Password"></asp:TextBox></p>
        <p>
            <label><span>*</span>确认密码</label>
            <asp:TextBox CssClass="opt_input" ID="txtPwdAgain" runat="server"
                 TextMode="Password"></asp:TextBox>
        </p>
        <p>
            <label><span>*</span>Email</label>
            <asp:TextBox CssClass="opt_input" ID="txtEmail" runat="server"></asp:TextBox>
        </p>
        <p>
            <label><span>*</span>地址</label>
             <asp:TextBox CssClass="opt_input" ID="txtAddress" runat="server"></asp:
TextBox>
        </p>
        <p>
            <label><span>*</span>手机</label>
            <asp:TextBox CssClass="opt_input" ID="txtTele" runat="server"></asp:TextBox>
        </p>
        <p class="form_sub">
            <asp:Button ID="btnRegister" runat="server" Text="确定了,马上提交"
                  CssClass="opt_sub"></asp:Button></p>
        <p class="form_sub"> 加<span>*</span>的为必填项目</p>
        <p class="form_sub">
            <a href="#">已经有账号,马上登录</a><br />
            如果你已经有"新知书店"社区账号,请点击<a href="javascript:alert('书店社区暂未
开通');">
            这里</a>登录升级
         </p>
      </div>
</form>
```

(4) 运行页面 Register.aspx,效果如图 2-15 所示。

2.3 验证控件

网页交互过程中,经常需要使用输入控件来收集用户输入的信息。为确保用户提交到服务器的信息在内容和格式上都是合法的,就必须编写代码来验证用户输入的内容。ASP.NET 提供了强大的验证控件,它可以验证服务器控件中用户的输入,并在验证失败的情况下显示一条自定义错误消息。验证控件直接在客户端执行,用户提交后,执行相应的验证无须使用服务器端进行验证操作,从而减少了服务器与客户端之间的往返过程。

2.3.1 验证控件及其作用

ASP.NET 验证控件是一个服务器控件集合,允许这些控件验证关联的输入服务器控

件(如 TextBox),并在验证失败时显示自定义消息,每个验证控件执行特定类型的验证。一个输入控件可以同时被多个验证控件关联验证。ASP.NET 的验证控件如表 2-2 所示。

表 2-2 ASP.NET 的验证控件

验证类型	使用的控件	说　明
必需项	RequiredFieldValidator	验证一个必填字段,确保用户不会跳过某项输入
与某值的比较	CompareValidator	将用户输入与一个常数值或者另一个控件或特定数据类型的值进行比较(使用小于、等于或大于比较运算符)
范围检查	RangeValidator	用于检查用户的输入是否在指定的上下限内。可以检查数字对、字母对和日期对的限定范围
模式匹配	RegularExpressionValidator	用于检查输入的内容与正则表达式所定义的模式是否匹配。此类验证可用于检查可预测的字符序列,例如电子邮件地址、电话号码、邮政编码等内容中的字符序列
用户定义	CustomValidator	使用自己编写的验证逻辑检查用户输入。此类验证能够检查在运行时派生的值
验证总汇	ValidationSummary	该控件不执行验证,但经常与其他验证控件一起用于显示来自网页上所有验证控件的错误信息

因此,可以通过 CompareValidator 和 RangeValidator 控件分别检查某个特定值或值范围,还可以调用 CustomValidator 控件定义自己的验证条件,或者使用 ValidationSummary 控件显示网页上所有验证控件的结果摘要。

2.3.2 验证控件的属性和方法

所有的验证控件都继承自 BaseValidator 类,BaseValidator 类为所有的验证控件提供了一些公用的属性和方法,如表 2-3 所示。

表 2-3 验证控件的公用属性和方法

属　性	说　明
Display 属性	获取或设置验证控件中错误信息的显示行为
ErrorMessage 属性	获取或设置验证失败时 ValidationSummary 控件中显示的错误信息的文本
Text 属性	获取或设置验证失败时验证控件中显示的文本
ControlToValidate 属性	获取或设置要验证的输入控件
EnableClientScript 属性	获取或设置一个值,该值指示是否启用客户端验证
SetFocusOnError 属性	获取或设置一个值,该值指示在验证失败时是否将焦点设置到 ControlToValidate 属性指定的控件上
ValidationGroup 属性	获取或设置此验证控件所属的验证组的名称
IsValid 属性	获取或设置一个值,该值指示关联的输入控件是否通过验证
ForeColor 属性	指定当验证失败时用于显示错误消息的文本颜色

验证控件总是在服务器上执行验证检查。它们还具有完整的客户端实现,该实现允许支持 DHTML 的浏览器在客户端执行验证。客户端验证通过在向服务器发送用户输入前

检查用户输入来增强验证过程。在提交窗体前即可在客户端检测到错误,从而避免了服务器端验证所需信息的来回传递。

客户端的验证经常被使用,因为它有非常快的响应速度。可以通过将 EnableClientScript 属性设置为 false 关闭客户端验证。

每个验证控件,以及 Page 对象本身,都有一个 IsValid 属性,利用该属性可以进行页面有效性的验证,只有当页面的所有验证都成功时,Page.IsValid 属性才为真。

2.3.3 表单验证控件(RequiredFieldValidator)

在实际的应用中,如在用户填写表单时,有一些项目是必填项,例如用户名和密码。在传统的 ASP 中,当用户填写表单后,页面需要被发送到服务器并判断表单中的某项 HTML 控件的值是否为空,如果为空,则返回错误信息。在 ASP.NET 中,系统提供了 RequiredFieldValidator 控件进行验证。使用 RequiredFieldValidator 控件能够指定某个用户在特定的控件中必须提供相应的信息,如果不填写相应的信息,RequiredFieldValidator 控件就会提示错误信息。RequiredFieldValidator 控件示例代码如下:

```
<form id="form1" runat="server">
<div>
    姓名:<asp:TextBox ID="TextBox1" runat="server"></asp:TextBox>
    <asp:RequiredFieldValidator ID="RequiredFieldValidator1" runat="server"
          ControlToValidate="TextBox1" ErrorMessage="姓名不能为空">
    </asp:RequiredFieldValidator><br />
    密码:<asp:TextBox ID="TextBox2" runat="server"></asp:TextBox><br />
    <asp:Button ID="Button1" runat="server" Text="登录" /><br />
</div>
</form>
```

在进行验证时,RequiredFieldValidator 控件必须绑定一个服务器控件。在上述代码中,RequiredFieldValidator 控件的服务器控件绑定为 TextBox1,当 TextBox1 中的值为空时,则会提示自定义错误信息"姓名不能为空";TextBox2 没有绑定,所以没有提示,效果如图 2-16 所示。

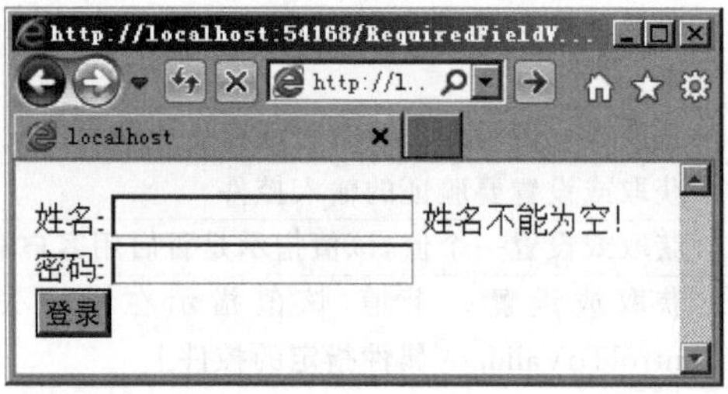

图 2-16 RequiredFieldValidator 控件

当姓名选项未填写时,会提示必填字段不能为空,并且该验证在客户端执行。当发生此错误时,用户会立即看到该错误提示而不会立即进行页面提交,当用户填写完成并再次单击按钮控件时,页面才会向服务器提交。

2.3.4 比较验证控件(CompareValidator)

CompareValidator 控件对照特定的数据类型来验证用户的输入。因为当用户输入用户信息时,难免会输入错误信息,如当需要了解用户的生日时,用户很可能输入了其他的字符串。CompareValidator 控件能够比较控件中的值是否符合开发人员的需要。CompareValidator 控件的特有属性如下所示。

(1) ControlToValidate：要验证的控件 ID

(2) ControlToCompare：用来与要验证的控件进行比较的控件的 ID。

(3) Operator：要使用的比较运算符,如>、>=、<=、>、<,默认为等于 Equal。

(4) Type：要比较两个值的数据类型,不同类型的比较可能会出错。

(5) ValueToCompare：以字符串形式输入的表达式,即用于比较的值。

当使用 CompareValidator 控件时,可以方便地判断用户是否正确输入,示例代码如下：

```
<form id="form1" runat="server">
<div>
    密　　码: <asp:TextBox ID="txtPassword" runat="server"></asp:TextBox><br />
    重复密码: <asp:TextBox ID="txtRePassword" runat="server"></asp:TextBox>
    <asp:CompareValidator ID="CompareValidator1" runat="server"
         ControlToCompare="txtPassword"
         ControlToValidate="txtRePassword" Display="Dynamic"
         ErrorMessage="密码输入不一致">
    </asp:CompareValidator><br />
    出生年月: <asp:TextBox ID="txtDate" runat="server"></asp:TextBox>
    <asp:CompareValidator ID="CompareValidator2" runat="server"
        ControlToValidate="txtDate"
        Display="Dynamic" ErrorMessage="日期格式不正确"
        Operator="DataTypeCheck" Type="Date">
    </asp:CompareValidator><br />
    <asp:Button ID="btnSubmit" runat="server" Text="提交" /><br />
</div>
</form>
```

上述代码判断两个输入密码的文本框 txtPassword、txtRePassword 的输入值是否相等；判断文本框 txtDate 输入的格式是否正确符合日期格式,当输入的格式错误时,会提示错误,效果如图 2-17 所示。

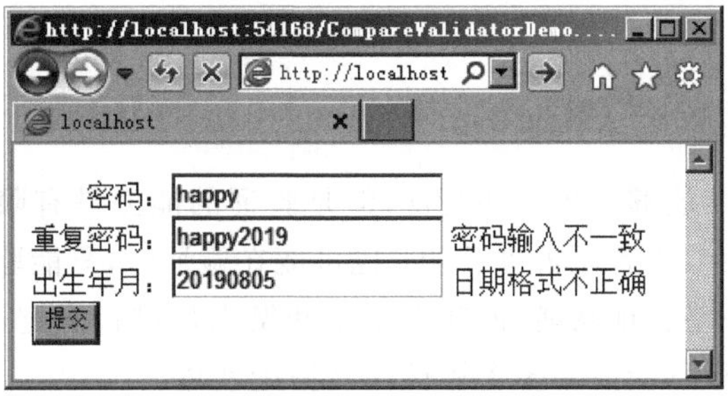

图 2-17　CompareValidator 控件

2.3.5 范围验证控件(RangeValidator)

RangeValidator 控件可以检查用户的输入是否在指定的上限与下限之间。通常情况下用于检查数字、日期、货币等。RangeValidator 控件的常用属性如下所示。

(1) MinimumValue：指定有效范围的最小值。

(2) MaximumValue：指定有效范围的最大值。

(3) Type：指定要比较的值的数据类型。

通常情况下，为了控制用户输入的范围，可以使用该控件。当输入用户的生日时，今年是 2019 年，那么用户就不应该输入 2020 年，同样基本上没有人的寿命会超过 150 岁，所以对输入的日期的下限也需要进行规定，示例代码如下：

```
<form id = "form1" runat = "server">
<div>
    年龄：<asp:TextBox ID = "txtAge" runat = "server"></asp:TextBox>
    <asp:RangeValidator ID = "RangeValidator1" runat = "server" ControlToValidate = "txtAge"
        Display = "Dynamic" ErrorMessage = "年龄应在 0～200"
        MaximumValue = "200"
        MinimumValue = "0"
        Type = "Integer"></asp:RangeValidator>
    <asp:Button ID = "btnSubmit" runat = "server" Text = "提交" />
</div>
</form>
```

上述代码将 MinimumValue 属性值设置为 0，并将 MaximumValue 的值设置为 200，当用户的日期低于最小值或高于最大值时，则提示错误，效果如图 2-18 所示。

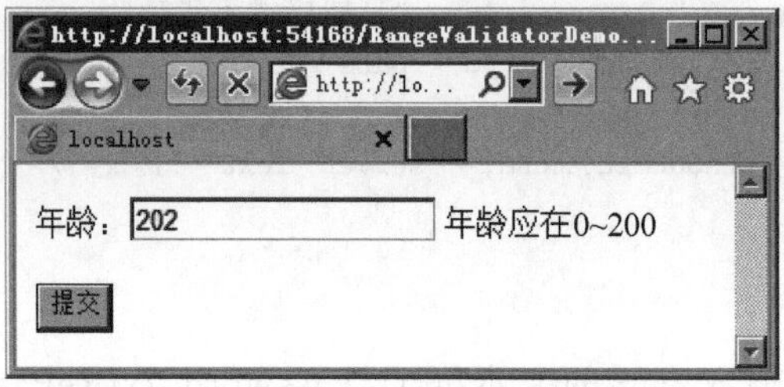

图 2-18　RangeValidator 控件

注意：RangeValidator 控件在进行控件的值的范围设定时，其范围不仅可以是一个整数值，还可以是时间、日期等值。

2.3.6 正则验证控件(RegularExpressionValidator)

在前述控件中，虽然能够实现一些验证，但是验证的能力是有限的，例如在验证的过程中，只能验证是否是数字，或者是否是日期；也可能在验证时，只能验证一定范围内的数值。虽然这些控件提供了一些验证功能，但却限制了开发人员进行自定义验证和错误信息的开发。为实现一个验证，很可能需要多个控件同时搭配使用。

RegularExpressionValidator 控件就解决了这个问题，它的功能非常强大，用于确定输入的控件的值是否与某个正则表达式所定义的模式相匹配，如电子邮件、电话号码以及序列号等。其语法格式如下：

```
<asp:RegularExpressionValidator id = "控件名称"
    ControlToValidate = "被验证的控件的名称"
    ValidationExpression = "正则表达式"
    ErrorMessage = "错误发生时的提示信息"
    Display = "Dynamic | Static | None"
    runat = "server" />
```

RegularExpressionValidator 控件常用的属性是 ValidationExpression，它用来指定用于验证的输入控件的正则表达式。常用的正则表达式字符及其含义如表 2-4 所示。

表 2-4　常用的正则表达式字符及其含义

正则表达式字符	含　义
[⋯]	匹配括号中的任何一个字符
[^⋯]	匹配不在括号中的任何一个字符
\w	匹配任何一个字符(a～z、A～Z 和 0～9)
\W	匹配任何一个空白字符
\s	匹配任何一个非空白字符
\S	与任何非单词字符匹配
\d	匹配任何一个数字(0～9)
\D	匹配任何一个非数字(^0～9)
[\b]	匹配一个退格键字母
{n,m}	最少匹配前面表达式 n 次，最大为 m 次
{n,}	最少匹配前面表达式 n 次
{n}	恰好匹配前面表达式 n 次
?	匹配前面表达式 0 或 1 次{0,1}
+	至少匹配前面表达式 1 次
*	至少匹配前面表达式 0 次{0,}
|	匹配前面表达式或后面表达式
(⋯)	在单元中组合项目
^	匹配字符串的开头
$	匹配字符串的结尾
\b	匹配字符边界
\B	匹配非字符边界的某个位置

下面举几个常用的正则表达式。

(1) 电话验证：[0-9]{3,4}-[0-9]{7,8}，如 0371-92345678 或 010-12345678。

(2) 18 位身份证验证：[0-9]{6}[12][0-9]{3}[01][0-9][0123][0-9][0-9]{3}[12]。

(3) E-mail 验证：. {1,}@. {1,}\. [a-zA-Z]{2,3}。

(4) HTML 标记：<(\S * ?)[^>] * >. * ? </\1 >|<. * ? />。

(5) 网址 URL：[a-zA-Z]+://[^\s] * 。

(6) 中国邮政编码：[1-9]\d{5}(?! \d)。

(7) IP 地址：\d+\.\d+\.\d+\.\d+。

客户端的正则表达式验证语法和服务端的正则表达式验证语法不同，因为在客户端使用的是 JScript 正则表达式语法，而在服务器端使用的是 Regex 类提供的正则表达式语法。使用正则表达式能够实现强大字符串的匹配并验证用户的输入格式是否正确，系统提供了一些常用的正则表达式，开发人员能够选择相应的选项进行规则筛选。切换到页面"设计"视图，从"工具箱"的"验证"组中，将 RegularExpressionValidator 控件拖动到页面上，选择此控件，然后在"属性"窗口中找到"行为"下的 ValidationExpression 属性，单击 ValidationExpression 属性右边的省略符号按钮，即可打开"正则表达式编辑器"对话框，如图 2-19 所示。

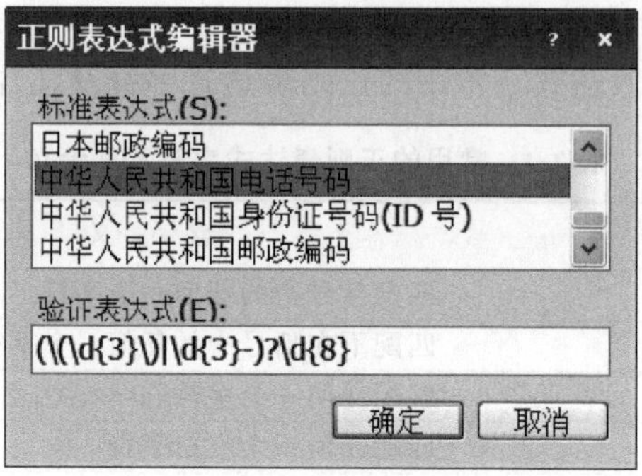

图 2-19 "正则表达式编辑器"对话框

当选择了正则表达式后，系统自动生成的 HTML 代码如下：

```
<form id = "form1" runat = "server">
    Telphone: <asp:TextBox ID = "txtTel" runat = "server" Height = "22px"></asp:TextBox>
    <asp:RegularExpressionValidator ID = "RegularExpressionValidator2" runat = "server"
        ControlToValidate = "txtTel"
        ErrorMessage = "请输入合法的电话号码"
            ValidationExpression = "[0 - 9]{3, 4} - [0 - 9]{7, 8}" > </asp:
RegularExpressionValidator>
    <br />
    <asp:Button ID = "btnSubmit" runat = "server" Text = "提交" /></div>
</form>
```

运行后当用户单击按钮控件时，如果输入的信息与相应的正则表达式不匹配，则会提示错误信息，效果如图 2-20 所示。

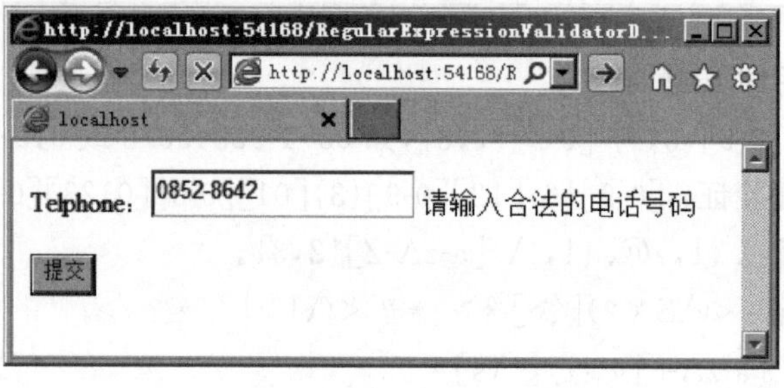

图 2-20 RegularExpressionValidator 控件

同样，开发人员也可以自定义正则表达式来规范用户的输入。使用正则表达式能够加快验证速度并在字符串中快速匹配，而另一方面，使用正则表达式能够减少复杂的应用程序的功能开发和实现。

注意：在用户输入为空时，其他的验证控件都会验证通过。所以，在验证控件的使用中，通常需要同 RequiredFieldValidator 控件一起使用。

2.3.7 验证组控件(ValidationSummary)

ValidationSummary 控件本身没有验证功能，但 ValidationSummary 控件通过 ErrorMessage 属性为页面上的每个验证控件显式错误信息。ValidationSummary 控件的常用属性如下所示。

(1) DisplayMode：摘要可显示为列表、项目符号列表或单个段落。

(2) HeaderText：标题部分指定一个自定义标题。

(3) ShowMessageBox：是否在消息框中显示摘要。

(4) ShowSummary：控制是显示还是隐藏 ValidationSummary 控件。

ValidationSummary 控件能够显示页面的多个控件产生的错误，示例代码如下：

```
<form id = "form1" runat = "server">
<div>
   姓名：
    <asp:TextBox ID = "TextBox1" runat = "server"></asp:TextBox>
    <asp:RequiredFieldValidator ID = "RequiredFieldValidator1" runat = "server"
          ErrorMessage = "姓名为必填项"
          ControlToValidate = "TextBox1">
    </asp:RequiredFieldValidator>
    <br />
    身份证：
    <asp:TextBox ID = "TextBox2" runat = "server"></asp:TextBox>
    <asp:RegularExpressionValidator ID = "RegularExpressionValidator1" runat = "server"
          ControlToValidate = "TextBox2"
          ErrorMessage = "身份证号码错误"
          ValidationExpression = "\d{17}[\d|X]|\d{15}">
    </asp:RegularExpressionValidator>
    <br />
    <asp:Button ID = "Button1" runat = "server" Text = "提交" />
    <asp:ValidationSummary ID = "ValidationSummary1" runat = "server" />
</div>
</form>
```

上述代码的运行效果如图 2-21 所示。

当有多个错误发生时，ValidationSummary 控件能够捕获多个验证错误并呈现给用户，这样就避免了一个表单需要多个验证时需要使用多个验证控件进行绑定，使用 ValidationSummary 控件就无须为每个需要验证的控件进行绑定。

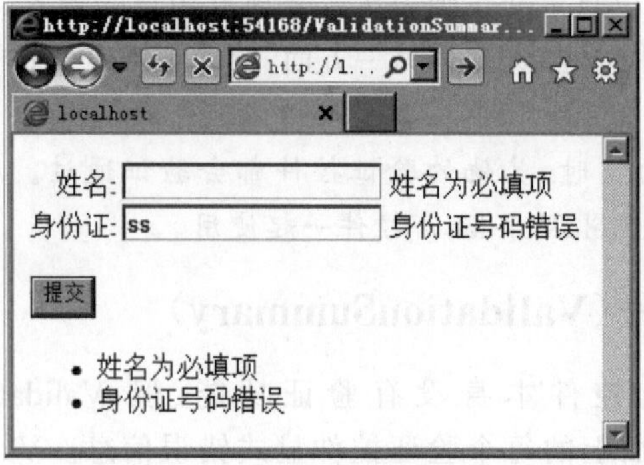

图 2-21　ValidationSummary 控件

任务 2-2　为"新知书店"用户注册页面添加验证功能

【任务描述】

在任务 2-1 的基础上实现"新知书店"用户注册页面的验证功能,效果如图 2-22 所示,具体符合以下要求。

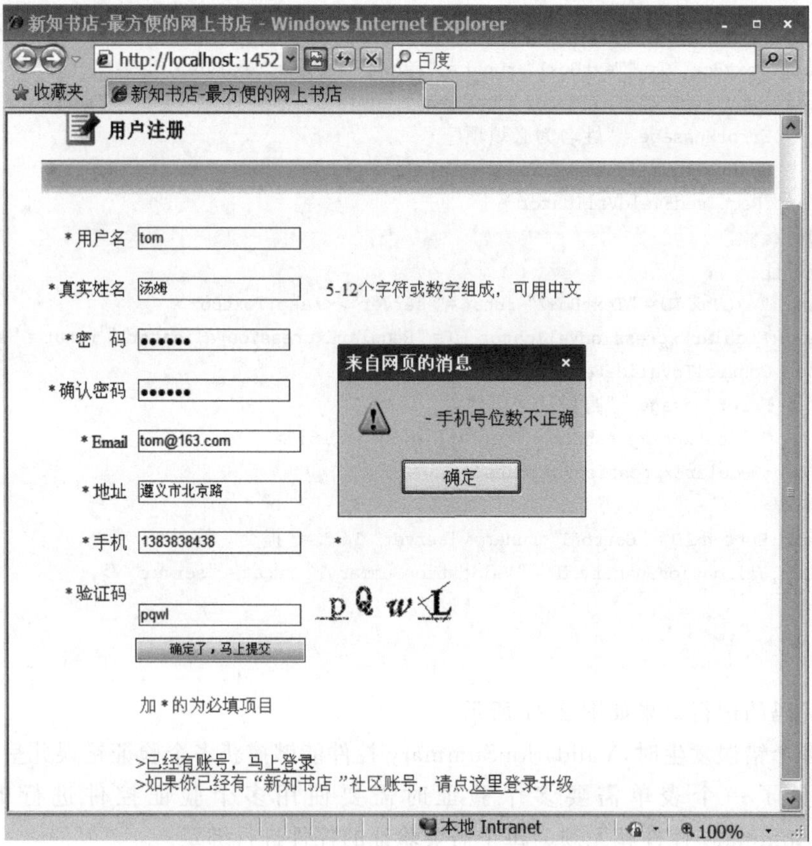

图 2-22　"新知书店"用户注册页面验证功能

(1) 所有输入文本框均要有非空验证,如果为空给出"请输入 *** "的提示。

(2) "密码"和"确认密码"要求输入一致,不一致给出"两次密码不一致"的提示。

(3) "邮件"和"手机"的格式要求输入正确,其中"手机"要求输入位数为 11 位。

(4) 所有的错误信息以弹出信息框的方式汇总显示。

【任务实施】

(1) 运行 Visual Studio 2017,新建网站项目 rw2-2,将任务 2-1 中的所有文件复制到新建的网站项目中。

(2) 从工具箱中拖放非空验证控件 RequiredFieldValidator、CompareValidator、RegularExpressionValidator、ValidationSummary 至页面 Register. aspx 相应文本框控件对应的位置,添加代码如下:

```
<form id="form1" runat="server">
  <div id="action_area" class="member_form">
    <h2 class="action_type"><img src="Images/register.gif" alt="会员注册" /></h2>
    <p>
        <label><span>*</span>用户名</label>
        <asp:TextBox CssClass="opt_input" ID="txtLoginId" runat="server">
</asp:TextBox>
        <asp:RequiredFieldValidator ID="valrLoginId" runat="server" ErrorMessage="请输
入用户名"
              ControlToValidate="txtLoginId">*</asp:RequiredFieldValidator>
    </p>
    <p>
        <label><span>*</span>真实姓名</label>
        <asp:TextBox CssClass="opt_input" ID="txtName" runat="server"></asp:TextBox>
        <asp:RequiredFieldValidator ID="valrName" runat="server" ErrorMessage="请输入
真实姓名" ControlToValidate="txtName">*</asp:RequiredFieldValidator>5-12 个字符或数字
    </p>
    <p>
        <label><span>*</span>密    码</label>
        <asp:TextBox CssClass="opt_input" ID="txtLoginPwd" runat="server"
              TextMode="Password"></asp:TextBox>
        <asp:RequiredFieldValidator ID="valrPass" runat="server" ErrorMessage="请输入
密码"
              ControlToValidate="txtLoginPwd">*</asp:RequiredFieldValidator></p>
    <p>
        <label><span>*</span>确认密码</label>
        <asp:TextBox CssClass="opt_input" ID="txtPwdAgain" runat="server"
              TextMode="Password"></asp:TextBox>
        <asp:CompareValidator ID="valcPwd" runat="server" ErrorMessage="两次密码不一
致"
              ControlToCompare="txtLoginPwd"
              ControlToValidate="txtPwdAgain">*</asp:CompareValidator>
    </p>
    <p>
        <label><span>*</span>Email</label>
        <asp:TextBox CssClass="opt_input" ID="txtEmail" runat="server"></asp:TextBox>
```

```
        <asp:RequiredFieldValidator ID = "valrEmail" runat = "server" ErrorMessage = "请输入
Email"
            ControlToValidate = "txtEmail"> * </asp:RequiredFieldValidator>
        <asp:RegularExpressionValidator ID = "valeEmail" runat = "server"
            ErrorMessage = "Email 格式错误" ControlToValidate = "txtEmail"
            ValidationExpression = "\w + ([ -+ .']\w + ) * @\w + ([ - .]\w + ) * \.\w + ([ - .]\
w + ) * "> *
            </asp:RegularExpressionValidator>
    </p>
    <p>
        <label><span> * </span>地址</label>
        <asp:TextBox CssClass = "opt_input" ID = "txtAddress" runat = "server"></asp:TextBox>
        <asp:RequiredFieldValidator ID = "valrAddr" runat = "server" ErrorMessage = "请输入
地址"
             ControlToValidate = "txtAddress"> * </asp:RequiredFieldValidator>
    </p>
    <p>
        <label><span> * </span>手机</label>
        <asp:TextBox CssClass = "opt_input" ID = "txtTele" runat = "server"></asp:TextBox>
        <asp:RequiredFieldValidator ID = "valrTel" runat = "server" ErrorMessage = "请输入手
机号"
            ControlToValidate = "txtTele"> * </asp:RequiredFieldValidator>
        <asp:RegularExpressionValidator ID = "RegularExpressionValidator1" runat = "server"
             ValidationExpression = "\d{11}" ControlToValidate = "txtTele"
             ErrorMessage = "手机号位数不正确"> * </asp:RegularExpressionValidator>
    </p>
    <p>
        <label><span> * </span>验证码</label>
        <asp:TextBox CssClass = "opt_input" ID = "txtCode" runat = "server"></asp:TextBox
>  
        <cc1:SerialNumber ID = "snCode" runat = "server"></cc1:SerialNumber>
    </p>
    <asp:ValidationSummary ID = "valsRegister" runat = "server" ShowMessageBox = "True"
         ShowSummary = "False" />
    <p class = "form_sub">
      <asp:Button ID = "btnRegister" OnClick = "btnSubmit_Click" runat = "server" Text = "确定
了,马上提交"
           CssClass = "opt_sub"></asp:Button></p>
    <p class = "form_sub">  加<span> * </span>的为必填项目</p>
    <p class = "form_sub">
        <a href = "">已经有账号,马上登录</a><br />
        如果你已经有"新知书店"社区账号,请点<a href = "javascript:alert('书店社区暂未开通'
);">
        这里</a>登录升级</p>
  </div>
</form>
```

使用 RegularExpressionValidator 控件完成“邮件”和“手机”的验证,手机位数验证的正则表达式为“d{11}”,ValidationSummary 用于以窗口弹出方式汇总所有错误报告。

提示：有时当 ValidationSummary 显示错误时，在验证控件的位置还是显示了错误提示信息。这时可以设置验证控件的 Text 属性为"*"，这样就会在错误信息提示时，在验证控件的位置仅显示一个红色的"*"；还有一种方式，就是不设置 Text 属性，而是在验证控件的标签中写"*"，效果是一样的。

(3) 运行页面 Register. aspx，在文本框中输入相应信息，当手机号码只输入了 10 位时，效果如图 2-22 所示。

如果手机号码也按要求输入正确的 11 位数字，则不会有图 2-22 所示的弹出式错误提示。

2.4 图像控件(Image)

Image 控件用来在 Web 窗体中显示图像，其常用属性如下所示。

(1) AlternateText：在图像无法显示时显示的备用文本。

(2) ImageAlign：图像的对齐方式。

(3) ImageUrl：要显示图像的 URL。

当图片无法显示时，图片将被替换成 AlternateText 属性中的文字，ImageAlign 属性用来控制图片的对齐方式，而 ImageUrl 属性用来设置图像连接地址。同样，HTML 中也可以使用< img src=" " alt=" ">来替代 Image 控件。Image 控件具有可控的优点，可通过编程来进行控制。Image 控件的基本声明代码如下：

```
<asp:Image ID = "Image1" runat = "server" />
```

除了显示图形以外，Image 控件的其他属性还允许为图像指定各种文本，各属性如下所示。

(1) ToolTip：浏览器显示在工具提示中的文本。

(2) GenerateEmptyAlternateText：如果将此属性设置为 true，则呈现的图片的 alt 属性将设置为空。

开发人员能够为 Image 控件配置相应的属性以便在浏览时呈现不同的样式，创建一个 Image 控件也可以直接通过编写 HTML 代码进行呈现，示例代码如下：

```
<asp:Image ID = "Image1" runat = "server"
AlternateText = "图片连接失效" ImageUrl = "~/images/calendar.gif" />
```

上述代码设置了一个图片，当图片失效时提示图片连接失效。

注意：当双击 Image 控件时，系统并没有生成事件所需要的代码段，这说明 Image 控件不支持任何事件。

2.5 Panel 控件

Panel 控件在 ASP. NET 网页内提供了一种容器控件，可以将它用作静态文本和其他控件的父控件，向该控件中添加静态文本和其他控件。

可以将 Panel 控件用作其他控件的容器。当以编程的方式创建内容并需要一种将内容插入页面中的方法时，Panel 控件尤为适用。以下部分描述了可以使用 Panel 控件的其他方法。

1. 动态生成的控件的容器

Panel 控件为在运行时创建的控件提供了一个方便的容器。

2. 对控件和标记进行分组

对于一组控件和相关的标记，可以通过把其放置在 Panel 控件中，然后操作此 Panel 控件将它们作为一个单元进行管理。例如，可以通过设置 Panel 控件的 Visible 属性来隐藏或显示该面板中的一组控件。

3. 具有默认按钮的窗体

可以将 TextBox 控件和 Button 控件放置在 Panel 控件中，然后通过将 Panel 控件的 DefaultButton 属性设置为面板中某个按钮的 ID 来定义一个默认的按钮。如果用户在面板内的文本框中进行输入并按 Enter 键，这与用户单击特定的默认按钮具有相同的效果。这样有助于用户更有效地使用项目窗体。

4. 向其他控件添加滚动条

有些控件(如 TreeView 控件)没有内置的滚动条。通过在 Panel 控件中放置滚动条控件，可以添加滚动行为。如果要向 Panel 控件添加滚动条，需要设置 Height 和 Width 属性，将 Panel 控件限制为特定的大小，然后再设置 ScrollBars 属性。

【示例 2-6】 演示 Panel 控件的使用。

(1) 创建页面文件 PanelDemo.aspx，从工具箱中拖放一个 Panel、两个 Label 和三个 CheckBox 控件，页面主体部分的代码如下：

```
<body>
    <form id="form1" runat="server">
        <div>
            <asp:CheckBox ID="CheckBox1" runat="server"
                OnCheckedChanged="CheckBox1_CheckedChanged" Text="显示 Panel 控件"
                AutoPostBack="True" />
            <asp:Panel ID="myPanel" runat="server" BackColor="#eeeeee" Visible=
"false"
                GroupingText="Panel 控件"><p>作为动态生成的文本框的容器… </p>
                TextBox:<asp:TextBox ID="TextBox1" runat="server"></asp:TextBox>
            </asp:Panel>
            <asp:CheckBox ID="CheckBoxChangeFont" runat="server" AutoPostBack="True"
              OnCheckedChanged="CheckBoxChangeFont_CheckedChanged" Text="设置字体" />
            <br />
            <asp:Label ID="lbleFont" runat="server" Text="Label"></asp:Label>
            <br />
            <asp:CheckBox ID="CheckBoxChangeBkGround" runat="server" AutoPostBack="True"
          OnCheckedChanged="CheckBoxChangeBkGround_CheckedChanged" Text="设置背景" />
            <br />
            <asp:Label ID="lblBkGround" runat="server" Text="Label"></asp:Label>
        </div>
    </form>
</body>
```

（2）在 PanelDemo.aspx.cs 中添加相关控件的事件过程代码，如下：

```
protected void CheckBox1_CheckedChanged(object sender, EventArgs e)
{
    myPanel.Visible = CheckBox1.Checked;
}
protected void CheckBoxChangeFont_CheckedChanged(object sender, EventArgs e)
{
    if (CheckBoxChangeFont.Checked)
    {
        this.myPanel.Font.Italic = true;
        this.myPanel.ForeColor = System.Drawing.Color.Red;
        lbleFont.Text = "当前所显示字型是"斜体",颜色是"红色"";
    }
    else
    {
        this.myPanel.Font.Italic = false;
        this.myPanel.ForeColor = System.Drawing.Color.Blue;
        lbleFont.Text = "当前所显示字型是"默认字体",颜色是"蓝色"";
    }
}
protected void CheckBoxChangeBkGround_CheckedChanged(object sender, EventArgs e)
{
    if (CheckBoxChangeBkGround.Checked)
    {
        this.myPanel.BackColor = System.Drawing.Color.Bisque;      //Bisque 橘黄色
        lblBkGround.Text = "当前所显示背景颜色是"Bisque 橘黄色".";
    }
    else
    {
        this.myPanel.BackColor = System.Drawing.Color.Beige;       //Beige 米黄色
        lblBkGround.Text = "当前所显示背景颜色是"Beige 米黄色".";
    }
}
```

（3）运行页面，效果如图 2-23 和图 2-24 所示。

图 2-23　运行初始状态

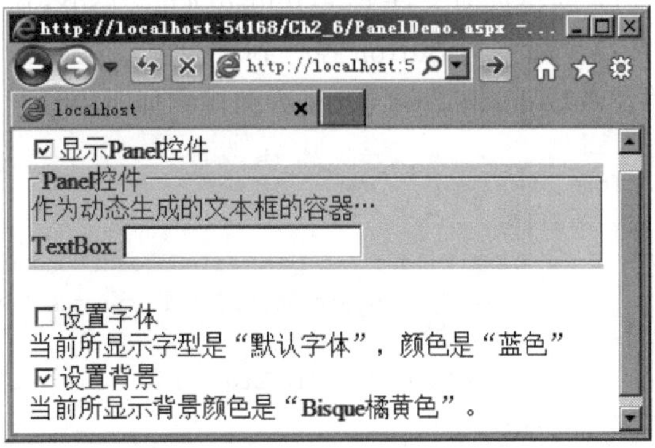

图 2-24　Panel 控件中内容改变后的效果

2.6 文件上传控件(FileUpload)

2.6.1 FileUpload 控件概述

FileUpload 控件的主要功能是上传文件到服务器。该控件提供一个文本框和一个“浏览”按钮,用户可以在文本框中输入完整的文件路径,或者单击“浏览”按钮从客户端选择需要上传的文件,然后在服务器中调用 SaveAs 方法可以保存上传的文件,也可以通过 FileContent 属性获取需要上传的 Stream 对象,通常把 Stream 对象保存到数据库中。FileUpload 控件不会自动上传文件,必须设置相关的事件处理程序,并在程序中实现文件上传。

FileUpload 控件提供了一些属性和方法实现文件上传功能,如表 2-5 所示。

表 2-5 FileUpload 控件的常用属性和方法

属性和方法	说　明
FileBytes 属性	获取上传文件的字节数组
FileContent 属性	获取上传文件的文件流(Stream)对象
FileName 属性	获取上传文件在客户端的文件名称
HasFile 属性	确定是否有上传文件,表示 FileUpload 控件是否已包含一个文件
PostedFile 属性	获取一个与上传文件相关的 HttpPostedFile 对象,获取相关属性
SaveAs 方法	将上传的文件保存到指定的路径

提示:FileUpload 控件一般要导入命名空间 System. IO,用于在服务器端操作文件目录。

2.6.2 FileUpload 控件应用

【示例 2-7】 通过 FileUpload 控件上传图片文件,并将源文件的路径、文件大小和文件类型显示出来。

(1) 创建页面文件 FileUploadDemo. aspx,从工具箱中拖放一个 FileUpload 控件、一个 Label 控件和一个 Button 控件到页面中,添加一个名称为 images 的文件夹用于存放上传的文件,FileUploadDemo. aspx 页面代码如下:

```
<form id = "form1" runat = "server">
    <div>
        <asp:FileUpload ID = "FileUpload1" runat = "server" />
        <asp:Button ID = "btnUpload" runat = "server" OnClick = "btnUpload_Click" Text = "上
传" />
        <asp:Label ID = "lbInfo" runat = "server" Text = "Label"></asp:Label>
    </div>
</form>
```

(2) 在页面后置代码文件 FileUploadDemo. aspx. cs 中添加“上传”按钮的 Click 事件过程代码,如下:

```
/// <summary>
/// "上传"按钮的 Click 事件方法
/// </summary>
/// <param name="sender"></param>
/// <param name="e"></param>
protected void btnUpload_Click(object sender, EventArgs e)
{
    if (this.FileUpload1.HasFile == true)
    {
        if (FileUpload1.FileName == "" || FileUpload1.FileName == null)
        {
            return;
        }
        string File_N = FileUpload1.FileName.ToString(); //获取上传文件的名称
        //string webDir = Server.MapPath(".") + "\\images\\";
        string webDir = Server.MapPath("~/images/");
        if (!Directory.Exists(webDir))//检查目录是否存在
        {
            Directory.CreateDirectory(webDir);          //不存在,则创建
        }
        FileUpload1.SaveAs(webDir + File_N);
        this.lbInfo.Text = "<li>" + "原文件路径: " + this.FileUpload1.PostedFile.
FileName;
        this.lbInfo.Text += "<br>";
        this.lbInfo.Text += "<li>" + "文件大小: " + this.FileUpload1.PostedFile.
ContentLength + "字节";
        this.lbInfo.Text += "<br>";
        this.lbInfo.Text += "<li>" + "文件类型: " + this.FileUpload1.PostedFile.
ContentType;
        Response.Write("文件上传成功");
    }
}
```

(3) 运行页面 FileUploadDemo.aspx,效果如图 2-25 所示。

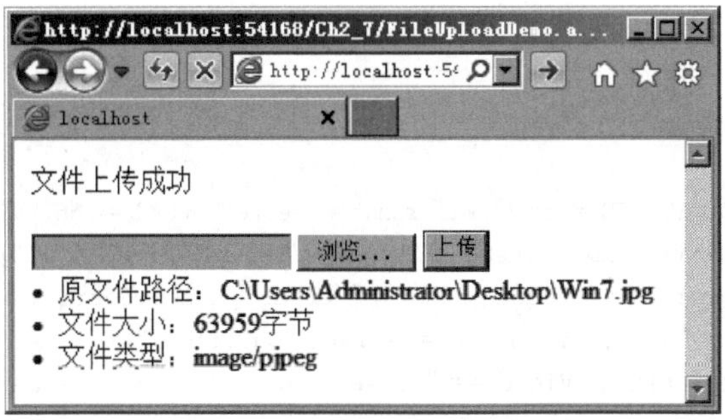

图 2-25　FileUpload 控件上传文件运行效果

文件上传成功后,在网站项目 WebSite02 下可以看到 images 文件夹下有已上传的文件(如果没有 images 文件夹,选择"刷新文件夹"选项)。

2.7 第三方控件

ASP. NET4. 0 虽然提供了 80 多种内置控件,但都是基于自身需求而来,有它的商业目的。人们对自己开发中遇到的内容比较熟悉,于是开发出适合自己使用的控件,后来发现许多人也有这样的需求,于是就放在网络上发展成"第三方控件"。下面我们来学习一些常用的第三方控件。

2.7.1 验证码控件(WebValidates)

上网的时候,如果登录或者注册,常常需要输入一个验证码,防止竞争对手使用程序模拟注册在短时间内注册上百万个"脏"用户。验证码通过每次生成不同的验证内容,可以防止基于程序循环而产生的恶意攻击。

要实现验证码,有必要了解验证码的实现方式。首先,验证码是一个图片,包含随机生成的文字,可以使用一个页面,通过程序绘制页面上的内容和干扰像素(又称噪点),然后使用一种状态保持方式,在页面上对比用户输入的内容和刚才生成的内容,这样就可以实现验证码效果。根据不同的状态保持方式,验证方式可以分为 Session 方式和 Cookie 方式。

但是这两种方式效果都不太理想,最麻烦的是还需要编码去绘图,可以使用 WebValidates 控件来实现验证码效果。

WebValidates 控件的使用步骤如下所示:

(1) 将从网上下载的 WebValidates 控件放入工具箱。

(2) 拖放控件到页面相应位置。

(3) 页面初始化时,编程生成验证码(假设 WebValidates 控件 ID 为 snCode)。

(4) 编码对比用户的输入(假设用户输入验证码的文本框 ID 是 txtCode),并做相应的处理。

```
snCode.CheckSN(txtCode.Text.Trim())
```

下面使用 WebValidates 控件实现用户身份证号码注册功能,注册页面 Default. aspx 中的关键代码如下:

```
<form id = "form1" runat = "server">
  <div>
    身份证:<asp:TextBox ID = "txtPhone" runat = "server" Width = "162px"></asp:TextBox><br />
    验证码:<asp:TextBox ID = "txtCode" runat = "server" Width = "159px"></asp:TextBox>
    <cc1:SerialNumber ID = "snCode" runat = "server"></cc1:SerialNumber><br />
    <asp:Button ID = "btnSubmit" runat = "server" OnClick = "btnSubmit_Click" Text = "完 成" />
    <asp:Label ID = "lblMsg" Visible = "false" runat = "server" Text = "Label"></asp:Label>
  </div>
</form>
```

页面的后置代码文件 Default. aspx. cs 中的关键代码如下:

```
protected void Page_Load(object sender, EventArgs e)
{
    if (!IsPostBack)
    {
        snCode.Create();                          //首次加载生成新验证码
    }
}
protected void btnSubmit_Click(object sender, EventArgs e)
{
    if (!CheckCode())                             //调用验证方法
    {
        this.lblMsg.Visible = true;
        this.lblMsg .Text = "验证码错误!";
        return;
    }
    else
    {
        this.lblMsg.Visible = true;
        this.lblMsg.Text = "验证码通过!";
    }
}
protected bool CheckCode()                        //验证方法
{
    if (snCode.CheckSN(txtCode.Text.Trim()))   //判断验证码输入是否正确
    {
        return true;
    }
    else
    {
        snCode.Create();                          //如果验证码输入不正确,则生成新验证码
        return false;
    }
}
```

运行注册页 Default.aspx,效果如图 2-26 所示。

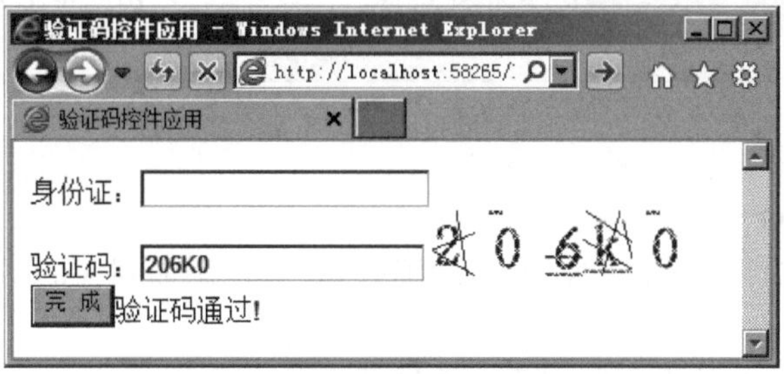

图 2-26　添加验证码后的运行效果

2.7.2 富文本控件(CKEditor)

富文本控件就是在线文本编辑控件,可以像 Word 编辑器那样对录入的内容设置样式、排版等,而不用编写 HTML 代码。我们在论坛上发表评论时往往有这样的体验,评论的内容可以改变字体,可以添加表情图片,可以添加超链接等。这种功能仅使用 TextBox 控件难以实现。常见的在线文本编辑控件有如下几种。

(1) RichTextBox:最早的富文本控件,富文本控件因它而得名。

(2) CKEditor:国外的一个开源项目。

(3) CuteEditor:功能最为完善,但它自身也相当庞大。

(4) eWebEditor:国产软件,有中国特色。

(5) FreeTextBox:简单方便,在国内使用相当普遍。

其中,CKEditor 是一款高性能、调用方便以及功能强大的网页编辑器。它支持 ASP. NET、PHP、JSP、Java 等多种语言且不需要用户安装客户端插件。下面以 CKEditor 为例讲解在线编辑录入控件的用法。

1. 下载 CKEditor

最新的 CKEditor 可以从 CKEditor 官网“ckeditor. com”上下载,这里我们使用最新发布的 CKEditor 3. 6. 4。下载 ckeditor_aspnet_3. 6. 4. zip 压缩包并解压后,如图 2-27 所示,打开_Samples 文件夹,有一个包括 CKEditor 所使用的全部图片、JavaScript 脚本等文件的 CKEditor 资源文件,在 bin 目录下的 Debug 文件夹下有一个 CKEditor. NET. dll 文件,提供可以运行在. NET 环境下的程序集。

图 2-27 ckeditor_aspnet_3. 6. 4 文件结构

2. 配置 CKEditor

(1) 将 Debug 文件夹下的 CKEditor. NET. dll 文件添加到 Visual Studio 的工具箱中,效果如图 2-28 所示。

(2) 将 CKEditor 文件夹复制到网站根目录。

3. 使用 CKEditor

将 CKEditor 拖入页面设计视图中,会自动生成如下所示代码。

图 2-28　添加 CKEditor 控件到工具栏中的效果

```
<%@ Register Assembly="CKEditor.NET" Namespace="CKEditor.NET" TagPrefix="CKEditor" %>
<CKEditor:CKEditorControl ID="cec" runat="server" Width="832px"></CKEditor:
CKEditorControl>
```

@ Register 指令：在 ASP.NET 应用程序文件中注册该控件，该指令有如下几个属性，其中 Assembly 表示使用的程序集，Namespace 表示使用的命名空间，TagPrefix 表示标签的前缀，如“< asp:TextBox >”中的“asp”就是前缀。@ Register 指令下的 CKEditor 的定义要以 CKEditor 作为标签的前缀。

运行页面 CkeditorDemo.aspx，效果如图 2-29 所示。

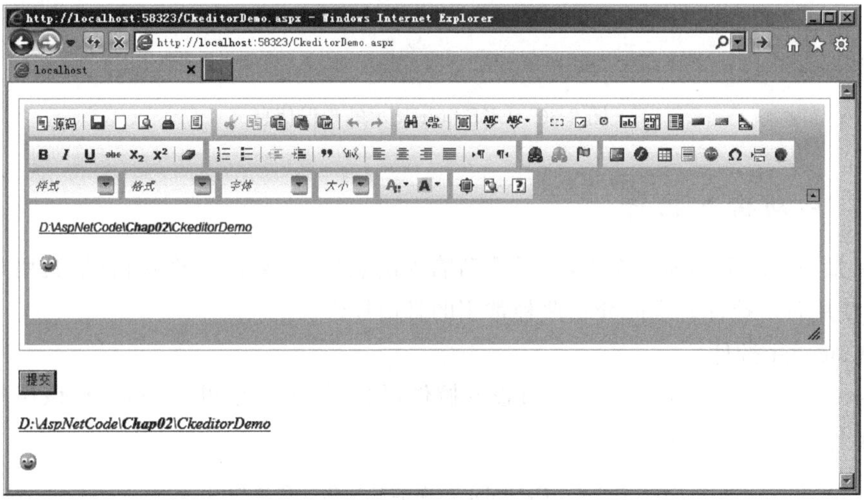

图 2-29　CKEditor 效果图

CKEditor 不同于 TextBox，在 CKEditor 获取输入内容需要使用 Text 属性。

如果在图 2-29 中插入表情、进行样式设置等，那么使用 Text 属性获取到的 CKEditor 控件中的值，内容如下所示。

```
<p><u><em>D:\AspNetCode\<strong>Chap02</strong>\CkeditorDemo</em></u></p>
<p>
<img alt="smiley" height="20" src="http://localhost:58323/ckeditor/plugins/smiley/images/regular_smile.gif" title="smiley" width="20" />
</p>
```

其实 CKEditor 存储的是一段 HTML 文本,可以把这段文本直接存入数据库或从数据库读取后显示在页面上,由浏览器本身解析这些图片、表格、字体等。

有时候在编辑过程中会出现图 2-30 所示的错误信息。

这是由于 ASP.NET 自身的安全机制引起的,它屏蔽了有潜在危险的表单提交。不过该错误信息也有解决办法,在 Page 指令做如下设置就可以了:ValidateRequest="false"。

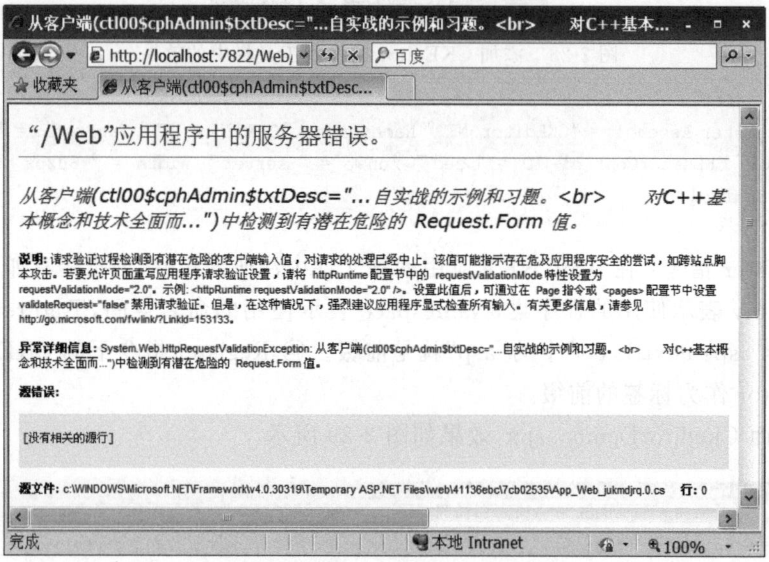

图 2-30 CKEditor 显示的错误信息

2.7.3 日期输入控件

在新知书店图书详细页面中,如果手动输入出版日期,易出现格式错误,其用户体验较差,可以使用日历控件。下面介绍两种常用的日历控件。

1. Calendar 控件

Calendar 控件是 Visual Studio 自带的控件,用于显示一个可选的日历,该控件的常用属性和事件如表 2-6 所示。

表 2-6 Calendar 控件的常用属性和事件

属性和事件	说明
SelectedDate 属性	设置或获取选择的日期
VisibleDate 属性	当前可见的日期(默认显示的月份)
TitleFormat 属性	标题格式("某月"或"某年某月")
SelectionChanged 事件	选择某日期后的事件

日历控件在用户选择日期后触发 SelectionChanged 事件，可以将用户选择的日期赋给需要的控件。

2. JS 版日历

Calendar 控件有一个缺陷，就是每次日历的显示、隐藏和用户的选择都会造成回传。在 Web 开发中，特别是访问量大的站点开发，往往特别忌讳这些事情。可以选择第三方 JS 版的日历控件。

JS 版的日历控件有多种，它们具有页面无刷新、美观等优点。本书介绍的是 My97DatePicker 日历控件，该控件可以从官网 www.my97.net 免费下载，并且官网中提供了详细的使用说明，这里仅介绍基本的使用方法。

将下载的文件复制到站点的一个目录中，这里放在根目录下的 My97DatePicker 文件夹中，使用时首先在页面中添加如下代码，即引入 js 文件。

```
<script language="javascript" type="text/javascript"
    src="../My97DatePicker/ WdatePicker.js">
</script>
```

然后再修改输入如下的日期文本框代码。

```
<form id="form1" runat="server">
    <div>
        <asp:TextBox ID="txtDate" runat="server" onFocus="WdatePicker()"></asp:
TextBox>
    </div>
</form>
```

加粗的部分是新添加的代码，当该文本框获得焦点时就显示出日历控件，页面 My97DatePicker.aspx 运行效果如图 2-31 所示。

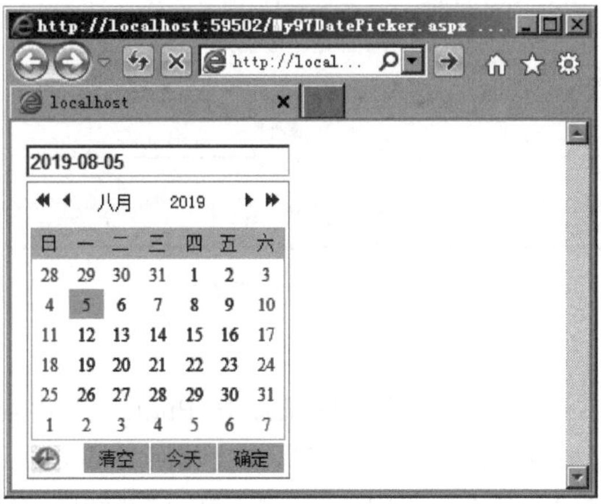

图 2-31　My97DatePicker 的样式

任务 2-3 设计“新知书店”求职简历页面

【任务描述】

在“新知图书”网站系统的招聘页中,有求职意向的人员在注册后可填写本人简历,包括个人基本信息、求职期望、联系方式、个人照片等。简历页面效果如图 2-32 和图 2-33 所示。

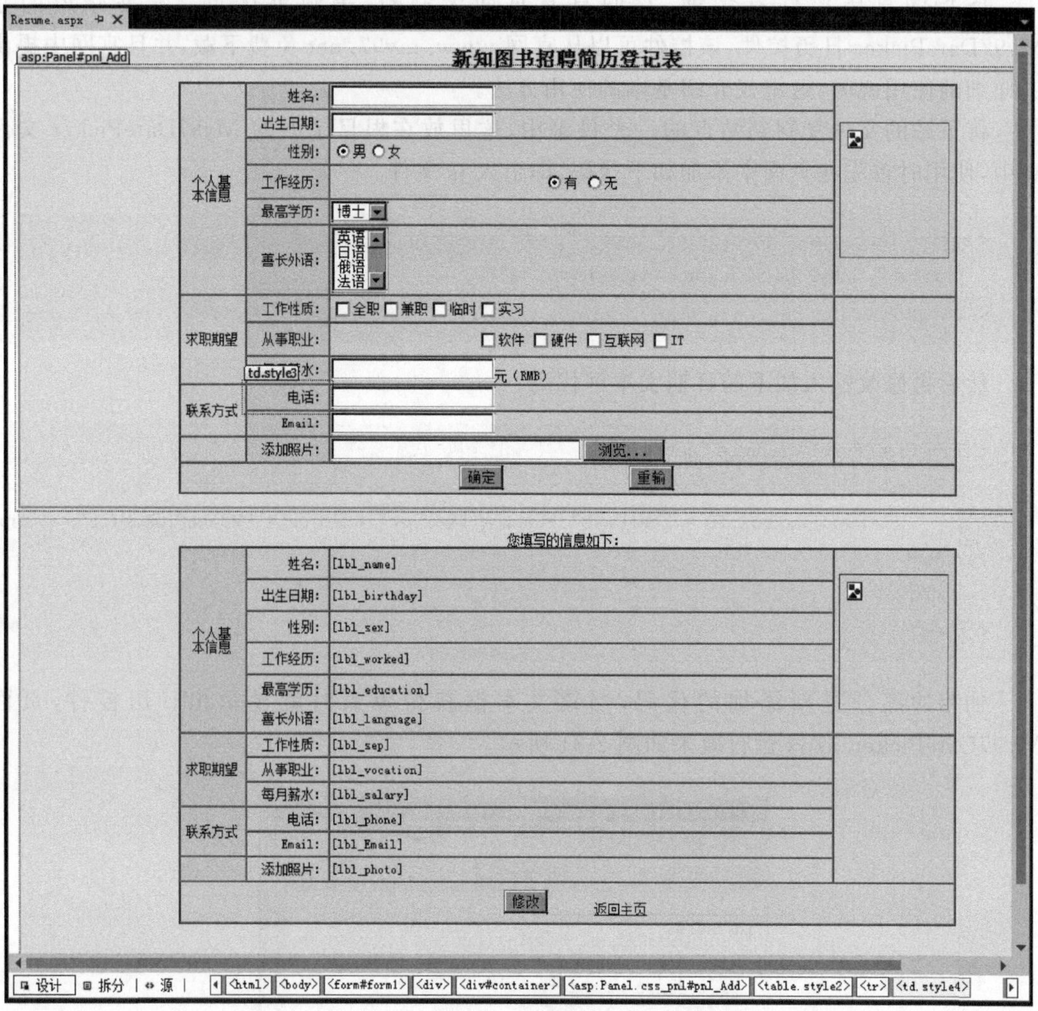

图 2-32 简历表表格

【任务实施】

(1) 创建网站项目 rw2-3,在网站根目录新建 Photos 文件夹,复制 JS 日历文件夹 My97DatePicker 到网站根目录,右击网站项目,创建页面 Resume. aspx,在其中插入一 DIV 层,命名为 Container,并设置其内容居中显示,输入文字“新知图书招聘简历登记表”。

(2) 从工具箱中拖动两个 Panel 控件添加到 Container 层中,主要属性设置如表 2-7 所示。

图 2-33　简历填写页运行效果

表 2-7　Resume.aspx 中 Panel 控件的主要属性设置

控　件	属　性	值	说　明
面板控件 1	ID	pnl_add	位于上面
面板控件 1	ID	pnl_display	位于下面
	Visible	false	

在面板 pnl_add 中插入 HTML 表格控件，对表格进行编辑，输入相应文本后复制表格到面板 pnl_display 中。

(3) 向 pnl_add 中的表格拖入相应 Web 控件，各控件主要属性及取值如表 2-8 所示。

表 2-8　pnl_add 中的控件属性及取值

控　件	属性及取值	说　明
文本框 1	ID="txt_name"	
文本框 2	ID="txt_birthday" onFocus="WdatePicker()"	
单选按钮 1	ID="rdo_man" runat="server" GroupName="sex" Text="男" Checked="true"	
单选按钮 2	ID="rdo_woman" runat="server" GroupName="sex" Text="女"	
单选按钮列表	ID="rdolt_worked" runat="server" RepeatDirection="Horizontal"	列表项：有、无，"有"为默认选项
下拉列表框	ID="ddl_education"	列表项：博士、硕士、本科……

续表

控　件	属性及取值	说　明
列表框	ID="lst_language" SelectionMode="Multiple"	列表项：英语、日语……,可多选
复选框 1	ID="chk_whole" Text="全职"	
复选框 2	ID="chk_part" Text="兼职"	
复选框 3	ID="chk_temp" Text="临时"	
复选框 4	ID="chk_practice" Text="实习"	
复选框列表	ID="chkl_vocation" RepeatDirection="Horizontal"	列表项：软件、硬件、互联网、IT
文本框 3	ID="txt_salary"	
文本框 4	ID="txt_phone"	
文本框 5	ID="txt_Email"	
按钮 1	ID="btn_sure" Text="确定"	
控钮 2	ID="btn_cancel" Text="重输"	
Image 控件	ID="img_photo1"	
FileUpload 控件	ID="FileUpload1"	

(4) 在面板 pnl_display 中表格相应位置插入 12 个标签、一个“修改”按钮(Button)、一个“返回主页”链接按钮(LinkButton)。各控件 ID 分别为 lbl_name、lbl_birthday、lbl_sex、lbl_worked、lbl_education、lbl_language、lbl_sep、lbl_vocation、lbl_salary、lbl_phone、lbl_Email、btn_edit、Inkbtn_return。将所有标签控件的 Text 属性值设为空。链接按钮 Inkbtn_return 属性设置为 PostBackUrl="#" Text="返回主页",如图 2-32 所示。

(5) 在 Resume. aspx. cs 的 Page_Load 方法中编写照片上传代码,如下:

```
protected void Page_Load(object sender, EventArgs e)
{
    this.Title = "填写简历";
    //接收照片并显示
    if (FileUpload1.HasFile)                          //如果 FileUpload 控件中包含了某文件
    {
        string name = FileUpload1.PostedFile.FileName;     //客户端文件路径及文件全名
        FileInfo file = new FileInfo(name);                //创建 FileInfo 类的实例
        string fileName = file.Name;                       //从 FileInfo 中获取文件名
        string webFilePath = Server.MapPath("photos/" + fileName);
                                                           //合成服务器端物理路径及文件名
        string fileContentType = FileUpload1.PostedFile.ContentType;    //上传文件的类型
        if (fileContentType == "image/gif" || fileContentType == "image/pjpeg")
        {
            if (!File.Exists(webFilePath))         //判断服务器端指定路径下是否有同名文件
            {
                try
                {
                    FileUpload1.SaveAs(webFilePath);     //保存文件
```

```
                lbl_photo.Text = "";
                img_photo1.Visible = true;
                img_photo2.Visible = true;
                img_photo1.ImageUrl = "~/photos/" + fileName;
                img_photo2.ImageUrl = "~/photos/" + fileName;
            }
            catch (Exception ex)
            {
                lbl_photo.Text = "文件上传失败,失败原因:" + ex.Message;
            }
        }
        else
        {
            lbl_photo.Text = "文件已经存在,请重命名后上传!";
        }
    }
    else
    {
        lbl_photo.Text = "文件类型不符,只能上传.jpg、.gif 类型的文件";
    }
}
else
{
    lbl_photo.Text = "若想添加或更改照片,请选择文件或输入文件路径及名称!";
}
}
```

(6) 在 Resume.aspx.cs 中添加“确定”按钮事件过程代码,如下:

```
protected void btn_sure_Click(object sender, EventArgs e)
{
    pnl_Display.Visible = true;
    pnl_Add.Visible = false;
    lbl_name.Text = txt_name.Text;
    lbl_birthday.Text = txt_birthday.Text;
    if (rdo_man.Checked) lbl_sex.Text = "男"; else lbl_sex.Text = "女";
    lbl_worked.Text = rdolt_worked.SelectedItem.ToString();      //接收单选钮列表选定值
    lbl_education.Text = ddl_education.SelectedItem.ToString(); //接收下拉列表选定值
    lbl_language.Text = "";                                      //列表框可多选时值的接收
    for (int i = 0; i < lst_language.Items.Count; i++)
    {
        if (lst_language.Items[i].Selected)
            lbl_language.Text += " " + lst_language.Items[i].Value.ToString();
    }
    lbl_sep.Text = "";
    if (chk_whole.Checked)
        lbl_sep.Text = chk_whole.Text;
```

```
        if (chk_part.Checked)
            lbl_sep.Text += " " + chk_part.Text;
        if (chk_temp.Checked)
            lbl_sep.Text += " " + chk_temp.Text;
        if (chk_practice.Checked)
            lbl_sep.Text += " " + chk_practice.Text;
        lbl_vocation.Text = "";      //复选框列表值的接收
        for (int i = 0; i < chkl_vocation.Items.Count; i++)
        {
            if (chkl_vocation.Items[i].Selected)
                lbl_vocation.Text += " " + chkl_vocation.Items[i].Value.ToString();
        }
        lbl_salary.Text = txt_salary.Text + "元(RMB)";
        lbl_phone.Text = txt_phone.Text;
        lbl_Email.Text = txt_Email.Text;
    }
```

(7) 运行页面,效果如图 2-33 和图 2-34 所示。

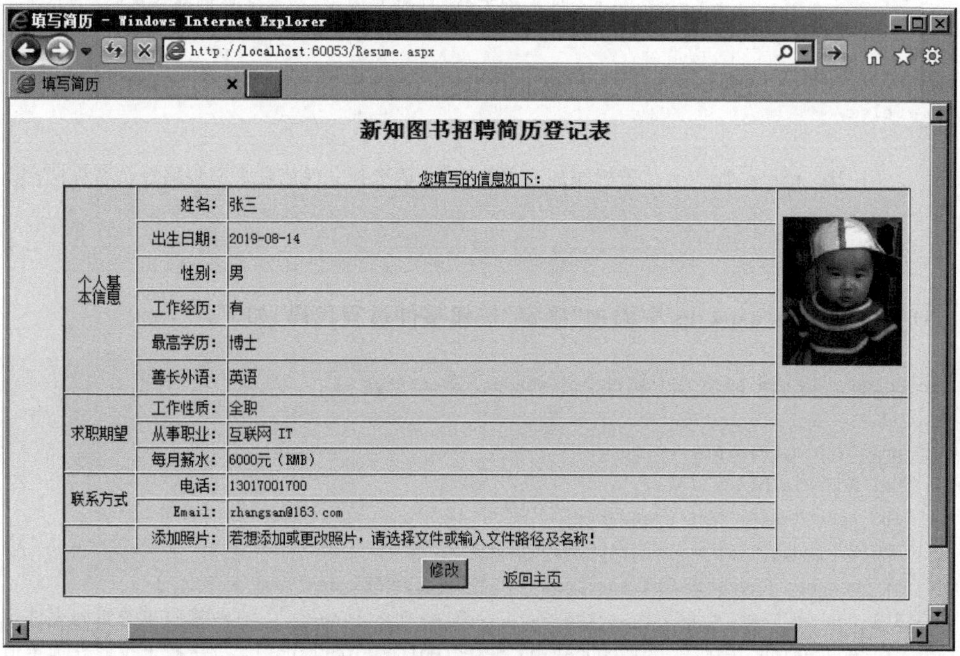

图 2-34　单击简历填写页“确定”按钮后的运行效果

单 元 小 结

本单元主要介绍了运行在服务器端的 HTML 服务器控件、ASP. NET 控件的使用(控件的主要属性、事件驱动机制等),使用其设计出较好的满足交互性要求的 Web 页面,使读者理解 Web 窗体页面服务器控件的功能以及与传统 HTML 控件的区别。还重点介绍了数据验证控件，使用它能够方便地完成页面输入数据的验证功能。此外，还介绍了功能强大的文件上传控件及非常实用的验证码、富文本控件等第三方控件。

单元练习题

一、选择题

1. 在 Web 窗体中，放置一个 HTML 控件，采用(　　)方法变为 HTML 服务器控件。

A. 添加 runat="server"和设置 Attribute 属性

B. 添加 ID 属性和 Attribute 属性

C. 添加 runat="server"和设置 ID 属性

D. 添加 runat="server"和设置 Value 属性

2. 要把一个 TextBox 设置成密码输入框，应该设置(　　)属性。

A. Columns　　B. Rows　　C. Text　　D. TextMode

3. 下面(　　)控件不包含 ImageUrl 属性。

A. HyperLink　　B. Image　　C. ImageButton　　D. LinkButton

4. AlternateText 属性是(　　)控件特有的属性。

A. HyperLink　　B. Image　　C. ListBox　　D. LinkButton

5. 添加一个服务器 CheckBox 控件，单击该控件不能生成一个回发，如何做才能让 CheckBox 的事件导致页面被提交？(　　)

A. 设置 IE 浏览器可以运行脚本　　B. AutoPostBack 属性设置为 true

C. AutoPostBack 属性设置为 false　　D. 为 CheckBox 添加 Click 事件

6. 如果希望控件的内容变化后，立即回传页面，需要在控件中添加(　　)属性。

A. AutoPostBack="true"　　B. AutoPostBack="false"

C. IsPostBack="true"　　D. IsPostBack ="false"

7. 下面控件中，(　　)可以将其他控件包含在其中，所以它常常用来包含一组控件。

A. Calendar　　B. Button　　C. Panel　　D. DropDownList

8. 下面对服务器验证控件说法正确的是(　　)。

A. 可以在客户端直接验证用户输入，并显示出错信息

B. 服务器验证控件种类丰富，共有十种之多

C. 服务器验证控件只能在服务器端使用

D. 各种验证控件不具有共性，各自完成功能

9. 用户登录界面中要求用户必须填写用户名和密码才能提交，应使用(　　)控件。

A. RequiredFieldValidator　　B. RangeValidator

C. CustomValidator　　D. CompareValidator

10. 在一个注册界面中，包含用户名、密码、身份证三项注册信息，并为每个控件设置了必须输入的验证控件。但为了测试的需要，暂时取消该页面的验证功能，该如何做？(　　)

A. 将提交按钮的 CausesValidation 属性设置为 true

B. 将提交按钮的 CausesValidation 属性设置为 false

C. 将相关的验证控件属性 ControlToValidate 设置为 true

D. 将相关的验证控件属性 ControlToValidate 设置为 false

11. 现有一课程成绩输入框,成绩范围为 0～100,这里最好使用(　　)验证控件。

A. RequiredFieldValidator　　B. CompareValidator

C. RangeValidator　　D. RegularExpressionValidator

12. 如果需要确保用户输入大于 30 的值,应该使用(　　)验证控件。

A. RequiredFieldValidator　　B. CompareValidator

C. RangeValidator　　D. RegularExpressionValidator

13. RegularExpressionValidator 控件中可以加入正则表达式,下面选项对正则表达式说法正确的是(　　)。

A. "."表示任意数字

B. "*"表示和其他表达式一起,表示任意组合

C. "\d"表示任意字符

D. "[A-Z]"表示 A-Z 有顺序的大写字母

14. 下面对 CustomValidator 控件说法错误的是(　　)。

A. 控件允许用户根据程序设计需要自定义控件的验证方法

B. 控件可以添加客户端验证方法和服务器端验证方法

C. ClientValidationFunction 属性指定客户端验证方法

D. runat 属性用来指定服务器端验证方法

15. 使用 ValidationSummary 控件时需要以对话框的形式来显示错误信息,需要如何设置属性?(　　)

A. 设置 ShowSummary 为 true　　B. 设置 ShowMessage 为 true

C. 设置 ShowMessage 为 false　　D. 设置 ShowSummary 为 false

16. 创建一个 Web 窗体,其中包括多个控件,并添加了验证控件进行输入验证,同时禁止所有客户端验证。当单击按钮提交窗体时,为了确保只有当用户输入的数据完全符合验证时才执行代码处理,需如何处理?(　　)

A. 在 Button 控件的 Click 事件处理程序中,测试 Page. IsValid 属性,如果该属性为 true 则执行代码

B. 在页面的 Page_Load 事件处理程序中,测试 Page. IsValid 属性,如果该属性为 true 则执行代码

C. 在 Page_Load 事件处理程序中调用 Page 的 Validate 方法

D. 为所有的验证控件添加 runat="server"

二、填空题

1. RadioButtonList 服务器控件的________属性决定单选按钮是以水平还是垂直方式显示,________属性可以获取或设置在 RadioButtonList 控件中显示的列数。

2. 使用________控件可以在页面上显示一个日历。

3. 如果希望将特定的输入控件与另一个输入控件相比较,需要使用________验证控件。

4. RangeValidator 控件中,通过________属性指定要验证的输入控件;MinimumValue 属性指定有效范围的最小值;________属性指定有效范围的最大值;Type

属性用于指定要比较的值的数据类型。

5. 验证 6 位数字的正则表达式为________。

6. 通过________控件验证用户是否在文本框中输入了数据；通过 CompareValidator 控件将输入控件的值与常数值或其他输入控件的值相比较，以确定这两个值是否与比较运算符（小于、等于、大于）指定的关系相匹配；通过________控件可以自定义验证规则；________控件用于罗列网页上所有验证控件的错误信息。

三、问答题

1. Button、LinkButton 和 ImageButton 控件有什么共同点？

2. 比较 ListBox 和 DropDownList 控件的相同点和不同点。

3. 验证控件有几种类型？分别写出它们的名称。

4. 验证控件的 ErrorMessage 和 Text 都可以设置验证失败时显示的错误信息，二者有什么不同？

5. 在使用 RangeValidator 控件或 CompareValidator 控件时，如果相应的输入框中没有输入内容，验证是否能够得到通过？

6. 什么是第三方控件？列举出三个常用的第三方控件并分别简述它们的作用。

单元3 ASP.NET内置对象与数据传递

在ASP.NET网站中，对HTTP的请求、响应及状态管理，都是通过ASP.NET内置对象实现的，内置对象通过向用户提供基本的请求、响应和会话等处理功能实现了ASP.NET的绝大多数功能。ASP.NET中的内置对象主要包括Page、Response、Request、Server、Cookie、Session和Application等，本单元将分别对它们的使用进行介绍。

本单元主要学习目标如下。

- ◆ 熟悉Page对象，了解Page对象的生命周期和常规Web页面生命周期阶段。
- ◆ 掌握通过Response对象向页面输出信息与页面跳转。
- ◆ 掌握通过Request对象获取客户端信息。
- ◆ 掌握用Session和Cookie对象存储和读取数据。
- ◆ 了解Application对象读取全局变量。
- ◆ 了解Server对象字符编码。

3.1 ASP.NET对象概述及属性方法事件

所谓对象(Object)，可以泛指日常生活中能看到的和看不到的一切事物，在程序设计中可以用一种仿真的方式来表示对象，一般的对象都有一些静态的特征，如对象的外观、大小等，这在面向对象程序(OOP)中就是对象的属性(attribute)，一般的对象如果是有生命、可以动作的，在面向对象程序中就是对象的方法(method)，所以在面向对象程序的概念中，对象有两个重点：一个是"属性"，另一个是"方法"。

一般而言，对象的定义就是每个对象都具有不同的功能与特征，不同对象属于不同的类(Class)，类定义了对象的属性、方法和事件等特征，没有类就没有对象。

(1) 属性代表对象的状态、数据和设置值。属性的设置语法如下：

```
对象名.属性名 = 语句(一般又叫属性值)
```

(2) 方法可以执行动作。方法的调用语法如下：

```
对象名.方法(参数)
```

(3) 事件的概念比较抽象，通常是一个执行的动作，也就是对象所认识的动作，事件的执行由对象触发。

ASP.NET中的Page、Response、Request等对象(见表3-1)，由.NET Framework中封

装好的类来实现，并且由于这些对象在 ASP. NET 页面初始化请求时自动创建，所以能在程序中的任何地方直接调用，而无须对类进行实例化操作。

表 3-1 ASP. NET 常用内置对象简要说明

对象	功能
Page	页面对象，用于整个页面的操作
Response	提供对输出流的控制，如可以向浏览器输出信息、Cookie 等
Request	提供对当前页请求的访问，其中包括请求标题、Cookie、客户端证书、查询字符串等，可以用它来读取浏览器已经发送的内容
Session	为当前用户会话提供信息，还提供对可用于存储信息的会话范围的缓存的访问，以及控制如何管理会话的方法
Application	提供对所有会话的应用程序范围的方法和事件的访问，还提供对可用于存储信息的应用程序范围的缓存的访问
Server	提供用于在页之间传输控件的实用方法，获取有关最新错误的信息，对 HTML 文本进行编码和解码，获取服务器信息等
Cookie	用于保存 Cookie 信息

下面将分别介绍这些对象的常用属性及方法。

3.2 Page 对象

在 ASP. NET 中每个页面都派生自 Page 类，并继承这个类公开的所有方法和属性。Page 类与扩展名为. aspx 的文件相关联，这些文件在运行时被编译为 Page 对象，并被缓存在服务器内存中。

3.2.1 Page 对象的常用属性

1. IsPostBack 属性

Page 对象的 IsPostBack 属性用于获取一个逻辑值，该值指示当前页面是为响应客户端回发而加载还是正在被首次加载和访问，true 表示页面是为响应客户端回发而加载，false 表示页面是首次加载。

2. Title 属性

该属性获取或设置页面的标题，可以根据需要动态更换页面标题。

3. IsValid 属性

该属性获取布尔值，用来判断网页上的验证控件是否全部验证成功，返回 true 表示全部验证成功，返回 false 表示至少有一个验证控件验证失败。

4. IsCrossPagePostBack 属性

该属性判断页面是否使用跨页提交，它是一个布尔值的属性。

Page 类中很多属性是对象的引用，即 Server、Response、Request、Application 和 Session 等都是 Page 对象的属性，这样在页面中可以直接对这些对象进行访问，而无须通过 Page 对象，例如下面两行代码的作用是一样的。

```
Page.Response.Redirect("Default.aspx");
Response.Redirect("Default.aspx");
```


上述代码第一行通过 Page 对象的 Response 属性得到 Response 对象的引用,第二行直接通过 Response 对象名对 Response 对象进行引用。

3.2.2 Page 对象的常用方法

1. DataBind 方法

该方法将数据源绑定到被调用的服务器控件及其所有子控件。

2. FindControl(ID)方法

该方法在页面中搜索带指定标识符的服务器控件。

3. ParseControl(content)方法

该方法将 content 指定的字符串解释成控件,例如以下示例。

```
Control c = ParseControl("< asp:button text = 'Click here! 'runat = 'server'/>");
```

4. MapPath(virtualPath)方法

该方法将 virtualPath 指定的虚拟路径转换成物理路径。下面的示例使用 MapPath 方法获得子文件夹的物理路径,然后用此信息来设置 TextBox Web 服务器控件的 Text 属性。

```
string fileNameString = this.MapPath(subFolder.Text);
fileNameString += "\\" + fileNameTextBox.Text;。
```

3.2.3 Page 对象的常用事件

1. Page_Init 事件

当网页初始化时会触发此事件,在 ASP. NET 页面被请求时 Init 是页面第一个被触发的事件。

2. Page_Load 事件

当页面被载入时会触发此事件,即当服务器控件加载到 Page 对象中时发生。

3. Page_Unload 事件

当页面完成处理且信息被写入客户端后会触发此事件。

【示例 3-1】 对 Page_Init 事件和 Page_Load 事件进行比较。

(1) 创建页面文件 Default. aspx,在页面中添加两个列表框控件和一个按钮,代码如下:

```
< body >
    < form id = "form1" runat = "server">
        < div >
            Init 事件的运行效果      Load 事件的运行效果< br />
              < asp: ListBox ID = " ListBox1" runat = " server" Width = " 176px" > </asp:
ListBox >
```

```
                    
        <asp:ListBox ID="ListBox2" runat="server" Width="176px"></asp:ListBox>
                <br />
                <asp:Button ID="Button1" runat="server" Text="引起回发" />
            </div>
        </form>
    </body>
```

(2) 在 Default. aspx. cs 中添加 Page_Init 事件和 Page_Load 事件过程代码，如下：

```
protected void Page_Load(object sender, EventArgs e)
{
    ListBox2.Items.Add("页面被加载一次");
}
protected void Page_Init(object sender, EventArgs e)
{
    ListBox1.Items.Add("页面被加载一次");
}
```

说明：Button 按钮只是为了引起服务器回发，不用编写其 Click 事件过程代码。

(3) 按 Ctrl+F5 组合键运行页面，页面首次加载后的运行效果如图 3-1 所示。

图 3-1　页面首次加载后的运行效果

单击“引起回发”按钮后，由 Page_Init 事件添加的 ListBox1 控件中的内容不会发生变化，而由 Page_Load 事件添加的 ListBox2 控件中的内容发生变化，运行效果如图 3-2 所示。

图 3-2　页面回发后的运行效果

从本示例中可以看出,Page 对象的 Init 和 Load 事件均在页面加载过程中发生,但在 Page 对象的生命周期中,Init 事件只在页面初始化时触发一次,Load 事件在初次加载及每次回发时都会触发。Page 对象的事件贯彻于页面执行的整个生命过程,每个阶段,ASP. NET 都触发了可以在代码中处理的事件,对于大多数情况,只需关心 Page_Load 事件,即:Page_Load(object sender, EventArgs e)。该事件的两个参数是由 ASP. NET 定义的,第一个参数定义了产生事件的对象,第二个参数是传递给事件的详细信息。每次触发服务器控件时,页面都会去执行一次 Page_Load 事件,说明页面被加载了一次,这种技术称为回传(又称回送)技术,是 ASP. NET 最为重要的特征之一。

在 ASP. NET 中,当客户端触发了一个事件时,它不是在客户端浏览器上对事件进行处理,而是把该事件的信息传送回服务器进行处理。服务器在接收到这些信息后,会重新加载 Page 对象,然后处理该事件,所以 Page_Load 事件被再次触发。

IsPostBack 属性表示页面是否被首次加载和访问。当 IsPostBack 为 true 时,表示该请求是为响应客户端回发而加载;当 IsPostBack 为 false 时,表示该页是被首次加载和访问。例如:

```
protected void Page_Load(object sender, EventArgs e)
{
    if (!IsPostBack)
    {
       Response.Write("页面首次加载!");
    }
    else
    {
      Response.Write("页面响应客户端回发而加载!");
    }
}
```

任务 3-1 体验页内数据传递

【任务描述】

将用户在文本框中输入的歌手添加到列表控件中显示,观察添加的结果有什么问题。该问题是怎么引起的?如何解决该问题。

【任务实施】

(1) 创建网站项目 rw3-1,并在网站项目下添加页面文件 Default. aspx,进入页面视图,从工具箱分别拖放一个 ListBox、TextBox 和 Button 空间到编辑区,切换至源视图,并编写如下代码。

```
<form id = "form1" runat = "server">
  <div>
  请选择您喜欢的歌手<br />
<asp:ListBox ID = "lbSonger" runat = "server" Height = "151px" Width = "152px"></asp:ListBox>
```

```
    <br />
向列表中添加歌手<br />
<asp:TextBox ID="txtName" runat="server"></asp:TextBox>
<asp:Button ID="btnAddSonger" runat="server" Text="添加" OnClick="Button2_Click" />
</div>
</form>
```

lbSonger 列表控件用于显示歌手的列表，文本框 txtName 用于接收输入信息。

（2）在页面后置代码文件 Default. aspx. cs 中编写 Page_Load 事件过程代码，如下：

```
protected void Page_Load(object sender, EventArgs e)
{
    lbSonger.Items.Add("帕瓦罗蒂");
    lbSonger.Items.Add("多明戈");
    lbSonger.Items.Add("卡雷拉斯");
}
```

（3）编写"添加"按钮在页面后置代码文件 Default. aspx. cs 中对应的 Click 事件过程代码，如下：

```
protected void btnAddSonger_Click(object sender, EventArgs e)
{
    lbSonger.Items.Add(txtName.Text);
}
```

（4）运行页面 Default. aspx，在文本框中输入歌手"韩红"，单击"添加"按钮，发现列表控件中并没有像我们想象的那样只添加了"韩红"，而是重复添加了前面三个歌手列表项，如图 3-3 所示。

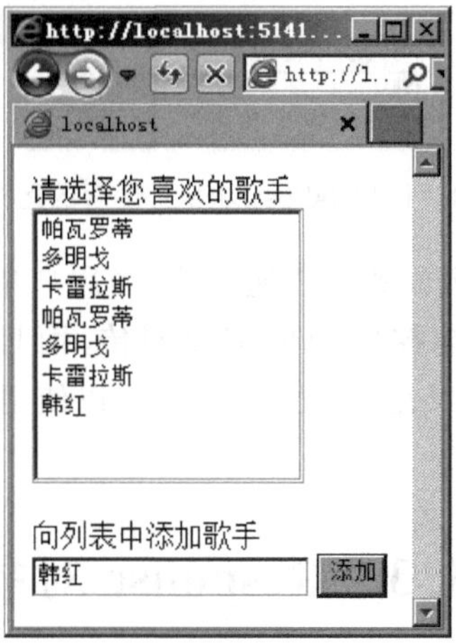

图 3-3　设置 IsPostBack 属性前的运行结果

导致该问题的原因是在页面加载时没有判断当前页面是否是回传页面，导致每次都要执行 Page_Load 方法中的添加前面三个歌手的代码，也就是说，当用户单击"添加"按钮后，页面回传，这段代码又一次被执行。为了解决这个问题，可以使用 ASP. NET 提供的一个特殊属性 Page. IsPostBack 来进行判断，使用过程可以直接写成 IsPostBack，它是一个布尔值，当该值为真(true)时，则页面为回传，否则就是首次加载。

(5) 清楚了问题产生的原因后，该问题就很好解决了，修改页面 Default. aspx 的 Page_Load 事件过程代码，如下：

```
protected void Page_Load(object sender, EventArgs e)
{
    if (!IsPostBack)
    {
        lbSonger.Items.Add("帕瓦罗蒂");
        lbSonger.Items.Add("多明戈");
        lbSonger.Items.Add("卡雷拉斯");
    }
}
```

(6) 再次运行 Default. aspx 页面，输入歌手名，单击“添加”按钮，就会看到输入的歌手名被添加到列表最后，并且上面的列表项也没有重复添加，如图 3-4 所示。

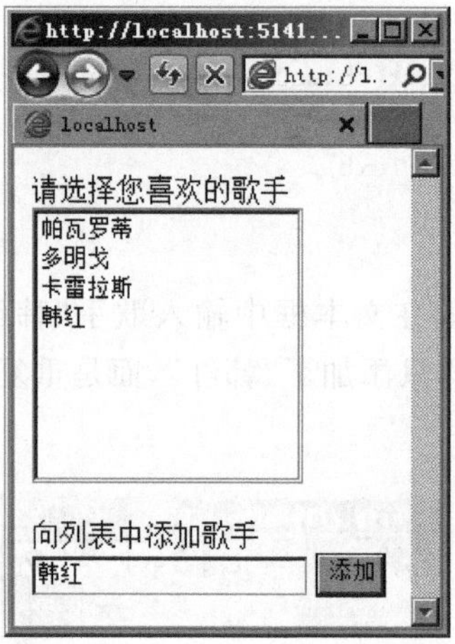

图 3-4　设置 IsPostBack 属性后的运行结果

页内数据传递是最简单的页面数据传递形式，当用户单击页面上的按钮等引起回传的控件时，所有页面上的服务器端控件的值都要回传，而且这些是不需要我们来处理的，ASP. NET 都已经封装好了，所以在 ASP. NET 中可以使用“控件对象名. 属性”的方式直接访问控件的相关内容。

3.3　Response 对象

Response 对象用于响应客户端的请求，将信息发送到客户端浏览器。用户可以使用 Response 对象实现向页面中输出文本或创建 Cookie 信息等，并且可以使用 Response 对象实现页面的跳转。

3.3.1 Response 对象的常用属性

1. BufferOutput 属性

BufferOutput 的默认属性为 true。当页面被加载时，要输出到客户端的数据都暂时存储在服务器的缓冲区内，并等待页面的所有事件程序以及所有的页面对象全部被浏览器解释完毕后，才将所有在缓冲区中的数据发送到客户端浏览器。

2. Charset 属性

Charset 属性设置页面显示中所使用的字符集。此属性设置后，客户端浏览器代码中的 HTML 头信息的 meta 属性增加一个属性值对——Charset＝字符集名。

3. ContentType 属性

ContentType 属性设置客户端 HTTP 文件格式，其格式为类型/子类型。常用的类型/子类型主要有 text/html（默认值）、image/jpeg、application/msword、application/msexcel、application/mspowerpoint 等。

4. IsClientConnected 属性

IsClientConnected 属性为只读属性，表示客户端与服务器端是否连接。如果此属性的返回值为 true，表示客户端与服务器端处于连接状态，否则表示客户端与服务器端已经断开。

5. Cookies 属性

Cookies 是存放在客户端用来记录用户访问网站的一些数据的对象。利用 Response 对象的 Cookies 属性可以在客户端创建一个 Cookies，创建 Cookies 的语法格式如下。

```
Response.Cookies[名称].Value = 值;
Response.Cookies[名称].Expirs = 有效期;
```

例如，创建一个名为 Name、值为“张三”、有效期为一天的 Cookies 信息，代码如下：

```
Response.Cookies["Name"].Value = "张三";
Response.Cookies["Name"].Expirs = DateTime.Now.AddDays(1);
```

3.3.2 Response 对象的常用方法

1. Write 方法

功能：在服务器端将指定数据发送给客户端浏览器。

语法：Response. Write(变量或字符串)；。

说明：在输出字符串常量时，要使用一对引号括起来；当字符串内含有引号时外层使用双引号，内层使用单引号；HTML 标记可以作为特别的字符串进行输出；客户端脚本也可以作为特别的字符串输出。例如：

```
Response.Write("< script > alert('Hello! ');</script >");
```

【示例 3-2】 使用 Response. Write 方法输出字符串、HTML 标记及 Script 脚本。

(1) 创建页面文件 Default. aspx，将页面标题设置为“Response. Write 方法使用示例”。

(2) 在 Default. aspx. cs 的 Page_Load 事件中添加如下代码。

```
protected void Page_Load(object sender, EventArgs e)
{
    Response.Write("<font size='6' color='red' face='黑体'>欢迎来到新知图书</font><br/>");
    Response.Write("<hr width='75%' color='blue' align='left'/><br/><br/>");
    Response.Write("现在是北京时间: " + DateTime.Now.ToLongTimeString() + "<br/>");
    Response.Write("浏览新闻可以到<a href='http://www.xinhuanet.com/'>新华网</a><br/>");
    Response.Write("<script language='javascript'>alert('使用 Write 方法输出信息');
</script>");
}
```

(3) 按 Ctrl+F5 组合键运行,页面的运行效果如图 3-5 所示。

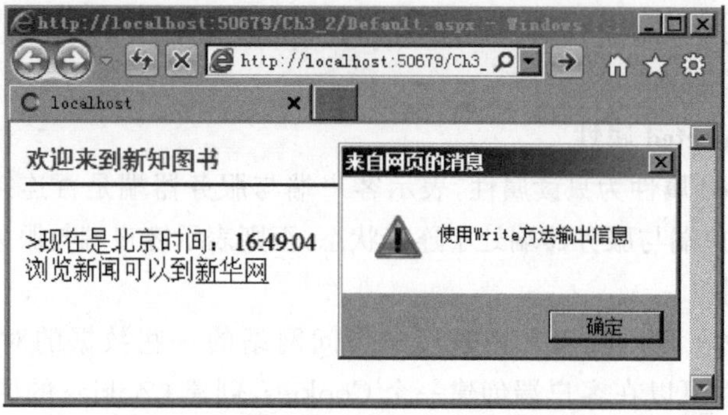

图 3-5 Response. Write 方法使用示例

2. WriteFile 方法

功能:将指定的文件内容写到 HTML 输出流。

语法:Response. WriteFile(filename);。

说明:若有大量数据要发送到浏览器,如果使用 Write 方法,那么其中的参数串会很长,影响程序的可读性。Response. WriteFile 方法用于直接将文件内容输出到客户端,如果要输出的文件和执行的网页在同一个目录中,直接传入文件名即可;如果不在同一个目录中,则要指定详细的目录名称。

举例:

```
Response.WriteFile("OutFile.txt");
```

说明:OutFile. txt 是准备输出的文本文件,存放在网站根目录下。

3. Redirect 方法

功能:使浏览器立即重定向到程序指定的 URL,即实现页面的跳转。

语法:Response. Redirect("网址或网页");。

举例:

```
Response.Redirect("http://www.edu.cn");
Response.Redirect("Default.aspx");
```

或

```
string ThisURL = "http://www.shu.edu.cn";
Response.Redirect(ThisURL);
```

【示例 3-3】 使用 Response 对象的 Redirect 方法跳转到指定页面。

(1) 创建页面文件 Default.aspx，将页面标题设置为“使用 Redirect 方法实现页面跳转”。

(2) 在 Default.aspx.cs 的 Page_Load 事件中添加如下代码。

```
protected void Page_Load(object sender, EventArgs e)
{
    int day = int.Parse(DateTime.Now.Day.ToString());
    string url;
    if (day % 2 == 0)
        url = "http://www.sina.com";
    else
        url = "http://www.sohu.com";
    Response.Redirect(url);
}
```

(3) 按 Ctrl+F5 组合键运行，程序先判断当前日期是奇数还是偶数，如果是偶数，跳转到新浪网，否则跳转至搜狐网。

4. End 方法

功能：用来输出当前缓冲区的内容，并中止当前页面的处理。

语法：Response.End()；。

举例：

```
Response.Write("欢迎光临");
Response.End();
Response.Write("我的网站!");
```

该程序段只输出“欢迎光临”，而不会输出“我的网站!”。

5. Flush 方法

功能：将页面缓冲区中的数据立即显示。

语法：Response.Flush()；。

说明：在编写程序的过程中，某一个请求可能会处理多个任务，可以在处理每个任务之后写一个 Response.Write("这里写一些操作提示信息!")，在后面加上 Response.Flush()，这样就会在每个任务完成之后将提示信息返回到页面。如果没有添加 Response.Flush()，那么所有的提示信息将会在方法执行完毕后才响应到页面。

6. Clear 方法

功能：清除页面缓冲区中的数据。

语法：Response.Clear()；。

说明：在使用该方法时缓冲区必须打开，即 Response 的 BufferOutput 属性必须为

true。使用该方法只能清除 HTML 文件的 Body 部分。

7. TransmitFile 方法

功能：将指定文件下载到客户端。

语法：Response. TransmitFile(filename);。

说明：filename 是要下载的文件,如果要下载的文件和执行的网页在同一个目录中,直接传入文件名即可；如果不在同一个目录中,则要指定详细的目录名称。

3.4 Request 对象

当用户发出一个打开 Web 页面的请求时,Web 服务器会收到一个 HTTP 请求,此请求信息包括客户端的基本信息、请求方法、参数名、参数值等,这些信息将被完整地封装,并通过 Request 对象获取它们。Request 对象的主要功能是获取与网页密切相关的数据,包括客户端浏览器信息、用户输入表单中的数据、Cookies 中的数据、服务器端的环境变量等。

3.4.1 Request 对象的常用属性

1. QueryString 属性

Request 对象的 QueryString 属性用于获取客户端附在 URL 地址后的查询字符串中的信息。通过 QueryString 属性能够获取页面传递的参数。在超链接中往往需要从一个页面跳转到另外一个页面,跳转的页面需要获取 HTTP 的值进行相应的操作。例如,如果在地址栏中输入 NewsList. aspx? Id=1,则可以使用 Request. QueryString["id"]获取传递过来的 ID 的值。在使用 QueryString 属性时,表单的提交方式要设置为 Get。

2. Path 属性

Request 对象的 Path 属性用来获取当前请求的虚拟路径。当在应用程序开发中使用 Request. Path. ToString()时,能够获取当前正在被请求的文件的虚拟路径的值,当需要对相应的文件进行操作时,可以使用 Request. Path 的信息进行判断。

3. UserHostAddress 属性

通过使用 UserHostAddress 属性可以获取远程客户端 IP 主机的地址。在客户端主机 IP 的统计和判断中,可以使用 Request. UserHostAddress 进行 IP 的统计和判断。在有些系统中需要对来访的 IP 进行筛选,使用 Request. UserHostAddress 能够轻松地判断用户 IP 并进行筛选操作。

4. Browser 属性

通过使用 Browser 属性可以判断正在浏览网站的客户端的浏览器的版本,以及浏览器的一些信息,其语法格式为 Request. Browser. Type. ToString()。

5. ServerVariables 属性

使用 Request 对象的 ServerVariables 属性可以读取 Web 服务器端的环境变量,其语法格式为 Request. ServerVariables["环境变量名"]。

【示例 3-4】 使用 Request 对象的 ServerVariables 属性获取服务器端环境变量。

(1) 创建页面文件 Default. aspx,将页面标题设置为"获取服务器端环境变量",并进行页面的样式设置。

(2) 在 Default.aspx.cs 的 Page_Load 事件中添加如下代码。

```
protected void Page_Load(object sender, EventArgs e)
{
    Response.Write("获取的服务器端信息：");
    Response.Write("<hr>");
    Response.Write("当前网页虚拟路径：" + Request.ServerVariables["URL"] + "<br/>");
    Response.Write("当前网页实际路径：" + Request.ServerVariables["PATH_TRANSLATED"] +
"<br/>");
    Response.Write("服务器名：" + Request.ServerVariables["SERVER_NAME"] + "<br/>");
    Response.Write("软件：" + Request.ServerVariables["SERVER_SOFTWARE"] + "<br/>");
    Response.Write("服务器连接端口：" + Request.ServerVariables["SERVER_PORT"] +
"<br/>");
    Response.Write("HTTP 版本：" + Request.ServerVariables["SERVER_PROTOCOL"] + "<br/>");
    Response.Write("客户主机名：" + Request.ServerVariables["REMOTE_HOST"] + "<br/>");
    Response.Write("浏览器：" + Request.ServerVariables["HTTP_USER_AGENT"] + "<br/>");
    Response.Write("<hr>");
}
```

(3) 按 Ctrl+F5 组合键运行，页面效果如图 3-6 所示。

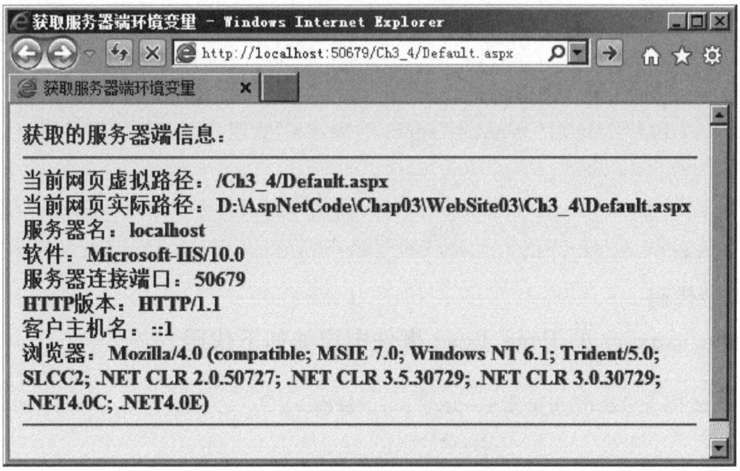

图 3-6　获取服务器端环境变量

6. Form 属性

Form 属性用于获取客户端在 Form 表单中所输入的信息，表单的 method 属性值需设置为 Post，其语法格式为 Request.From["元素名"]。

【示例 3-5】 使用 Request 对象的 Form 属性在两个页面间传递登录的用户名。

1) 设计 Web 页面

(1) 创建登录页面文件 LoginDemo.aspx，从工具箱拖入相应控件，代码如下：

```
<table style="width: 40%;">
    <tr>
        <td style="text-align: right">用户名：</td>
```

```
            <td>
             <asp:TextBox ID="username" runat="server"></asp:TextBox>
            </td>
        </tr>
        <tr>
            <td style="text-align: right">密码:</td>
            <td>
             <asp:TextBox ID="password" runat="server" TextMode="Password"></asp:TextBox>
            </td>
        </tr>
        <tr>
         <td colspan="2" style="text-align: center">
          <asp:Button ID="btnLogin" runat="server" PostBackUrl="Welcome.aspx" Text="登录"/>
         </td>
        </tr>
</table>
```

(2) 创建登录信息欢迎页面 Welcome.aspx,从工具箱拖入相应控件,代码如下:

```
<form id="form1" runat="server">
<div>
    <asp:Label ID="lblName" runat="server" Text="Label" CssClass="kk"></asp:Label>
    <asp:Label ID="lblMsg" runat="server" Text="Label" CssClass="kk"></asp:Label>
    <br />
    <asp:Label ID="Label3" runat="server" Text="欢迎您登录新知图书网!" CssClass="kk">
</asp:Label>
</div>
</form>
```

2) 编写程序代码

在 Welcome.aspx.cs 的 Page_Load 事件中添加如下代码。

```
protected void Page_Load(object sender, EventArgs e)
{
    //获取用户登录名
    lblName.Text = Request["UserName"];
    //将系统时间与数据 13 进行比较,来获取问候语
    int Time = DateTime.Now.Hour.CompareTo(13);
    string str;
    if (Time > 0)
    {
    str = "下午好!";
    }
    else if (Time < 0)
    {
        str = "上午好!";
    }
    else
    {
```

```
            str = "中午好!";
        }
        lblMsg.Text = str;
    }
```

3）调试运行

按 Ctrl+F5 组合键运行，登录页面效果如图 3-7 所示。

输入用户名、密码，单击“登录”按钮后跳转到欢迎页面，如图 3-8 所示。

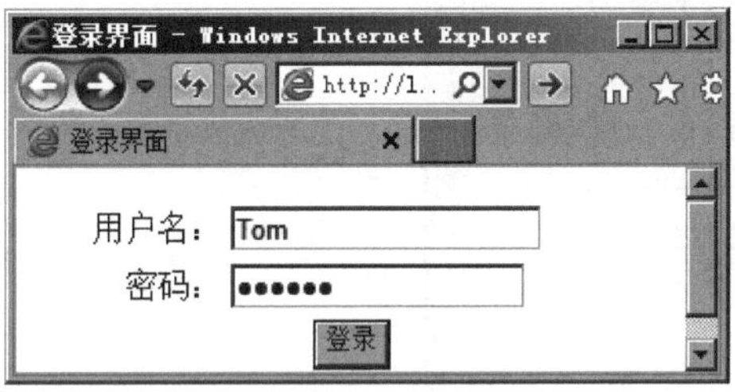

图 3-7　登录页面

图 3-8　登录欢迎页面

7. Cookies 属性

Cookie 是存放在客户端用来记录用户访问网站的一些数据的对象。利用 Response 对象的 Cookies 属性可以在客户端创建一个 Cookie。使用 Request 对象的 Cookies 属性可以读取 Cookie 对象的数据，其语法格式如下。

```
Request.Cookies[名称]
```

例如读取一个名为 Name 的 Cookie 对象的值，示例代码如下：

```
string name = Request.Cookies["Name"].Value;
```

3.4.2　Request 对象的常用方法

1. MapPath 方法

功能：利用 Request 对象的 MapPath 方法获取文件在服务器上的物理路径。

语法：Request.MapPath(filename)。

说明：filename 指文件名，如果文件和执行的网页在同一个目录中，直接传入文件名即可；如果不在同一个目录中，则要指定详细的路径名称。

2. SaveAs 方法

功能：用于将 HTTP 请求的信息存储到磁盘中。

语法：Request.SaveAs(string filename,bool includeHeaders);。

说明：filename 指文件及其保存的路径，includeHeaders 是一个布尔值，表示是否将 HTTP 头保存到硬盘。

任务 3-2　获取客户端数据与跨页传递数据

【任务描述】

使用 Request 对象和 Response 对象实现一个登录操作，用户登录页面如图 3-9 所示，实现用户名和密码检查，如果用户名和密码都输入正确，则将用户跳转到图 3-10 所示的欢迎页面，在欢迎页面显示用户名、浏览器版本和浏览器语言等信息。

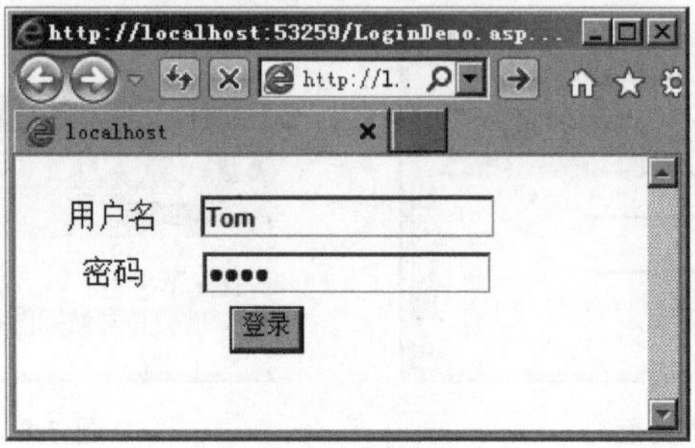

图 3-9　用户登录页面

图 3-10　登录成功欢迎页面

【任务实施】

1. 设计 Web 页面

(1) 创建登录页面文件 LoginDemo.aspx，从工具箱拖入相应控件，代码如下：

```
<form id="form1" runat="server">
    <div>
        <table style="vertical-align: middle; text-align: center">
            <tr>
                <td style="width: 78px; height: 26px">
                    <asp:Label ID="lblLoginId" runat="server" Text="用户名"></asp:Label>
                </td>
                <td style="width: 160px; height: 26px">
                    <asp:TextBox ID="txtloginId" runat="server"></asp:TextBox>
                </td>
            </tr>
```

```
            <tr>
                <td style="width: 78px">
                    <asp:Label ID="lblLoginPwd" runat="server" Text="密码"></asp:Label>
                </td>
                <td style="width: 160px">
                    <asp:TextBox ID="txtLoginPwd" runat="server" TextMode="Password"
Width="146px"></asp:TextBox>
                </td>
            </tr>
            <tr>
                <td colspan="2" style="height: 26px; text-align: center">
                    <asp:Button ID="btnSubmit" runat="server" OnClick="btnSubmit_Click"
Text="登录" /> 
                </td>
            </tr>
        </table>
    </div>
    <asp:Label ID="lblMessage" runat="server"></asp:Label>
</form>
```

(2) 创建登录信息欢迎页面 Welcome.aspx。

2. 编写程序代码,实现程序功能

(1) 在登录页后置代码文件 LoginDemo.aspx.cs 中编写单击"登录"按钮事件方法代码,如下:

```
protected void btnSubmit_Click(object sender, EventArgs e)
{
    if (this.txtloginId.Text.Trim().Length == 0)
    {
        this.lblMessage.Text = "请输入用户名!";
        return;
    }
    if (this.txtLoginPwd.Text.Trim().Length == 0)
    {
        this.lblMessage.Text = "请输入密码!";
        return;
    }
    if (this.txtloginId.Text.Trim() == "Tom" && this.txtLoginPwd.Text.Trim() == "123")
    {
        Response.Redirect("Welcome.aspx?name=" + this.txtloginId.Text.Trim());
    }
    else
    {
        this.lblMessage.Text = "用户名/密码错误!";
    }
}
```

(2) 编写欢迎页面 Welcome.aspx 的 Page_Load 事件方法代码,如下:

```
protected void Page_Load(object sender, EventArgs e)
{
    if (!IsPostBack)
    {
        string userName = Request.QueryString["name"];
        Response.Write("欢迎," + userName + "<br/>");
        Response.Write("您的浏览器名称与版本:");
        Response.Write(Request.Browser.Type);
        Response.Write("<br>您的浏览器语言是:");
        Response.Write(Request.ServerVariables["HTTP_ACCEPT_LANGUAGE"].ToString());
        Response.Write("<br>当前请求的 URL:");
        Response.Write(Request.Url);
        Response.Write("<br>指定的页面路径:");
        Response.Write(Server.MapPath("LoginDemo.aspx"));
        Response.Write("<br>客户端的 IP 地址:");
        Response.Write(Request.ServerVariables["remote_addr"]);
    }
}
```

3. 调试运行

按 Ctrl+F5 组合键运行,登录页面效果如图 3-9 所示。

输入用户名 Tom、密码 123,单击"登录"按钮后跳转到欢迎页面,如图 3-10 所示。

说明:如果用户名和密码输入正确,LoginDemo.aspx 页面使用 Response.Redirect 将页面跳转到欢迎页面,并将用户姓名添加到 URL 中,Welcome.aspx 页面用 Request.QueryString 从 URL 中获取用户名。本任务中的用户名和密码是固定的,实际项目中往往都是从数据库中读取,后续相关任务中会采用从数据库读取用户名和密码。

3.5 Server 对象

Server 对象提供了服务器端的基本属性与方法,例如将程序的虚拟路径转换为实际路径、执行指定的 ASP.NET 页面、HTML 编码与解码等。Server 对象能够帮助程序判断当前服务器的状态。

3.5.1 Server 对象的常用属性

1. MachineName 属性

该属性获取服务器的计算机名称,是一个只读属性。

2. ScriptTimeout 属性

该属性获取和设置请求超时的时间,单位为秒。

3.5.2 Server 对象的常用方法

1. MapPath 方法

功能:返回与 Web 服务器上的执行虚拟路径相对应的物理文件路径。

语法：Server. MapPath("虚拟路径")；。

2. Execute 方法

功能：使用另一个页面执行当前请求。

语法：Server. Execute("页面文件")；。

3. Transfer 方法

功能：终止当前页面的执行，并为当前请求开始执行新页面。

语法：Server. Transfer("页面文件")；。

4. HtmlEncode 方法

功能：对要在浏览器中显示的字符串进行编码。

语法：Server. HtmlEncode("字符串")；。

5. HtmlDecode

功能：将 HTML 编码字符串按 HTML 语法进行解释。

语法：Server. HtmlDecode("字符串")；。

3.5.3 Server 对象的应用

1. 将虚拟路径转换为实际路径

在程序中给出的文件路径使用的通常是虚拟路径，而有些应用中需要访问服务器的文件、文件夹或数据库文件，此时就需要将虚拟文件路径转换为实际文件路径。使用 Server 对象的 MapPath 方法可以实现这种路径转换，示例如下。

（1）显示当前目录的实际路径：Server. MapPath("./")；。

（2）显示父目录的实际路径：Server. MapPath("../")；。

（3）显示根目录的实际路径：Server. MapPath("/")；。

（4）显示网页 Server. aspx 的实际路径：Server. MapPath("Server. aspx")；。

2. 用 Execute 方法执行指定页面

Execute 方法类似于高级语言中的过程调用，用于将程序流程转移到指定的页面，该页面执行结束后流程将返回原网页的中断点继续执行。

【示例 3-6】 使用 Server 对象的 Execute 方法执行对另一个页面的请求。

1）设计 Web 页面

（1）创建页面文件 ExecuteDemo. aspx，页面文件代码如下：

```
<body>
    <form id = "form1" runat = "server">
    <div>
      <asp:Button ID = "btnExeCute" runat = "server" OnClick = "Button1_Click" Text = "用
Execute 方法执行指定页面" />
    </div>
    </form>
</body>
```

(2) 创建页面 TestPage. aspx,无须设计。

2) 编写程序代码,实现程序功能

(1) 编写 Web 页面 ExecuteDemo. aspx 的 btnExeCute 事件过程代码如下:

```
protected void btnExeCute_Click(object sender, EventArgs e)
{
    Response.Write("<p>调用 Execute 方法之前</p>");
    Server.Execute("TestPage.aspx");
    Response.Write("<p>调用 Execute 方法之后</p>");
}
```

(2) 在 Web 页面 TestPage. aspx 的 Page_Load 事件中添加代码如下:

```
protected void Page_Load(object sender, EventArgs e)
{
    Response.Write("<p>这是一个测试页</p>");
}
```

3) 调试运行

按 Ctrl+F5 运行,页面运行效果如图 3-11 所示。

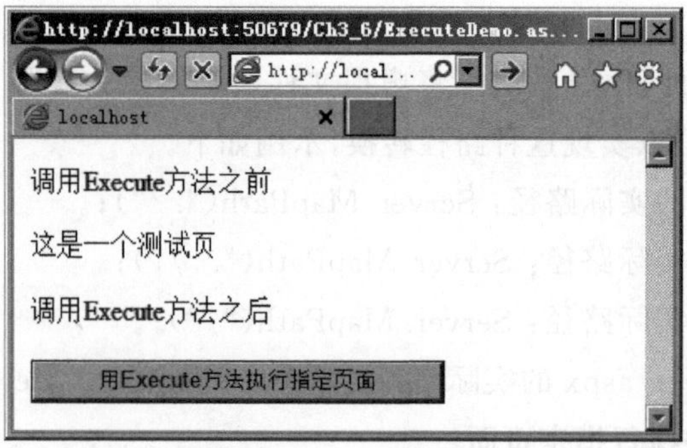

图 3-11　用 Execute 方法执行指定页面

3. 用 Transfer 方法实现网页重定向

用 Transfer 方法可以终止当前网页,执行新的网页,即实现网页重定向。与 Execute 方法不同的是,Transfer 方法转向新网页后不再将控制权返回,而是交给了新的网页。在示例 3-6 中,如果把第一个页面 ExecuteDemo. aspx 的后台代码改成如下形式:

```
Server.Transfer("TestPage.aspx");
Response.Write("<p>调用 Execute 方法之前</p>");
Response.Write("<p>调用 Execute 方法之后</p>");
```

则发现页面转向 TestPage. aspx 后并没有返回到 ExecuteDemo. aspx,因为没有执行第三条语句 Response. Write("< p >调用 Execute 方法之后</p >";。

Server 对象的 Transfer 方法与 Response 对象的 Redirect 方法都可以实现网页重定向功能,不同的是,Redirect 方法实现网页重定向后地址栏会变成转移后的网页的地址;而用

Transfer 方法实现网页重定向后地址栏不会发生变化，仍是转向前的地址。另外，用 Transfer 方法比用 Redirect 方法执行网页的速度快，因为所有内置对象的值会保留下来而不用重新创建。

4. HTML 编码和解码

在有些情况下希望在网页中显示 HTML 标记，例如<b></b>，这时不能直接在网页中输出<b></b>，因为<b></b>会被浏览器解读为 HTML 语言，即对文本进行加粗，而不会将<b></b>显示出来。在这种情况下，可以使用 Server 对象的 HtmlEncode 方法对要在网页上显示的 HTML 标记进行编码，然后再输出。同样，可以使用 Server 对象的 HtmlDecode 方法对编码后的字符进行解码，将 HTML 编码字符串按 HTML 语法进行解释。

【示例 3-7】 使用 HtmlEncode 和 HtmlDecode 方法进行编码和解码。

(1) 创建 Web 页面文件 Default.aspx，在该页面设计视图中拖放两个 Button 按钮、两个 Label 和一个 TextBox，代码如下：

```
<form id = "form1" runat = "server">
<div>
请输入 HTML 进行编码：<asp:TextBox ID = "txtHtml" runat = "server" Width = "258px"></asp:
TextBox>
<asp:Button ID = "btnHtmlEncode" runat = "server" OnClick = "btnHtmlEncode_Click" Text =
"HtmlEncode" />
<br /><br />
编码后的 HTML 为：<asp:Label ID = "lblHtmlEncode" runat = "server" Text = "Label"></asp:
Label>
<br /><br />
对编码后的 HTML 进行解码：<asp:Button ID = "btnHtmlDecode" runat = "server" OnClick =
"btnHtmlDecode_Click" Text = "HtmlDecode" />
  <br /><br />
   解码后的 HTML 为：<asp:Label ID = "lblDecode" runat = "server" Text = "Label"></asp:Label>
</div>
</form>
```

(2) 编写 Web 页面 Default.aspx 的 btnHtmlEncode 和 btnHtmlDecode 事件过程代码如下：

```
protected void btnHtmlEncode_Click(object sender, EventArgs e)
{
    this.lblHtmlEncode.Text = Server.HtmlEncode(txtHtml.Text);
}
protected void btnHtmlDecode_Click(object sender, EventArgs e)
{
    this.lblDecode.Text = Server.HtmlDecode(lblHtmlEncode.Text);
}
```

(3) 按 Ctrl+F5 组合键运行，页面运行效果如图 3-12 所示。

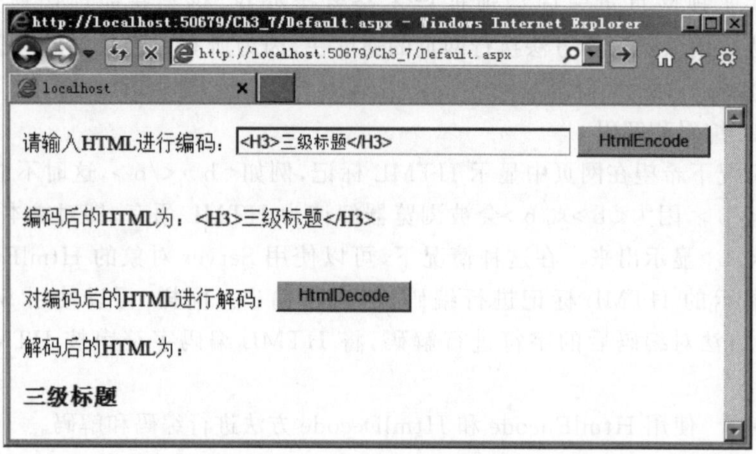

图 3-12　HtmlEncode 和 HtmlDecode 方法示例

3.6　Cookie 对象

Cookie 是一小段存储在客户端的文本信息，当用户请求某页面时，它就伴随着用户的请求在 Web 服务器和浏览器之间来回传递。当用户首次访问某网站时，应用程序不仅发送给用户浏览器一个页面，同时还有一个记录用户信息的 Cookie，用户浏览器将它存储在用户硬盘上的某个文件夹中，Windows 7 系统下通常默认保存在"C:\Users\用户名\AppD\Roaming\Microsoft\Windows\Cookies"的 txt 文件中。当用户再次访问此网站时，Web 服务器会首先查找客户端上是否存在上次访问该网站时留下的 Cookie 信息，如果存在，则会根据具体的信息发送特定的网页给用户。

Cookie 对象将数据保存在客户端，记录了浏览器的信息、何时访问 Web 服务器、访问过哪些页面等信息。使用 Cookie 的主要优势是服务器能依据它快速获得浏览者的信息，而不必将浏览者信息存储在服务器上，可减少服务器端的磁盘占用量。

3.6.1　Cookie 对象的常用属性

1. Name 属性

该属性获取或设置 Cookie 的名称。

2. Value 属性

该属性获取或设置 Cookie 的 Value。

3. Expires 属性

该属性设定 Cookie 变量的有效时间，默认为 1000 分钟，如果设为 0，则可以实时删除 Cookie 变量。

3.6.2　Cookie 对象的常用方法

1. Add 方法

功能：增加 Cookie 变量。

语法：Response. Cookies. Add(Cookie 变量名)；。

2. Clear 方法

功能：清除 Cookie 集合内的变量。

语法：Request. Cookies. Clear()；。

3. Remove 方法

功能：通过 Cookie 变量名称或索引删除 Cookie 对象。

语法：Response. Cookies. Remove(Cookie 变量名)；。

3.6.3 Cookie 对象的应用

1. 创建和读取 Cookie

创建 Cookie 使用的是 Response 对象的 Cookies 属性，例如：

```
Response.Cookies["Name"].Value = "张三";
Response.Cookies["Name"].Expirs = DateTime.Now.AddDays(1);
```

一个完整的 Cookie 对象包含三个参数，即名称、值和有效期。上述语句中创建的 Cookie 对象的名称为“Name”，值为“张三”，有效期为一天。即 Cookie 对象的生命周期是由开发者来设定的，如果在创建 Cookie 对象时没有设置其有效期，那么此 Cookie 对象会随着浏览器的关闭而失效；如果希望设置一个永不过期的 Cookie，可以设置一个比较长的时间，例如 50 年。

读取 Cookie 使用的是 Request 对象的 Cookies 属性，例如：

```
string name = Request.Cookies["Name"].Value;
```

2. 修改 Cookie

由于 Cookie 是存储在客户端硬盘上的，由客户端浏览器进行管理，因此无法从服务器端直接进行修改。修改 Cookie 其实相当于创建一个与要修改的 Cookie 同名的新的 Cookie，设置其值为要修改的值，然后发送到客户端覆盖客户端上的旧版本 Cookie。

例如，要将名称为“Name”的 Cookie 的值由“张三”改为“zhangsan”，代码如下：

```
Response.Cookies["Name"].Value = "zhangsan";
```

3. 删除 Cookie

和服务器无法修改 Cookie 一样，服务器端也无法对 Cookie 直接进行删除，但是可以利用浏览器自动删除到期 Cookie 的功能来删除 Cookie。具体做法是创建一个与要删除的 Cookie 同名的新的 Cookie，并将该 Cookie 的有效期设置为当前日期的前一天，当浏览器检查 Cookie 的有效期时就会删除这个已过期的 Cookie。例如，要删除前面创建的 Cookie 对象 Name，执行如下代码即可。

```
Response.Cookies["Name"].Value = "zhangsan";
Response.Cookies["Name"].Expirs = DateTime.Now.AddDays(-1);
```

【示例 3-8】 使用 Cookie 对象在登录时记住密码。

(1) 创建 Web 页面文件 CookieDemo.aspx，在该页面设计视图中拖放控件，完成页面设计，代码如下：

```
<form id = "form1" runat = "server">
   <div>
     <asp:Label ID = "Label1" runat = "server" Text = "用户名" Width = "60px"></asp:Label>
     <asp:TextBox ID = "UserName" runat = "server"></asp:TextBox>
     <br />
     <asp:Label ID = "Label2" runat = "server" Text = "密码" Width = "60px"></asp:Label>
     <asp:TextBox ID = "UserPassword" runat = "server" TextMode = "Password"></asp:TextBox>
     <br />
     <asp:CheckBox ID = "PwdChecked" runat = "server" Text = "记住密码" TextAlign = "Left" />
     <br /><br />
     <asp:Button ID = "btnLogin" runat = "server" OnClick = "btnLogin_Click" Text = "登录" />
     <asp:Button ID = "btnRest" runat = "server" Text = "重置" Width = "40px" />
   </div>
</form>
```

(2) 编写 Web 页面 CookieDemo.aspx 的 Page_Load 和 btnLogin_Click 事件过程代码如下：

```
protected void Page_Load(object sender, EventArgs e)
{
    if (Request.Cookies["password"] != null)
    {
        if (DateTime.Now.CompareTo(Request.Cookies["password"].Expires) > 0)
        {
            UserPassword.Text = Request.Cookies["password"].Value;
        }
    }
}
protected void btnLogin_Click(object sender, EventArgs e)
{
    if (PwdChecked.Checked)
    {
        Response.Cookies["password"].Value = UserPassword.Text;
        Response.Cookies["password"].Expires = DateTime.Now.AddSeconds(10);
    }
}
```

说明：为了让运行效果明显，此处特意把 Cookie 变量的有效期设为 10 秒。

(3) 按 Ctrl+F5 组合键运行，首次访问时两个文本框均为空，用户输入用户名和密码后选择“记住密码”复选框，单击“登录”按钮，页面运行效果如图 3-13 所示。关闭浏览器，在 10 秒内重新登录该页面，可以看到密码框内已经记住了密码。

选择记住密码的 CheckBox，就创建了一个 Cookie 用于记录密码的内容，同时设置有效期。在下次加载时判断有没有这个密码 Cookie，如果有再判断这个 Cookie 是否过期，如果

图 3-13 利用 Cookie 实现密码记忆功能

未过期,就将这个 Cookie 里存的值取出来,放到对应的文本框中。

把有效期设置为 10 秒,这样可以使看到的效果明显一些。在 10 秒之前,密码部分还一直有值,过了 10 秒就自动清空了,因为 Cookie 到期了。

3.7 Session 对象

Session 对象一般用于保存用户从登录网页到离开网页这段时间内的相关信息,如用户名、密码、IP 地址、访问时间等,Session 对象把用户的这些私密信息保存在服务器端。

当用户请求一个 ASP. NET 页面时,系统会自动创建一个 Session 对象,并为每一次会话分配一个唯一的 SessionID,以此来唯一标识一个用户。Session 对象的生命周期始于用户第一次连接到网页,在以下情况之一发生时结束。

(1) 关闭浏览器窗口。

(2) 断开与服务器的连接。

(3) 浏览者在有效时间内未与服务器联系。

3.7.1 Session 对象的常用属性

1. IsNewSession 属性

如果用户访问页面时是创建新会话,则此属性将返回 true,否则返回 false。

2. TimeOut 属性

该属性传回或设置 Session 对象变量的有效时间,如果在有效时间内没有任何客户端动作,则会自动注销。如果不设置 TimeOut 属性,则系统默认的超时时间为 20 分钟。

3. SessionID 属性

一个用户对应一个 Session,用户首次与 Web 服务器建立连接时,服务器会给用户分发一个 SessionID 作为标识。

SessionID 是一个由 24 个字符组成的随机字符串。用户每次提交页面时,浏览器都会把这个 SessionID 包含在 HTTP 头中提交给 Web 服务器,这样 Web 服务器就能区分当前请求页面的是哪一个客户端。在客户端,浏览器会将本次会话的 SessionID 值存入本地的 Cookie 中,当再次向服务器提出页面请求后,该 SessionID 值将作为 Cookie 信息传送给服务器,服务器就可以根据该值找到此次会话以前在服务器上存储的信息。

3.7.2 Session 对象的常用方法

1. Add 方法

功能：创建一个 Session 对象。

语法：Session. Add("对象名称",对象的值)；。

2. Abandon 方法

功能：该方法用来结束当前会话并清除对话中的所有信息，如果用户重新访问页面，则可以创建新会话。

语法：Session. Abandon()；。

3. Clear 方法

功能：此方法将清除全部的 Session 对象变量，但不结束会话。

语法：Session. Clear()；。

4. Remove 方法

功能：清除某一个 Session 变量。

语法：Session. Remove("Session 变量名")；。

3.7.3 Session 对象的事件

对应于 Session 的生命周期，Session 对象也拥有自己的事件，即 Session_Start 与 Session_End，它们存放在 Global. asax 文件中。

1. Session_Start 事件

该事件在某个用户第一次访问网站的某个网页时发生。

当客户端浏览器第一次请求 Web 应用程序的某个页面时触发 Session_Start 事件。此事件是设置会话期间变量的最佳时机，所有的内置对象(Response、Request、Server、Application、Session)都可以在此事件中使用。

2. Session_End 事件

该事件当某个用户 Session 超时或关闭时发生。

当一个会话超时或 Web 服务器被关闭时触发 Session_End 事件。在此事件中只有 Server、Application、Session 对象是可用的。

3.7.4 Session 对象的应用

1. 将数据存入 Session 对象

通常有两种方法将数据存入 Session 对象。

(1) Session["对象名称"]=对象的值；。

(2) Session. Add("对象名称",对象的值)；。

2. 读取 Session 对象的值

读取 Session 对象的值的语法格式如下：

```
变量 = Session["对象名称"];
```

【示例 3-9】 使用 Session 对象在两个页面之间传送密码的值。

1）设计 Web 页面

（1）创建 Web 页面文件 SessionDemo.aspx，在该页面设计视图中拖放控件，完成页面设计，代码如下：

```
<form id = "form1" runat = "server">
    <div>
      用户名：<asp:TextBox ID = "txtUser" runat = "server"></asp:TextBox>
      <br />
      密码：<asp:TextBox ID = "txtPwd" runat = "server" TextMode = "Password"></asp:TextBox>
      <br /><br />
      <asp:Button ID = "btnLogin" runat = "server" Text = "登录" OnClick = "btnLogin_Click" />
      <asp:Button ID = "btnReset" runat = "server" Text = "重置" />
    </div>
</form>
```

（2）创建 Web 页面文件 Welcome.aspx，该页面只设置了页面标题。

2）编写程序代码，实现程序功能

（1）编写 Web 页面 SessionDemo.aspx 的 btnLogin_Click 事件过程代码，如下：

```
protected void btnLogin_Click(object sender, EventArgs e)
{
  if (txtUser.Text != "" || txtPwd.Text != "")
  {
       Session["username"] = txtUser.Text;
       Session["password"] = txtPwd.Text;
       Response.Redirect("Welcome.aspx");
  }
  else
     Response.Write("<script language = 'javascript'> alert('用户名或密码不能为空!');
</script>");
}
```

（2）编写 Web 页面 Welcome.aspx 的 Page_Load 事件过程代码，如下：

```
protected void Page_Load(object sender, EventArgs e)
{
    if(Session["username"]!= null && Session["password"]!= null )
    {
        string name = Session["username"].ToString();
        string pwd = Session["password"].ToString();
        Response.Write("欢迎" + name + "光临本站，请记住你的密码：" + pwd);
    }
}
```

说明：为了让运行效果明显，此处特意把 Cookie 变量的有效期设为 10 秒。

3）调试运行

按 Ctrl+F5 组合键运行，单击“登录”按钮后程序首先判断用户名和密码是否为空，只要有一个为空，就会弹出一个提示对话框，提示用户“用户名或密码不能为空!”；如果都不为空，如图 3-14 所示，则把用户名和密码框里的值分别存到两个 Session 变量里，然后跳转到欢迎页面 Welcome.aspx。

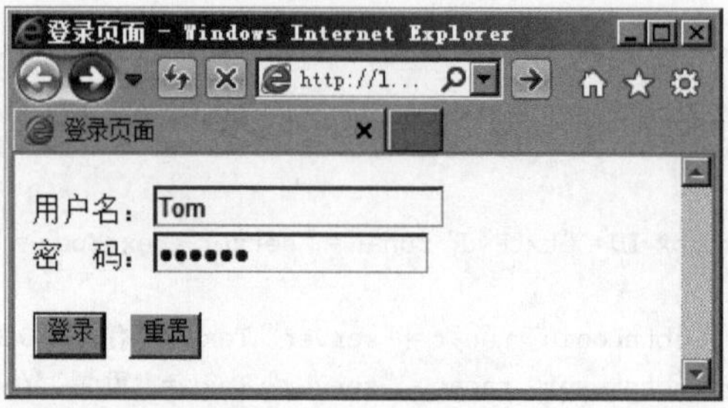

图 3-14　登录页面

在 Welcome.aspx 中获取并显示前一个页面用 Session 变量保存的用户名和密码，如图 3-15 所示。

图 3-15　欢迎页面

任务 3-3　实现防非法访问的登录功能

【任务描述】

在任务 3-2 的基础上，结合 Session 和 Cookie 对象实现新知书店管理后台防非法访问的登录功能，符合以下需求。

(1) 如果用户试图直接在浏览器地址栏输入后台管理首页 URL：http://xxx/Admin/Default.aspx，则直接跳转到登录页面。

(2) 登录页面加载时，给出用户名的输入提示，如果客户端保存了用户名，则显示用户名，如图 3-16 所示。

(3) 实现用户名和密码的非空验证，如果都不为空，进行用户名和密码的数据验证(为简化操作，本任务的用户名和密码仍然固定)，否则给出“请输入用户名和密码”的提示信息。

(4) 如果用户名和密码输入正确，则跳转到新知书店的后台页面，并提示“欢迎，****”，否则给出“用户名或密码错误”的提示信息，如图 3-17 所示。

【任务实施】

1. 思路分析

(1) 使用 Cookie 判断客户端是否保存了用户名，如果 Cookie 为空，则提示输入用户名，否则使用 Request.Cookies[Cookie 的名称].Value 读取用户名并显示。

图 3-16　登录页面效果

图 3-17　新知书店后台登录成功效果

(2) 使用 Session 保存用户名和密码。

(3) 在加载后台首页时判断 Session 是否为空，如果为空，使用 Response.Redirect()将用户重定向到登录页面。

2. Web 页面设计及编码

(1) 创建网站项目 rw3-3，右击网站项目新建文件夹 Images 并复制登录页面图片素材至目录下，添加页面 AdminLogin.aspx，在页面<head></head>标签对中编写样式代码，如下：

```
<head>
  <style type = "text/css">
    .login
    {
        position: absolute;
        top: 50 %;
        left: 50 %;
        margin: - 250px 0 0 - 250px;
    }
    .login_t
    {
        margin: 0 auto;
        width: 598px;
        height: 78px;
        background: url(images/login_03.gif) no - repeat;
    }
    .login_m
    {
        margin: 0 auto;
        width: 598px;
        height: 142px;
        background: url(images/login_05.gif) no - repeat;
    }
    .login_b
    {
        margin: 0 auto;
        width: 598px;
        height: 150px;
        padding - top: 24px;
        background: url(images/login_06.gif) no - repeat;
        text - align: center;
    }
    .login_b p
    {
        margin: 12px 0;
    }
    .login_input
    {
        width: 160px;
        height: 20px;
        margin - left: 6px;
        line - height: 20px;
        border: 1px solid #999;
```

```
        }
        .login_sub
        {
            width: 67px;
            height: 19px;
            background: url(images/login_sub.gif) no-repeat;
            text-align: center;
            border: none;
            line-height: 22px;
        }
    </style>
<head>
```

(2) 从工具箱拖入两个 TextBox 控件、两个 Button 控件至页面 AdminLogin.aspx，并添加代码如下：

```
<form id="Login" name="Login" method="post" runat="server">
  <table align="center" >
    <tr>
      <td>用户名</td>
      <td><asp:TextBox runat="server" ID="txtLoginId" CssClass="login_input"></asp:
TextBox></td>
    </tr>
    <tr>
        <td>密  码</td>
        <td><asp:TextBox runat="server" ID="txtLoginPwd" TextMode="Password"
                CssClass="login_input"></asp:TextBox></td>
    </tr>
    <tr>
        <td colspan="2">
            <asp:Button runat="server" ID="btnConfirm" OnClick="btnConfirm_Click"
                        Text="提交" CssClass="login_sub" />
            <asp:Button runat="server" ID="btnCancel" OnClick="btnCancel_Click"
                        Text="重置" CssClass="login_sub" />
        </td>
    </tr>
  </table>
</form>
```

(3) 在登录页后置代码文件 AdminLogin.aspx.cs 中编写单击“提交”“重置”按钮的事件方法及页面 Page_Load 事件方法代码，如下：

```
protected void Page_Load(object sender, EventArgs e)
{
    if (!IsPostBack)
    {
        if (Request.Cookies["UserName"] == null)
        {
```

```
                this.txtLoginId.Text = "请在此输入用户名";
            }
            else
            {
                this.txtLoginId.Text = Request.Cookies["UserName"].Value;
            }
            this.txtLoginPwd.Text = "请在此输入密码";
        }
    }
    protected void btnConfirm_Click(object sender, EventArgs e)
    {
        string strMsg = string.Empty;
        if (this.txtLoginId.Text.Trim() == "admin" && this.txtLoginPwd.Text.Trim() ==
"123456")
        {
            Response.Cookies["UserName"].Value = this.txtLoginId.Text.Trim();
            Response.Cookies["UserName"].Expires = DateTime.Now.AddDays(10);
            //以下注释的三行代码为实现 Cookie 的另外一种方式
            //HttpCookie hcCookie = new HttpCookie("UserName", this.txtLoginId.Text.Trim());
            //hcCookie.Expires = DateTime.Now.AddDays(1);
            //Response.Cookies.Add(hcCookie);
            UserInfo userInfo = new UserInfo();
            userInfo.UserName = this.txtLoginId.Text.Trim();
            userInfo.UserPwd = this.txtLoginPwd.Text.Trim();
            Session["user"] = userInfo;
            Response.Redirect("Admin/Default.aspx?name=" + this.txtLoginId.Text.Trim());
        }
        else
        {
            Response.Write(strMsg);
        }
    }
    protected void btnCancel_Click(object sender, EventArgs e)
    {
        this.txtLoginId.Text = String.Empty;
        this.txtLoginPwd.Text = String.Empty;
    }
```

(4) 右击网站项目 rw3-3,新建文件夹 Admin,并在文件夹 Admin 下新建两个子文件夹 Css、Images,用于存放后台首页的样式文件 admin. css 和图片资源,右击 Admin 文件夹添加新知书店后台首页 Default. aspx,拖入一个 Label 标签,修改 ID 为 blCome,并编写代码如下:

```
<head runat = "server">
    <title>新知书店 - 管理后台</title>
    <link href = "CSS/admin.css" rel = "stylesheet" type = "text/css" /><% -- 从 Css 文件夹导
入样式文件 -- %>
</head>
```

```
<body>
    <form id="Form1" runat="server">
    <div id="header">
        <img src="images/admin_top.gif" alt="" /></div>
    <div id="main">
        <div id="opt_list">
            <h1>管理员,您好!</h1>
        </div>
        <div id="opt_area"><br />
            <asp:Label ID="lblCome" runat="server" Text="Label"></asp:Label>
        </div>
    </div>
    </form>
</body>
```

(5) 编写后台首页页面后置代码文件 Default.aspx.cs 中的代码,如下:

```
protected void Page_Load(object sender, EventArgs e)
{
    if (Session["user"] == null)
    {
        Response.Redirect("～/AdminLogin.aspx");
    }
    if (!IsPostBack)
    {
        UserInfo user = Session["user"] as UserInfo; //使用 Session 实现
        lblCome.Text = "欢迎," + user.UserName;
    }
}
```

3.8 Application 对象

Application 对象的用途是在服务器端记录整个网站的信息,它可以使在同一个应用内的多个用户共享信息,并在服务器运行期间持久地保存数据。Application 对象可以记录不同浏览器端共享的变量,无论有几个浏览者访问网页,都只会产生一个 Application 对象,即只要是正在使用这个网页的浏览器端都可以存取这个变量。Application 对象变量的生命周期始于 Web 服务器开始执行时,止于 Web 服务器关机或重新启动时。

3.8.1 Application 对象的常用方法

1. Add 方法

功能:新增一个 Application 对象变量。

语法:Application.Add("对象名称",对象的值);。

2. Clear 方法

功能:清除全部的 Application 对象变量。

语法：Application. Clear()；。

3. Remove 方法

功能：使用变量名移除一个 Application 对象变量。

语法：Application. Remove("Application 变量名")；。

4. Set 方法

功能：使用变量名更新一个 Application 对象变量的内容。

语法：Application. Set("对象名称",对象的值)；。

5. Lock 方法

功能：锁定全部的 Application 对象变量，防止其他客户端更改 Application 对象变量的值。

语法：Application. Lock()；。

6. UnLock 方法

功能：解除锁定 Application 对象变量，允许其他客户端更改 Application 对象变量的值。

语法：Application. UnLock()；。

3.8.2 Application 对象的事件

1. Application_Start 事件

该事件在应用程序启动时被触发。它在应用程序的整个生命周期中仅发生一次，此后除非 Web 服务器重新启动才会再次触发该事件。

2. Application_End 事件

该事件在应用程序结束时被触发，即 Web 服务器关闭时被触发。在该事件中常放置用于释放应用程序所占资源的代码段。

3.8.3 Application 对象的应用

【示例 3-10】 通过 Application 对象和 Session 对象统计当前在线用户数量。

(1) 创建页面文件 Default. aspx，在页面中添加一个 Label 标签控件，用来显示当前在线人数，ID 采用默认名称。

(2) 右击网站 WebSite03 根目录，新建全局应用程序类文件 Global. asax，当应用程序启动时初始化计数器，代码如下：

```
void Application_Start(object sender, EventArgs e)
{
    // 在应用程序启动时运行的代码
    Application["counter"] = 0;
}
```

当新会话启动时计数器加 1，代码如下：

```
void Session_Start(object sender, EventArgs e)
{
     // 在新会话启动时运行的代码
```

```
        Application.Lock();
        Application["counter"] = (int)Application["counter"] + 1;
        Application.UnLock();
    }
```

当会话结束时计数器减 1,代码如下:

```
    void Session_End(object sender, EventArgs e)
    {
        // 在会话结束时运行的代码.
        Application.Lock();
        Application["counter"] = (int)Application["counter"] - 1;
        Application.UnLock();
    }
```

注意:只有在 Web. config 文件中的 sessionstate 模式设置为 InProc 时,才会引发 Session_End 事件。如果会话模式设置为 StateServer 或 SQLServer,则不引发该事件。

(3) 在 Web 页面 Default. aspx 的 Page_Load 事件中添加代码如下:

```
    protected void Page_Load(object sender, EventArgs e)
    {
        if (!IsPostBack)Label1.Text = "当前在线人数: " + Application["counter"].ToString();
    }
```

说明:通过 IsPostBack 属性实现回传不计入新增人数。

(4) 按 Ctrl+F5 组合键运行,页面运行效果如图 3-18 所示。

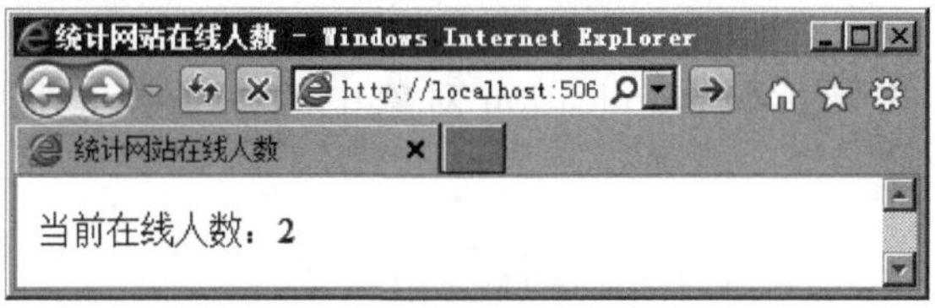

图 3-18　统计网站在线人数

【示例 3-11】 通过 Application 对象和对文件的读写操作来统计网站的访问总量(选做)。

(1) 关键技术:在实现统计网站访问总量功能时用到了两个关键技术。

① 对文件的读/写操作。StreamReader 对象以一种特定的编码从字节流中读取字符,其方法 ReadLine 从当前中读取一行字符并将数据作为字符串返回。StreamWriter 对象以一种特定的编码向字节流中写入字符,其方法 WriteLine 写入重载参数指定的某些数据,后跟行结束符。

② 应用 Application 对象。创建一个文本文件 counter. txt,将网站访问总量保留到其中。当应用程序启动时,将从文件 counter. txt 中读取的数据保存在 Application 对象中,新会话启动时需要获取 Application 对象中的数据。

(2) 创建页面文件 Default. aspx,用来显示网站统计的访问总量,代码如下:

```
<div>
    <table style="width: 100%;">
        <tr>
            <td style="text-align: center">网站访问总量为：<% = Application["counter"] %
></td>
        </tr>
    </table>
</div>
```

(3) 右击网站 Ch3_11 根目录，新建全局应用程序类文件 Global. asax，当应用程序启动时读取文件中的数据，将其值赋给 Application 对象，代码如下：

```
void Application_Start(object sender, EventArgs e)
{
    // 在应用程序启动时运行的代码
    int count = 0;
    StreamReader srd;
    string file_path = Server.MapPath("counter.txt");          //取得文件的实际路径
    srd = File.OpenText(file_path);                            //打开文件进行读取
    while (srd.Peek() != -1)
    {
        string str = srd.ReadLine();
        count = int.Parse(str);
    }
    srd.Close();
    object obj = count;
    Application["counter"] = obj; //将从文件中读取的网站访问量存放在 Application 对象中
}
```

当新会话启动时，需要获取 Application 对象中的数据信息并使访问总量加 1，代码如下：

```
void Application_End(object sender, EventArgs e)
{
    // 在应用程序关闭时运行的代码
    int Stat = 0;
    Stat = (int)Application["counter"];
    string file_path = Server.MapPath("counter.txt");
    StreamWriter srw = new StreamWriter(file_path, false);
    srw.WriteLine(Stat);
    srw.Close();
}
```

当应用程序结束时，将已更改的访问总量存放在 counter. txt 文件中，代码如下：

```
void Session_Start(object sender, EventArgs e)
{
    // 在新会话启动时运行的代码
```

```
        Application.Lock();
        int Stat = 0;                              //数据累加器
        Stat = (int)Application["counter"];     //获取 Application 对象中保存的网站访问总量
        Stat += 1;
        object obj = Stat;
        Application["counter"] = obj;
        string file_path = Server.MapPath("counter.txt");
        StreamWriter srw = new StreamWriter(file_path, false);      //将数据记录写入文件
        srw.WriteLine(Stat);
        srw.Close();
        Application.UnLock();
    }
```

(4) 按 Ctrl+F5 组合键运行,页面运行效果如图 3-19 所示。

图 3-19　统计网站访问总量

3.8.4　Application、Session、Cookie 对象的区别

Application 对象和 Session 对象都是用来记录浏览器端的变量,都将信息保存在服务器端。二者不同的是,Application 对象记录的是所有浏览器端共享的变量,而 Session 对象变量只记录单个浏览器端专用的变量,即每个连接的用户有各自的 Session 对象变量,但共享同一个 Application 对象。

Cookie 对象与 Application 对象和 Session 对象类似,也是用于保存数据的。Cookie 对象与它们最大的不同是,Cookie 对象将数据保存在客户端,而 Application 对象和 Session 对象将数据保存在服务器端。

Application 对象的生命周期始于 Web 服务器开始执行时,止于 Web 服务器关机或重新启动时。Session 对象的生命周期是间隔的,这里以默认的 20 分钟为例,从创建开始计时,如果在 20 分钟内没有访问 Session,那么 Session 的生命周期被销毁;但是,如果在 20 分钟内的任一时间访问过 Session,那么将重新计算 Session 的生命周期。Cookie 对象的生命周期是累计的,从创建开始计时,到达设定的时间后 Cookie 对象的生命周期就结束。

Application、Session、Cookie 对象的区别如表 3-2 所示。

表 3-2　Application、Session、Cookie 对象的区别

对象	信息量	保存时间	应用范围	保存位置
Application	任意大小	整个应用程序生命周期	所有用户	服务器端
Session	小量、简单的数据	默认 20 分钟,可以修改	单个用户	服务器端
Cookie	小量、简单的数据	可以根据需要设定	单个用户	客户端

任务 3-4 制作简易在线聊天室

【任务描述】

应用 Application 对象、Session 对象和全局应用程序类(即 Global. asax 文件)设计一个简易聊天室。

(1) 该聊天室包括两个 Web 页面,一个是登录页面,另一个是聊天页面。用户登录聊天室时,应用 Application 对象存储登录用户名和在线用户数量,应用 Session 对象记录登录用户名。聊天页面中显示当前在线人数、聊天内容列表,并能输入聊天内容,且添加到聊天内容列表中。

(2) 在 Global. asax 文件中对 Application 对象进行初始化,包括聊天内容列表和当前在线聊天人数。

【任务实施】

1. 设计 Web 页面

(1) 创建网站项目 rw3-4,创建登录页面文件 Login. aspx,从工具箱拖入相应控件,页面主体部分代码如下:

```
<body>
    <form id="form1" runat="server">
        <div>
        <asp:Label ID="lblName" runat="server" Text="用户名" Width="60px"></asp:
Label>
        <asp:TextBox ID="txtName" runat="server"></asp:TextBox>
         <br />
         <asp:Label ID="lblPwd" runat="server" Text="密码" Width="60px"></asp:Label>
         <asp:TextBox ID="txtPwd" runat="server" TextMode="Password"></asp:TextBox>
         <br /><br />
         <asp:Button ID="btnLogin" runat="server" Text="登录" OnClick="btnLogin_Click" />
         <asp:Button ID="btnReset" runat="server" Text="重置" />
        </div>
    </form>
</body>
```

(2) 创建在线聊天页面 ChatWeb. aspx,页面主体部分代码如下:

```
<body>
  <form id="form1" runat="server">
      <div style="font-family: 仿宋; font-size: xx-large; color: #FF0000; background-
color: #C0C0C0; text-align: center; height: 60px; line-height: 60px; font-weight:
bolder;">在线聊天室</div>
      <div style="background-color: #FFCCCC; line-height: 40px; height: 40px">
          <asp:Label ID="lblPersonCount" runat="server" Text="Label"></asp:Label>
      </div>
      <div>
```

```
            <asp:TextBox ID = "txtChatList" runat = "server" BackColor = "#FFCCFF" ForeColor
= "#0033CC" Height = "300px" TextMode = "MultiLine" Width = "100%"></asp:TextBox>
        </div>
        <div style = "background - color: #C0C0C0; line - height: 40px; width: 80%; height:
40px; float: left;">
            <asp:Label ID = "Label2" runat = "server" Text = "lblName"></asp:Label>  
 
            <asp:TextBox ID = "txtChatContext" runat = "server" Width = "570px"></asp:TextBox>
        </div>
        <div style = "line - height: 40px; height: 40px; width: 20%; float: left; clear: right;
background - color: #808080; text - align: center;">
            <asp:Button ID = "btnSubmit" runat = "server" Text = "提交" OnClick = "Button1_Click" />
        </div>
    </form>
</body>
```

2. 新建 Global.asax 文件

右击网站 rw3_4 根目录，新建全局应用程序类文件 Global.asax，当应用程序启动时初始化计数器，代码如下：

```
void Application_Start(object sender, EventArgs e)
{
    // 在应用程序启动时运行的代码
    Application["online"] = 0;      //在线人数初始值为 0
    Application["chat"] = "";       // 聊天内容初始值为空
}
```

当新会话启动时计数器加 1，代码如下：

```
void Session_Start(object sender, EventArgs e)
{
    // 在新会话启动时运行的代码
    Application.Lock();
    Application["online"] = (int)Application["online"] + 1;
    Application.UnLock();
}
```

当会话结束时计数器减 1，代码如下：

```
void Session_End(object sender, EventArgs e)
{
    // 在会话结束时运行的代码.
    Application.Lock();
    Application["online"] = (int)Application["online"] - 1;
    Application.UnLock();
}
```

3. 编写程序代码，实现程序功能

（1）在登录页后置代码文件 Login.aspx.cs 中编写单击“登录”按钮的 Click 事件过程

代码,如下:

```
protected void btnLogin_Click(object sender, EventArgs e)
{
    if (txtName.Text != "" || txtPwd.Text != "")
    {
        Session["name"] = txtName.Text;
        Response.Redirect("ChatWeb.aspx");
    }
    else
        Response.Write("<script language = 'javascript'> alert('用户名或密码不能为空!');
</script>");
}
```

在上述代码中首先判断两个文本框是否为空,如果用户名或密码为空,就会弹出提示框,提示用户"用户名或密码不能为空!";如果不为空,则把用户名赋给一个 Session 对象,通过 Session 对象将用户名传递到在线聊天页面,然后通过 Response 对象的 Redirect 方法跳转到在线聊天页面 ChatWeb.aspx。

(2) 编写在线聊天页面 ChatWeb.aspx 的 Page_Load 事件过程代码,如下:

```
protected void Page_Load(object sender, EventArgs e)
{
    if (Session["name"] != null)
    {
        lblPersonCount.Text = "当前在线人数为: " + Application["online"].ToString();
        txtChatList.Text = Application["chat"].ToString();
        lblName.Text = Session["name"].ToString();
        Response.AddHeader("refresh", "30");
    }
    else
        Response.Redirect("Login.aspx");
}
```

在上述代码中首先判断 Session["name"] 是否为空,如果不为空,说明用户在登录页面登录成功后跳转至当前页面,则在标签上控件 lblPersonCount 中显示当前在线人数,在多行文本框中显示所有的聊天内容,在标签控件 lblName 中显示用户的名字,并且设置页面自动刷新时间为 30 秒;如果 Session["name"] 为空,说明用户没有登录,则要求用户返回登录页面重新登录。

(3) 编写在线聊天页面 ChatWeb.aspx 的 btnSubmit_Click 事件过程代码,如下:

```
protected void btnSubmit_Click(object sender, EventArgs e)
{
    string newmessage = Session["name"] + ": " + DateTime.Now.ToString() + "\r" +
txtChatContext.Text + "\r" + Application["chat"];
    if (newmessage.Length > 800)
        newmessage = newmessage.Substring(0,799);
```

```
        Application.Lock();
        Application["chat"] = newmessage;
        Application.UnLock();
        lblName.Text = "";
        txtChatList.Text = Application["chat"].ToString();
    }
```

上述代码主要实现将用户发布的聊天内容添加到聊天室中，而且设置聊天室的聊天内容只能保留最新的 800 个字符。

4. 调试运行

按 Ctrl+F5 组合键运行，进入登录页面。输入用户名和密码，登录成功后跳转至在线聊天页面，页面载入时会显示当前在线人数和当前聊天内容，如图 3-20 所示。

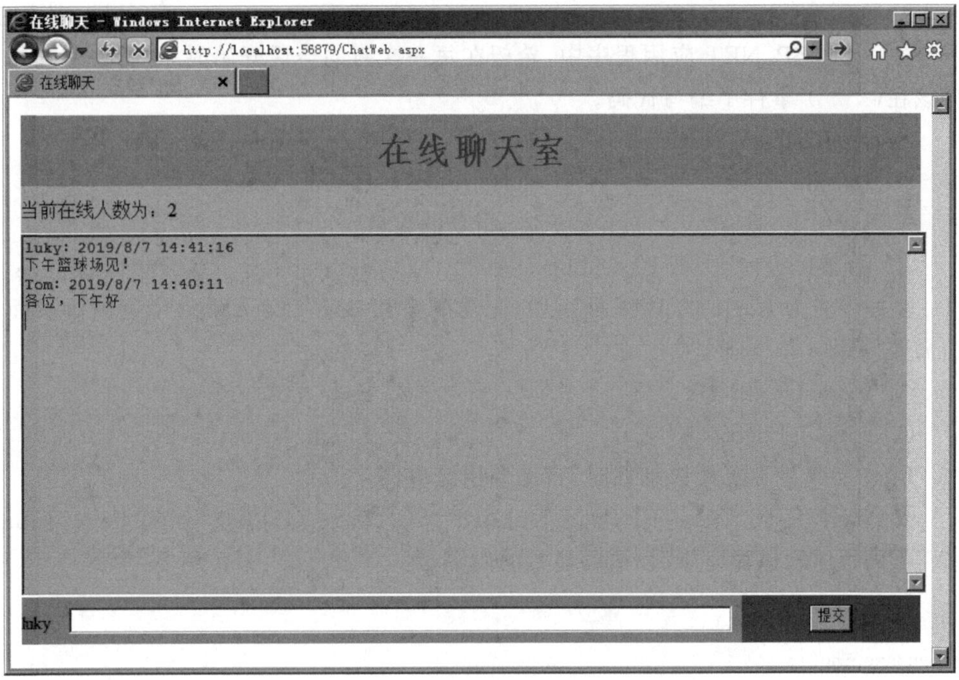

图 3-20　在线聊天室界面

单 元 小 结

本单元讲解了页面生命周期、页面传值及 ASP. NET 内置对象，包括如何创建 ASP. NET 内置对象和使用 ASP. NET 内置对象。本单元重点介绍了以下六个对象。

（1）Response 对象：可以向客户端输出

（2）Request 对象：用来获取客户端信息。

（3）Server 对象：专为处理服务器上的特定任务。

（4）Cookie 对象：一种可以在客户端保存信息的方法。

（5）Session 对象：记载特定客户的信息。

(6) Application 对象：存储 ASP. NET 应用程序多个会话和请求之间的全局共享信息。

Web 应用程序从本质上来讲是无状态的，为了维护客户端的状态，还重点阐述了如何使用 Session、Cookie、Application 等 ASP. NET 内置对象进行客户端状态的维护。

单元练习题

一、选择题

1. (　　)文件主要定义应用开始和结束、会话开始和结束、请求开始和结束等事件发生时，要做的事情。

A. web. config　　B. Global. inc　　C. Config. asax　　D. Global. asax

2. 一个 ASP. NET 应用程序中一般只有(　　)个 Global. asax 文件有效。

A. 0　　B. 1　　C. 若干　　D. 以上都不对

3. 在一个 ASP. NET 应用程序中，希望在每一次新的会话开始时，进行一些初始化任务，应该在(　　)事件中编写代码。

A. Application_Start　　B. Application_BeginRequest

C. Session_Start　　D. Session_End

4. 下列选项中，只有(　　)不是 Page 指令的属性。

A. CodePage　　B. Debug　　C. namespace　　D. Language

5. 在一个名为 Login 的 Web 网页中，先需要在其 Page_Load 事件中判断该页面是否回发，需要使用(　　)属性。

A. Page. IsCallback　　B. Page. IsAsync

C. Page. IsPostBack　　D. Login. IsPostBack

6. (　　)事件在页面被加载时，自动调用该事件。

A. Page_Load　　B. Page_UnLoad　　C. Page_OnLoad　　D. Page_Submit

7. 下面程序段执行完毕后，页面显示的内容是(　　)。

```
Response.Write("Hello");
Response.End();
Response.Write("World");
```

A. HelloWorld　　B. World　　C. Hello　　D. 出错

8. (　　)方法用于将客户浏览器重新定向到一个新的 URL 地址。

A. Redirect　　B. BinaryRead　　C. UrlPathEncode　　D. UrlDecode

9. 使用(　　)对象的 SaveAs 方法可以将 HTTP 请求保存到磁盘上。

A. Request　　B. Response　　C. Session　　D. Application

10. 一家在线测试中心 TestKing 公司创建一个 ASP. NET 应用程序。在用户结束测试后，这个应用程序需要在用户不知道的情况下，提交答案给 ProcessTestAnswers. aspx 页。ProcessTestAnswers. aspx 页面处理这些答案，但不提供任何显示消息给用户。当处理完成时，PassFailStatus. aspx 页面显示结果给用户。在 PassFailStatus. aspx 页面中添加(　　)代码，来执行 ProcessTestAnswers. aspx 页面中的功能。

A. Server. Execute("ProcessTestAnswers. aspx")

B. Response. Redirect("ProcessTestAnswers. aspx")

C. Response. WriteFile("ProcessTestAnswers. aspx")

D. Server. Transfer("ProcessTestAnswers. aspx",True)

11. 一个应用程序中一般有(　　)个 web. config 文件有效。

A. 0　　B. 1　　C. 若干　　D. 以上都不对

12. 在名为 Login 的页面的 Page_Error 事件中捕获了一个未处理的异常,现需要清除刚产生的异常,需要使用下列(　　)语句。

A. HttpServerUtility. ClearError()　　B. Page. ClearError()

C. Login. ClearError()　　D. Server. ClearError()

13. 在一个 ASP. NET 的网站中,如果需要在应用程序级捕获未处理的异常,应该使用(　　)事件。

A. Response_Error　　B. Server_Error

C. Application_Error　　D. Page_Error

14. Request 对象中获取 Get 方式提交的数据的方法是(　　)。

A. Cookies　　B. ServerVariables

C. QueryString　　D. Form

15. 创建一个显示金融信息的 Web 用户控件。如果希望该 Web 用户控件中的信息能在网页的请求之间一直被保持,应该采取(　　)方法。

A. 设置该 Web 用户控件的 PersistState 属性为真

B. 设置该 Web 用户控件的 EnableViewState 属性为真

C. 设置该 Web 用户控件的 PersistState 属性为假

D. 设置该 Web 用户控件的 EnableViewState 属性为假

16. Session 对象的默认有效期为(　　)分钟。

A. 10　　B. 15　　C. 20　　D. 30

17. 下面程序段执行完毕,页面显示的内容是(　　)。

```
string strName;
strName = "user_name";
Session["strName"] = "Mary";
Session[strName] = "John";
Response.Write(Session["user_name"]);
```

A. Mary　　B. John

C. user_name　　D. 语法有错,无法正常运行

18. 下列(　　)对象经常用来制作网页计数器。

A. Response　　B. Application　　C. Request　　D. Session

19. 在同一个应用程序的页面 1 中执行 Session. Timeout=30,那么在页面 2 中执行 Response. Write(Session. Timeout),则输出值为(　　)。

A. 15　　B. 20　　C. 30　　D. 25

20. Application 对象的默认有效期为(　　)。

A. 10 天　　　　B. 15 天

C. 20 天　　　　D. 从网站启动到终止

21. 下面代码实现一个站点访问量计数器,空白处的代码为(　　)。

```
void ________(object sender, EventArgs e)
{
Application.Lock();
Application["AccessCount"] = (int)Application["AccessCount"] + 1;
Application.UnLock();
}
```

A. Application_Start　　　　B. Application_Error

C. Session_Start　　　　D. Session_End

二、填空题

1. 列举 ASP.NET 中的 7 个内置对象:________、________、________、________、________、________、________。

2. 应用程序开始时,调用________事件;应用程序结束时,调用________事件。

3. 一次新的会话开始时,调用________事件;会话结束时,调用________事件。

4. ________方法可获得网站根目录的物理路径。

三、问答题

1. 简述 Global.asax 文件的结构。Web 应用程序可以在哪些目录中放置此文件?

2. ASP.NET 页面包含哪些内置对象?

3. 简述 ASP.NET 网页文件由哪几部分组成。

4. 试说明什么是 Application 和 Session 对象,其差异是什么?如果存储用户专用信息,应该使用哪个对象变量来存储?

5. 什么是 Cookie?如何创建和读取 Cookie 对象?

6. Application 对象的 Lock 方法和 UnLock 方法各具有什么作用?

单元 4　搭建风格统一的 Web 站点

在 ASP. NET 网站开发中，有很多内容是公共的，例如网站的布局、Banner、页尾和导航等。ASP. NET 对网站的公共部分提供了很好的技术支持，例如，母版页可以统一网站的风格和布局，用户浏览网站时，网站导航所提供的指引标志可以使用户清楚地知道目前所在网站中的位置。本单元将对 SiteMapPath、Menu 和 TreeView 等导航控件的使用方法和母版技术进行讲解。

本单元主要学习目标如下。

- 掌握页面布局的方法。
- 能创建母版页及基于母版页的内容页。
- 掌握使用站点地图文件实现网站导航的方法。
- 掌握网站导航控件 SiteMapPath、Menu 和 TreeView 的使用。
- 了解使用 TreeView 控件和递归法动态实现树型导航。

4.1　CSS 样式控制

CSS(Cascading Style Sheets，级联样式表)是用于控制网页样式并允许将样式信息与网页内容分离的一种标记性语言，是非常重要的页面布局方法，也是最高效的页面布局方法。

4.1.1　页面中使用 CSS 的三种方法

CSS 被设计用来与 HTML 联合建立网页，它不能独立运行，需要依附到页面上才能发挥作用。通常在网页中，CSS 规定了以下三种定义样式的方法。

(1) 内联式：直接将样式控制放置在单个 HTML 元素内。

(2) 嵌入式：在网页的 head 部分定义样式。

(3) 外部链接式：以扩展名. css 的文件保存被称为 CSS 文件的样式定义，将 CSS 文件链接到相应的网页中。

1. 内联式样式

内联式样式直接将 CSS 放在某个 HTML 标签中，通过使用 style 属性设置，一般形式为：

```
style = "属性名 1: 值 1; 属性名 2: 值 2; …"
```

例如：

```
<body>
    <div style="color: Red; background-color: blue">内联式样式示例</div>
</body>
```

属性名与属性值之间用":"分隔，如果一个样式中有多个属性，各属性之间用分号";"隔开。用内联式的方法进行样式控制固然简单，但是其维护过程却是非常复杂和难以控制的。

【示例 4-1】 style 属性的内联式样式演示。

(1) 在 WebSite04 网站项目中创建文件夹 Ch4_1，在文件夹 Ch4_1 中创建 Web 页面文件 StyleInCss.aspx。

(2) 在页面文件 StyleInCss.aspx 中添加代码如下：

```
<body>
    <div style="font-size: 16px;">这是一段测试文字 1 </div>
    <div style="font-size: 16px; font-weight: bolder">这是一段测试文字 2 </div>
    <div style="font-size: 16px; font-style: italic">这是一段测试文字 3 </div>
    <div style="font-size: 20px; font-variant: small-caps"> This is My First CSS code
</div>
    <div style="font-size: 14px; color: red">这是一段测试文字 5 </div>
</body>
```

2. 嵌入式样式

在网页的 head 部分直接实现 CSS 样式，即在<head>与</head>标签内定义样式，以<style>开始，</style>结束。CSS 规则由选择符和声明两部分组成。声明由属性名和属性值组成。简单的 CSS 规则如下：

```
选择符{属性名1: 值1; 属性名2: 值2; …}
例如:   p { color : Green; }
```

p(段落标签) 为选择符，color(颜色) 是 p 的属性名，green(绿色) 是 color 的属性值。该规则声明所有段落标签的内容应该将 color 属性设置为绿色，即所有<p>中文本将变成绿色。

【示例 4-2】 style 属性的嵌入式样式演示。

(1) 在 WebSite04 网站项目中创建文件夹 Ch4_2，在文件夹 Ch4_2 中创建 Web 页面文件 StyleInLinkCss.aspx。

(2) 在页面文件 StyleInLinkCss.aspx 中添加代码如下：

```
<head id="Head1" runat="server">
    <title>示例 4-2 </title>
    <style type="text/css">
        body
        {
            text-align: center;
            font-family: @微软雅黑;
```

```
            font-size: xx-large;
        }
        div
        {
            color: Red;
            background-color: blue;
        }
    </style>
</head>
<body>
    <form id="form1" runat="server">
    <div>嵌入式样式示例</div>
    </form>
</body>
```

3. 链接式样式

在页面中使用CSS最常用的方法是链接式样式。利用这种方法可以在网页中调用已经定义好的样式表文件(.css文件)。

与嵌入式相比,链接式可以将定义好的样式在网站的多个页面上重复使用,提高了开发效率,降低了维护成本,同时也实现了将页面结构和表现彻底分离,最适合大型网站的外观设计。本书贯穿项目"新知书店"网站的页面样式控制采取链接式样式。

4.1.2 样式规则

无论是定义内嵌式样式还是链接式样式,每个样式的定义格式都是相同的:

```
选择符 {属性名1: 值1; 属性名2: 值2; …}
```

其中,选择符是指样式定义的对象,可以是HTML标记元素、用户自定义的类、用户自定义的ID、伪类、具有层次关系的样式规则及并列的样式选择符等。

1. 元素选择符

任何HTML元素都可以是一个CSS的元素选择符,例如div{color : red},该样式规则中的元素选择符是div,div块内的所有文字颜色为红色。

2. 类选择符

类选择符用于定义页面上的相关HTML元素组,使它们具有合适的相同样式规则。创建类时,用户需要给它命名,命名时最好使用字母和数字。

定义了类之后,用户可以使用它作为CSS的选择符。类选择符以"."为起始标记,一般格式为:

```
.类选择符 {属性名1: 值1; 属性名2: 值2; …}
```

例如:

```
.c1 { color : Red; }
.c2 { font-size : large; }
```

上面定义了两个类,类"c1"定义了颜色属性,类"c2"定义了字体大小属性。

在HTML文档中可以按下列方式引用:

```
<div>
    <h1 class = "c1">通知</h1>
    <p class = "c2">将于今天下午2点召开各部门会议.</p>
</div>
```

标签<h1>中的文本颜色为红色,标签<p>中的字体大小为"large"。因为它们各自的class属性值为类"c1"和类"c2"。

3. ID选择符

只有在页面上的标签才能具有给定的ID,它必须是唯一的,并只用于指示该元素。

下面的例子中标签<a>定义了一个ID属性,值是"next"。

```
<a href = "next.htm" id = "next">下一步</a>
```

在CSS中,ID选择符由ID值前面的"#"(井号)符号指示,例如:

```
#next { font-size : large; }
```

在实际应用中,用户应如何选取类选择或ID选择符设置样式呢?

类选择符更灵活,ID选择符能完成的它都能完成,甚至比ID选择符能完成的还要多。如果想重用样式,用户也可以使用类选择符来完成。但是用ID选择符就完成不了,因为ID值在页面文档中必须是唯一的,即只有一个元素具有该值。

注意:如果在一个元素的样式定义中,既引用了元素选择符,又引用了类选择符和ID选择符,则ID选择符的优先级最高,其次是类选择符,元素选择符的优先级最低。

4. 伪类

伪类可以看作是一种特殊的类选择符,是能被支持CSS的浏览器自动所识别的特殊选择符。它的最大用处就是可以对链接在不同状态下定义不同的样式效果。

在CSS中用四个伪类来定义链接样式,分别是a:link、a:visited、a:hover和a:active。

例如:

```
a:link {color: #FF0000} /* 未被访问的链接 红色 */
a:visited {color: #00FF00} /* 已访问过的链接 绿色 */
a:hover {color: #FFCC00} /* 鼠标停在上方时 橙色 */
a:active {color: #0000FF} /* 鼠标单击激活链接 蓝色 */
```

以上语句分别定义了未被访问的链接、已访问过的链接、鼠标停在上方时、鼠标单击激活链接时的样式。注意,必须按以上顺序书写,否则不能按预期效果显示。

5. 包含选择符

包含选择符用于定义具有层次关系的样式规则,它由多个样式选择符组成,选择符之间用空格隔开。一般格式为:

```
选择符 1 选择符 2 … {属性名 1: 值 1; 属性名 2: 值 2; …}
```

例如，div h1{ color : red }，这种方式只对 div 中包含的 h1 起作用，对单独的 div 或 h1 均无效。

6. 并列选择符

如果有多个不同的样式选择符的样式相同，则可以使用并列选择符简化定义，每个样式选择符之间用逗号隔开。一般格式为：

```
选择符 1, 选择符 2, …{属性名 1: 值 1; 属性名 2: 值 2; …}
```

例如：

```
.classone, #bb, h1{color : red}
```

4.2 页面框架

4.2.1 "新知书店"项目概况

"新知书店"是一个电子商务网站，它以图书的在线销售为主要内容，根据单元 1 的分析，"新知书店"功能模块可以分为前台页面、管理端后台页面和用户后台页面三大部分。管理端后台有页面时在根目录下的 Admin 文件夹下；用户后台所有页面在 Membership 文件夹中；前台页面直接放在站点根目录下。一般而言，每一部分都有各自的布局风格，接下来将使用所学知识和技能完成"新知书店"的项目开发任务。

4.2.2 网页布局和框架技术

1. 网页布局

一个积累了大量用户的网站，仅靠网站的内容来吸引用户眼球是远远不够的，网站的风格和良好的用户体验也起着至关重要的作用。网站就像网上的家，也需要装修、设计，这就需要合理布局，典型的页面布局有栏式结构和区域结构。

栏式结构是很常见的页面结构，其特点是简单实用、条理分明、格局清晰严谨，适合信息量大的页面。图 4-1 所示列出了几种常见的栏式结构。

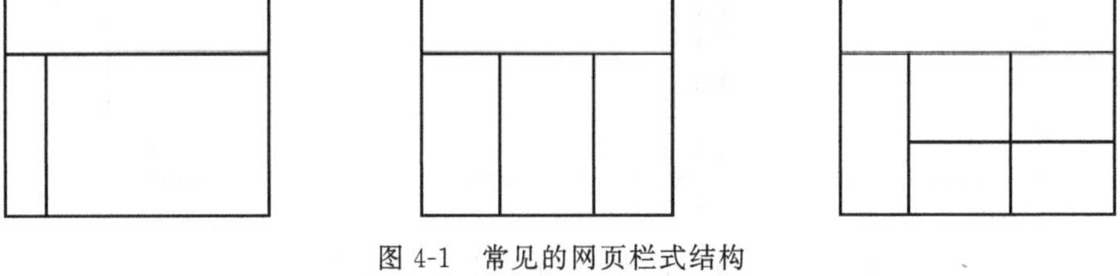

图 4-1　常见的网页栏式结构

区域结构现在使用比较少，其特点是页面精美、主题突出、空间感很强，不过仅适合信息量比较少的页面。图 4-2 所示是一个区域结构的样例,页面被划分成了多个区域,有很大的空间留给背景。

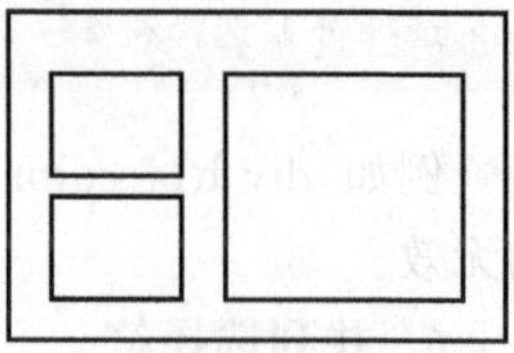
图 4-2 区域结构示例

实现页面布局,现在一般使用 DIV+CSS。早期曾大量使用< table >作为布局方式,由于 DIV+CSS 方式具有代码简洁等优势,< table >布局方式逐渐被弃用。

注意:< table >用于页面布局越来越少,但并不代表< tabel >标签应被丢弃,在 DIV 布局的页面上,常常会有< table >的表格。在许多项目中,往往用 DIV 实现页面的整体布局,而页面中列表的显示还是常常使用< table >标签。

2. Frameset 和 Iframe

在 HTML 中介绍过框架集(< frameset >)和内嵌框架(< iframe >)。Frameset 是指页面各个窗口全部用框架实现,使用 Frameset 可以在同一个浏览器中显示多个页面的集合。Iframe 是指页面中的部分内容用框架实现。

使用页面框架的优势如下。

(1) 框架能将多个页面组合显示,并且各个页面之间相互独立。

(2) 页面的复用实现了站点风格的统一。

(3) 页面结构清晰,便于用户的使用。

在 ASP. NET 中,也可以使用框架技术完成页面设计。图 4-3 所示是使用内嵌框架< iframe >实现的"新知书店"管理后台首页,左侧方框引用的是管理后台菜单页面 adminMenu. aspx,右侧方框引用的是管理后台内容页面 adminContent. aspx。

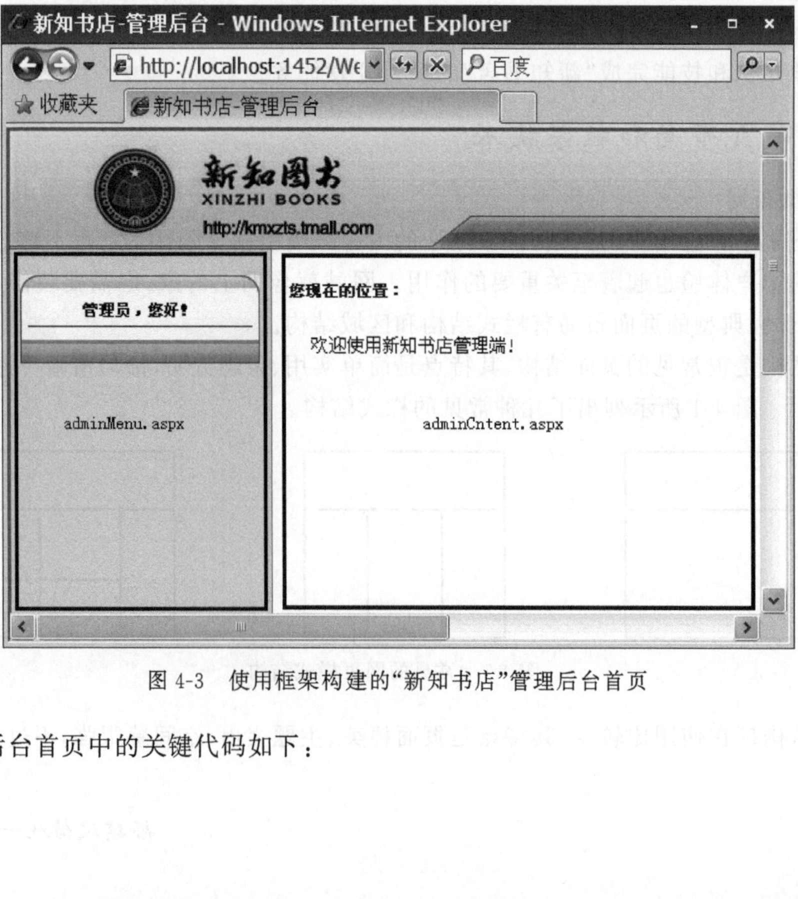

图 4-3 使用框架构建的"新知书店"管理后台首页

管理后台首页中的关键代码如下:

```
<form id = "form1" runat = "server">
    <div>
        <img src = "images/admin_top.gif" alt = "" />
    </div>
    <div>
        <iframe name = "admin_menu" src = "adminMenu.aspx" frameborder = "0"
            scrolling = "no" width = "210" height = "590"></iframe>
        <iframe name = "admin_content" src = "adminContent.aspx" frameborder = "0"
            scrolling = "no" width = "760" height = "590"></iframe>
    </div>
</form>
```

虽然页面框架技术有诸多优势，但在实际开发中页面框架技术也存在如下问题。

(1) Iframe 标签的内容不利于搜索引擎的收录。

(2) 支持页面框架技术的浏览器不多。

(3) Iframe 中链接的页面会增加请求。

(4) 页面设计不直观，不便于页面编写。

ASP.NET 中的母版技术可以很好地解决上述问题。

4.3 母 版 页

4.3.1 母版页概述

母版页的主要功能是为 ASP.NET 应用程序创建统一的用户界面和样式。实际上母版页由两部分构成，即一个母版页和一个(或多个)内容页，这些内容页与母版页合并以将母版页的布局与内容页的内容组合在一起输出。

使用母版页简化了以往重复设计每个 Web 页面的工作。母版页中承载了网站的统一内容、设计风格，减轻了网页设计人员的工作量，提高了工作效率。如果将母版页比喻为未签名的名片，那么在这张名片上签字后就代表着签名人的身份，这就相当于为母版页添加内容页后呈现出的各种网页效果。

1. 母版页

母版页为具有扩展名.master(如 MyMaster.master)的 ASP.NET 文件，它具有可以包括静态文本、HTML 元素和服务器控件的预定义布局。母版页由特殊的@Master 指令识别，该指令替换了用于普通.aspx 页的@ Page 指令。

2. 内容页

内容页与母版页关系紧密，内容页主要包含页面中的非公共内容。通过创建各个内容页来定义母版页的占位符控件的内容，这些内容页为绑定到特定母版页的 ASP.NET 页(.aspx 文件以及可选的代码隐藏文件)。

注意：使用母版页，必须首先创建母版页再创建内容页。

3. 母版页运行机制

在运行时，母版页按照下面的步骤处理。

(1) 用户通过输入内容页的 URL 来请求某页。

(2) 获取该页后,读取@Page 指令。如果该指令引用一个母版页,则读取相应的母版页。如果是第一次请求这两个页,则两个页都要进行编译。

(3) 包含更新的内容的母版页合并到内容页的控件树中。

(4) 各个 Content 控件的内容合并到母版页中相应的 ContentPlaceHolder 控件中。

(5) 浏览器中呈现得到的合并页。

母版页和内容页的关系如图 4-4 所示。

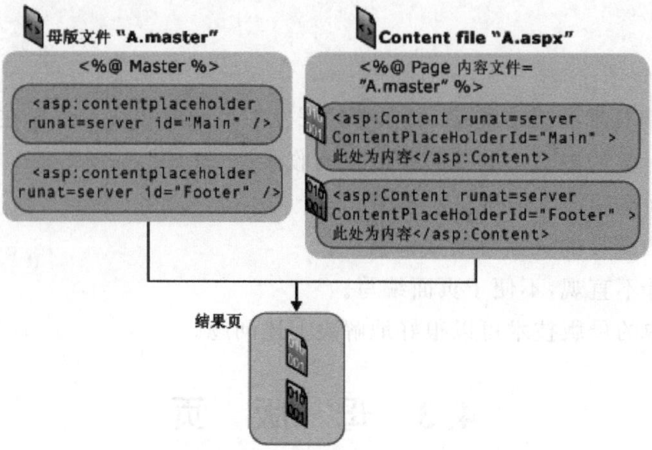

图 4-4　母版页和内容页的关系

从编程的角度来看,这两个页用作其各自控件的独立容器,内容页用作母版页的容器,但是,在内容页中可以从代码中引用公共母版页成员。

4. 母版页的优点

使用母版页,可以为 ASP.NET 应用程序页面创建一个通用的外观。开发人员可以利用母版页创建一个单页布局,然后将其应用到多个内容页中。母版页具有以下优点。

(1) 使用母版页可以集中处理页的通用功能,以便只在一个位置上进行更新,在很大程度上提高了工作效率。

(2) 使用母版页可以方便地创建一组公共控件和代码,并将其应用于网站中所有引用该母版页的网页。例如,可以在母版页上使用控件来创建一个应用于所有页的功能菜单。

(3) 可以通过控制母版页中的占位符 ContentPlaceHolder 对网页进行布局。

(4) 由内容页和母版页组成的对象模型,能够为应用程序提供一种高效、易用的实现方式,并且这种对象模型的执行效率比以前的处理方式有了很大的提高。

4.3.2　创建母版页

创建母版页的方法和创建一般页面的方法非常相似,区别在于母版页无法单独在浏览器中查看,而必须通过创建内容页才能浏览。创建母版页的具体步骤如下。

(1) 在网站的解决方案下右击网站名称,在弹出的快捷菜单中选择“添加新项”命令。

(2) 打开“添加新项”对话框,如图 4-5 所示。选择“母版页”,默认名为 MasterPage.master。单击“添加”按钮即可创建一个新的母版页。

图 4-5　创建母版页

(3) 母版页 MasterPage.master 中的代码如下:

```
<%@ Master Language = "C#" AutoEventWireup = "true" CodeFile = "MasterPage.master.cs"
Inherits = "MasterPage" %>

<!DOCTYPE html>

<html>
<head runat = "server">
<meta http-equiv = "Content-Type" content = "text/html; charset = utf-8"/>
    <title></title>
    <asp:ContentPlaceHolder id = "head" runat = "server">
    </asp:ContentPlaceHolder>
</head>
<body>
    <form id = "form1" runat = "server">
    <div>
        <asp:ContentPlaceHolder id = "ContentPlaceHolder1" runat = "server">

        </asp:ContentPlaceHolder>
    </div>
    </form>
</body>
</html>
```

以上代码中 ContentPlaceHolder 控件为占位符控件,它所定义的位置可以为内容出现的区域。

说明: 母版页中可以包含一个或多个 ContentPlaceHolder 控件。

4.3.3 创建内容页

创建完母版页后,接下来就可以基于母版页创建内容页了。内容页的创建与母版页类似,具体创建步骤如下。

(1) 在网站的解决方案下右击网站名称,在弹出的快捷菜单中选择“添加新项”命令。

(2) 打开“添加新项”对话框,如图 4-6 所示,在对话框中选择“Web 窗体”并为其命名,同时选中“将代码放在单独的文件中”和“选择母版页”复选框,单击“添加”按钮,弹出图 4-7 所示的“选择母版页”对话框,在其中选择一个母版页,单击“确定”按钮,即可创建一个新的内容页。

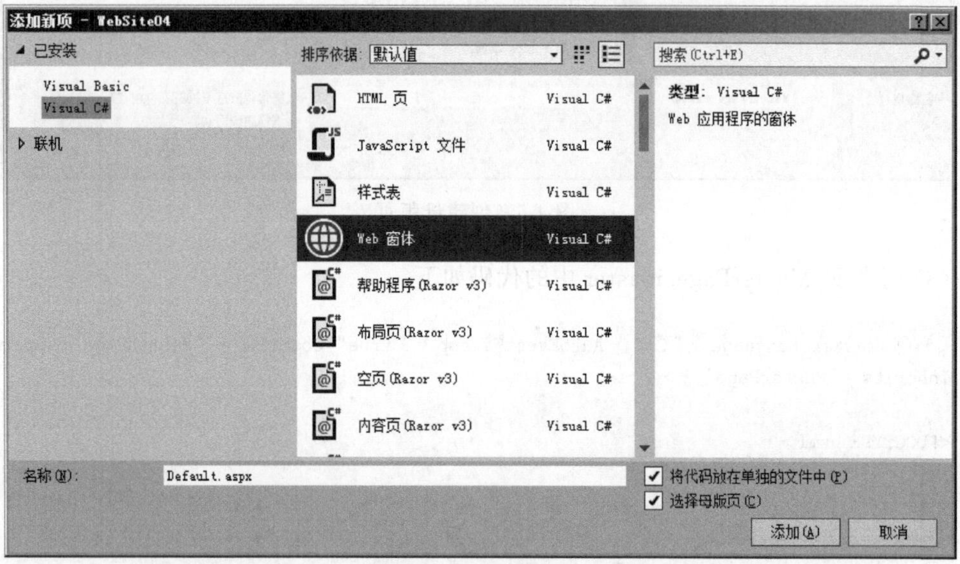

图 4-6 创建内容页

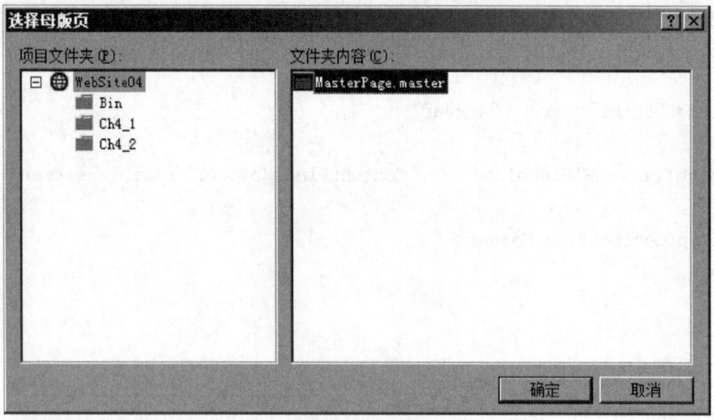

图 4-7 “选择母版页”对话框

(3) 内容页 Default.aspx 中的代码如下:

```
<%@ Page Title = "" Language = "C#" MasterPageFile = "~/MasterPage.master" AutoEventWireup
 = "true" CodeFile = "Default.aspx.cs" Inherits = "_Default" %>

<asp:Content ID = "Content1" ContentPlaceHolderID = "head" Runat = "Server">
</asp:Content>
<asp:Content ID = "Content2" ContentPlaceHolderID = "ContentPlaceHolder1" Runat = "Server">
</asp:Content>
```

通过以上代码可以发现，母版页中有几个 ContentPlaceHolder 控件，在内容页中就会有几个 Content 控件生成，Content 控件的 ContentPlaceHolderID 属性值对应着母版页 ContentPlaceHolder 控件的 ID 值。

说明：添加内容页也可以用其他方法。在母版页中右击，在弹出的快捷菜单中选择“添加内容页”命令即可，或者右击“解决方案资源管理器”中母版页的名称，在弹出的快捷菜单中选择“添加内容页”命令。

4.3.4 访问母版页的控件和属性

内容页中引用母版页中的属性、方法和控件有一定的限制。对于属性和方法的规则是：如果它们在母版页上被声明为公共成员，则可以引用它们，这包括公共属性和公共方法。在引用母版页上的控件时，没有只能引用公共成员的这种限制。

1. 使用 Master. FindControl 方法访问母版页上的控件

在内容页中，Page 对象具有一个公共属性 Master，该属性能够实现对相关母版页基类 MasterPage 的引用，母版页中的 MasterPage 相当于普通 ASP. NET 页面中的 Page 对象，因此，可以使用 MasterPage 对象实现对母版页中各个子对象的访问，但由于母版页中的控件是受保护的，不能直接访问，所以必须使用 MasterPage 对象的 FindControl 方法实现。

【示例 4-3】 使用 FindControl 方法，获取母版页中用于显示系统时间的 Label 控件。运行效果如图 4-8 所示。

(1) 在 WebSite04 网站项目中创建文件夹 Ch4_3，在文件夹 Ch4_3 下添加一个母版页，默认名称为 MasterPage. master，再添加一个 Web 窗体，命名为 Default. aspx，作为母版页的内容页。

(2) 分别在母版页和内容页上添加一个 Label 控件。母版页的 Label 控件的 ID 属性为 labMaster，用来显示系统日期。内容页的 Label 控件的 ID 属性为 labContent，用来显示母版页中的 Label 控件值。

(3) 编写母版页 MasterPage. master 的 Page_Load 事件过程代码，使母版页的 Label 控件显示当前系统日期，代码如下：

```
protected void Page_Load(object sender, EventArgs e)
{
    this.labMaster.Text = "今天是" + DateTime.Today.Year + "年" + DateTime.Today.Month + "月"
 + DateTime .Today.Day + "日";
}
```

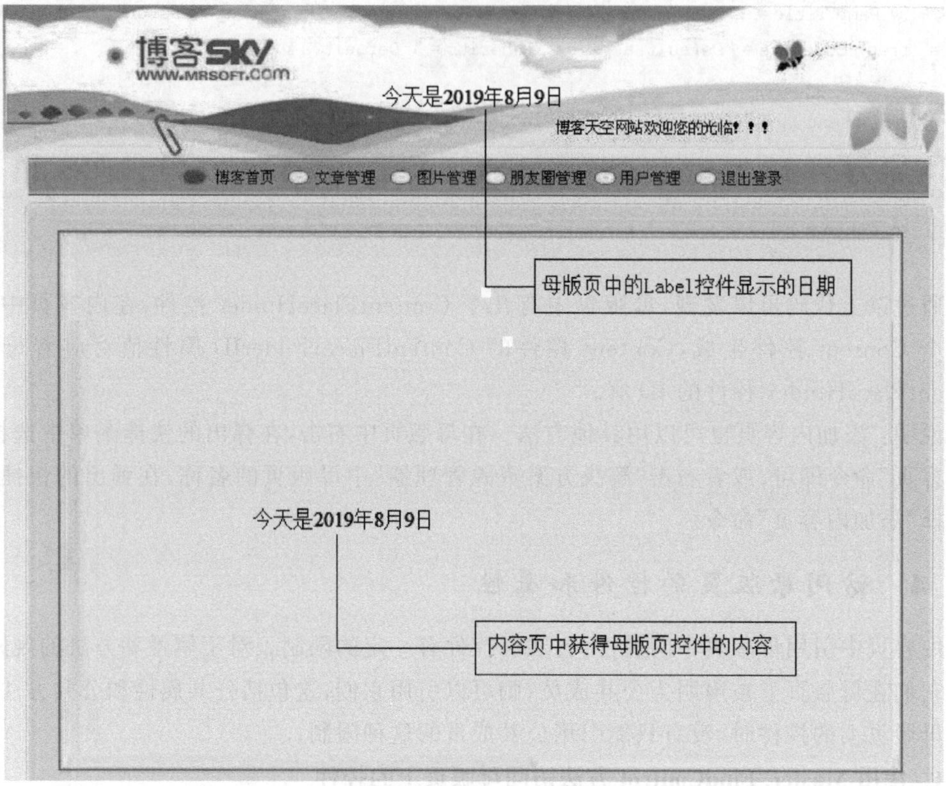

图 4-8 访问母版页上的控件

(4) 编写内容页 Default.aspx 的 Page_LoadComplete 事件过程代码，使内容页的 Label 控件显示母版页的 Label 控件值，代码如下：

```
protected void Page_LoadComplete(object sender, EventArgs e)
{
    Label MLablel = (Label)this.Master.FindControl("labMaster");
    this.labContent.Text = MLablel.Text;
}
```

说明：由于在母版页的 Page_Load 事件引发之前，内容页 Page_Load 事件已经引发，所以，此时从内容页中访问母版页中的控件比较困难。因此，本示例使用 ASP.NET2.0(及以上版本)新增的 Page_LoadComplete 事件，利用 FindControl 方法来获取母版页的控件，其中 Page_LoadComplete 事件在生命周期内和网页加载结束时触发。当然还可以在 Label 控件的 PreRender 事件下完成此功能。

2. 引用@MasterType 指令访问母版页上的属性

访问母版页中的属性和方法成员，需要在当前内容页中添加@MasterType 指令 <%@ MasterType VirtualPath ="MainMaster.master" %>，将内容页的 Master 属性强类型化。其中 VirtualPath 用来设置母版页的位置。

【示例 4-4】 使用@MasterType 指令引用母版页的公共属性演示。

(1) 在 WebSite04 网站项目中创建文件夹 Ch4_4，在文件夹 Ch4_4 下创建母版页 MainMaster. master，在母版页中添加一个 RadioButtonList 控件，母版页中的主要源代码如下：

```
<form id = "form1" runat = "server">
    <div>
        <asp:RadioButtonList ID = "rblRole" runat = "server" RepeatDirection = "Horizontal"
            AutoPostBack = "True">
            <asp:ListItem Value = "学生族">学生族</asp:ListItem>
            <asp:ListItem Value = "上班族">上班族</asp:ListItem>
        </asp:RadioButtonList>
        <hr/>
        <asp:ContentPlaceHolder id = "cphContent" runat = "server">
        </asp:ContentPlaceHolder>
    </div>
</form>
```

(2) 在母版页 MainMaster. master. cs 中添加如下代码，将选择 RadioButtonList 控件选项获取的 Value 值赋值给 string 类型的公共属性 MasterValue。

```
public string MasterValue
{
  get { return this.rblRole .SelectedValue; }
}
```

说明：由于母版页本身也是个类，所以可以在其中添加公共属性。

(3) 在内容页中编写访问代码，首先基于母版页创建 property. aspx 内容页，然后在内容页 property. aspx 的隐藏. cs 文件中通过调用 Master 属性访问母版页中的公共成员，代码如下：

```
protected void Page_Load(object sender, EventArgs e)
{
    string strValue = this.Master.MasterValue.ToString ();
    if (strValue.Equals ("学生族"))
    {
        this.lblText.Text  =  "高校 BBS 求职信息";
    }
    else if (strValue.Equals("上班族"))
    {
        this.lblText.Text  =  "30～50 职业生涯规划";
    }
}
```

(4) 运行内容页 property. aspx，效果如图 4-9 所示。

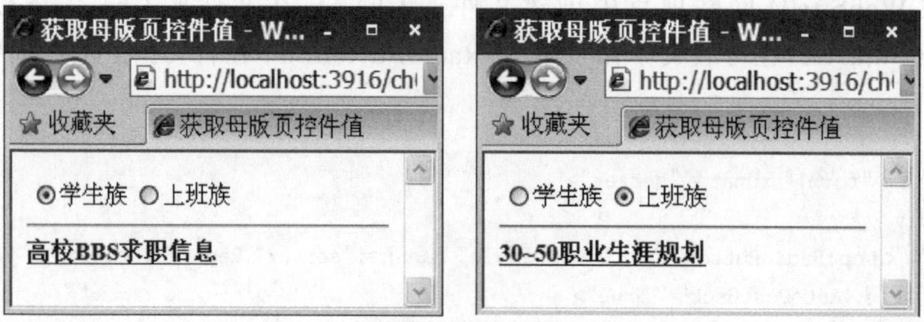

图 4-9　根据用户选择提供不同主题

任务 4-1　使用母版页搭建“新知书店”后台页面框架

【任务描述】

(1) 使用母版页搭建图 4-10 所示的“新知书店”管理端页面框架。

(2) 在母版页中显示“管理员,您好!”,在内容页中显示“欢迎使用新知书店管理端!”。

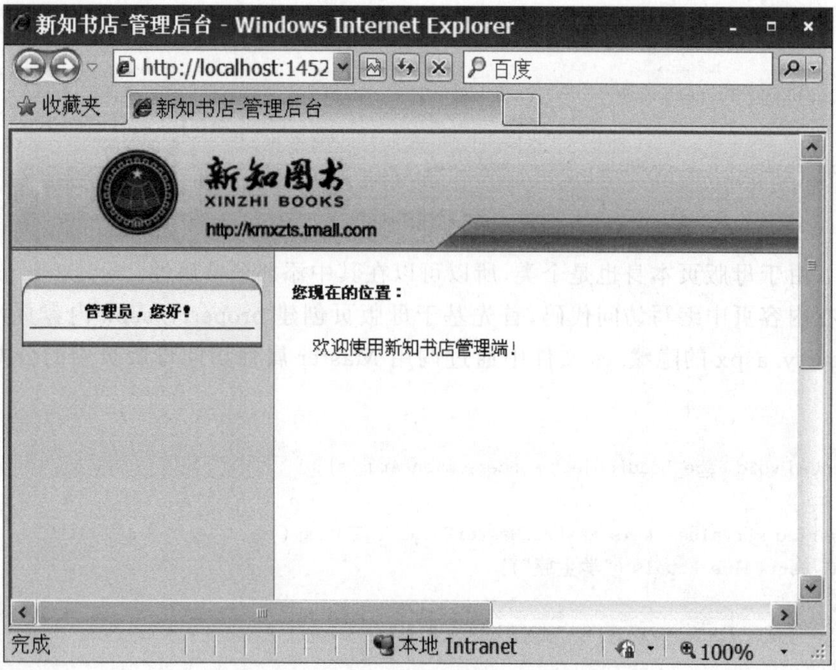

图 4-10　“新知书店”管理端页面框架

【任务实施】

(1) 运行 Visual Studio 2017,打开解决方案 Chap04,右击“解决方案 Chap04”,创建名为 rw4-1 的网站项目。

(2) 右击网站项目 rw4-1,新建文件夹 Admin,在 Admin 文件夹下创建文件夹 Css 和 Images,用于存放新知书店管理端相关资源和代码文件。

(3) 在 Admin 文件夹下添加母版页 Admin.master,为母版页设计布局并添加样式,此处样式文件 admin.css 在文件夹 Css 下，样式文件代码如下所示。

```
/* CSS Document */
*{ margin:0; padding:0;}
body,select{ font:14px/20px 宋体;}
table{ border-collapse:collapse;}
img{ border:0; vertical-align:middle;}
ul{ list-style:none;}
a{ color:#0072A7; text-decoration:underline;}
a:hover{ color:#f00;}
.black, .black a, a.black{ color:#333; text-decoration:none;}
.red, .red a, a.red{ color:#f00;}
.white, .white a, a.white{ color:#fff;}
.f_left{ float:left;}
.f_right{ float:right;}
.del{ text-decoration:line-through;}

/*后台管理主界面*/
#header{ margin:0 auto; width:1003px; height:92px;}
#main{ margin:0 auto; width:1003px; overflow:hidden;}
/*左侧菜单*/
#opt_list, #opt_area{ margin-bottom:-10000px; padding-bottom:10000px;}
/*左侧菜单*/
#opt_list{ float:left; width:210px; height:590px; border:solid #ACB9C1; border-width:
0 1px;
          background:#EAEFF1 url(../images/admin_menu_t.gif) no-repeat center 20px;
          padding-top:35px;_background-position-x:8px;}
#opt_list h1{ width:181px; text-align:center; border-bottom:1px solid #5F8AB4; margin:0
auto 10px;
            font:600 12px/24px 宋体;}
#subnav{ margin:0 auto; width:191px; border:solid #0C9EE1; border-width:0 1px 1px;
           background:#FCFCFC url(../images/admin_menu_b.gif) repeat-x 0 bottom;
           padding-bottom:3px; font-size:14px; font-family:@宋体;}
/*右侧内容*/
#opt_area{ float:right; width:760px;}
/*通用部分*/
#breadcrumb{ margin:20px; font:600 12px/24px 宋体;}
#breadcrumb a{text-decoration:underline}
.data_table{ margin:0 auto; border:2px solid #999; width:758px;}
.data_table td, .data_table th{ border:groove #A29C9E; border-width:0 1px; font:14px/24px
宋体;}
.data_table th{ background:url(../images/date_th.gif) repeat-x; line-height:30px;
                              border-bottom: 1px solid #fff; font-weight: 600; color:
                              Black}
.data_table td{ text-align:center; padding:10px 6px 8px 10px;}
.data_table td.name{ text-align:left;}
.opt_action{ margin:30px 0 0 20px; font:14px/20px 宋体;}
.opt_action select{ width:100px; font:14px Tahoma;}
.opt_action input{ height:24px; padding:0 6px;}
.pages{ height:40px; text-align:right; padding:20px 0 0 100px;}
```

```
.pages td{ border-width:0px;}
.table_edit{ background-color: #d7effb; width: 758px; border:solid 1px #0f9fde;}
.table_edit th{ border-right: solid 1px #0f9fde; border-bottom: solid 1px #0f9fde; width:100px;}
.table_edit td{ border-right:solid 1px #0f9fde; border-bottom:solid 1px #0f9fde; }
.table_detail{ background-color: #d7effb; width: 758px; border:solid 1px #0f9fde;}
.table_detail th{ border-right: solid 1px #0f9fde; border-bottom: solid 1px #0f9fde; width:100px;}
.table_detail td{ border-right:solid 1px #0f9fde; border-bottom:solid 1px #0f9fde; }
```

(4) 在母版页 Admin.master 的<head></head>标记对之间写入导入样式文件的代码,在主体部分编写布局的代码,如下:

```
<head runat="server">
    <title>新知书店-管理后台</title>
    <link href="CSS/admin.css" rel="stylesheet" type="text/css" />
</head>
<body>
    <form id="Form1" runat="server">
    <div id="header"><img src="images/admin_top.gif" alt="" /></div>
    <div id="main">
        <div id="opt_list">
            <h1>管理员,您好!</h1>
            <div id="subnav">
            </div>
        </div>
        <div id="breadcrumb" class="black">
              您现在的位置:
        </div>
        <div id="opt_area">
            <asp:ContentPlaceHolder ID="cphAdmin" runat="server">
            </asp:ContentPlaceHolder>
        </div>
    </div>
    </form>
</body>
```

(5) 添加基于母版页 Admin.master 的内容页 Default.aspx,并在内容页的 Content 控件中添加“欢迎使用新知书店管理端!”,注意内容页中的 ContentPlaceHolderID 属性要与母版页中的 ID 属性相同,代码如下:

```
<asp:content id="Content1" contentplaceholderid="cphAdmin" runat="Server">
    欢迎使用新知书店管理端!
</asp:content>
```

4.4 网站导航

在网站开发中，网站导航是很常见的模块。早期由于没有一种简便的方式，而产生了很多种导航的方式，如硬编码、包含文件等。其基本方式就是在页面放置相关的超链接，以达到导航的功能。这些方式的缺点是不宜维护、导航不能集中管理。为了解决这个问题，ASP.NET 提供了站点导航的一种简单方法，即使用站点导航控件 SiteMapPath、Menu、TreeView，这三个导航控件都能够快速地建立导航，并且能够调整相应的属性为导航控件进行自定义。接下来将重点介绍 SiteMapPath、Menu、TreeView 控件。

4.4.1 站点地图

1. XML 文件介绍

XML 是一种功能强大的可扩展的标记语言，可以将显示和数据分开，可以跨平台，可以支持不同软件之间的共享数据等。

XML 和 HTML 比较相似，但是 HTML 中的标记都是预先定义好的，例如< div ></div >表示块级元素、< form ></form >表示表单等；而 XML 中的标记都是用户自己定义的，例如< name >张三</name >。XML 不是 HTML 的替代，它们的主要区别如下。

(1) XML 和 HTML 为不同的目的而设计。XML 被设计用来传输和存储数据，其作用是描述数据的内容；HTML 被设计用来显示数据，其作用是描述数据的外观。

(2) HTML 标记固定且没有层次，在 HTML 文档中用户无法自行创建标签；XML 标记不固定且有层次，在 XML 文档中用户可以自行创建标签。

XML 的组成如下。

(1) 声明：每个 XML 文件的第一行就是声明，即<?xml version="1.0"encoding="utf-8"? >。

(2) 元素：组成 XML 文件的最小单位，它由一对标记来定义，也包括其中的内容。

(3) 标记：标记用来定义元素，必须成对出现，中间包含数据。

(4) 属性：属性是对标记的描述，一个标记可以有多个属性。

一个 XML 文档示例代码如下：

```
<?xml version = "1.0"encoding = "utf - 8"?>
<books>
  <book Category = "技术类"PageCount = "435">
    <title> ASP.NET 动态网站开发教程</title>
    <AuthorList>
      <Author>张平</Author>
      <Author>李楠</Author>
    </AuthorList>
  </book>
  <book Category = "文学类"PageCount = "500">
    <title>青春赞歌</title>
    <AuthorList>
      <Author>陈明</Author>
```

```
        <Author>王小虎</Author>
      </AuthorList>
    </book>
  </books>
```

2. 建立站点地图

站点地图文件用来描述网站中网页文件的层次结构，是一个名为 Web. sitemap 的 XML 文件。如果要使用 ASP. NET 的导航控件，必须建立站点地图文件。站点地图文件 Web. sitemap 必须位于网站根文件夹下。

站点地图文件使用一对< siteMap >标记和若干对< siteMapNode >标记，并以. sitemap 作为扩展名。其中，< siteMap >和</siteMap >称为根元素，它包含若干对由< siteMapNode >和</siteMapNode >表示的节点，并且节点是嵌套的。

建立站点地图的方法为：右击网站名称，在弹出的快捷菜单中依次选择“添加”→“添加新项”命令，弹出“添加新项”对话框，在中间的模板列表中选择“站点地图”，在“名称”文本框中输入站点地图文件的名称，如图 4-11 所示。

图 4-11 添加站点地图

站点地图文件示例代码如下所示。

```
<?xml version = "1.0" encoding = "utf - 8"?>
<siteMap>
  <siteMapNode url = "~/院系介绍.aspx" title = "院系介绍" description = "院系介绍">
    <siteMapNode url = "~/信息工程系.aspx" title = "信息工程系" description = "信息工程
系">
      <siteMapNode url = "~/软件技术.aspx" title = "软件技术" description = "软件技术"/>
      <siteMapNode url = "~/计算机网络技术.aspx" title = "计算机网络技术" description =
"计算机网络技术"/>
    </siteMapNode>
```

```
<siteMapNode url="~/机械工程系.aspx" title="机械工程系" description="机械工程
系">
        <siteMapNode url="~/数控技术.aspx" title="数控技术" description="数控技术"/>
        <siteMapNode url="~/机械制造与自动化.aspx" title="机械制造与自动化" description
="机械制造与自动化"/>
    </siteMapNode>
  </siteMapNode>
</siteMap>
```

在上述 XML 代码中，< siteMap >和</siteMap >是根元素，它包含若干对由< siteMapNode>和</siteMapNode >表示的节点，< siteMapNode >元素的常用属性有以下三个。

(1) title：表示超链接的显示文本。

(2) description：描述超链接作用的提示文本。

(3) url：超链接本网站中的目标页地址。

该站点地图文件描述的站点结构如图 4-12 所示。

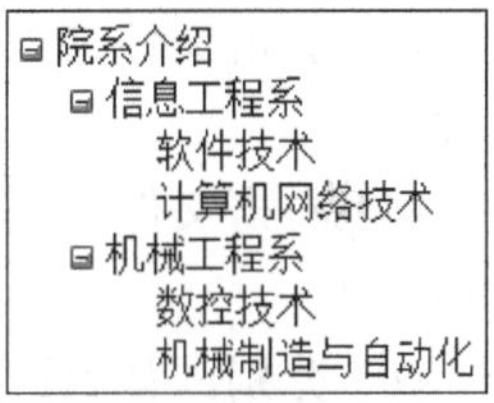

图 4-12　站点结构图

编写站点导航地图时应注意以下事项。

(1) 站点地图根节点为< siteMap >元素，每个文件有且仅有一个根节点。

(2) < siteMap >下一级有且仅有一个< siteMapNode >节点，该< siteMapNode >节点通常用来表示站点的首页。

(3) < siteMapNode >节点下面可以包含多个新的< siteMapNode >节点。

(4) 站点地图中，同一个 URL 仅能出现一次。

4.4.2　导航控件

1. SiteMapPath 控件

SiteMapPath 是一个非常方便的控件，它会显示一个导航路径，实现面包屑导航。面包屑导航这个概念来自童话故事“汉赛尔和格莱特”，当汉赛尔和格莱特穿过森林时不小心迷路了，但是他们在沿途走过的地方都撒下了面包屑，这些面包屑帮助他们找到了回家的路，所以面包屑导航的作用是告诉访问者他们目前在网站中的位置以及如何返回。在站点的设计中，需要给用户提供一个方便的路径，图 4-13 所示为网易新闻的面包屑导航。

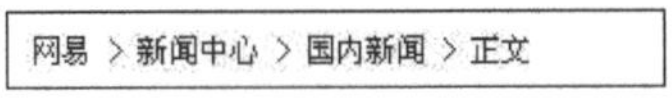

图 4-13　网易新闻的面包屑导航

SiteMapPath 控件可以根据在 Web. sitemap 中定义的数据自动显示网站的路径，此路径为用户显示当前网页的位置，并显示返回到主页的路径链接。

SiteMapPath 控件与一般的数据控件不同，它自动绑定网站地图文件。SiteMapPath 控件在设计窗口中的显示内容与本页面是否在网站地图文件中定义相关。如果页面没有作为一个节点在站点地图文件中定义，那么其所在的层次在 SiteMapPath 控件中就不会显示出来。

【示例 4-5】 使用 SiteMapPath 控件实现面包屑导航。

(1) 在 WebSite04 网站项目中创建文件夹 Ch4_5。

(2) 右击网站 WebSite04，在弹出的快捷菜单中依次选择“添加”→“添加新项”命令，弹出“添加新项”对话框，在中间的模板列表中选择“站点地图”，以默认的 Web. sitemap 作为站点地图文件的名称，Web. sitemap 的代码如下：

```
<?xml version = "1.0" encoding = "utf - 8" ?>
< siteMap >
   < siteMapNode url = "Ch4_5/Default.aspx" title = "首页" description = "">
      < siteMapNode url = "Ch4_5/Products.aspx" title = "产品分类" description = "">
         < siteMapNode url = "Ch4_5/Hardware.aspx" title = "硬件产品" description = ""/>
      </siteMapNode >
   </siteMapNode >
</siteMap >
```

(3) 右击文件夹 Ch4_5，新建主页 Default. aspx，在其中放置一个 SiteMapPath 控件，显示站点根目录。

(4) 右击文件夹 Ch4_5，新建二级页面 Products. aspx，在其中放置一个 SiteMapPath 控件。

(5) 右击文件夹 Ch4_5，新建三级页面 Hardware. aspx，在其中放置一个 SiteMapPath 控件。

(6) 分别浏览主页 Default. aspx、二级页面 Products. aspx、三级页面 Hardware. aspx。如果用户所在的页面为 Products. aspx，那么显示的效果为“首页>产品分类”；如果用户所在的页面为 Hardware. aspx，那么显示的效果为“首页>产品分类>硬件产品”。

注意：只有在站点地图中列出的页才能在 SiteMapPath 控件中显示导航信息。如果将 SiteMapPath 控件放置在站点地图中未列出的页上，该控件将不会向客户端显示任何信息。

2. Menu 控件

使用 Menu 控件，开发人员可以在网页上模拟 Windows 的菜单导航效果。Menu 控件有以下两种显示模式。

(1) 静态模式：指 Menu 自始至终都是展开状态，都是可见的，用户可以单击其任何部分。

(2) 动态模式：默认只显示部分内容，当用户将鼠标指针放置在父节点上时才会显示其子节点。

Menu 可以使用控件自带的添加功能对站点导航页面数据进行添加，也可以使用数据源添加，在使用数据源添加时一定要将 Menu 控件的 DataSourceID 属性的值设为 SiteMapDataSource 控件的 ID 值。

1) Menu 控件的常用属性

(1) DisappearAfter 属性。DisappearAfter 属性是用来获取或设置当鼠标指针离开 Meun 控件后菜单的延迟显示时间，默认值为 500，单位为毫秒。在默认情况下，当鼠标指针离开 Menu 控件后，菜单将在一定时间内自动消失。如果希望菜单立刻消失，可单击 Meun 控件以外的空白区域。当设置该属性值为－1 时，菜单将不会自动消失，在这种情况下，只有用户在菜单外部单击时，动态菜单项才会消失。

(2) Orientation 属性。使用 Orientation 属性指定 Menu 控件的显示方向，如果

Orientation 的属性值为 Horizontal,则水平显示 Menu 控件;如果 Orientation 的属性值为 Vertical,则垂直显示 Menu 控件。

2) 配置多个站点地图

在默认情况下,ASP. NET 站点导航使用一个名为 Web. sitemap 的 XML 文件,该文件描述网站的层次结构,但是有时候开发人员可能要使用多个站点地图文件来描述整个网站的导航结构。

假设在一个网站中有默认的站点地图文件 Web. sitemap,还有另外一个站点地图文件 Web2. sitemap。在一个页面中有一个 ID 为 SiteMapDataSource1 的数据源控件,要想把 Web2. sitemap 配置成 SiteMapDataSource1 能识别的站点地图文件,需要进行下列两个步骤。

(1) 修改 Web. config 文件。在 Web. config 文件中的< system. web >下添加以下内容。

```
<siteMap>
  <providers>
       <add name = "kk" type = "System.Web.XmlSiteMapProvider" siteMapFile = "~/Web2.
sitemap"/>
  </providers>
</siteMap>
```

(2) 设置 SiteMapProvider 属性。在 SiteMapDataSource1 属性窗口的 SiteMapProvider 中填入 kk。

【示例 4-6】 使用 Menu 控件制作水平弹出式菜单。

(1) 在 WebSite04 网站项目中创建文件夹 Ch4_6。

(2) 右击网站 WebSite04,在弹出的快捷菜单中依次选择“添加”→“添加新项”命令,弹出“添加新项”对话框,在中间的模板列表中选择“站点地图”,以 Web2. sitemap 作为站点地图文件的名称,Web2. sitemap 的代码如下:

```
<?xml version = "1.0" encoding = "utf-8" ?>
<siteMap>
  <siteMapNode url = "Ch4_6/Default.aspx" title = "管理系统" description = "">
    <siteMapNode url = "Manage.aspx" title = "商品管理" description = "商品操作">
      <siteMapNode url = "MerchandiseSale.aspx" title = "出售与退还" description = "" />
      <siteMapNode url = "IntegralMerchandise.aspx" title = "积分使用" description = "" />
      <siteMapNode url = "IntegralUseRule.aspx" title = "积分规则" description = "" />
    </siteMapNode>
    <siteMapNode url = "ManageCard.aspx" title = "卡类管理" description = "会员卡操作">
      <siteMapNode url = "CardAdd.aspx" title = "添加卡类型" description = "" />
         <siteMapNode url = "CardUpdate.aspx" title = "卡类型修改" description = "" />
      <siteMapNode url = "CardRoleUpdate.aspx" title = "积分规则修改" description = "" />
         <siteMapNode url = "CardReset.aspx" title = "积分规则获取" description = "" />
    </siteMapNode>
    <siteMapNode url = "ManageMember.aspx" title = "会员信息管理" description = "会员详细信
息">
      <siteMapNode url = "AddUserMember.aspx" title = "会员信息添加" description = "" />
      <siteMapNode url = "MemberInfoSelect.aspx" title = "会员信息查询" description = "" />
```

```
        <siteMapNode url = "MemberEdit.aspx" title = "会员信息修改" description = "" />
      </siteMapNode>
    </siteMapNode>
  </siteMap>
```

(3) 右击文件夹 Ch4_5,新建主页 Default.aspx,在其中添加一个 SiteMapDataSource 控件和一个 Menu 控件,并设置 Menu 控件的 DataSourceID 属性的值为 SiteMapDataSource1,设置 SiteMapDataSource1 的 SiteMapProvider 属性为 kk,设置 Menu 控件的 Orientation 属性的值为 Horizontal,设置 SiteMapDataSource1 的 ShowStartingNode 属性的值为 false。

(4) 运行主页 Default.aspx,运行效果如图 4-14 所示。

图 4-14 使用 Menu 控件制作水平弹出式菜单

3. TreeView 控件

1) TreeView 控件的基本应用

TreeView 控件的基本功能可以总结为:将有序的层次化结构数据显示为树状结构。创建 Web 窗体后,可通过拖放的方法将 TreeView 控件添加到 Web 页的适当位置。在 Web 页上将会出现图 4-15 所示的 TreeView 控件和 TreeView 快捷菜单。

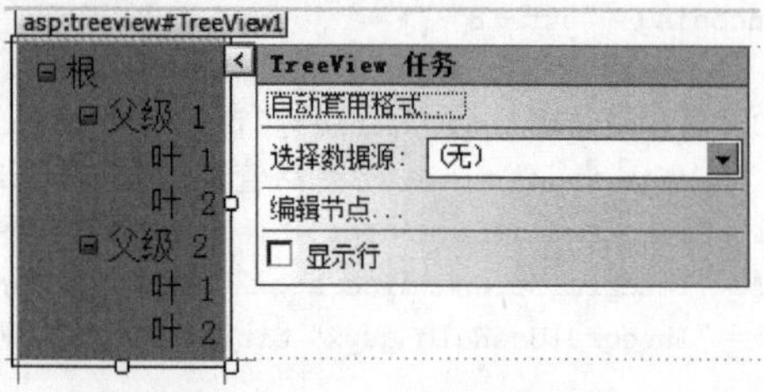

图 4-15 添加 TreeView 控件

TreeView 任务快捷菜单中显示了设置 TreeView 控件常用的任务:自动套用格式(用于设置控件外观)、选择数据源(用于连接一个现有数据源或创建一个数据源)、编辑节点(用于编辑在 TreeView 中显示的节点)和显示行(用于显示 TreeView 上的行)。

添加 TreeView 控件后,通常先添加节点,然后为 TreeView 控件设置外观。

添加节点可以通过选择"编辑节点"命令,弹出图 4-16 所示的对话框,在其中可以定义 TreeView 控件的节点和相关属性。对话框的左侧是操作节点的命令按钮和控件预览窗口,命令按钮包括添加根节点、添加子节点、删除节点和调整节点相对位置;对话框右侧是当前选中节点的属性列表，可根据需要设置节点属性。

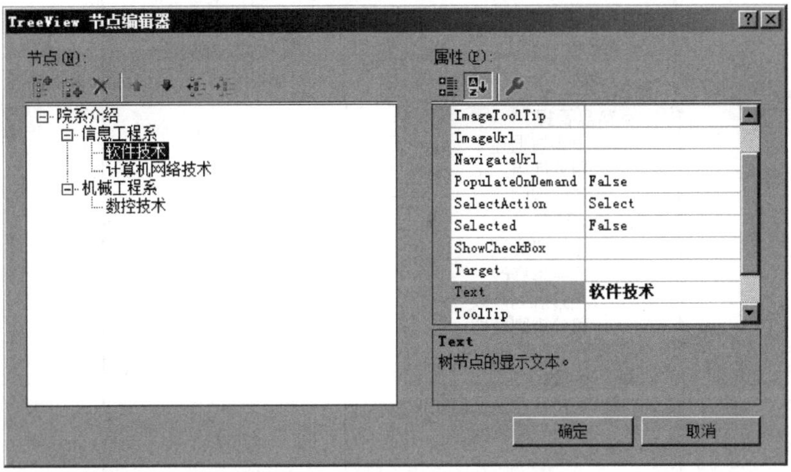

图 4-16　TreeView 节点编辑器

TreeView 控件的外观属性可以通过属性面板进行设置，也可以通过 Visual Studio 2017 内置的 TreeView 控件外观样式进行设置。

选择"自动套用格式"命令，弹出"自动套用格式"对话框，对话框左侧列出的是 TreeView 控件外观样式的名称，右侧是对应外观样式的预览窗口。

2）使用 TreeView 控件实现站点导航

Web. sitemap 文件用于站点导航信息的存储，其数据采用 XML 格式，将站点逻辑结构层次化地列出。Web. sitemap 与 TreeView 控件集成的实质是以 Web. sitemap 文件为数据基础的，以 TreeView 控件的树状结构为表现形式，将站点的逻辑结构表现出来，实现站点导航的功能。

【示例 4-7】 将 Web. sitemap 与 TreeView 控件集成实现站点导航。

(1) 在 WebSite04 网站项目中创建文件夹 Ch4_7。

(2) 右击文件夹 Ch4_7，新建主页 Default. aspx，在其中添加一个 TreeView 控件和一个 SiteMapDataSource1 控件，设置 SiteMapDataSource1 控件的 SiteMapProvider 属性为 kk。

说明：设置 SiteMapDataSource1 控件的 SiteMapProvider 属性为 kk，表明本示例使用的站点地图文件是示例 4-6 中的 Web2. sitemap。

(3) 指定 TreeView 控件的 DataSourceID 属性的值为 SiteMapDataSource1。

(4) 运行主页 Default. aspx，运行效果如图 4-17 所示。

3）TreeView 控件绑定 XML 文件

TreeView 控件除了可以与站点地图绑定外，还可以与 XML 文件进行绑定。

【示例 4-8】 将 XML 文件绑定到 TreeView 控件。

(1) 在 WebSite04 网站项目中创建文件夹 Ch4_8。

(2) 编写一个 XML 格式的文件，该 XML 文件的内容参考示例 4-6 中站点地图文件 Web2. sitemap 中的内容。

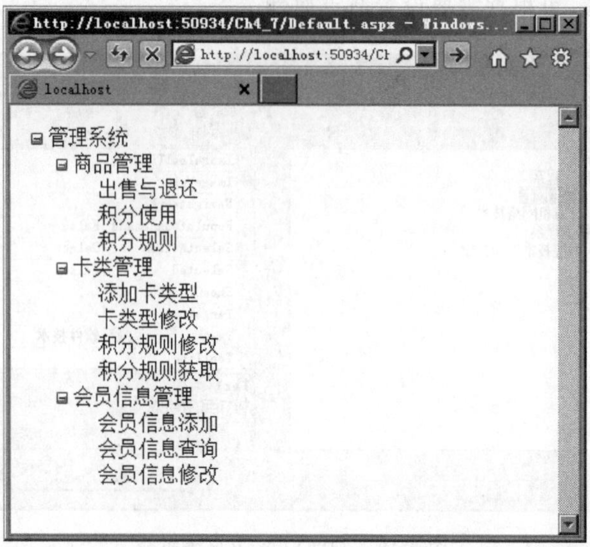

图 4-17　Web. sitemap 与 TreeView 控件集成实现站点导航

(3) 右击文件夹 Ch4_8,新建主页 Default. aspx,在页面中拖入 TreeView 控件,然后设置 TreeView 的数据源为 XML 格式数据源,这和使用站点地图文件作为数据源的方式一样,只要选择“XML 文件”作为数据源并为数据源指定 ID 即可。单击“确定”按钮后,弹出“配置数据源”对话框,如图 4-18 所示。其中,“数据文件”项用于设置 XML 文件的路径,可单击后面的“浏览”按钮,选择需要的 XML 文件,然后单击“确定”按钮。

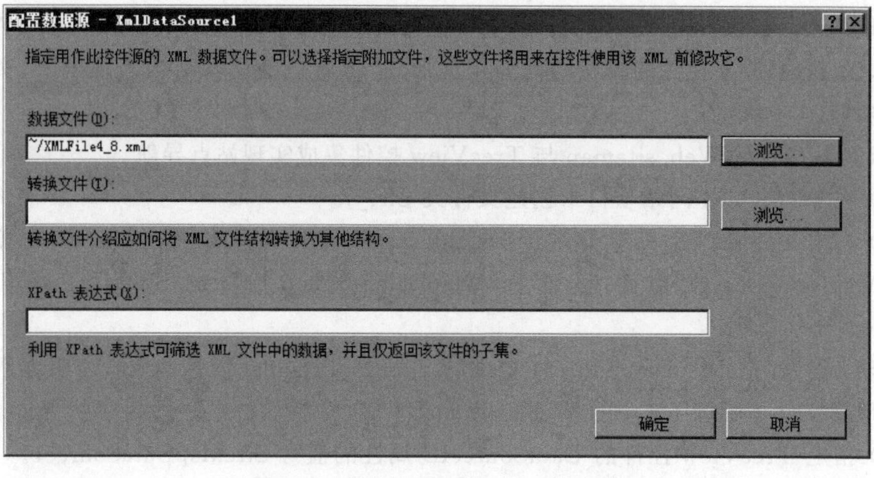

图 4-18　指定 XMLFile4_8. xml 文件

(4) 设置 XML 节点对应的字段。在图 4-19 所示的“TreeView 任务”快捷菜单中选择“编辑 TreeNode 数据绑定”命令,弹出“TreeView DataBinding 编辑器”对话框,在该编辑器对话框中,将要绑定的节点添加进来,然后在右侧设置绑定的元素,NavigateUrlField 属性设置为 url,TextField 属性设置为 title,ValueField 属性设置为 describe,如图 4-20 所示。单击“确定”按钮关闭对话框,这时 TreeView 控件就已经绑定了 XML 文件。

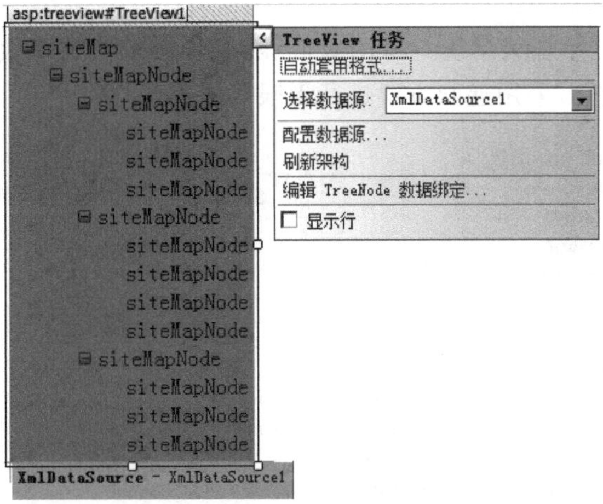

图 4-19 “TreeView 任务”快捷菜单

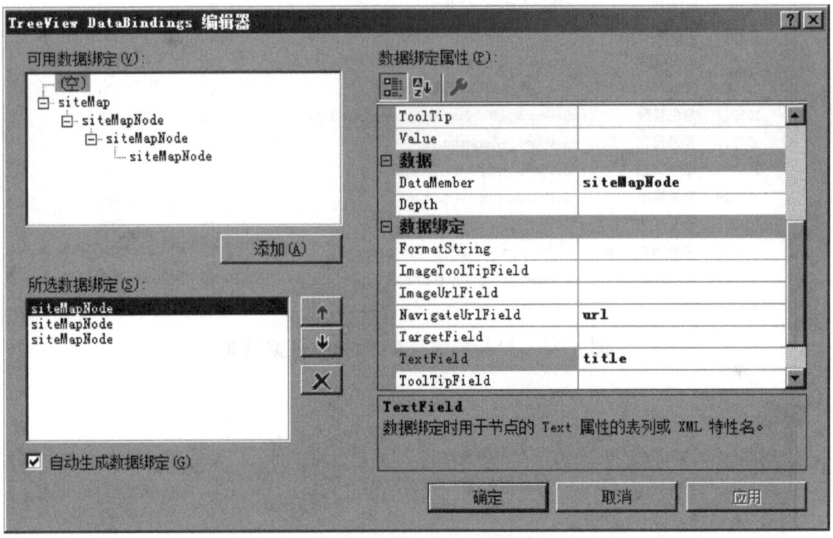

图 4-20 设置 XML 节点对应的字段

(5) 运行主页 Default.aspx,运行效果如图 4-17 所示。

4) TreeView 控件绑定数据库

在实际项目开发中,菜单项作为数据的一部分通常被保存在数据库中,有专门的数据维护人员通过内部系统管理平台来操作维护菜单项,而菜单的深度也会随着网站的用户需求不断完善。显然,不管使用站点地图还是 XML 文件方式维护数据都很困难。下面通过编程实现递归法动态添加节点、设置属性,从而实现数据与代码的分离,提高数据的可维护性。

图 4-21 所示是一个企业 OA 中的系统菜单表。其中“NodeId”字段为每个菜单项的编号,“DisplayOrder”字段为显示顺序,“ParentNodeId”字段为父节点的编号。如何按照图 4-21 中的数据结构将数据读取到 TreeView 中呢?

注意:取“ParentNodeId”为 0 的节点作为一级节点添加到 TreeView 中。根据每个一级节点的”NodeId”值找到与其相等的“ParentNodeId”值,如果找到就把找到的节点作为子节点添加到该一级节点。

说明：我们看到的系统菜单表只有两级，但随着业务的拓展该表中的菜单项级别会越来越高，为了提高扩展性，采用递归方法进行无限级添加。

表 - dbo.SysFun 摘要

	NodeId	DisplayName	NodeURL	DisplayOrder	ParentNodeId
	101	人事管理		1	0
	102	日程管理		2	0
	103	文档管理		3	0
	104	消息传递		4	0
	105	系统管理		5	0
	106	考勤管理		6	0
	101001	机构信息	PersonManage/BranchManage.aspx	1	101
	101002	部门信息	PersonManage/DepartManage.aspx	2	101
	101003	员工管理	SysManage/UserManage.aspx	3	101
	102001	我的日程	ScheduleManage/PersonSchedule/PersonSchedule.aspx	4	102
	102002	部门日程	ScheduleManage/DepartSchedule/DepartSchedule.aspx	5	102
	102003	我的便签	ScheduleManage/PersonNote/PersonNote.aspx	6	102
	103001	文档管理	ScheduleManage/File/FileManage/FileManage.aspx	7	103
	103002	回收站	ScheduleManage/File/RecycleBin.aspx	8	103
	103003	文件搜索	ScheduleManage/File/FileSearch.aspx	9	103
	104001	消息管理	Message/MessageManage/MessageManage.aspx	10	104
	104002	信箱	Message/MailBox/MailBox.aspx	11	104
	105001	角色管理	SysManage/RoleManage/RoleManage.aspx	12	105
	105002	登录日志	SysManage/LoginLog.aspx	13	105
	105003	操作日志	SysManage/OperateLog.aspx	14	105
	105004	菜单排序	SysManage/MenuAdjust.aspx	15	105
	106001	员工签到、签退	ManualSign/ManualSign.aspx	16	106
	106002	考勤历史查询	ManualSign/ManualSignSearch.aspx	17	106
	106003	考勤统计	ManualSign/SignStatistic.aspx	18	106
▸*	NULL	NULL	NULL	NULL	NULL

图 4-21 OA 系统菜单表中的数据信息

关键代码如下：

```
protected void Page_Load(object sender, EventArgs e)
{
    if (!IsPostBack )
    {
        this.tvMenu.Dispose();
        GetDataToTable();                                    //将数据库中的数据填充到 DataSet
        InitTreeByDataTable(this.tvMenu.Nodes, "0");         //使用递归方法动态添加节点
    }
}
/// <summary>
/// 使用递归方法动态添加节点(DataTable 方式实现)
/// </summary>
/// <param name = "tnc">父节点</param>
/// <param name = "parentId">父节点 Id</param>
private void InitTreeByDataTable(TreeNodeCollection tnc,string parentId)
{
    DataView dv = new DataView();                            //动态视图方便筛选
    TreeNode tnNode;
```

```
        dv.Table = ds.Tables[0];           //全局的 DataSet,对应系统菜单表 SysFun
        dv.RowFilter = "ParentNodeId = " + parentId;
        foreach (DataRowView drv in dv)
        {
            tnNode = new TreeNode();
            tnNode.Value = drv["NodeId"].ToString();
            tnNode.Text = drv["DisplayName"].ToString();
            tnNode.NavigateUrl = drv["NodeURL"].ToString();
            tnc.Add(tnNode);
            InitTreeByDataTable(tnNode.ChildNodes, tnNode.Value); //递归调用
        }
    }
```

上述代码中，TreeNodeCollection 表示 TreeView 控件中的 TreeNode 对象的集合。

这里默认"ParentNodeId"为 0 的是一级节点，从一级节点开始，利用视图筛选出"ParentNodeId"值与此节点的"NodeId"值相等的节点集合，遍历该节点集合并将其每个节点作为子节点进行添加。循环中调用的 InitTreeByDataTable 方法每次将当前节点作为父节点传入，形成递归。递归是一种重要的编程思想，它可以实现让一个函数从其内部调用其自身。使用递归法时要特别注意退出条件。

切换到页面 Default.aspx（在文件夹 RecursionTreeView 中）的设计视图模式，为 TreeView 选择"自动套用格式"并运行代码，效果如图 4-22 所示。

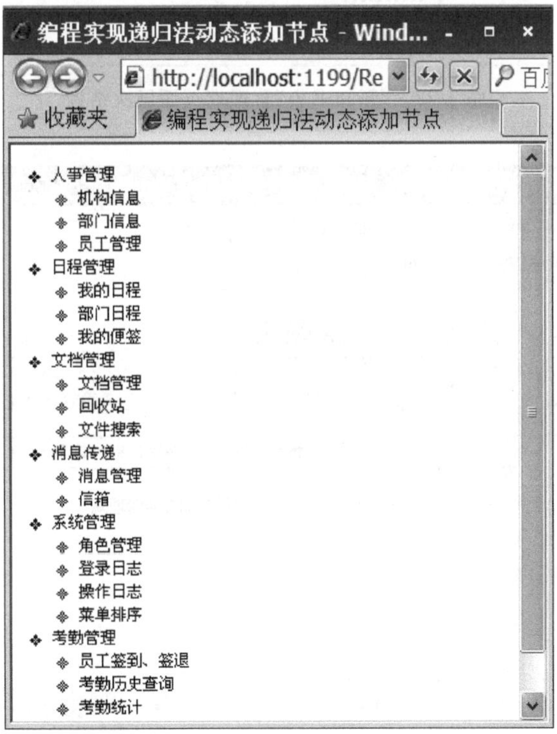

图 4-22　编程实现递归法动态添加 TreeView 节点数据

但这种方式添加节点也存在缺点,对于数据量大的情况一次性将菜单数据全部加载到页面中会降低网站的性能,因此可以采用当用户每单击一个一级节点,调用相应方法获取该级节点下全部子节点的方法来提升网站的性能。

任务 4-2 实现"新知书店"后台面包屑导航功能

【任务描述】

(1) 编写站点地图,实现图 4-23 所示的层次结构。

(2) 在任务 4-1 的基础上实现"新知书店"管理端面包屑导航功能,效果如图 4-24 所示。

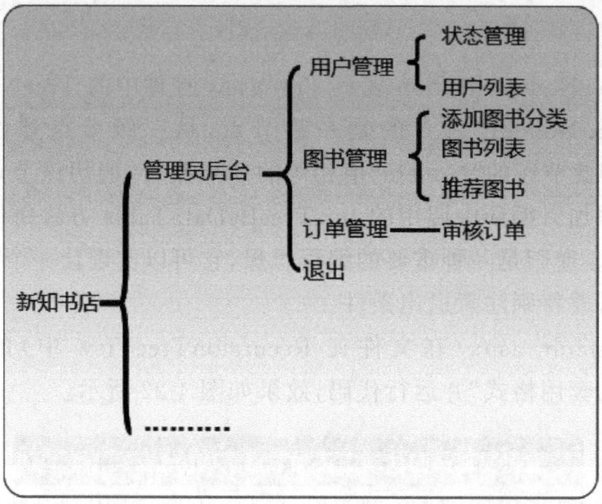

图 4-23 "新知书店"管理端页面层次结构

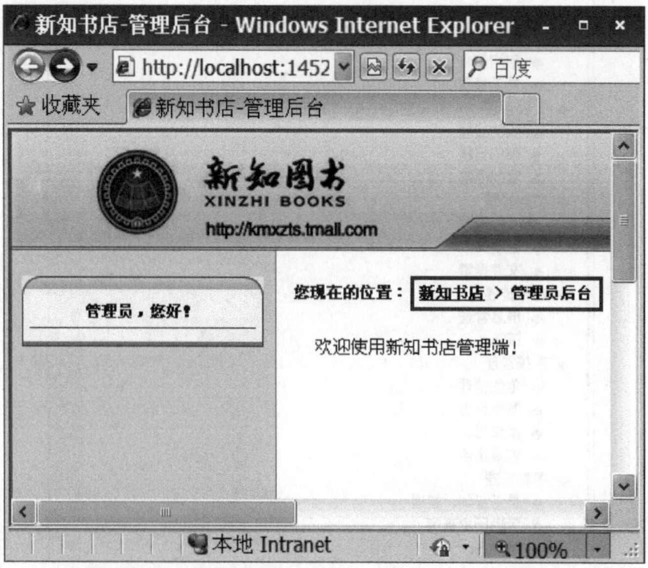

图 4-24 "新知书店"管理端面包屑导航功能

【任务实施】

(1) 在文件夹 rw4-2 下创建网站项目 Web，解决方案名称为 BookShop，将任务 4-1 的站点目录下的文件及文件夹复制至新创建的网站项目 Web 下。

(2) 右击网站项目 Web，添加“站点地图”文件 web.sitemap，并根据图 4-23 所示的层次结构编写如下代码：

```
<?xml version = "1.0" encoding = "utf - 8" ?>
<siteMap xmlns = "http://schemas.microsoft.com/AspNet/SiteMap - File - 1.0" >
   <siteMapNode Id = "" url = "~\Admin\Default.aspx" title = "管理员后台" description = "">
     <siteMapNode url = "" title = "用户管理" description = "">
       <siteMapNode url = "~\Admin\UserList.aspx" title = "管理用户" description = "" />
       <siteMapNode url = "~\Admin\UserStateManage.aspx" title = "状态管理" description
= "" />
       <siteMapNode url = "~\Admin\UserDetails.aspx" title = "修改用户资料" description
= "" />
     </siteMapNode>
     <siteMapNode url = "" title = "图书管理" description = "">
        < siteMapNode url = " ~ \ Admin \ CategoryManage. aspx" title = " 添 加 图 书 分 类"
description = "" />
       <siteMapNode url = "~\Admin\BookCategory.aspx" title = "为书籍分类" description
= "" />
       <siteMapNode url = "~\Admin\BookDetail.aspx" title = "图书详细信息" description
= "" />
       <siteMapNode url = "~\Admin\BookList.aspx" title = "图书列表" description = "" />
       <siteMapNode url = "~\Admin\RecomBookList.aspx" title = "推荐图书" description = "" />
     </siteMapNode>
     <siteMapNode url = "" title = "订单管理" description = "">
       <siteMapNode url = "~\Admin\OrderList.aspx" title = "审核订单" description = "" />
       <siteMapNode url = "~\Admin\OrderDetail.aspx" title = "详细订单" description = "" />
     </siteMapNode>
     <siteMapNode url = "~\Membership\LoginOut.aspx" title = "退出" description = "管理员
退出">
     </siteMapNode>
   </siteMapNode>
  </siteMapNode>
</siteMap>
```

(3) 打开母版页 Admin.master，添加控件 SiteMapPath，该控件会自动读取刚才在根目录下创建的站点文件 web.sitemap。

任务 4-3 实现“新知书店”后台的菜单功能

【任务描述】

管理员菜单项较简单，是为了便于维护使用 XML 文件保存菜单，本任务将实现图 4-25 所示的管理员菜单功能。

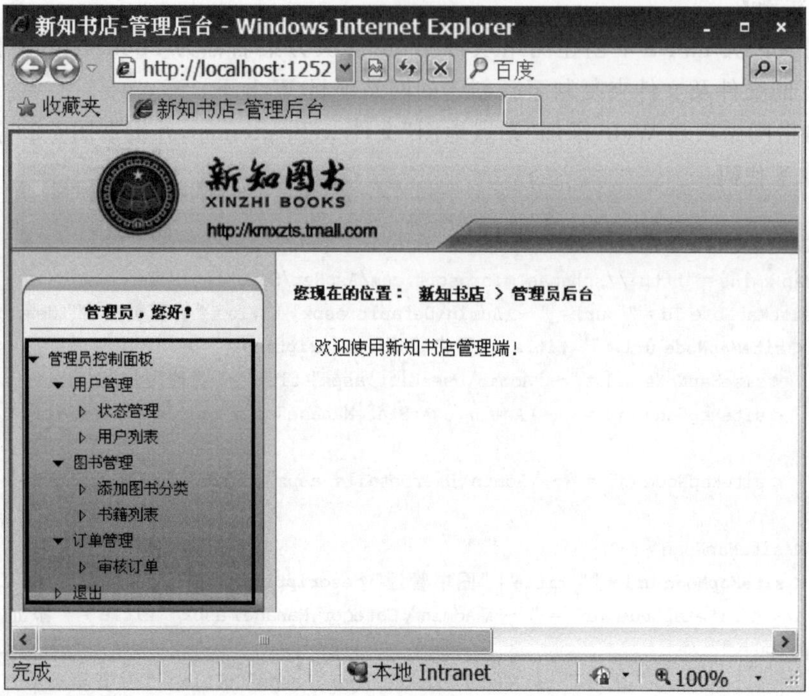

图 4-25 “新知书店”管理端的菜单功能

【任务实施】

(1) 以任务 4-2 为基础，在 Admin 文件夹下创建 XML 文件 admin_menu.xml，用来存储菜单项，菜单项比较简单，参照图 4-23 所示的层次结构设置菜单，代码如下：

```
<?xml version = "1.0" encoding = "utf - 8"?>
< siteRoot Id = "root" url = "" title = "管理员控制面板" description = "">
  < siteMapNode url = "" title = "用户管理" description = "">
    < siteMapNode url = "~\Admin\UserStateManage.aspx" title = "状态管理" description = "" />
    < siteMapNode url = "~\Admin\UserList.aspx" title = "用户列表" description = "" />
  </siteMapNode >
  < siteMapNode url = "" title = "图书管理" description = "">
    < siteMapNode url = "~\Admin\CategoryManage.aspx" title = "添加图书分类" description
= "" />
    < siteMapNode url = "~\Admin\BookList.aspx" title = "书籍列表" description = "" />
  </siteMapNode >
  < siteMapNode url = "" title = "订单管理" description = "">
    < siteMapNode url = "~\Admin\OrderList.aspx" title = "审核订单" description = "" />
  </siteMapNode >
  < siteMapNode url = "~\Membership\LogOut.aspx" title = "退出" description = "管理员退出">
  </siteMapNode >
</siteRoot >
```

(2) 打开母版页 Admin.master，从工具箱中拖动一个 TreeView 控件至页面，单击右上方的箭头，弹出“TreeView 任务”快捷菜单，在“选择数据源”下拉列表框中选择“新建数据源”选项，在弹出的“数据源配置向导”对话框中选择“XML 文件”，并指定数据源 ID 为

xdsAdmin，单击“下一步”按钮，选择第(1)步创建的数据文件 admin_menu.xml，进行布局调整，主要代码如下：

```
<asp:XmlDataSource ID = "xdsAdmin" runat = "server" DataFile = "~/Admin/admin_menu.xml">
</asp:XmlDataSource>
<div id = "header">
<img src = "images/admin_top.gif" alt = "" /></div>
<div id = "main">
<div id = "opt_list">
    <h1>管理员,您好!</h1>
    <div id = "subnav" >
        <asp:TreeView ID = "tvAdmin" runat = "server" DataSourceID = "xdsAdmin" ImageSet =
"Arrows"
            Width = "191px">
            <DataBindings>
                <asp:TreeNodeBinding DataMember = "siteMapNode" NavigateUrlField = "url"
                                    TextField = "title" />
                <asp:TreeNodeBinding DataMember = "siteRoot" TextField = "title" />
            </DataBindings>
            <ParentNodeStyle Font - Bold = "False" />
            <HoverNodeStyle Font - Underline = "True" ForeColor = "#5555DD" />
            <SelectedNodeStyle Font - Underline = "True" HorizontalPadding = "0px"
                            VerticalPadding = "0px" ForeColor = "#5555DD" />
            <NodeStyle Font - Names = "Verdana" Font - Size = "8pt" ForeColor = "Black"
                    HorizontalPadding = "5px" NodeSpacing = "0px" VerticalPadding =
"0px" />
        </asp:TreeView>
    </div>
</div>
```

(3) 打开母版页 Admin.master，添加控件 SiteMapPath，该控件会自动读取刚才在根目录下创建的站点文件 web.sitemap。

任务 4-4　实现“新知书店”前台页面菜单栏功能

【任务描述】

使用 ADO.NET 技术读取数据表 Categories 中的数据并保存到泛型集合中，并使用 TreeView 的递归动态添加节点方法来展示图书分类信息，效果如图 4-26 所示。

【任务实施】

(1) 创建网站项目 Web，保存在文件夹 rw4_4 中，在 web.config 中创建数据库连接字符串，代码如下：

```
<connectionStrings>
    <add name = "BookShop" connectionString = "Data Source = .;Initial
            Catalog = BookShopPlus;Integrated Security = True"/>
</connectionStrings>
```

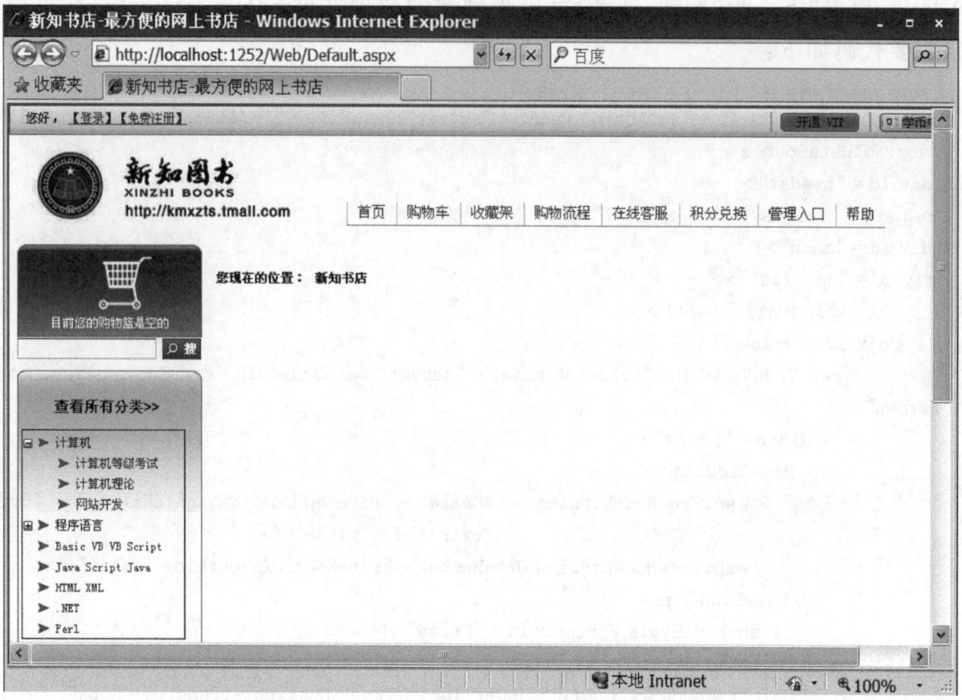

图 4-26 “新知书店”前台默认页面菜单栏效果

(2) 右击网站项目 Web,选择“添加 ASP.NET 文件夹”→“App_Code”,在该文件夹下创建类文件 Category.cs 和 SqlHelper.cs,Category.cs 是分类表数据表 Categories 对应的实体类,代码如下所示；SqlHelper.cs 封装了一些对数据进行操作的方法。

```
public class Category
{
    private int id;
    private string name = String.Empty;
    private int pId;
    private int sortNum;
    public Category(int id, string name)          //构造方法,根据 Id 获取名称 name
    {
        this.id = id;
        this.name = name;
    }
    public int Id//分类编号
    {
        get { return this.id; }
        set { this.id = value; }
    }
    public string Name//类别名称
    {
        get { return this.name; }
        set { this.name = value; }
    }
```

```
    public int PId//父类编号
    {
        get { return pId; }
        set { pId = value; }
    }
    public int SortNum//排序号
    {
        get { return sortNum; }
        set { sortNum = value; }
    }
}
```

(3) 在母版页 common.master 中拖入 TreeView 控件至需要显示菜单的位置,代码如下:

```
<div id = "alltype">
    <h1 class = "all_type black"><a href = "#">查看所有分类>></a></h1>
    <div id = "subnav">
        <asp:TreeView ID = "trvwCategory" runat = "server"></asp:TreeView>
        <div id = "subnavbottom"> </div>
    </div>
    <!-- subnav end -->
</div>
```

(4) 在母版页的后置代码文件 common.master.cs 中编写获取分类信息的泛型集合及绑定子节点的递归方法,代码如下:

```
protected void Page_Load(object sender, EventArgs e)
{
    if (!Page.IsPostBack)
    {
        //动态加载分类
        this.LoadCategories();
    }
}
/// <summary>
/// 绑定分类节点
/// </summary>
void LoadCategories()
{
    List<Category> items = GetCategories();
    if (items.Count > 0)
        trvwCategory.Nodes.Clear();
    foreach (Category item in items)
    {
        if (item.PId == 0)
        {
```

```
                TreeNode node = new TreeNode(" " + item.Name, item.Id.ToString(), this.
ResolveUrl("~/Images/arrow.gif"));
                node.NavigateUrl = "BookList.aspx?typeid=" + item.Id;
                this.trvwCategory.Nodes.Add(node);      //递归绑定子节点
                this.BindNode(items, node);
            }
        }
    }

    /// <summary>
    /// 绑定子节点
    /// </summary>
    /// <param name="items">类别集合</param>
    /// <param name="node">节点</param>
    void BindNode(List<Category> items, TreeNode pNode)
    {
        foreach (Category item in items)
        {
            if (item.PId == Int32.Parse(pNode.Value))
            {
                TreeNode node = new TreeNode(" " + item.Name, item.Id.ToString(), this
.ResolveUrl("~/Images/arrow.gif"));
                node.NavigateUrl = "BookList.aspx?typeid=" + item.Id;
                pNode.ChildNodes.Add(node);
                BindNode(items, node);
            }
        }
    }

    /// <summary>
    /// 获取分类信息并保存到泛型集合
    /// </summary>
    public List<Category> GetCategories()
    {
        string strSql = "SELECT * FROM Categories ORDER BY SortNum ASC";
        List<Category> list = new List<Category>();
        DataSet ds = SqlHelper.ExecuteDataset(SqlHelper.ConnectionString, CommandType.Text,
strSql);
        if (ds.Tables.Count > 0)
        {
            DataTable dt = ds.Tables[0];
            foreach (DataRow row in dt.Rows)
            {
                Category category = new Category();
                category.Id = (int)row["Id"];
                category.Name = (string)row["Name"];
                category.PId = (int)row["PId"];
                category.SortNum = (int)row["SortNum"];
                list.Add(category);
```

```
            }
        }
        return list;
    }
```

(5) 运行页面 Default. aspx,效果如图 4-26 所示。

单 元 小 结

本单元简单介绍了 CSS 样式控制,深入讲解了母版页的创建及与内容页的关系,通过示例演示了如何在内容页中获取母版页中的元素,深入阐述了站点导航技术及其相关控件的应用。

单元练习题

一、选择题

1. 下面说法错误的是(　　)。

A. CSS 样式表可以将内容和外观分离

B. CSS 样式表可以控制页面的布局

C. CSS 样式表可以使许多网页同时更新

D. CSS 样式表不能制作体积更小、下载更快的网页

2. CSS 样式表不可能实现(　　)功能。

A. 将内容和外观分离　　B. 一个 CSS 文件控制多个网页

C. 控制图片的精确位置　　D. 兼容所有的浏览器

3. 下面不属于 CSS 插入形式的是(　　)。

A. 索引式　　B. 内联式　　C. 嵌入式　　D. 外部链接式

4. 如果要在网页中插入样式表 main. css,以下用法中,正确的是(　　)。

A. <Link href="main. css" type="text/css" rel="stylesheet">

B. <Link Src="main. css" type="text/css" rel="stylesheet">

C. <Link href="main. css" type="text/css">

D. <Include href="main. css" type="text/css" rel="stylesheet">

5. 如果要在当前网页中定义一个独立类的样式 myText,使具有该类样式的正文字体为"Arial",字体大小为 9pt,行间距为 13. 5pt,以下定义方法中,正确的是(　　)。

A. <Style> . myText{Font-Family: Arial; Font-size: 9pt; Line-Height: 13. 5pt} </style>

B. . myText{Font-Family: Arial; Font-size: 9pt; Line-Height: 13. 5pt}

C. <Style> . myText{FontName: Arial; FontSize: 9pt; Line-Height: 13. 5pt} </style>

D. <Style> . myText{FontName: Arial; Font-size: 9pt; Line-Height: 13. 5pt} </style>

6. 需要动态地改变内容页的母版页,应该在页面的(　　)事件方法中进行设置。

A. Page_Load　　B. Page_Render

C. Page_PreRender　　D. Page_PreInit

7. 创建一个 Web 页面,同时也有一个名为 master.master 的母版页,要让 Web 窗体使用 master.master 母版页,应该如何处理?(　　)

A. 加入 ContentPlaceHolder 控件

B. 加入 Content 控件

C. 在 Web 页面的@Page 指令中设置 MasterPageFile 属性为 master.master,然后将窗体中<form></form>之间的内容放置在<asp:Content>…</asp:Content>内

D. 直接创建页面,不需要做任何处理

8. 要访问母版页中的控件,可以使用(　　)。

A. 控件 ID　　B. Master.FindControl

C. Master.控件 ID　　D. 无法实现

9. 在一个 Web 站点中,有一个站点地图文件 Web.sitemap 和一个 Default.aspx 页面,在 Default.aspx 页面中包含一个 SiteMapDataSource 控件,该控件的 ID 为 smData。如果想以树状结构显示站点地图,该如何处理?(　　)

A. 拖动一个 Menu 到页面中,并将其绑定到 SqlDataSource

B. 拖动一个 TreeView 到页面中,并将其绑定到 SqlDataSource

C. 拖动一个 Menu 到页面中,并设置该控件的 DataSourceID 属性为 smData

D. 拖动一个 TreeView 到页面中,并设置该控件的 DataSourceID 属性为 smData

10. 在一个产品站点中,使用 SiteMapDataSource 控件和 TreeView 控件进行导航,站点地图 Web.sitemap 配置如下:

```
<?xml version = "1.0" encoding = "utf - 8" ?>
<siteMap xmlns = "http://schemas.microsoft.com/AspNet/SiteMap - File - 1.0" >
    <siteMapNode title = "首页" description = "网站首页" url = "~/default.aspx">
    <siteMapNode title = "产品分类" url = "~/Products.aspx" />
    <siteMapNode title = "系统管理" url = "~/Admin/Default.aspx">
    <siteMapNode title = "产品修改" url = "~/Admin/Training.aspx" />
    <siteMapNode title = "订单查询" url = "~/Admin/Consulting.aspx" />
    </siteMapNode>
    </siteMapNode>
</siteMap>
```

要求当用户进入管理员页面后,只显示管理员节点及其子节点,该如何处理?(　　)

A. 将 SiteMapDataSource 控件的 ShowStartingNode 属性设置为 false

B. 在 Admin/Default.aspx 页重新应用一个新的只包含会员节点的 Web.sitemap 地图

C. 将 SiteMapPath 控件的 SkipLinkText 属性设置为~/Admin/Default.aspx

D. 将 SiteMapDataSource 控件的 StartingNodeUrl 属性设置为～/Admin/Default.aspx

二、填空题

1. 在 ASP.NET 页面中使用 CSS 的三种方法分别是________、________、________。

2. 母版页为具有扩展名________的 ASP.NET 文件，它具有可以包括________、________和________的预定义布局。母版页由特殊的@ Master 指令识别，该指令替换了用于普通.aspx 页的@Page 指令。

三、问答题

1. 简述 CSS 样式中，样式选择符可以有哪几种类型。
2. CSS 的主要功能是什么？
3. 简述主题中可以包含哪几类文件。
4. 简述母版页和内容页之间的关系。
5. 简述母版页的工作原理。
6. 简述 SiteMapPath、Menu 和 TreeView 控件的用途。

单元 5　使用 ADO. NET 访问数据库

使用 ASP. NET 开发 Web 应用程序时，为了使客户端能够访问服务器中的数据库，经常需要用到对数据库的各种操作，而这其中，ADO. NET 技术是一种最常用的数据库操作技术。ASP. NET 技术是一组向. NET 开发人员公开数据访问服务的类，它为创建分布式数据共享应用程序提供了一组丰富的组件。本单元将对 ADO. NET 数据访问技术进行详细讲解。

本单元主要学习目标如下。

◆ 理解 ADO. NET 的相关概念及其结构。
◆ 掌握数据库的两种访问模式及其区别。
◆ 熟练掌握 Connection 对象的使用。
◆ 熟练掌握 Command 对象的使用。
◆ 掌握 DataReader 对象的使用。
◆ 熟练掌握 DataAdapter 对象的使用。
◆ 掌握 DataSet 对象中常用的方法，并高效使用 DataSet 开发。

5.1　ADO. NET 概述

ADO. NET 是. NET Framework 提供的数据访问服务的类库，ADO. NET 对 Microsoft SQL Server、Oracle 和 XML 等数据源提供一致的访问，应用程序可以使用 ADO. NET 连接到这些数据源，并检索和更新所包含的数据。

5.1.1　ADO. NET 简介

ADO. NET 的名称起源于 ADO（ActiveX Data Objects），ADO 用于在以往的 Microsoft 技术中进行数据的访问。所以微软公司希望通过使用 ADO. NET 向开发人员表明，这是在. NET 编程环境和 Windows 环境中优先使用的数据访问接口。

ADO. NET 提供了平台互用性和可伸缩的数据访问，增强了对非连接编程模式的支持，并支持 RICH XML。由于传送的数据都是 XML 格式的，因此任何能够读取 XML 格式的应用程序都可以进行数据处理。事实上，接收数据的组件不一定非要是 ADO. NET 组件，它可以是基于一个 Microsoft Visual Studio 的解决方案，也可以是运行在其他平台上的任何应用程序。

传统的 ADO 和 ADO. NET 是两种不同的数据访问方式，无论是在内存中保存数据，还是打开和关闭数据库的操作模式都不尽相同。

5.1.2 ADO.NET 的结构

1. ADO.NET 的模型

ADO.NET 采用层次管理模型，各部分之间的逻辑关系如图 5-1 所示。

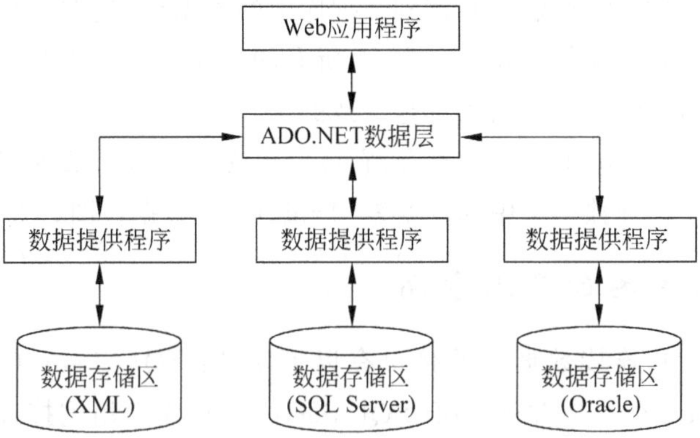

图 5-1 ADO.NET 的模型

ADO.NET 模型的最顶层是 Web 应用程序，中间是 ADO.NET 数据层和数据提供程序，在这个层次中数据提供程序相当于 ADO.NET 的通用接口，各种不同的数据源要使用不同的数据提供程序。

2. ADO.NET 的主要组件

ADO.NET 用于数据访问的类库包含.NET Framework 数据提供程序和 DataSet（数据集）两个组件。.NET Framework 数据提供程序和 DataSet 之间的关系如图 5-2 所示。

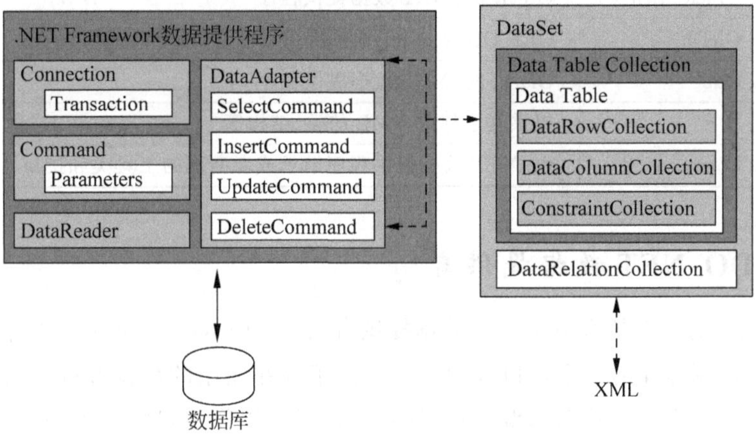

图 5-2 ADO.NET 的主要组件

.NET Framework 数据提供程序包括以下四个核心对象。

(1) Connection：建立与数据源的连接。

(2) Command：对数据源执行操作命令，用于修改、查询数据和运行存储过程等。

(3) DataReader：从数据源获取返回的数据。

(4) DataAdapter：用数据源数据填充 DataSet，并更新数据。

DataSet 是 ADO. NET 的断开式结构的核心组件。设计 DataSet 的目的是为了实现独立于任何数据源的数据访问，可以把它看成是内存中的数据库，是专门用来处理数据源中读出的数据的。

DataSet 的优点就是离线式，一旦读到数据库中的数据后，就在内存中建立数据库的副本，在此之后的操作，直到执行更新命令为止，所有的操作都是在内存中完成的。不管底层的数据库是哪种类型，DataSet 的行为都是一致的。

DataSet 是数据表(DataTable)的集合，它可以包含任意多个数据表，而且每个 DataSet 中的数据表对应一个物理数据库中的数据表(Table)或者数据视图(View)。

5.1.3 与数据有关的命名空间

在 ADO. NET 中，连接数据源的接口有以下四种：SQLClient、OracleClient、ODBC、OLEDB。其中，SQLClient 是 Microsoft SQL Server 数据库专用连接接口，OracleClient 是 Oracle 数据库专用连接接口，ODBC 和 OLEDB 可用于其他数据源的连接。在应用程序中使用任何一种连接接口时，必须在后台代码中引用相应的命名空间，类的名称也随之发生变化，如表 5-1 所示。

表 5-1 ADO. NET 的数据库命名空间及其说明

命名空间	说　明
System. Data	ADO. NET 的核心，包含处理非连接的架构所涉及的类，如 DataSet
System. Data. SqlClient	SQL Server 的. NET 数据提供程序
System. Data. OracleClient	Oracle 的. NET 数据提供程序
System. Data. OleDb	OLE DB 的. NET 数据提供程序
System. Data. Odbc	ODBC 的. NET 数据提供程序
System. Xml	提供基于标准 XML 的类、结构等
System. Data. Common	由. NET 数据提供程序继承或者实现的工具类和接口

5.1.4 ADO. NET 数据提供者

ADO. NET 的一个核心成员——数据提供者(Data Provider)是一个类库，它可以被看成是数据库与应用程序的一个接口或中间件。由于现在使用的数据源种类很多，在编写应用程序时就要针对不同的数据源编写不同的接口代码，工作量很大且效率低下。数据提供者针对这一问题向应用程序提供了统一的编程界面，向数据源提供了多种数据源接口，即对数据源进行了屏蔽，可以使应用程序不必关心数据源的种类。

ADO. NET 提供与数据源进行交互的公共方法，但是对于不同的数据源要采用一组不同的类库，这些类库被称为数据提供者。数据提供者的命名通常是以与之交互的协议和数据源的类型来命名的。表 5-2 所示列出了一些常见的数据提供程序及其支持的数据源类型。

表 5-2　常见的数据提供程序及其支持的数据源类型

数据提供程序	支持的数据源类型
ODBC Data Provider	提供 ODBC 接口的数据源，包括 Access、Oracle、SQL Server、MySQL 和 Visual FoxPro 等老式数据源
OLE DB Data Provider	提供 OLE DB 接口的数据源，如 Access、Excel、Oracle 和 SQL Server
Oracle Data Provider	用于 Oracle 数据库
SQL Data Provider	用于 Microsoft SQL Server 7 或更高版本、SQL Express 或 MSDE
Borland Data Provider	许多数据库的公共存取方式，如 Interbase、SQL Server、IBM DB2 和 Oracle

具体使用哪种数据提供程序，要根据应用程序所使用的数据库来确定。

5.1.5　ADO. NET 对象模型

ADO. NET 对象是指包含在. NET Framework 数据提供程序和数据集 DataSet 中的对象，其中，DataSet 对象是驻留在内存中的数据库，位于 System. Data 命名空间下。ADO. NET 从数据库中抽取数据后数据就存放在 DataSet 中，故可以把 DataSet 看成一个数据容器。. NET Framework 数据提供程序包括 Connection、Command、DataReader、DataSet 和 DataAdapter 五个对象。ADO. NET 对象关系模型如图 5-3 所示。

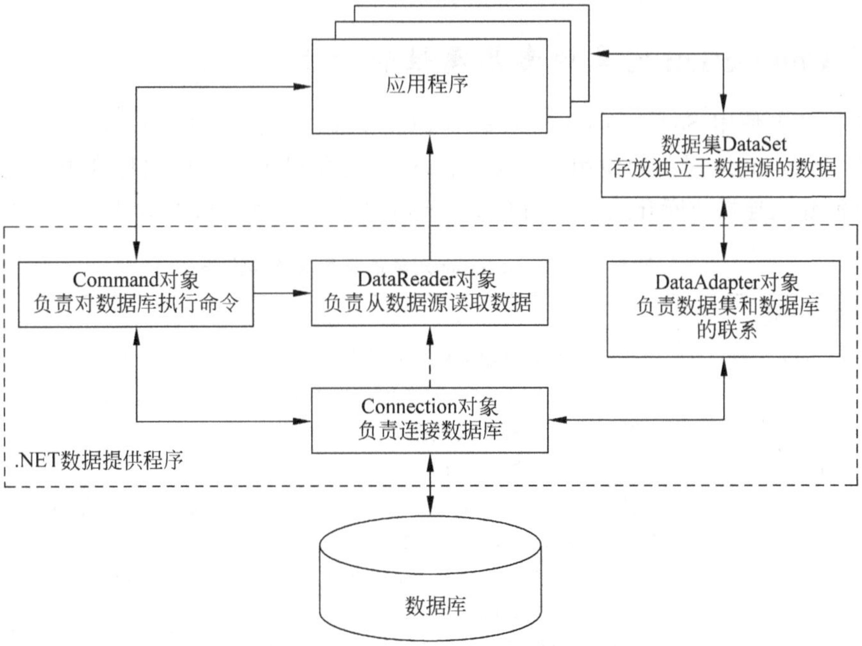

图 5-3　ADO. NET 对象关系模型

ADO. NET 的五大对象可以形象地记为连接 Connection、执行 Command、读取 DataReader、填充 DataSet、分配 DataAdapter。这正是 ADO. NET 对数据库操作的一般步骤。下面将详细介绍这些对象。

5.2 Connection 数据连接对象

5.2.1 Connection 对象概述

当应用程序要访问数据时,怎样才能够找到数据库呢?这就需要使用 Connection 对象。在 ADO. NE 对象模型中,Connection 对象用于连接到数据库和管理数据库的事务。不同的数据源(. NET 数据提供程序)需要使用不同的类来建立连接。例如,要连接到 SQL Server,需要选择 SqlConnection 连接类。根据不同的数据源提供了表 5-3 所示的四种数据库连接方式。

表 5-3 .NET 数据提供程序及对应的连接类

数据访问提供程序	名 称 空 间	对应的连接类名称
SQL Server 数据提供程序	System. Data. SqlClient	SqlConnection
OLEDB 数据提供程序	System. Data. OleDb	OledbConnection
ODBC 数据提供程序	System. Data. Odbc	OdbcConnection
Oracle 数据提供程序	System. Data. OracleClient	OracleConnection

5.2.2 Connection 对象的常用属性和方法

ADO. NET 使用 SqlConnection 对象与 SQL Server 进行连接,下面以 SqlConnection 为例介绍 Connection 对象的使用。SqlConnection 对象提供了一些属性和方法,允许程序员与数据源建立连接或断开连接。SqlConnection 对象的常用属性和方法如表 5-4 所示。

表 5-4 SqlConnection 对象的常用属性和方法

属性和方法	说 明
ConnectionString 属性	获取和设置数据库的连接字符串
ConnectionTimeOut 属性	获取 SqlConnection 对象的超时时间,单位为秒,0 表示不限时。如果在这段时间之内无法连接数据源,则产生异常
Database 属性	获取当前数据库名称
DataSource 属性	获取数据源的完整路径和文件名,如果是 SQL Server 数据库,则获取所连接的 SQL Server 服务器名称
State 属性	获取数据库的连接状态,它的值为 ConnectionState 枚举值
Open 方法	打开与数据库的连接
Close 方法	关闭与数据库的连接
ChangeDatabase 方法	在打开连接的状态下,更改当前数据库
CreateCommand 方法	创建并返回与 SqlConnection 对象有关的 SqlCommand 对象
Dispose 方法	调用 Close 方法关闭与数据库的连接,并释放所占用的系统资源

注意:除了 ConnectionString 属性之外,其他属性都是只读属性,只能通过连接字符串的标记配置数据库连接。

在 ADO. NET 中,如果使用. NET Framework 数据提供程序操作数据库,必须显示关闭与数据库的连接，也就是说在操作完数据库后，必须调用 Connection 对象的 Close 方法关闭连接。

5.2.3 使用 SqlConnection 对象连接数据库

建立应用程序与数据库连接需要以下三个步骤。

1. 定义数据库连接字符串

定义连接字符串的常用方式有以下两种。

1）使用 Windows 身份验证

该方式又称信任连接，这种连接方式有助于在连接到 SQL Server 时提供安全保护，因为它不会在连接字符串中公开用户 ID 和密码，是安全级别要求较高时推荐的数据库连接方法。其连接字符串的语法格式如下：

```
string ConnStr = "Server = 服务器名或 IP;Database = 数据库名;Integrated Security = true";
```

2）使用 SQL Server 身份验证

该方式又称非信任连接，这种连接方式把未登录的用户 ID 和密码写在连接字符串中，因此在安全级别要求较高的场合不要使用。其连接字符串的语法格式如下：

```
string ConnStr = "Server = 服务器名;Database = 数据库名;uid = 用户名;pwd = 密码";
```

或

```
string ConnStr = "Data Source = 服务器名;Initial Catalog = 数据库名; User ID = 用户名;Pwd = 密码";
```

数据库连接字符串由多个分号隔开的多个参数组成，其常用参数及其说明如表 5-5 所示。

表 5-5　Sqlconnection 对象的连接字符串参数及其说明

参　数	说　明
Data Source 或 Server	连接打开时使用的 SQL Server 数据库服务器名称，或者是 Microsoft Access 数据库的文件名，可以是"local""."" localhost""127.0.0.1"，也可以是具体数据库服务器名称
Initial Catalog 或 Database	数据库的名称
Integrated Security	此参数决定连接是否是安全连接。可能的值有 true、false 和 SSPI（SSPI 是 true 的同义词）
User ID 或 uid	SQL Server 账户的登录账号
Password 或 pwd	SQL Server 登录密码

例如，“新知书店”应用程序与本机的 BookShopPlus 数据库连接的字符串可以写成：

```
String ConnStr = "Server = .; Database = BookShopPlus; uid = sa; pwd = 123456";
```

说明：如果数据库的密码为空，可以省略 pwd 这一项。

2. 创建 Connection 对象

使用定义好的连接字符串创建 Connection 对象，代码如下所示：

```
SqlConnection sqlconn  =  new SqlConnection(connStr);
```

3. 打开与数据库的连接

调用 Connection 对象的 Open 方法打开与数据库的连接，代码如下：

```
sqlconn.Open();
```

在上面的这三个步骤中，第 1、2 步的先后顺序可以调换，即可以先创建一个 Connection 对象，再设置它的 ConnectionString 属性，例如：

```
SqlConnection sqlconn  =  new SqlConnection();
String connStr = "Server = .; Database = BookShopPlus; Uid = sa; pwd = 123456";
sqlconn.ConnectionString = connStr;
```

注意：打开数据库连接，执行命令后，要确保关闭数据库连接。

【示例 5-1】 使用 SqlConnection 对象连接数据库。

使用 Connection 对象建立与 SQL Server 数据库 Student 的连接，并显示当前数据库的连接状态。

(1) 在 SQL Server 2014 中附加数据库文件 Student.mdf。

(2) 在 WebSite05 网站项目中创建文件夹 Ch5_1，在文件夹 Ch5_1 下新建 Web 页面 Default.aspx。在网页中添加一个 Label 标签控件和两个 Button 命令按钮，两个命令按钮的 Text 属性分别设置为“打开连接”和“关闭连接”。

(3) 在 Default.aspx.cs 文件中添加命名空间的引用，代码如下：

```
using System.Data.SqlClient;
```

在 Default.aspx.cs 文件的所有事件之外定义数据库连接字符串和连接对象，代码如下：

```
static string ConStr  =  " Server = .; Database = Student; Uid = sa; pwd = 123456";
SqlConnection conn  =  new SqlConnection(ConStr);
```

在 Default.aspx.cs 文件中添加页面载入时执行的 Page_Load 事件过程代码，如下：

```
protected void Page_Load(object sender, EventArgs e)
{
    lblMsg.Text  = "当前连接状态是: "  +  conn.State.ToString();
}
```

在 Default.aspx.cs 文件中分别添加单击“打开连接”和“关闭连接”按钮时执行的事件

过程代码，如下：

```
protected void btnConn_Click(object sender, EventArgs e)
{
    conn.Open();
    lblMsg.Text = "当前连接状态是：" + conn.State.ToString();
}
protected void btnClose_Click(object sender, EventArgs e)
{
    conn.Close();
    lblMsg.Text = "当前连接状态是：" + conn.State.ToString();
}
```

(4) 浏览该页面，页面载入时，显示的连接状态是 Closed，打开连接时显示的连接状态是 Open，结果如图 5-4 所示。

图 5-4　使用 SqlConnection 对象连接数据库

5.3　Command 命令执行对象

5.3.1　Command 对象概述

使用 Connection 对象与数据源建立连接后，可以使用 Command 对象对数据源执行查询、添加、删除和修改等各种操作，操作的实现方式可以是使用 SQL 语句，也可以是使用存储过程。同 Connection 对象一样，Command 对象属于.NET Framework 数据提供程序，不同的数据提供程序(数据源)有各自的 Command 对象，如表 5-6 所示。

表 5-6　.NET 数据提供程序及对应的命令类

数据访问提供程序	名称空间	对应的命令类名称
SQL Server 数据提供程序	System.Data.SqlClient	SqlCommand
OLE DB 数据提供程序	System.Data.OleDb	OledbCommand
ODBC 数据提供程序	System.Data.Odbc	OdbcCommand
Oracle 数据提供程序	System.Data.OracleClient	OracleCommand

5.3.2　Command 对象的常用属性和方法

SqlCommand 对象的常用属性和方法如表 5-7 所示。

表 5-7　SqlCommand 对象的常用属性和方法

属性和方法	说　明
CommandText 属性	获取或设置要对数据源执行的 SQL 命令、存储过程或数据表名称
CommandType 属性	获取或设置命令类型，可取的值：CommandType. Text、CommandType. StoredProduce，分别对应 SQL 命令、存储过程，默认为 Text
Connection 属性	获取或设置 SqlCommand 对象所使用的数据连接属性
Parameters 属性	SQL 命令参数集合
Cancel 方法	取消 SqlCommand 对象的执行
CreateParameter 方法	创建 Parameter 对象
ExecuteNonQuery 方法	执行 CommandText 属性指定的内容，返回数据表被影响的行数。该方法只能执行 Insert、Update 和 Delete 命令
ExecuteReader 方法	执行 CommandText 属性指定的内容，返回 DataReader 对象。该方法用于执行返回多条记录的 Select 命令
ExecuteScalar 方法	执行 CommandText 属性指定的内容，以 object 类型返回结果表第一行第一列的值。该方法一般用来执行查询单值的 Select 命令

5.3.3　创建 Command 对象

Command 对象的构造函数的参数有两个，一个是需要执行的 SQL 语句，另一个是数据库连接对象。这里以它们为参数，调用 SqlCommand 类的构造方法创建 Command 对象，语法格式如下：

```
SqlCommand 命令对象名 new  SqlCommand(SOL 语句,连接对象)
```

用户也可以首先使用构造函数创建一个不含参数的 Command 对象，再设置 Command 对象的 Connection 属性和 CommandText 属性，其语法格式如下：

```
SqlCommand 命令对象名 = new SqlCommand();
命令对象名.Connection = 连接对象;
命令对象名.CommandText = SOL 语句;
```

5.3.4　使用 Command 对象操作数据

使用 Command 对象操作数据，必须有一个 Connection 对象，使用 Command 对象进行数据操作的步骤如下。

(1) 创建数据库连接：按照前面讲过的步骤创建一个 Connection 对象。

(2) 定义执行的 SQL 语句：将对数据库执行的 SQL 语句赋给一个字符串。

(3) 创建 Command 对象：使用已有的 Connection 对象和 SQL 语句字符串创建一个 Command 对象。

(4) 执行 SQL 语句：使用 Command 对象的某个方法执行命令。

1. 使用 Command 对象增加数据库的数据

使用 Command 对象向数据库增加数据的一般步骤如下：首先建立数据库连接；然后

创建 Command 对象，并设置它的 Connection 和 CommandText 属性；最后，使用 Command 对象的 ExecuteNoquery 方法执行数据库增加命令，ExecuteNoquery 方法表示要执行的是没有返回数据的命令。

【示例 5-2】 使用 Command 对象向数据库中添加新数据。

（1）右击网站项目 WebSite05 新建文件夹 Images，用于存放上传的学生照片。

（2）在网站项目 WebSite05 中新建文件夹 Ch5_2，并添加 Web 页面 Default. aspx。在 Default. aspx 中添加相应 Web 控件，使其设计外观如图 5-5 所示，页面主体部分代码如下：

```
<form id = "form1" runat = "server">
<div>
    <table style = "width: 320px; height: 240px">
        <tr>
            <td style = "width: 100px; text - align: right"> 学号: </td>
            <td style = "width: 220px">
                <asp:TextBox ID = "txtStuNo" runat = "server"></asp:TextBox>
            </td>
        </tr>
        <tr>
            <td style = "width: 100px; text - align: right">姓名: </td>
            <td style = "width: 220px">
                <asp:TextBox ID = "txtName" runat = "server"></asp:TextBox>
            </td>
        </tr>
        <tr>
            <td style = "width: 100px; text - align: right">性别: </td>
            <td style = "width: 220px">
                <asp:DropDownList ID = "DdSex" runat = "server">
                    <asp:ListItem Selected = "True">男</asp:ListItem>
                    <asp:ListItem>女</asp:ListItem>
```

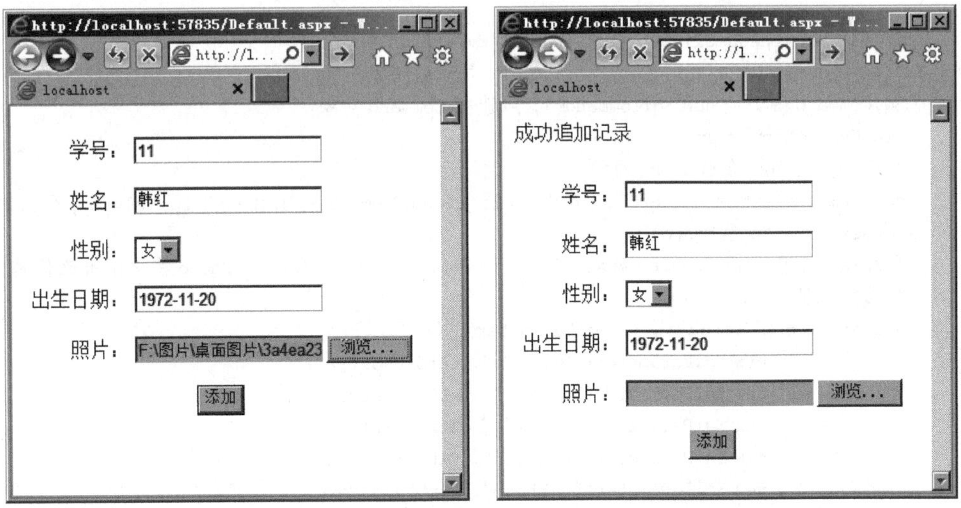

图 5-5　新增学生信息页面设计及运行效果

```
                </asp:DropDownList>
            </td>
        </tr>
        <tr>
            <td style="width: 100px; text-align: right">出生日期: </td>
            <td style="width: 220px">
                <asp:TextBox ID="txtBirth" runat="server"></asp:TextBox>
            </td>
        </tr>
        <tr>
            <td style="width: 100px; text-align: right">照片: </td>
            <td style="width: 220px"><asp:FileUpload ID="FileUpload1" runat="server" />
</td>
        </tr>
        <tr>
            <td colspan="2" style="text-align: center">
                <asp:Button ID="btnAdd" runat="server" Text="提交" OnClick="btnAdd_
Click" />
            </td>
        </tr>
    </table>
</div>
</form>
```

(3) 在 Default. aspx. cs 文件的所有事件之外定义数据库连接字符串和连接对象,代码如下:

```
static string ConStr = " Server=.; Database=Student; Uid=sa; pwd=123456";
SqlConnection conn = new SqlConnection(ConStr);
```

(4) 编写 Default. aspx 页面中“添加”按钮的 Click 事件过程代码,如下:

```
protected void btnAdd_Click(object sender, EventArgs e)
{
    SqlCommand cmd = new SqlCommand(); //建立 Command 对象
    cmd.Connection = conn;
    //把 SQL 语句赋给 Command 对象
    cmd.CommandText = "insert into StuInfo(StuNo,Name,Sex,Birth,Photo)values (@StuNo,@
Name,@Sex,@Birth,@Photo)";
    //在执行之前告诉 Command 对象@StuNo、@Name、@Sex、@Birth、@Photo 将来用谁来代替,即给
    //参数赋值
    SqlParameter[] paras = new SqlParameter[] {
                new SqlParameter("@StuNo", txtStuNo.Text),
                new SqlParameter("@Name", txtName.Text),
                new SqlParameter("@Sex", DdSex.Text),
                new SqlParameter("@Birth", txtBirth.Text),
                new SqlParameter("@Photo", txtStuNo.Text + ".jpg")
                };
```

```
        cmd.Parameters.AddRange(paras);
        try
        {
            conn.Open(); //打开连接
            cmd.ExecuteNonQuery(); //执行 SQL 命令
            if (FileUpload1.HasFile == true) //把学生的照片上传到网站的"images"文件夹中,
                                             //以学号为名字进行保存
            {
                string fileName = this.txtStuNo.Text + ".jpg";
                FileUpload1.SaveAs(Server.MapPath(("images/") + fileName));
            }
            Response.Write("成功追加记录");
        }
        catch (Exception ex)
        {
            Response.Write("错误原因: " + ex.Message);
        }
        finally
        {
            cmd = null;
            conn.Close();
            conn = null;
        }
    }
```

(5) 程序运行效果如图 5-5 所示。

2. 使用 Command 对象删除数据库的数据

使用 Command 对象删除数据的一般步骤如下：首先建立数据库连接；然后创建 Command 对象，并设置它的 Connection 和 CommandText 属性，即使用 Command 对象的 Parameters 属性来设置输入参数；最后，使用 Command 对象的 ExecuteNoquery 方法执行数据删除命令。

【示例 5-3】 使用 Command 对象删除数据。

(1) 在网站项目 WebSite05 中新建文件夹 Ch5_3，并添加 Web 页面 CommDeleteDemo.aspx。在 CommDeleteDemo.aspx 中添加一个 TextBox 控件和一个 Button 控件，其中 Button 控件作为“删除”按钮，页面主体部分代码如下：

```
<form id = "form1" runat = "server">
<div>
    输入要删除学生的学号: <br />
   <asp:TextBox ID = "txtStuNo" runat = "server"></asp:TextBox>
   <asp:Button ID = "btnDel" runat = "server" Text = "删除" OnClick = "btnDel_Click" />
</div>
</form>
```

(2) 编写 CommDeleteDemo. aspx 页面中"删除"按钮的 Click 事件过程代码,如下:

```
protected void btnDel_Click(object sender, EventArgs e)
{
    int intDeleteCount;
    string ConStr = "Server = .; Database = Student; Uid = sa; pwd = 123456";
    SqlConnection sqlconn = new SqlConnection(ConStr);
    //建立 Command 对象
    SqlCommand cmd = new SqlCommand();
    //给 Command 对象的 Connection 和 CommandText 属性赋值
    cmd.Connection = sqlconn;
    cmd.CommandText = "delete from StuInfo where StuNo = @no";
    //在执行之前告诉 Command 对象@no 将来用谁来代替,注意与【示例 5 - 2】的区别
    SqlParameter p1 = new SqlParameter("@No", txtStuNo.Text);
    cmd.Parameters.Add(p1);
    try
    {
        sqlconn.Open();
        intDeleteCount = cmd.ExecuteNonQuery();
        if (intDeleteCount > 0)
            Response.Write("删除成功!");
        else
            Response.Write("该记录不存在!");
    }
    catch (Exception ex)
    {
        Response.Write("删除失败,错误原因: " + ex.Message);
    }
    finally
    {
        cmd = null;
        sqlconn.Close();
        sqlconn = null;
    }
}
```

(3) 程序运行效果如图 5-6 所示。

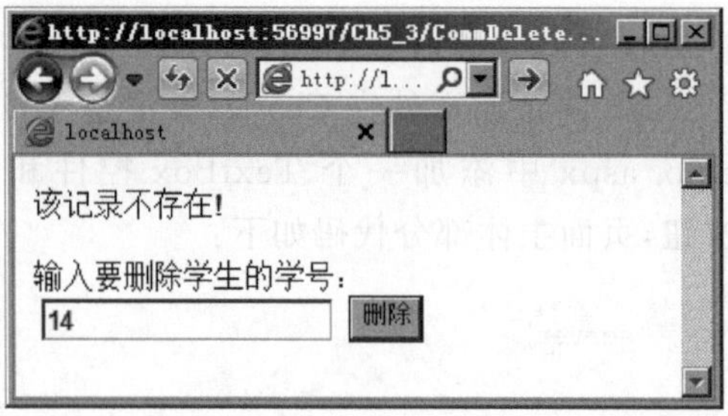

图 5-6 页面 CommDeleteDemo. aspx 运行效果

3. 使用 Command 对象修改数据库的数据

使用 Command 对象修改数据库的数据和向数据库中添加数据的操作类似,在此不再举例,请读者自行完成。

任务 5-1　实现“新知书店”用户注册功能

【任务描述】

在任务 4-4 的基础上，新建“新知书店”用户信息注册 Web 页面 Register.aspx，实现用户注册功能，注册成功后，弹出对话框，单击“确定”按钮时跳转到“新知书店”首页 Default.aspx。注册页面运行效果如图 5-7 所示。

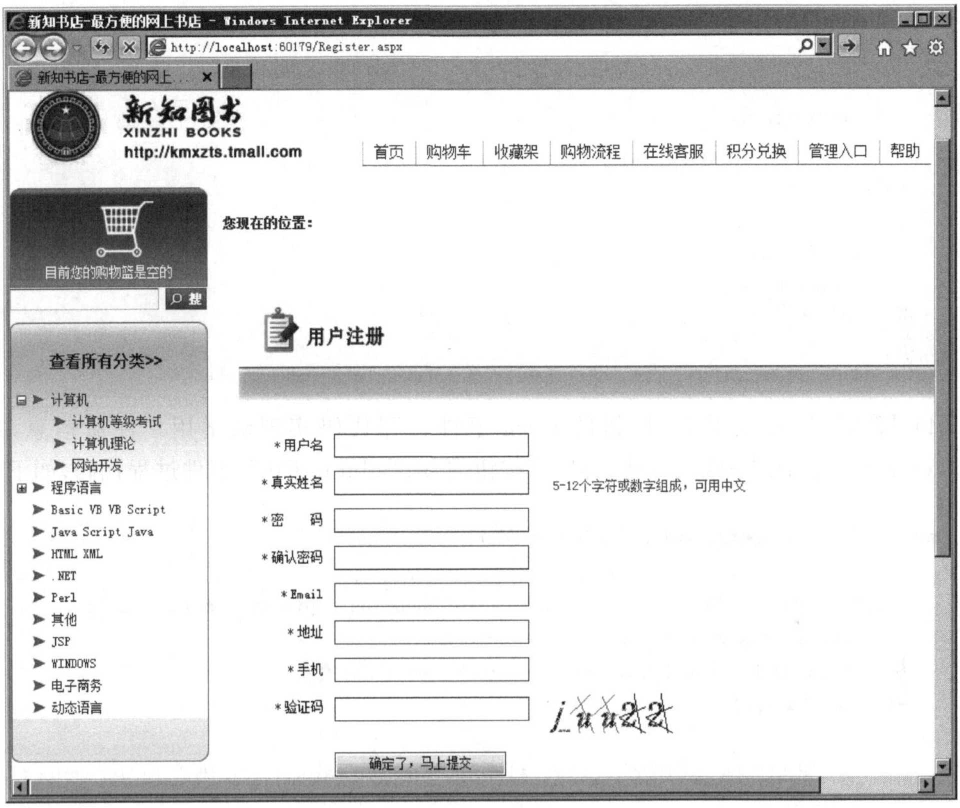

图 5-7　“新知书店”注册页面运行效果

【任务实施】

(1) 在文件夹 rw5-1 下创建网站项目 Web，解决方案名称为 BookShop，将任务 4-4 的站点目录下的文件及文件夹复制至新创建的网站项目 Web 下。

(2) 右击网站项目 Web，添加名为 Register.aspx 的用户注册 Web 页。在 Register.aspx 页面中引入外部样式文件，添加必要的 HTML 代码，实现 Web 页面的布局结构。在 Register.aspx 页中添加相应 Web 控件，使其设计外观如图 5-7 所示。

(3) 在 Register.aspx.cs 文件中，编写方法 IsExists，用于判断用户数据表“Users”中是否存在相同的注册信息，代码如下：

```
static bool IsExists(string txtLoginId, string txtEmail)
{
```

```
    string strSqlConn = "Server=.; Database=BookShopPlus; Uid=sa; pwd=123456";
    string strSql = "Select * From Users Where LoginId='" + txtLoginId + "'Or Mail='" +
txtEmail + "'";
    SqlConnection sqlConn = new SqlConnection();              //创建连接对象
    sqlConn.ConnectionString = strSqlConn;                    //给连接字符串赋值
    sqlConn.Open();                                           //打开数据库连接
    SqlCommand sqlComm = new SqlCommand(strSql, sqlConn);    //创建命令对象
    SqlDataReader sdr = sqlComm.ExecuteReader();              //读取数据表中的数据
    //使用SqlDataReader对象的Read()方法判断是否存在记录,如果存在则返回True
    if (sdr.Read())
    {
        sdr.Close();
        return true;
    }
    else
    {
        sdr.Close();
        return false;
    }
}
```

(4)"确定了,马上提交"按钮的Click事件过程代码实现新增用户注册信息,编写Register.aspx页面中"确定了,马上提交"按钮的btnSubmit_Click事件过程代码,如下:

```
protected void btnSubmit_Click(object sender, EventArgs e)
{
    string ConStr = "Server=.; Database=BookShopPlus; Uid=sa; pwd=123456";
    SqlConnection conn = new SqlConnection(ConStr);
    SqlCommand cmd = new SqlCommand(); //建立Command对象
    if (!CeckCode())
    {
        Page.RegisterClientScriptBlock("alert", "<script>alert('验证码错误!')</script>");
        return;
    }
    try
    {
        cmd.Connection = conn;
        //把SQL语句赋给Command对象
        cmd.CommandText = "INSERT Users(LoginId, LoginPwd, Name, Address, Phone, Mail)
VALUES (@LoginId, @LoginPwd, @Name, @Address, @Phone, @Mail)";
        //在执行之前告诉Command对象@StuNo、@Name、@Sex、@Birth、@Photo将来用谁来代替,
即给参数赋值
        SqlParameter[] para = new SqlParameter[]{
                new SqlParameter("@LoginId", txtLoginId.Text),
                new SqlParameter("@LoginPwd", txtLoginPwd.Text),
                new SqlParameter("@Name", txtName.Text),
                new SqlParameter("@Address", txtAddress.Text),
```

```
                new SqlParameter("@Phone", txtTele.Text),
                new SqlParameter("@Mail", txtEmail.Text)
        };
        cmd.Parameters.AddRange(para);
        //调用 IsExists()自定义方法判断数据表中是否存在相同的注册信息
        if (!IsExists(txtLoginId.Text, txtEmail.Text))
        {
            conn.Open(); //打开连接
            cmd.ExecuteNonQuery(); //执行 SQL 命令
            Page.RegisterClientScriptBlock("alert", "<script>alert('注册成功,请登录!');
window.location='../Default.aspx'</script>");
        }
        else
        {
            Page.RegisterClientScriptBlock("alert", "<script>alert('用户名已使用,请重新
输入!')</script>");
        }
    }
    catch (Exception ex)
    {
        Response.Write("错误原因: " + ex.Message);
    }
    finally
    {
        cmd = null;
        conn.Close();
        conn = null;
    }
}
```

(5) 页面运行效果如图 5-7 所示。

5.4 DataReader 数据读取对象

5.4.1 DataReader 对象概述

当 Command 对象返回结果集时需要使用 DataReader 对象来检索数据。DataReader 对象返回一个来自 Command 的只读的、只能向前的数据集。DataReader 每次只能在内存中保留一行,所以开销非常小,提高了应用程序的性能。

由于 DataReader 只执行读操作,并且每次只在内存缓冲区里存储结果集中的一条数据,所以使用 DataReader 对象的效率比较高,如果要查询大量数据,同时不需要随机访问和修改数据,DataReader 是优先的选择。

DataReader 属于.NET 数据提供程序,每一种.NET 数据提供程序都有与之对应的 DataReader 类,如表 5-8 所示。

表 5-8 .NET 数据提供程序及对应的 DataReader 类

数据访问提供程序	名称空间	对应的 DataReader 类名称
SQL Server 数据提供程序	System.Data.SqlClient	SqlDataReader
OLEDB 数据提供程序	System.Data.OleDb	OledbDataReader
ODBC 数据提供程序	System.Data.Odbc	OdbcDataReader
Oracle 数据提供程序	System.Data.OracleClient	OracleDataReader

5.4.2 DataReader 对象的常用属性和方法

SqlDataReader 对象的常用属性和方法如表 5-9 所示。

表 5-9 SqlDataReader 对象的常用属性和方法

属性和方法	说 明
FieldCount 属性	获取由 DataReader 得到的一行数据中的字段数
isClosed 属性	获取 SqlDataReader 对象的状态,true 表示关闭,false 表示打开
HasRows 属性	表示查询是否返回结果。如果有查询结果,返回 true,否则返回 false
HasMoreRows 属性	只读,表示是否还有记录未读取
Close 方法	不带参数,无返回值,用来关闭 DataReader 对象
Read 方法	让记录指针指向本结果集中的下一条记录,返回值是 true 或 false
NextResult 方法	当返回多个结果集时,使用该方法让记录指针指向下一个结果集。当调用该方法获得下一个结果集后,依然要用 Read 方法来遍历访问该结果集
GetValue 方法	根据传入的列的索引值,返回当前记录行里指定列的值。由于事先无法预知返回列的数据类型,所以该方法使用 Object 类型来接收返回数据
GetValues 方法	该方法会把当前记录行里所有的数据保存到一个数组里。可以使用 FieldCount 属性来获知记录里字段的总数,据此定义接收返回值的数组长度
GetName 方法	通过输入列索引,获得该列的名称。综合使用 GetName 和 GetValue 两个方法,可以获得数据表里列名和列的字段
IsDBNull 方法	判断指定索引号的列的值是否为空,返回 true 或 false

5.4.3 创建 DataReader 对象

DataReader 对象不能直接实例化,而必须调用 Command 对象的 ExecuteReader 方法才能创建有效的 DataReader 对象。通过调用 Command 对象的 ExecuteReader 方法得到的结果集是一个 DataReader 对象,语法格式如下,可以调用 DataReader 对象的 Read 方法读取一行记录。

```
SqlDataReader 数据读取器对象名 new  命令对象名.ExecuteReader();
```

5.4.4 使用 DataReader 对象检索数据

使用 DataReader 对象读取数据,首先要使用其 HasRows 属性判断是否有数据可供读取,如果有数据,返回 true,否则返回 false;然后再使用 DataReader 对象的 Read 方法来循环读取结果集中的数据;最后通过访问 DataReader 对象的列索引来获取读取到的值,例如

dr["Id"]用来获取数据表中 Id 列的值。使用 SqlDataReader 对象检索数据的步骤如下。

(1) 创建 SqlConnection 对象，设置连接字符串。

(2) 创建 SqlCommand 对象，设置它的 Connection 和 CommandText 属性，分别表示数据库连接和需要执行的 SQL 命令。

(3) 打开与数据库的连接。

(4) 使用 SqlCommand 对象的 ExecuteReader 方法执行 CommandText 中的命令，并把返回的结果放在 SqlDataReader 对象中。假设已创建一个名为 cmd 的 Command 对象，下面的代码可以创建一个 DataReader 对象。

```
SqlDataReader dr = cmd.ExecuteReader();
```

(5) 通过调用 SqlDataReade 对象的 Read 方法循环读取查询结果集的记录。这个方法返回一个布尔值。如果能读到一行记录，返回 true，否则返回 false。代码如下：

```
dr.Read();
```

(6) 读取当前行的某列的数据。可以像使用数组一样，用方括号来读取某列的值，如(type)dr[ ]，方括号中可以是列的索引(从 0 开始)，也可以是列名。读取到的列值必须要进行类型转换，如下：

```
(string)dr["name"];
```

(7) 关闭与数据库的连接。

【示例 5-4】 使用 DataReader 对象读取数据库中的数据。

(1) 在网站项目 WebSite05 中新建文件夹 Ch5_4，在文件夹 Ch5_4 中添加一个名为 DataReaderDemo.aspx 的 Web 页。

(2) 在 DataReaderDemo.aspx.cs 文件的所有事件之外定义数据库连接字符串和连接对象，代码如下：

```
static string ConStr = " Server = .; Database = Student; Uid = sa; pwd = 123456";
SqlConnection conn = new SqlConnection(ConStr);
```

(3) 编写 DataReaderDemo.aspx 页面的 Page_Load 事件过程代码，如下：

```
protected void Page_Load(object sender, EventArgs e)
{
    SqlCommand cmd = new SqlCommand();
    cmd.Connection = conn;
    cmd.CommandText = "select * from StuInfo";
    SqlDataReader dr = null;                //创建 DataReader 对象的引用
    try
    {
        if (conn.State == ConnectionState.Closed)
            conn.Open();
```

```
            //执行 SQL 命令,并获取查询结果
            dr = cmd.ExecuteReader();
            //依次读取查询结果的字段名称,并以表格的形式显示
            Response.Write("<table border='1'><tr align='center'>");
            for (int i = 0; i < dr.FieldCount; i++)
            {
                Response.Write("<td>" + dr.GetName(i) + "</td>");
            }
            Response.Write("</tr>");
            //如果 DataRead 对象成功获得数据,返回 true,否则返回 false
            while (dr.Read())
            {
                //依次读取查询结果的字段值,并以表格的形式显示
                Response.Write("<tr>");
                for (int j = 0; j < dr.FieldCount; j++)
                {
                    Response.Write("<td>" + dr.GetValue(j) + "</td>");
                }
                Response.Write("</tr>");
            }
            Response.Write("</table>");
        }
        catch (Exception ex)
        {
            Response.Write("SqlDataReader 读取出错,原因: " + ex.Message);
        }
        finally
        {
            if (dr.IsClosed == false)
                dr.Close();                    //关闭 DataReader 对象
            if (conn.State == ConnectionState.Open)
                conn.Close();
        }
    }
```

(4) 页面运行效果如图 5-8 所示。

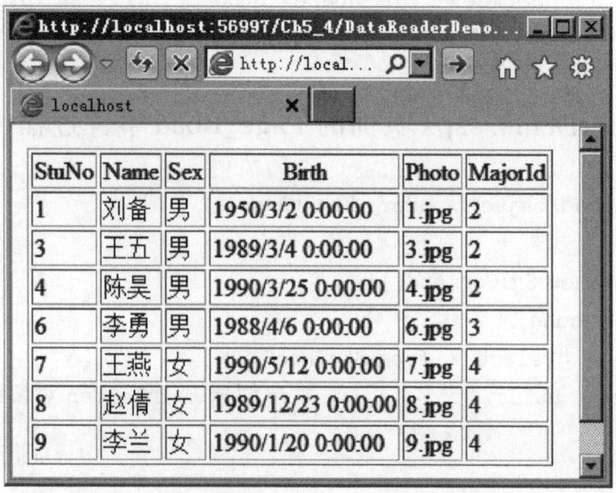

StuNo	Name	Sex	Birth	Photo	MajorId
1	刘备	男	1950/3/2 0:00:00	1.jpg	2
3	王五	男	1989/3/4 0:00:00	3.jpg	2
4	陈昊	男	1990/3/25 0:00:00	4.jpg	2
6	李勇	男	1988/4/6 0:00:00	6.jpg	3
7	王燕	女	1990/5/12 0:00:00	7.jpg	4
8	赵倩	女	1989/12/23 0:00:00	8.jpg	4
9	李兰	女	1990/1/20 0:00:00	9.jpg	4

图 5-8 页面 DataReaderDemo.aspx 运行效果

使用 SqlDataReader 对象时,应注意以下几点。

(1) 读取数据时,SqlConnection 对象必须处于打开状态。

(2) 必须通过调用 SqlCommand 对象的 ExecuteReader 方法产生 SqlDataReader 对象的实例。

(3) 只能按向下的顺序逐条读取记录,不能随机读取,且无法直接获知读取记录的总数。

(4) SqlDataReader 对象管理的查询结果是只读的,不能修改。

任务 5-2 实现“新知书店”用户登录功能

【任务描述】

在任务 4-4 的基础上,创建名为 UserLogin. aspx 的用户登录 Web 页,该页面实现“新知书店”用户登录功能,其浏览效果如图 5-9 所示。如果用户名为空,则提示“请输入用户名!”,如果密码为空,则提示“请输入密码”。用户名和密码均输入,且与数据库查询验证通过后,则登录成功,自动弹出“登录成功”的提示信息对话框,并跳转到后台首页,在首页顶部显示登录的用户名,如图 5-10 所示,否则给出“登录失败”的提示信息。

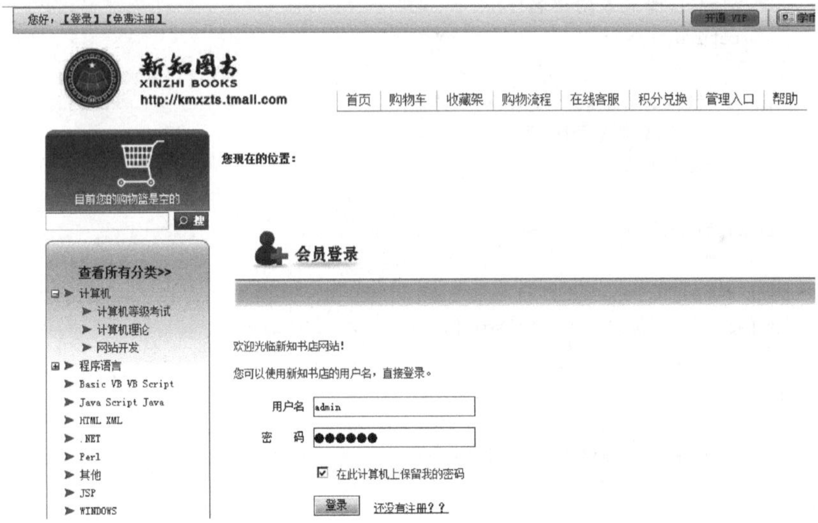

图 5-9 “新知书店”用户登录页面

图 5-10 登录成功后的“新知书店”首页顶部

【任务实施】

(1) 在文件夹 rw5-2 下创建网站项目 Web,解决方案名称为 BookShop,将任务 4-4 的站点目录下的文件及文件夹复制至新创建的网站项目 Web 下。

(2) 右击网站项目 Web,基于母版页 common.master 添加名为 UserLogin.aspx 的用户登录 Web 页。在 UserLogin.aspx 页面中引入外部样式文件,添加必要的 HTML 代码,实现 Web 页面的布局结构。在 UserLogin.aspx 页中添加相应 Web 控件,使其设计外观如图 5-9 所示,主体部分代码如下:

```
<%@ Page Title="" Language="C#" MasterPageFile="~/common.master" AutoEventWireup="
true" CodeFile="UserLogin.aspx.cs" Inherits="UserLogin" %>
<asp:Content ID="Content1" ContentPlaceHolderID="cphHeader" runat="Server">
<link href="Css/member.css" rel="stylesheet" type="text/css" />
</asp:Content>
<asp:Content ID="Content2" ContentPlaceHolderID="cphContent" runat="Server">
<script type="text/javascript">
    function ValidateForm() {
        var txtLoginId = document.getElementById('<% = txtUserName.ClientID %>');
        var txtLoginPwd = document.getElementById('<% = txtPassword.ClientID %>');
        if (txtLoginId.value == "") {
            alert('请输入用户名!');
            return false;
        }
        else if (txtLoginPwd.value == "") {
            alert("请输入密码!");
            return false;
        }
        return true;
    }
    document.forms[0].onsubmit = function () {
        if (ValidateForm() == false) {
            return false;
        }
        else {
            document.forms[0].submit();
        }
    }
</script>
<div id="action_area" class="member_form">
    <h2 class="action_type">
        <img src="Images/login_in.gif" alt="会员登录" /></h2>
    <p class="state">
        欢迎光临新知书店网站!<br />
        您可以使用新知书店的用户名,直接登录.</p>
    <p>
        <label>
          用户名</label><asp:TextBox ID="txtUserName" runat="server" CssClass="opt_
input"></asp:TextBox></p>
    <p>
```

```
        <label>
          密    码</label><asp:TextBox ID="txtPassword" runat
="server" TextMode="Password" CssClass="opt_input"></asp:TextBox></p>
      <p class="form_sub">
          <input type="checkbox" name="" checked="checked" />
          在此计算机上保留我的密码</p>
      <p class="form_sub">
          <asp:Button runat="server" ID="btnLogin" CssClass="opt_sub" Text="登录"
TabIndex="1"
              OnClick="btnLogin_Click" />
          <a href="Register.aspx">还没有注册??</a></p>
</div>
</asp:Content>
```

(3) "登录"按钮的 Click 事件过程代码实现用户登录,编写 UserLogin.aspx 页面中"登录"按钮的 btnLogin_Click 事件过程代码,如下:

```
protected void btnLogin_Click(object sender, EventArgs e)
{
    //声明一个连接数据库字符串
    string strSqlConn = "Server=.; Database=BookShopPlus; Uid=sa; pwd=123456";
    string strSqlComm = "Select * From Users Where LoginId='" + txtUserName.Text.Trim()
+"' And LoginPwd='" + txtPassword.Text.Trim() + "'" + "And UserRoleId=3";
    SqlConnection sqlConn = new SqlConnection(strSqlConn);
    sqlConn.Open();        //打开连接
    //建立 SqlCommand 命令对象 1
    SqlCommand sqlComm = new SqlCommand(strSqlComm, sqlConn);
    //使用 DataReader 对象执行命令
    SqlDataReader sdr = sqlComm.ExecuteReader();
    //读取查询数据
    if (sdr.Read())
    {
        Response.Write("<script>alert('登录成功!')</script>");
        Session["LoginUserName"] = txtUserName.Text.Trim();
        Session["LoginPassword"] = txtPassword.Text.Trim();
        Response.Redirect("Default.aspx?name=" + this.txtUserName.Text.Trim());
        Session["LoginTime"] = DateTime.Now.ToString();
    }
    else
    {
        Response.Write("<script>alert('登录失败!')</script>");
    }
    sdr.Close();
    sqlConn.Close();
}
```

(4) 页面运行效果如图 5-9 和图 5-10 所示。

说明:由于显示用户信息的首页顶部是在母版页中设计完成的,在 UserLogin.aspx 页面中登录后,用户登录信息被传递给网站首页 Default.aspx,因此,要在 Default.aspx 页中添加<%@ MasterType VirtualPath ="common. master" %>标记,以便母版页获取传递给 Default. aspx 页的用户信息,具体参看 4. 3. 4 节【示例 4-4】。

5.5 DataSet 对象和 DataAdapter 对象

5.5.1 DataSet 对象

1. DataSet 对象概述

DataSet 对象是 ADO. NET 的核心组件之一。ADO. NET 从数据库抽取数据后数据就存放在 DataSet 中,故可以把 DataSet 看成一个数据容器,或称为"内存中的数据库"。

DataSet 从数据源中获取数据后就断开了与数据源之间的连接。用户可以在 DataSet 中对记录进行插入、删除、修改、查询、统计等,在完成了各项操作后还可以把 DataSet 中的数据送回数据源。

每一个 DataSet 都是一个或多个 DataTable 对象的集合,DataTable 相当于数据库中的表。DataTable 对象的常用属性主要有 Columns 属性、Rows 属性和 Default View 属性。

(1) Columns 属性: 用于获取 DataTable 对象中表的列集合。

(2) Rows 属性: 用于获取 DataTable 对象中表的行集合。

(3) Default View 属性: 用于获取表的自定义视图。

2. DataSet 对象结构模型

DataSet 数据集对象的结构和我们熟悉的 SQL Server 非常相似,如图 5-11 所示。在 SQL Server 数据库中,有很多数据表,每个数据表都有行和列。DataSet 数据集中也包含多个表,这些表构成了一个数据表集合(DataTableCollection),其中每个数据表都是一个 DataTable 对象。在每个数据表中又有列和行,所有的列构成了数据列集合(DataColumnCollection),其中每个数据列是一个 DataColumn 对象;所有的行构成了数据行集合(DataRowCollection),每一行是一个 DataRow 对象。此外,在 DataSet 中还可以定义表之间的链接、视图等。

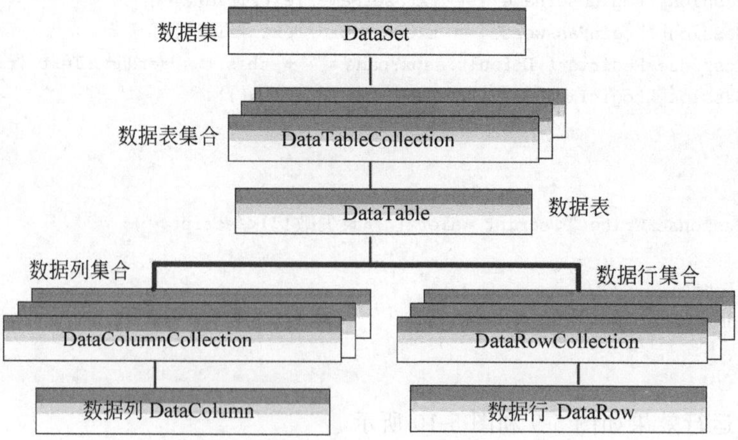

图 5-11 DataSet 数据集对象基本结构

注意：各个数据表 DataTable 之间的关系通过 DataRelation 来表示，这些 DataRelation 构成的集合就是 DataRelationColleciton 对象。

3. DataSet 对象工作原理

DataSet 数据集对象工作原理如图 5-12 所示。

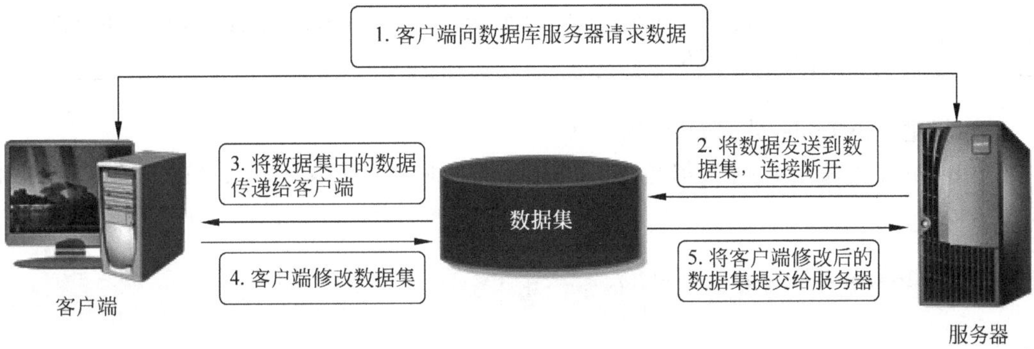

图 5-12　DataSet 数据集对象工作原理

当应用程序需要获取一些数据时，先向数据库服务器发出请求，要求获得数据。服务器将数据发送到 DataSet 数据集，然后再将数据集传递给客户端。客户端应用程序修改数据集中的数据后，统一将修改过的数据集发送到服务器，服务器接收数据集修改数据库中的数据。

4. 创建 DataSet(数据集)对象

创建 DataSet 的语法格式为：

```
DataSet 对象名 = new DataSet();
```

或

```
DataSet 对象名 = new DataSet("数据集名");
```

例如，创建数据集对象 dsStu，代码如下：

```
DataSet dsStu = new DataSet();
```

或

```
DataSet dsStu = new DataSet("Student");
```

注意：方法中的参数是数据集的名称字符串，可以有，也可以没有。如果没有写参数，创建的数据集名称就默认为 NewDataSet。

DataSet 对象的常用属性和方法如表 5-10 所示。

表 5-10 DataSet 对象的常用属性和方法

属性和方法	说 明
DataSetName 属性	获取或设置 DataSet 对象的名称
Tables 属性	获取包含在 DataSet 数据集中的数据表的集合
Clear 方法	删除 DataSet 对象中所有表
Copy 方法	复制 DataSet 的结构和数据,返回与本 DataSet 对象具有相同结构和数据的 DataSet 对象

5. 创建 DataTable(数据表)对象

DataSet 中的每个数据表都是一个 DataTable 对象。定义 DataTable 对象的语法格式为:

```
DataTable 对象名 = new DataTable();
```

或

```
DataTable 对象名 = new DataTable("数据表名");
```

例如,创建数据表对象 dtStuInfo,代码如下:

```
DataTable dtStuInfo = new DataTable();
dtStuInfo.TableName = "StuInfo";
```

或

```
DataTable dtStuInfo = new DataTable("StuInfo");
```

创建好的数据表对象可以添加到数据集对象中,例如把创建好的 dtStuInfo 数据表对象添加到数据集对象 dsStu 中,代码如下:

```
dsStu.Tables.Add(dtStuInfo);
```

DataTable 对象的常用属性和方法如表 5-11 所示。

表 5-11 DataTable 对象的常用属性和方法

属性和方法	说 明
Columns 属性	获取数据表的所有字段
DataSet 属性	获取 DataTable 对象所属的 DataSet 对象
DefaultView 属性	获取与数据表相关的 DataView 对象
PrimaryKey 属性	获取或设置数据表的主键
Rows 属性	获取数据表的所有行
TableName 属性	获取或设置数据表名
Clear()方法	清除表中所有的数据
NewRow()方法	创建一个与当前数据表有相同字段结构的数据行

6. 创建 DataRow(数据行)对象

DataTable 对象可以包含多个数据行，每行就是一个 DataRow 对象。定义 DataRow 对象的语法格式为：

```
DataRow 对象名 = DataTable 对象.NewRow();
```

注意：DataRow 对象不能用 New 来创建，而需要用数据表对象的 NewRow 方法创建。

例如，为数据表对象 dtStuInfo 添加一个新的数据行，代码如下：

```
DataRow dr = dtStuInfo.NewRow();
```

访问一行中某个单元格内容的方法为：

```
DataRow 对象名["字段名"]或 DataRow 对象名[序号]
```

DataRow 对象的常用属性和方法如表 5-12 所示。

表 5-12 DataRow 对象的常用属性和方法

属性和方法	说明
RowState 属性	获取数据行的当前状态，属于 DataRowState 枚举型，分别为：Add、Delete、Detached、Modified、Unchanged
BeginEdit 方法	开始数据行的编辑
CancelEdit 方法	取消数据行的编辑
Delete 方法	删除数据行
EndEdit 方法	结束数据行的编辑

7. 创建 DataColumn(数据列)对象

DataTable 对象中包含多个数据列，每列就是一个 DataColumn 对象。定义 DataColumn 对象的语法格式为：

```
DataColumn 对象名 = new DataColumn();
```

或

```
DataColumn 对象名 = new DataColumn("字段名");
```

或

```
DataColumn 对象名 = new DataColumn("字段名",数据类型);
```

例如，创建数据列对象 stuNoColumn，代码如下：

```
DataColumn stuNoColumn = new DataColumn();
stuNoColumn.ColumnName = " StuNo";
stuNoColumn.DataType = System.Type.GetType("System.String");
```

或

```
DataColumn stuNoColumn = new DataColumn("StuNo", System.Type.GetType("System.String"));
```

创建好的数据列对象可以添加到数据表对象中，例如将创建的数据列对象 stuNoColumn 添加到刚才创建的数据表对象 dtStuInfo 中，代码如下：

```
dtStuInfo.Columns.Add(stuNoColumn);
```

DataColumn 对象的常用属性如表 5-13 所示。

表 5-13 DataColumn 对象的常用属性

属　　性	说　　明
AllowDBNull	设置该字段可否为空值，默认为 true
Caption	获取或设置字段标题。如果为指定字段标题，则字段标题与字段名相同
ColumnName	获取或设置字段名
DataType	获取或设置字段的数据类型
DefaultValue	获取或设置新增数据行时，字段的默认值

说明：通过 DataColumn 对象的 DataType 属性设置字段数据类型时，不可直接设置数据类型，而要按照以下语法格式：

```
对象名.DataType = System.Type.GetType("数据类型");
```

5.5.2 DataAdapter 对象

1. DataAdapter 对象概述

DataAdapter(即数据适配器)对象是一种用来充当 DataSet 对象与实际数据源之间桥梁的对象。DataSet 对象是一个非连接的对象，它与数据源无关。DataAdapter 正好负责填充它，并把它的数据提交给一个特定的数据源。DataAdapter 与 DataSet 配合使用可以执行新增、查询、修改和删除等多种操作。

DataAdapter 对象是一个双向通道，用来把数据从数据源中读到一个内存表中，以及把内存中的数据写回到一个数据源中。这两种情况下使用的数据源可能相同，也可能不相同。这两种操作分别称为填充(Fill)和更新(Update)。

DataAdapter 属于.NET 数据提供程序，每一种.NET 数据提供程序都有与之对应的 DataAdapter 类，如表 5-14 所示。

表 5-14 .NET 数据提供程序及对应的 DataAdapter 类

数据访问提供程序	名称空间	对应的 DataAdapter 类名称
SQL Server 数据提供程序	System.Data.SqlClient	SqlDataAdapter
OLE DB 数据提供程序	System.Data.OleDb	OledbDataAdapter
ODBC 数据提供程序	System.Data.Odbc	OdbcDataAdapter
Oracle 数据提供程序	System.Data.OracleClient	OracleDataAdapter

2. DataAdapter 对象的主要属性和方法

1）DataAdapter 对象的主要属性

（1）SelectCommand 属性：获取或设置一个语句或存储过程，用于在数据库中选择记录。

（2）InsertCommand 属性：获取或设置一个语句或存储过程，用于在数据库中插入记录。

（3）UpdateCommand 属性：获取或设置一个语句或存储过程，用于更新数据库中的记录。

（4）DeleteCommand 属性：获取或设置一个语句或存储过程，用于从 DataSet 数据集中删除记录。

2）DataAdapter 对象的主要方法

（1）Fill 方法：调用 Fill 方法会自动执行 SelectCommand 属性中提供的命令，获取结果集并填充数据集的 DataTable 对象。其本质是通过执行 SelectCommand 对象的 Select 语句查询数据库，返回 DataReader 对象，通过 DataReader 对象隐式地创建 DataSet 中的表，并填充 DataSet 中表行的数据。

（2）Update 方法：调用 InsertCommand、UpdateCommand 和 DeleteCommand 属性指定的 SQL 命令，将 DataSet 对象更新到相应的数据源。在 Update 方法中，逐行检查数据表每行的 RowState 属性值，根据不同的 RowState 属性，调用不同的 Command 命令更新数据库。

3. 创建 DataAdapter 对象

DataAdapter 对象构造函数的参数有两个，一个是需要执行的 SQL 语句，另一个是数据库连接对象。这里以它们为参数，调用 SqlDataAdapter 类的构造方法创建 DataAdapter 对象，其语法格式如：

```
SqlDataAdapter 数据适配器对象名 = new SqlDataAdapter(SQL 语句,连接对象);
```

用户也可以首先使用构造函数创建一个不含参数的 DataAdapter 对象，再设置 DataAdapter 对象的 Connection 属性和 CommandText 属性，其语法格式如下：

```
SqlDataAdapter 数据适配器对象名 = new SqlDataAdapter();
数据适配器对象名.Connection = 连接对象;
数据适配器对象名.CommandText = SQL 语句;
```

4. DataSet 和 DataAdapter 对象应用

使用 SqlDataAdapter 和 DataSet 对象操作数据库的步骤如下。

（1）创建数据库连接对象。

（2）利用数据库连接对象和 Select 语句创建 SqlDataAdapter 对象。

（3）根据操作要求配置 SqlDataAdapter 对象中不同的 Command 属性。例如增加数据库数据，需要配置 InsertCommand 属性；修改数据库数据，需要配置 UpdateCommand 属性；删除数据库数据，需要配置 DeleteCommand 属性。

（4）使用 SqlDataAdapter 对象的 Fill 方法把 Select 语句的查询结果放在 DataSet 对象

的一个数据表中或直接放在一个 DataTable 对象中。

(5) 对 DataTable 对象中的数据进行增加、删除、修改操作。

(6) 修改完成后,通过 SqlDataAdapter 对象的 Update 方法将 DataTable 对象中的修改更新到数据库。

说明:第(3)步中根据操作要求配置 SqlDataAdapter 对象中不同的 Command 属性,如果自己给 SqlDataAdapter 对象的 InsertCommand、UpdateCommand、DeleteCommand 属性定义 SQL 更新语句,过程比较复杂。可以通过建立 CommandBuilder 对象以便自动生成 DataAdapter 的 Command 命令。

1) 查询数据库的数据

使用 DataSet 和 DataAdapter 对象查询数据库数据的一般步骤如下:首先建立数据库连接;然后利用数据连接和 Select 语句建立 DataAdapter 对象,并使用 DataAdapter 对象的 Fill 方法把查询结果放在 DataSet 对象的一个数据表中;接下来,将该数据表复制到 DataTable 对象中;最后,实施对 DataTable 对象中数据的查询。

【示例 5-5】 使用 DataSet 和 DataAdapter 对象查询数据库的数据。

(1) 在网站项目 WebSite05 中新建文件夹 Ch5_5,在文件夹 Ch5_5 中添加一个名为 DataAdapterSelectDemo.aspx 的 Web 页。

(2) 编写 DataAdapterSelectDemo.aspx 页面的 Page_Load 事件过程代码,如下:

```
protected void Page_Load(object sender, EventArgs e)
{
    string ConStr = " Server = .; Database = Student; Uid = sa; pwd = 123456";
    SqlConnection sqlconn = new SqlConnection(ConStr);
    DataSet ds = new DataSet();          //建立 DataSet 对象
    DataRow dr;                          //建立 DataRow 数据行对象
    try
    {
        sqlconn.Open();                  //打开连接
        SqlDataAdapter sda = new SqlDataAdapter("select * from StuInfo", sqlconn);
                                                  //建立 DataAdapter 对象
        sda.Fill(ds, "StuTable");        //用 Fill 方法返回的数据,填充 DataSet,数据表取名为
                                         //"StuTable"
        DataTable dtable = ds.Tables["StuTable"]; //将数据表 StuTable 的数据复制到
                                                  //DataTable 对象
        DataRowCollection drc = dtable.Rows;   //用 DataRowCollection 对象获取 StuTable 数
                                               //据表的所有数据行
        for (int i = 0; i < drc.Count; i++)//逐行遍历,取出各行的数据
        {
            dr = drc[i];
            Response.Write("学号:" + dr["StuNo"] + " 姓名:" + dr["Name"] + " 性别:" +
dr["Sex"] + " 出生日期:" + dr["Birth"] + " 照片:" + dr["Photo"]);
            Response.Write("<br />");
        }
    }
    catch (Exception ex)
    {
```

```
            Response.Write("数据读取出错!原因：" + ex.Message);
        }
        finally
        {
            sqlconn.Close();
            sqlconn = null;
        }
    }
```

(3) 程序运行效果如图 5-13 所示。

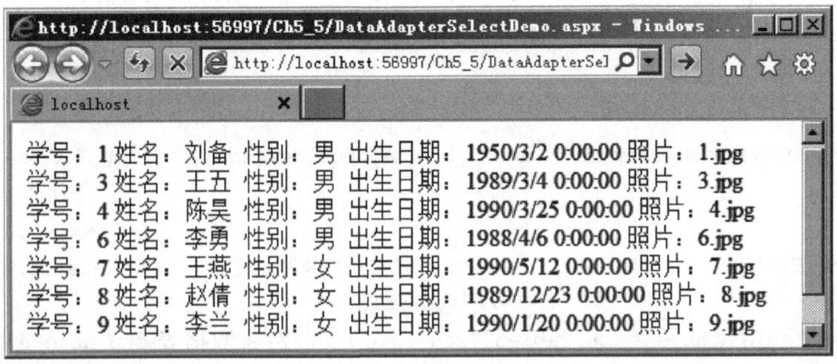

图 5-13　页面 DataAdapterSelectDemo.aspx 运行效果

在后续章节介绍完绑定控件 GridView 后，显示 DataSet 中的数据更加简单。

2) 新增数据库的数据

使用 DataSet 和 DataAdapter 对象增加数据库数据的一般步骤如下：首先建立数据库连接；然后利用数据连接和 Select 语句建立 DataAdapter 对象，并建立 CommandBuilder 对象以便自动生成 DataAdapter 的 Command 命令，否则，就要自己给 InsertCommand、UpdateCommand、DeleteCommand 属性定义 SQL 更新语句；使用 DataAdapter 对象的 Fill 方法把 Select 查询语句结果放在 DataSet 对象的一个数据表中；接下来，将该数据表复制到 DataTable 对象中；最后，向 DataTable 对象增加数据记录，并通过 DataAdapter 对象的 Update 方法向数据库提交数据。

【示例 5-6】 使用 DataSet 和 DataAdapter 对象向数据库增加一条学生记录。

(1) 在网站项目 WebSite05 中新建文件夹 Ch5_6，在文件夹 Ch5_6 中添加一个名为 DataAdapterInsertDemo.aspx 的 Web 页。

(2) 编写 DataAdapterInsertDemo.aspx 页面中“提交”按钮的 Click 事件过程代码，如下：

```
protected void btnAdd_Click(object sender, EventArgs e)
{
    string ConStr = " Server = .; Database = Student; Uid = sa; pwd = 123456";
    SqlConnection sqlconn = new SqlConnection(ConStr);
    DataSet ds = new DataSet();                          //建立 DataSet 对象
    try
    {
```

```
        sqlconn.Open();                                          //打开连接
        //建立 DataAdapter 对象
        SqlDataAdapter sda = new SqlDataAdapter("select * from StuInfo", sqlconn);

        //设置 DataAdapter 的 InsertCommand 命令
         SqlCommand command = new SqlCommand("insert into StuInfo(StuNo, Name, Sex, Birth,
Photo)values (@StuNo,@Name,@Sex,@Birth,@Photo)", sqlconn);
        // Add the parameters for the InsertCommand.
        command.Parameters.Add("@StuNo", SqlDbType.NChar, 5, "StuNo");
        command.Parameters.Add("@Name", SqlDbType.NVarChar, 40, "Name");
        command.Parameters.Add("@Sex", SqlDbType.NChar, 5, "Sex");
        command.Parameters.Add("@Birth", SqlDbType.DateTime, 40, "Birth");
        command.Parameters.Add("@Photo", SqlDbType.NChar, 5, "Photo");
        sda.InsertCommand = command;

        //SqlCommandBuilder cb = new SqlCommandBuilder(sda);   //建立 CommandBuilder 对象
                                                               //来自动生成 DataAdapter 的
                                                               //Command 命令
        sda.Fill(ds, "stuTable");   //用 Fill 方法返回的数据,填充 DataSet,数据表取名为
                                    //"stuTable"
        DataTable dtable = ds.Tables["stuTable"];   //将数据表 stuTable 的数据复制到
                                                    //DataTable 对象
        if (FileUpload1.HasFile == true) //把学生的照片上传到网站的"images"文件夹中,
                                         //以学号为名字进行保存
        {
            string fileName = this.txtStuNo.Text + ".jpg";
            FileUpload1.SaveAs(Server.MapPath(("images/") + fileName));
        }
        DataRow dr = ds.Tables["stuTable"].NewRow();      //增加新记录
        //给该记录赋值
        dr["StuNo"] = txtStuNo.Text.Trim();
        dr["Name"] = txtName.Text.Trim();
        dr["Sex"] = DdSex.SelectedValue;
        dr["Birth"] = Convert.ToDateTime(txtBirth.Text.Trim());
        dr["Photo"] = txtStuNo.Text.Trim() + ".jpg";
        dtable.Rows.Add(dr);
        sda.Update(ds, "stuTable");                              //提交更新
        Response.Write("增加成功<hr>");
    }
    catch (Exception ex)
    {
        Response.Write("记录新增失败,原因:" + ex.Message);
    }
    finally
    {
        sqlconn.Close();
        sqlconn = null;
        Response.Write("<h7>成功关闭 SQL Server 数据库的连接</h7><hr>");
    }
}
```

(3) 程序运行效果如图 5-14 所示。

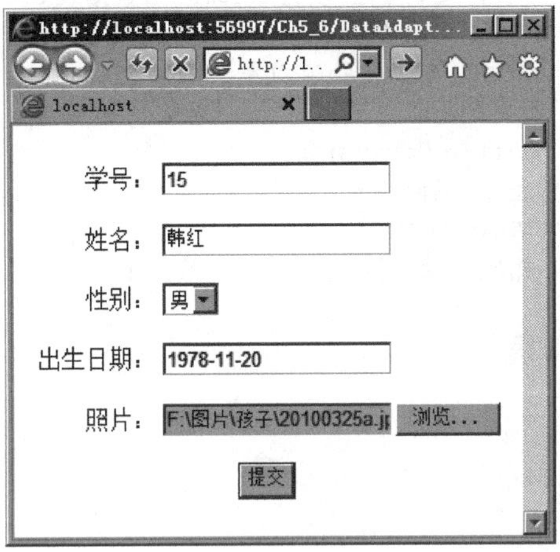

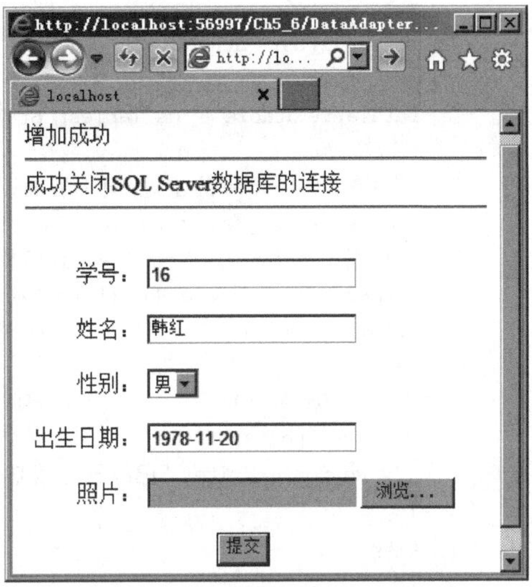

图 5-14　DataAdapterInsertDemo. aspx 页面设计及运行效果

3) 修改数据库的数据

使用 DataSet 和 DataAdapter 对象修改数据库数据和向数据库中添加数据的操作类似,在此不再举例,请读者自行完成。

4) 删除数据库的数据

使用 DataSet 和 DataAdapter 对象删除数据库数据的一般步骤如下：首先建立数据库连接；然后利用数据连接和 Select 语句建立 DataAdapter 对象；定义 DeleteCommand 属性,自定义 Delete 命令；使用 DataAdapter 对象的 Fill 方法把 Select 语句的查询结果放在 DataSet 对象的数据表中；接下来,将该数据表复制到 DataTable 对象中；最后,删除 DataTable 对象中的数据,并通过 DataAdpter 对象的 Update 方法向数据库提交数据。

【示例 5-7】 使用 DataSet 和 DataAdapter 对象删除符合条件的记录。

(1) 在网站项目 WebSite05 中新建文件夹 Ch5_7,在文件夹 Ch5_7 中添加一个名为 DataAdpterDeleteDemo. aspx 的 Web 页。

(2) 编写 DataAdpterDeleteDemo. aspx 页面中"删除"按钮的 Click 事件过程代码,如下：

```
protected void btnDel_Click(object sender, EventArgs e)
{
    string strCnn = " Server = .; Database = Student; Uid = sa; pwd = 123456";
    DataSet ds = new DataSet();
    using (SqlConnection cnn = new SqlConnection(strCnn))
    {
        SqlDataAdapter sda = new SqlDataAdapter("select * from StuInfo", cnn);
        //定义 DeleteCommand 属性,自定义 Delete 命令,其中@StuNo 是参数
         sda. DeleteCommand = new SqlCommand ( "delete from StuInfo where StuNo = @ StuNo",
cnn);
```

```
            //定义@StuNo参数对应于StuInfo表的StuNo列
            sda.DeleteCommand.Parameters.Add("@StuNo", SqlDbType.VarChar, 8, "StuNo");
            sda.Fill(ds, "StuTable");
                                              //调用Fill方法,填充DataSet的数据表StuTable
            DataTable dtable = ds.Tables["StuTable"];   //将数据表StuTable的数据复制到
                                                         //DataTable对象
            //设置dtStuInfo的主键,便于后面调用Find方法查询记录
            dtable.PrimaryKey = new DataColumn[] { dtable.Columns["StuNo"] };
            //根据txtStuNo文本框的输入查询相应的记录,以便修改
            DataRow dr = dtable.Rows.Find(txtStuNo.Text.Trim());
            if (dr != null)                 //如果存在相应记录,则删除并更新到数据库
            {
                dr.Delete();                //删除行记录
                sda.Update(dtable);         //提交更新
                Response.Write( "记录删除成功!" + "<hr>");
            }
            else
            {
                Response.Write("没有该记录!" + "<hr>");
            }
        }
    }
```

(3) 程序运行效果如图5-15所示。

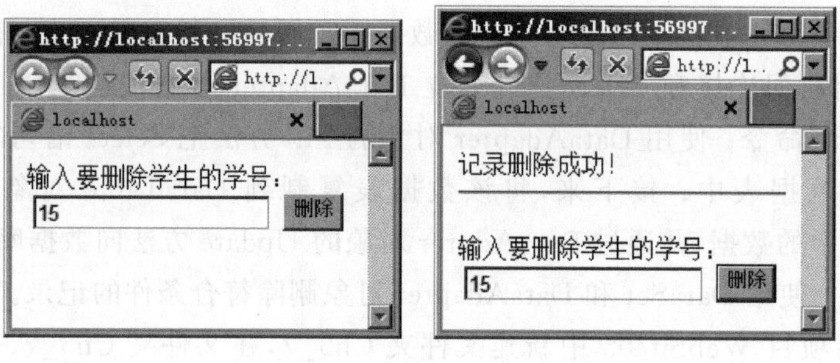

图5-15　DataAdpterDeleteDemo.aspx页面设计及运行效果

单元小结

本单元主要介绍了如何使用ADO.NET访问数据库。ADO.NET是一个访问数据源通用接口,它允许以编程方式从Web窗体访问数据源。ADO.NET允许使用Command和DataReader对象与数据库进行直接的交互,同时还以DataAdapter和DataSet对象的方式提供了一种高级、抽象的数据访问机制,实现断开式数据库操作。第一种方法需要的代码非常少,但可以完成大量工作;而第二种方法可以减少服务器的负担,使服务器获得更好的性能。ADO.NET是一种强大的高性能数据库技术,在.NET体系中占据着举足轻重的位置,读者要熟练掌握。

单元练习题

一、选择题

1.（　　）对象用于从数据库中获取仅向前的只读数据流，并且在内存一次只能存放一行数据。此对象具有较好的功能，可以简单地读取数据。

A. DataAdapter　　B. DataSet　　C. DataView　　D. DataReader

2. Command 对象执行查询语句时，调用（　　）方法会返回结果集中的第一条记录的第一个字段的值。

A. ExecuteNonQuery　　B. ExecuteReader

C. ExecuteScalar　　D. ExecuteXmlReader

3. 如果要从数据库中获取多行记录，应该使用 Command 对象的（　　）方法。

A. ExecuteNonQuery　　B. ExecuteReader

C. ExecuteScalar

4. 如果要对数据库执行修改、插入和删除操作，应该使用 Command 对象的（　　）方法。

A. ExecuteNonQuery　　B. ExecuteReader

C. ExecuteScalar

5.（　　）是开发人员要使用的第一个对象，被要求用于任何其他 ADO. NET 对象之前。

A. CommandBuilder 对象　　B. 命令对象

C. 连接对象　　D. DataAdapter 对象

6.（　　）表示一组相关表，在应用程序中这些表作为一个单元被引用。使用此对象可以快速从每一个表中获取所需的数据，当服务器断开时检查并修改数据，然后在下一次操作中使用这些修改的数据更新服务器。

A. DataTable 对象　　B. DataRow 对象

C. DataReader 对象　　D. DataSet 对象

7. 数据适配器 DataAdapter 填充数据集的方法是（　　）。

A. Fill　　B. GetChanges　　C. AcceptChanges　　D. Update

8. 如果 Command 对象执行的是存储过程，其属性 CommandType 应取（　　）。

A. CommandType. Text　　B. CommandType. StoredProcedure

C. CommandType. TableDirect　　D. 没有限制

9. 如果希望将 FlightNumber 字段的值在包含信息字段的表的第一个< td >元素中显示，要在表格的< td >元素添加（　　）代码以显示 FlightNumber 字段。

A. < td ><%＝FlightNumber%></td >

B. < td >< script runat＝"server"> FlightNumber </script ></td >

C. < td >< script > document. write("FlightNumber")；</scripts ></td >

D. < td >＝FlightNumber </td >

二、问答题

1. 列举常见的数据提供者,并且简单介绍对应的命名空间及作用。

2. 分别说明 SqlCommand 对象的 ExecuteReader、ExecuteNonQuery 和 ExecuteScalar 方法的作用。

3. 简述 DataSet 与 DataTable 的区别与联系。

4. 简述 SqlDataAdapter 对象查询数据库数据的步骤。

单元 6　数据绑定技术

ASP. NET 具有强大的数据绑定功能。数据绑定是指将数据与控件互相结合的一种方式。在 ASP. NET 中，开发人员可以选择将简单的变量、表达式、方法、字段或复杂的集合、DataSet 等数据绑定到相应的控件中。本单元将讨论 ASP. NET 数据绑定的几种方式，为深入学习 ASP. NET 中功能强大的数据绑定控件打下基础。

本单元主要学习目标如下。

- 了解数据绑定的类型、特性等相关概念。
- 掌握数据绑定的不同方式。
- 掌握数据源控件的使用。
- 掌握常用控件的数据绑定。

6.1　数据绑定概述

6.1.1　数据绑定的定义

数据绑定是一种自动将数据按照指定格式显示到界面上的技术。数据绑定技术分为简单数据绑定和复杂数据绑定两类。简单数据绑定是将控件的属性绑定到数据源中的某一个值，并且这些值将在页运行时确定。复杂数据绑定是将一组或一列值绑定到指定的控件(数据绑定控件)，如 ListBox、DropDownList、GridView 等。

6.1.2　Eval 和 Bind 方法

Eval 和 Bind 方法是数据绑定的两种重要方法。

1. Eval 方法

Eval 方法是一个静态方法，用于定义单向绑定。Eval 方法是只读方法，该方法采用字段名作为参数，以字符串的形式返回该字段的值，仅用于显示。Eval 方法只能读数据，不能更新数据。其语法格式如下：

```
<% # Eval(属性名称) %>
```

例如：

```
<asp:Label ID = "st_idLabel" runat = server Text = <% #Eval("st_id") %>/>
```

上述代码将 st_id 字段的值绑定到 Label 控件 st_idLabel 的 Text 属性上。

```
发布时间:<%#Eval("DateTime","{0:yyyy-mm-dd,hh:mm:ss}")%>
```


上述代码将 DateTime 字段的值以“年-月-日,时:分:秒”的格式呈现在浏览器上。

2. Bind 方法

Bind 方法也是一个静态方法,用于定义双向绑定。Bind 方法可以把数据绑定到控件,也可以把数据变更提交到数据库,因此 Bind 方法既可以显示数据又可以修改数据。其语法格式与 Eval 方法的类似:

```
<%# Bind(属性名称) %>/>
```

例如:

```
<asp:TextBox ID="st_nameTextBox" runat="server" Text='<%# Bind("st_name") %>'/>
```

上述代码将 st_name 字段的值绑定到 TextBox 控件 st_nameTextBox 的 Text 属性上。

6.2 数据绑定语法

6.2.1 简单数据绑定

简单数据绑定一般只绑定单个值到某个控件,所以数据源可以是变量、表达式、方法、控件的属性等,下面分别对它们进行讲解。

1. 绑定变量

通常,对网页中的各项控件属性进行数据绑定时并不是直接将属性绑定到数据源,而是通过变量作为数据源来提供数据,然后将变量设置为控件属性。注意,这个变量必须为公有字段或受保护字段,即访问修饰符为 public 或 protected。将数据绑定到变量的语法格式如下:

```
<%# 简单变量名 %>
```

【示例 6-1】 把存放在变量中的登录名和登录时间绑定到页面中的 Label 控件并在页面上显示出来。

(1) 在 WebSite06 网站项目中新建文件夹 Ch6_1,在文件夹 Ch6_1 下新建 Web 页面 Default. aspx,在网页中添加两个 Label 标签控件。

(2) 编写程序代码,实现程序功能。在 Default. aspx 前台界面中将存放登录名的变量和登录时间的变量 loginTime 分别绑定到对应的 Label 控件中,代码如下:

```
<asp:Label ID="lblName" runat="server" Text="<%# name %>"></asp:Label>;
<asp:Label ID="lblLoginTime" runat="server" Text="<%# loginTime %>"></asp:Label>
```

在后台文件 Default. aspx. cs 中首先定义两个变量来存放登录名和登录时间，然后在页面载入时调用 Page 对象的 DataBind 方法执行绑定，代码如下：

```
public string name = "张林";
public DateTime loginTime = DateTime.Now;
protected void Page_Load(object sender, EventArgs e)
{
    Page.DataBind();
}
```

(3) 浏览该页面，页面载入时，页面运行效果如图 6-1 所示。

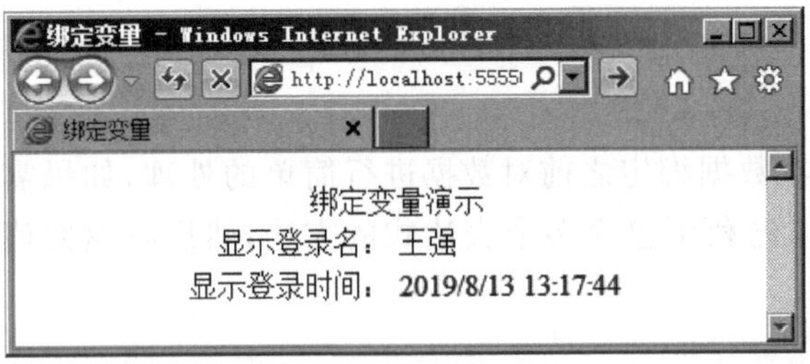

图 6-1　绑定变量演示

2. 绑定表达式

在将数据绑定到显示控件之前可以利用表达式对数据做一些简单的处理，然后将表达式的执行结果绑定到控件的属性上，通过表达式将执行的结果显示在控件之上，其语法格式如下：

```
<%# 表达式 %>
```

【示例 6-2】 将单价和数量相乘的结果绑定到 Label 控件上。

(1) 在 WebSite06 网站项目中新建文件夹 Ch6_2，在文件夹 Ch6_2 下新建 Web 页面 Default. aspx。在网页中添加两个 TextBox 控件，一个 Button 控件、一个 Label 标签控件和两个 CompareValidator 验证控件。

(2) 编写程序代码，实现程序功能。在 Default. aspx 前台界面中，将表达式绑定到 Label 控件的 Text 属性上，代码如下：

```
<asp:Label ID = "lblTotal" runat = "server" Text = '<%# "总金额为: " + Convert.ToString
(Convert.ToDecimal (txtPrice.Text) * Convert.ToInt32(txtNum.Text)) %>'></asp:Label>
```

在后台文件 Default. aspx. cs 中编写 Page_Load 事件过程代码如下，实现调用 Page 类的 DataBind 方法执行数据绑定表达式。

```
protected void Page_Load(object sender, EventArgs e)
{
    Page.DataBind();
}
```

(3) 浏览该页面,页面载入时,页面运行效果如图 6-2 所示。

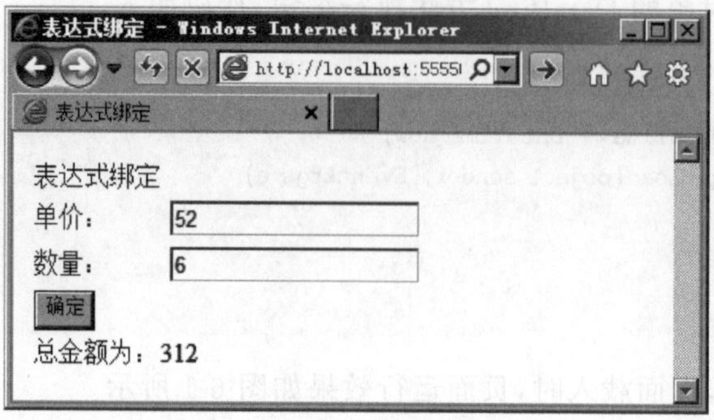

图 6-2 实现总金额的计算

3. 绑定方法

利用表达式只能在数据绑定之前对数据进行简单的处理,如果需要事先对数据进行较复杂的计算操作,可以先利用包含多个表达式的方法,然后将返回值绑定到显示控件的属性。其语法格式如下:

```
<% # 方法 %>
```

【示例 6-3】 通过求两个数的四则运算结果演示将方法的返回值绑定到控件属性上。

(1) 在 WebSite06 网站项目中新建文件夹 Ch6_3,在文件夹 Ch6_3 下新建 Web 页面 Default.aspx。在网页中添加两个 TextBox 控件,一个 Button 控件、一个 Label 标签控件、两个 CompareValidator 验证控件和一个 DropDownList 控件。

(2) 编写程序代码,实现程序功能。在 Default.aspx.cs 后台代码页中编写求两个数的运算结果的方法,代码如下:

```
public string operation(string VarOperator)
{
    double num1 = Convert.ToDouble (txtNum1.Text);
    double num2 = Convert.ToDouble (txtNum2.Text);
    double result = 0;
    switch (VarOperator)
    {
        case " + ":
            result = num1 + num2;
            break ;
        case " - ":
            result = num1 - num2;
            break ;
        case " * ":
            result = num1 * num2;
            break ;
        case "/":
            result = num1 / num2;
            break ;
```

```
        }
        return result.ToString ();
    }
```

在 Default. aspx 前台页面中，将方法的返回值绑定到 Label 控件的 Text 属性，代码如下：

```
<asp:Label ID="Label1" runat="server" Text='<%#operation(ddlOperator.SelectedValue) %>'/>
```

在后台文件 Default. aspx. cs 中编写 Page_Load 事件过程代码如下所示，实现调用 Page 类的 DataBind 方法执行方法绑定并显示。

```
protected void Page_Load(object sender, EventArgs e)
{
    Page.DataBind();
}
```

(3) 浏览该页面，页面载入时，页面运行效果如图 6-3 所示。

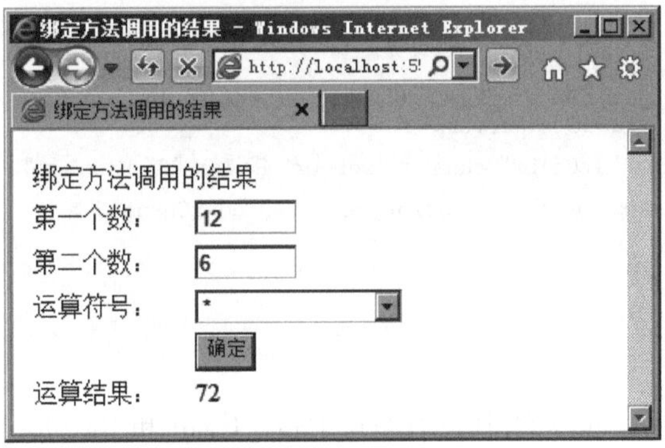

图 6-3　求两个数的四则运算

简单数据绑定需要注意以下几点。

(1) 数据绑定表达式不会自动计算它的值，除非它所在的页或者控件显式地调用了 DataBind 方法，DataBind 方法能够将数据源绑定到被调用的服务器控件及其所有子控件。DataBind 是 Page 和所有服务器控件的方法，通常在 Page_Load 事件中被调用。可将示例 6-3 中的 Page. DataBind()；语句注释掉，再看一下运行结果。

(2) 绑定变量和方法的返回值时，该变量和方法必须声明为 public 或 protected 类型，否则会提示错误：“×××不可访问”，因为它受保护级别限制。

(3) 如果数据绑定表达式中使用了双引号，则<%#数据源%>的最外层要用单引号，否则会提示“服务器标记的格式不正确”的错误信息，其他情况下使用双引号或者单引号都可以。将下面语句的单引号改成双引号即可得到印证。

```
<asp:Label ID="Label1" runat="server" Text='<%#"单引号还是双引号?"%>'></asp:Label>
```

6.2.2 复杂数据绑定

复杂数据绑定就是将多个值绑定到数据绑定控件的某个属性上。拥有多个值的数据源有集合、DataTable、DataSet 等,后续章节中将分别介绍。

复杂数据绑定时,需要在前台将绑定表达式赋值给控件的 DataSource 属性,如下:

```
DataSource = '<% # 数据源 %>'
```

或者在后台将数据源赋值给控件的 DataSource 属性,如下:

```
控件名.DataSource = 数据源
```

【示例 6-4】 复杂数据绑定的应用。

(1) 在 WebSite06 网站项目中新建文件夹 Ch6_4,在文件夹 Ch6_4 下新建 Web 页面 Default. aspx。

(2) 切换到页面 Default. aspx 的设计视图,拖放一个 ListBox 控件至页面,切换到源视图,编写代码如下:

```
<body>
  <form id = "form1" runat = "server">
    <asp:ListBox ID = "lbColor" runat = "server" Rows = "6" Width = "200px" AutoPostBack =
"True" OnSelectedIndexChanged = "lbColor_SelectedIndexChanged">
    </asp:ListBox>
  </form>
</body>
```

(3) 在 Default. aspx. cs 文件中分别编写 Page_Load 和 lbColor_SelectedIndexChanged 事件过程代码,如下:

```
protected void Page_Load(object sender, EventArgs e)
{
    ArrayList cls = new ArrayList();
    if (!IsPostBack)
    {
        //创建颜色数组
        cls.Add("Red");
        cls.Add("Blue");
        cls.Add("Green");
        cls.Add("Black");
        cls.Add("Yellow");
        cls.Add("Gray");
        ///把 cls 设置为 ListBox 控件 lbColor 的数据源,并绑定控件的数据
        lbColor.DataSource = cls;
        lbColor.DataBind();
```

```
        }
    }

    protected void lbColor_SelectedIndexChanged(object sender, EventArgs e)
    {
        if (lbColor.SelectedIndex > -1)
        { ///把控件的前景颜色设置为选择项的颜色
            lbColor.ForeColor = Color.FromName(lbColor.SelectedItem.Text);
        }
    }
```

(4) 浏览该页面，结果如图 6-4 所示。

图 6-4　复杂数据绑定示例

本示例中，创建了一个名为 cls 的 ArrayList 对象，并将其作为 ListBox 控件对象 lbColor 的数据源进行绑定，lbColor 还定义了 SelectedIndexChanged 事件，该事件把 lbColor 控件的前景颜色设置为当前选择项所指定的颜色。

6.3　数据源控件

6.3.1　数据源控件概述

ASP.NET 内置了多种数据源控件，数据源控件是 ASP.NET 在 ADO.NET 基础上进一步封装和抽象得到的，可以极大地减轻开发人员的工作，使他们可以不编写任何代码或者编写很少的代码就可以完成页面数据绑定和数据操作功能。

ASP.NET 包含不同类型的数据源控件，通过这些数据源控件可以访问不同类型的数据源，如数据库、XML 文件等。数据源控件没有呈现形式，即在运行时是不可见的。常见的数据源控件有 SqlDataSource、ObjectDataSource、XmlDataSource、AccessDataSource、SiteMapDataSource。

SqlDataSource 提供对使用 SQL 的数据库的访问；ObjectDataSource 允许使用自定义的类访问数据；XmlDataSource 提供对 XML 文档的访问；AccessDataSource 提供对 Access 数据库的访问；SiteMapDataSource 提供给站点导航控件用来访问基于 XML 的站点地图文件。

在实际开发中只需要设定此类控件的 DataSourceID 属性为页面上某一数据源控件的 ID 即可,不需要任何编码就可以实现数据绑定。

这些数据源控件的具体操作将在后续章节结合数据控件的应用进行举例说明。

6.3.2 SqlDataSource 数据源控件

SqlDataSource 控件用于连接到 SQL 关系数据库的数据源。其中包括 Microsoft SQL Server 和 Oracle 数据库以及 OLE DB 和 ODBC 数据源。将 SqlDataSource 控件与数据绑定控件一起使用,可以从关系数据库中检索数据,在 ASP.NET 网页上显示和操作数据。该控件提供了一个易于使用的向导,引导用户完成配置过程,也可以通过直接修改控件的属性,手动修改控件,不必编写代码或只需编写少量代码。表 6-1 所示为 SqlDataSource 控件的主要属性。

表 6-1 SqlDataSource 控件的主要属性

属　性	说　明
DeleteCommand	获取或设置 SqlDataSource 控件删除数据库数据所用的 SQL 命令
DeleteCommandType	获取或设置删除命令类型,可取的值: Text 和 StoredProduce,分别对应 SQL 命令、存储过程
DeleteParameters	获取 DeleteCommand 属性所使用的参数的参数集合
InsertCommand	获取或设置 SqlDataSource 控件插入数据库数据所用的 SQL 命令
InsertCommandType	获取或设置插入命令类型,可取的值: Text 和 StoredProduce
InsertParameters	获取 InsertCommand 属性所使用的参数的参数集合
SelectCommand	获取或设置 SqlDataSource 控件查询数据库数据所用的 SQL 命令
SelectCommandType	获取或设置查询命令类型,可取的值: Text 和 StoredProduce
SelectParameters	获取 SelectCommand 属性所使用的参数的参数集合
UpdateCommand	获取或设置 SqlDataSource 控件更新数据库数据所用的 SQL 命令
UpdateCommandType	获取或设置更新命令类型,可取的值: Text 和 StoredProduce
UpdateParameters	获取 UpdateCommand 属性所使用的参数的参数集合
DataSourceMode	SqlDataSource 控件检索数据时,是使用 DataSet 还是使用 DataReader
ProviderName	获取或设置.NET Framework 数据提供程序的名称

6.3.3 ObjectDataSource 数据源控件

大多数 ASP.NET 数据源控件,如 SqlDataSource 都是在两层应用程序层次结构中使用。在该层次结构中,表示层(ASP.NET 网页)可以与数据层(数据库和 XML 文件等)直接进行通信。但是,常用的应用程序设计原则是将表示层与业务逻辑相分离,而将业务逻辑封装在业务逻辑层(BLL)中。这些业务对象在表示层(UI)和数据访问层(DAL)之间形成一层,从而形成一种三层应用程序结构。

ObjectDataSource 控件通过提供一种将相关页上的数据控件绑定到中间层业务对象的方法,为三层结构提供支持。在不使用扩展代码的情况下,ObjectDataSource 控件使用中间层业务对象以声明方式对数据执行选择、插入、更新、删除、分页、排序、缓存和筛选操作。

ObjectDataSource 控件的主要属性如表 6-2 所示。

表 6-2 ObjectDataSource 控件的主要属性

属 性	说 明
DelectMethod	获取或设置由 ObjectDataSource 控件调用以删除数据的方法或函数的名称
DeleteParameters	获取或设置参数集合,该集合包含由 DeleteMethod 方法使用的参数
InsertMethod	获取或设置由 ObjectDataSource 控件调用以插入数据的方法或函数的名称
InsertParameters	获取或设置参数集合,该集合包含由 InsertMethod 方法使用的参数
SelectMethod	获取或设置由 ObjectDataSource 控件调用以查询数据的方法或函数的名称
SelectParameters	获取或设置参数集合,该集合包含由 SelectMethod 方法使用的参数
UpdateMethod	获取或设置由 ObjectDataSource 控件调用以更新数据的方法或函数的名称
UpdateParameters	获取或设置参数集合,该集合包含由 UpdateMethod 方法使用的参数
FilterExpression	获取或设置当调用由 SelectMethod 属性指定的方法时应用的筛选表达式
FilterParameters	获取或设置与 FilterExpression 字符串中的任何参数占位符关联的参数的集合
EnableCaching	获取或设置一个值,该值指示 ObjectDataSource 控件是否启用数据缓存
SelectCountMethod	获取或设置由 ObjectDataSource 控件调用以检索行数的方法或函数的名称
TypeName	获取或设置 ObjectDataSource 控件要调用的类的名称

6.3.4 SiteMapDataSource 数据源控件

SiteMapDataSource 控件用于 ASP.NET 站点导航。该控件检索站点地图提供程序的导航数据,并将该数据传递到可显示该数据的控件。

站点地图是表示一个 Web 站点中存在的所有页面和目录的图,用来向用户展示他们正在访问的页面的逻辑坐标,允许用户动态地访问站点位置,并以图形方式生成所有的导航数据。导航数据包括有关网站中的页的信息,如 URL、标题、说明和导航层次结构中的位置。若将导航数据存储在一个地方,则可以更方便地在网站的导航菜单中添加和删除项。由于站点地图是一种层次性信息,将 SiteMapDataSource 控件的输出绑定到层次性数据绑定控件(如 TreeView),即可使它能够显示站点的结构。

站点地图信息可以有很多种形式出现,其中最简单的形式是位于应用程序的根目录中的一个名为 web.sitemap 的 XML 文件。SiteMapDataSource 控件可以处理存储在 Web 站点的 SiteMap 配置文件中的数据。

6.4 常用控件的数据绑定

下面以前面章节中学过的 RadioButtonList 和 DropDownList 控件为例来认识数据绑定。

6.4.1 RadioButtonList 控件的数据绑定

使用 RadioButtonList 控件进行数据绑定之前,先了解一下它的相关属性和事件。RadioButtonList 控件的常用属性和事件如表 6-3 所示。

表 6-3 RadioButtonList 控件的常用属性和事件

属性和事件	说　明
AutoPostBack 属性	指示当用户更改列表中的选定内容时是否自动产生向服务器的回发
DataTextField 属性	为列表项提供文本内容的数据源字段
DataValueField 属性	为各列表项提供值的数据源字段
SelectedIndex 属性	选定项的索引
SelectedItem 属性	获取列表控件中的选定项
SelectedValue 属性	获取列表控件中选定项的值
SelectedIndexChanged 事件	当列表控件的选定项在信息发往服务器之间变化时触发

除了 SelectedValue 之外，通过 SelectedItem. Text 和 SelectedItem. Value 也可获得选择项的文本内容和值。

【示例 6-5】 实现 RadioButtonList 控件绑定到数据库，当选择 RadioButtonList 中的某个学生时，实时输出该学生的详细信息。

(1) 在 SQL Server 2014 中附加数据库文件 Student. mdf。

(2) 打开 web. config 配置文件，定义数据库的连接字符串，代码如下：

```
<connectionStrings>
    <add name = "StuConnString" connectionString = "Server = .;Database = Student;Uid = sa;pwd
 = 123456"/>
</connectionStrings>
```

(3) 在 WebSite06 网站项目中新建文件夹 Ch6_5，在文件夹 Ch6_5 下新建 Web 页面 Default. aspx。

(4) 切换到页面 Default. aspx 的设计视图，拖放一个 RadioButtonList 控件至页面，切换到源视图，编写代码如下：

```
<form id = "form1" runat = "server">
    <div>
        <asp:RadioButtonList ID = "rblStuInfo" runat = "server"
            OnSelectedIndexChanged = "rblStuInfo_SelectedIndexChanged"
            RepeatDirection = "Horizontal" AutoPostBack = "True">
        </asp:RadioButtonList>
    </div>
</form>
```

(5) 打开 Default. aspx. cs 文件，编写 GetTable 方法，代码如下所示。该段代码用于连接数据库，根据 SQL 命令字符串 Commstr 结合 DataAdapter 和 DataSet 构建 DataTable 对象并返回。

```
/// <summary>
/// 根据 SQL 查询语句构建 DataTable 对象
/// </summary>
```

```
/// <param name = "Commstr"> SQL 查询字符串</param>
/// <returns></returns>
private DataTable GetTable(string Commstr)
{
    DataSet ds = new DataSet();          //建立 DataSet 对象
    //从 web.config 配置文件取出数据库连接字符串
      string  sqlstr  =  WebConfigurationManager. ConnectionStrings [ " StuConnString "].
ConnectionString;
    SqlConnection sqlconn = new SqlConnection(sqlstr);
    sqlconn.Open();                      //打开连接
    SqlDataAdapter sda = new SqlDataAdapter(Commstr, sqlconn); //建立 DataAdapter 对象
    sda.Fill(ds, "StuTable"); //用 Fill 方法返回的数据,填充 DataSet,数据表取名为"StuTable"
    DataTable dtable = ds.Tables["StuTable"]; //将数据表 StuTable 的数据复制到 DataTable 对象
    return dtable;
}
```

(6) 在 Default. aspx. aspx. cs 文件中编写 Page_Load 事件过程代码,如下:

```
protected void Page_Load(object sender, EventArgs e)
{
    if (!IsPostBack)
    {
        string cmdStr = "select Name from StuInfo";
        rblStuInfo.DataSource = GetTable(cmdStr).DefaultView;
        rblStuInfo.DataTextField = "Name";
        rblStuInfo.DataBind();
    }
}
```

此时,运行页面 Default. aspx. aspx,结果如图 6-5 所示,单击任何单选按钮均无对应信息出现。

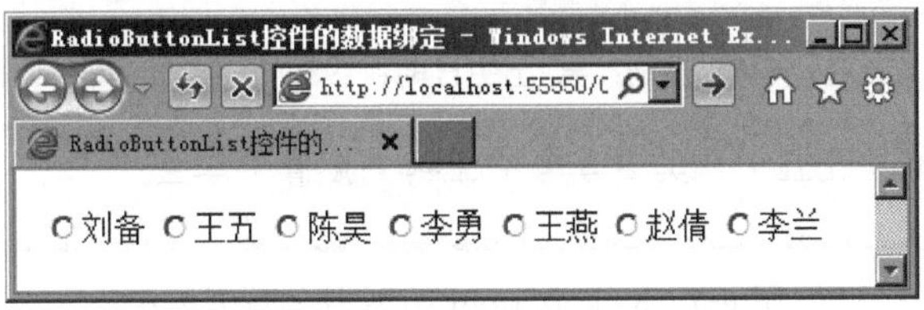

图 6-5　Name 字段绑定到 RadioButtonList 控件

(7) 在 Default. aspx. cs 文件中,编写 RadioButtonList 控件的 SelectedIndexChanged 事件过程代码,同时编写一个显示选定学生详细信息的 ShowStuInfo 方法。

ShowStuInfo 的方法代码如下:

```
/// <summary>
/// 根据 rblStuInfo 控件选择项显示学生信息
```

```
/// </summary>
/// <param name = "dtable"> DataTable 对象</param>
private void ShowStuInfo(DataTable dtable)
{
    DataRowCollection drc = dtable.Rows; //用 DataRowCollection 对象获取 StuTable 数据表的
                                         //所有数据行
    DataRow dr;                          //建立 DataRow 数据行对象
    for (int i = 0; i < drc.Count; i++)  //逐行遍历,取出各行的数据
    {
        dr = drc[i];
        Response.Write("学号: " + dr["StuNo"] + " 姓名: " + dr["Name"] + " 性别: " +
dr["Sex"] + " 出生日期: " + dr["Birth"] + " 照片: " + dr["Photo"]);
        Response.Write("<br />");
    }
}
```

SelectedIndexChanged 的事件过程代码如下:

```
protected void rblStuInfo_SelectedIndexChanged(object sender, EventArgs e)
{
    string str = rblStuInfo.SelectedValue;
    string cmdstr = "select * from StuInfo where Name = '" + str + "'";
    DataTable dt = GetTable(cmdstr);
    ShowStuInfo(dt);
}
```

此时,运行页面 Default.aspx,选中任何单选按钮,将出现与该姓名对应的详细信息,如图 6-6 所示。

图 6-6　RadioButtonList 控件的数据绑定

注意:运行时如果选择一个姓名后无对应信息显示,则有两个可能原因。一是没有将 RadioButtonList 控件的 AutoPostBack 属性设置为 true;二是 Page_Load 事件过程代码没有用 if(!IsPostBack)语句判断是否为第一次加载。

6.4.2　DropDownList 控件的数据绑定

DropDownList 控件的常用属性和事件如表 6-4 所示。

表 6-4　DropDownList 控件的常用属性和事件

属性和事件	说　　明
AutoPostBack 属性	指示当用户更改列表中的选定内容时是否自动产生向服务器的回发
DataTextField 属性	为列表项提供文本内容的数据源字段
DataValueField 属性	为各列表项提供值的数据源字段
SelectedIndex 属性	选定项的索引
SelectedItem 属性	获取列表控件中的选定项
SelectedValue 属性	获取列表控件中选定项的值
SelectedIndexChanged 事件	当列表控件的选定项在信息发往服务器之间变化时触发

除了 SelectedValue 之外，通过 SelectedItem. Text 和 SelectedItem. Value 也可获得选择项的文本内容和值。

任务 6-1　实现用户注册的省市选择功能

【任务描述】

模拟用户注册时省市的选择，实现省份城市的级联效果。数据库的数据表结构如图 6-7 所示，运行效果如图 6-8 所示。

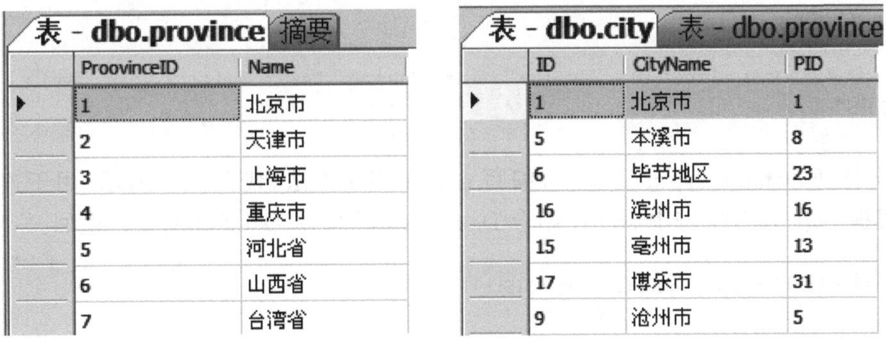

ProovinceID	Name
1	北京市
2	天津市
3	上海市
4	重庆市
5	河北省
6	山西省
7	台湾省

ID	CityName	PID
1	北京市	1
5	本溪市	8
6	毕节地区	23
16	滨州市	16
15	亳州市	13
17	博乐市	31
9	沧州市	5

图 6-7　Province 和 City 表结构

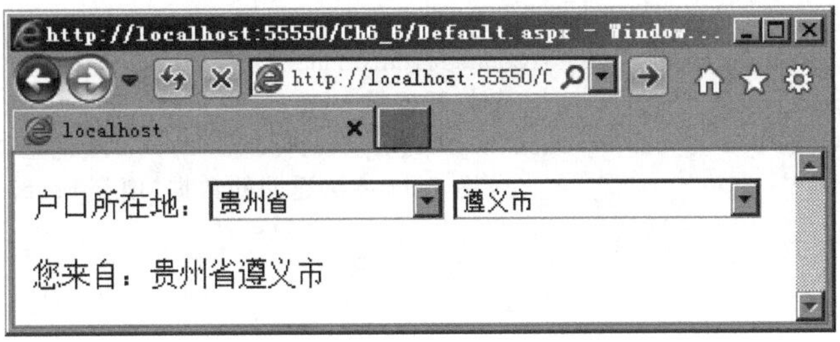

图 6-8　省份城市的级联效果

【任务实施】

(1) 在 SQL Server 2014 中附加数据库文件 Province. mdf。

(2) 在文件夹 rw6-1 下创建网站项目 Web,解决方案名称为 BookShop,右击网站项目 Web,新建 Web 页面 Default.aspx。

(3) 打开 web.config 配置文件,定义数据库的连接字符串,名为 ProvinceConnString,代码如下:

```
<connectionStrings>
    <add name = "ProvinceConnString" connectionString = "Server = .; Database = Province;Uid = 
sa; pwd = 123456"/>
</connectionStrings>
```

(4) 切换到页面 Default.aspx 的设计视图,拖放两个 DropDownList 控件至页面,切换到源视图,编写代码如下:

```
<form id = "form1" runat = "server">
    <div>
        户口所在地:<asp:DropDownList ID = "ddlProvince" runat = "server" AutoPostBack = 
"True" OnSelectedIndexChanged = "ddlProvince_SelectedIndexChanged">
        </asp:DropDownList>
          <asp:DropDownList ID = "ddlCities" runat = "server" AutoPostBack = "True"
OnSelectedIndexChanged = "ddlCities_SelectedIndexChanged">
        </asp:DropDownList>
        <br/>
    </div>
    <br/>
    您来自:<asp:Label ID = "lblShow" runat = "server" Text = "Label"></asp:Label>
</form>
```

(5) 打开 Default.aspx.cs 文件,编写 getDataSet 方法,代码如下所示,用于连接数据库,并根据 SQL 命令字符串 sqlStr 结合 DataAdapter 构建 DataSet 对象并返回。

```
private DataSet getDataSet(string sqlStr)
{
    DataSet ds = new DataSet();       //建立 DataSet 对象
    //从 web.config 配置文件取出数据库连接字符串
     string connStr = WebConfigurationManager.ConnectionStrings["ProvinceConnString"].
ConnectionString;
    SqlConnection sqlconn = new SqlConnection(connStr);
    sqlconn.Open();                    //打开连接
    SqlDataAdapter sda = new SqlDataAdapter(sqlStr, connStr);   //建立 DataAdapter 对象
    sda.Fill(ds);                      //用 Fill 方法返回的数据,填充 DataSet
    return ds;
}
```

(6) 在 Default.aspx.aspx.cs 文件中编写 Page_Load 事件过程代码,如下:

```
protected void Page_Load(object sender, EventArgs e)
{
    if (!IsPostBack)
```

```
    {
        string CommandString = "select * from province";
        ddlProvince.DataSource = getDataSet(CommandString);
        ddlProvince.DataTextField = "Name";
        ddlProvince.DataValueField = "ProvinceID";
        ddlProvince.DataBind();
        ddlProvince.Items.Insert(0, "请选择省份");
        ddlCities.Items.Insert(0, "请选择城市");
    }
}
```

（7）在 Default. aspx. cs 文件中，分别编写 ddlProvince 和 ddlCities 控件的 SelectedIndexChanged 事件过程代码。

① ddlProvince 控件的 SelectedIndexChanged 事件过程代码如下：

```
protected void ddlProvince_SelectedIndexChanged(object sender, EventArgs e)
{
    string CommandString = "select * from city where PID = '" + ddlProvince.SelectedValue +
"'";
    ddlCities.DataSource = getDataSet(CommandString);
    ddlCities.DataTextField = "cityName";
    ddlCities.DataValueField = "ID";
    ddlCities.DataBind();
    ddlCities.Items.Insert(0, "请选择城市");
}
```

② ddlCities 控件的 SelectedIndexChanged 事件过程代码如下：

```
protected void ddlCities_SelectedIndexChanged(object sender, EventArgs e)
{
    string str = "";
    str += ddlProvince.SelectedItem.Text;
    str += ddlCities.SelectedItem.Text;
    lblShow.Text = str;
}
```

此时，运行页面 Default. aspx，运行效果如图 6-8 所示。

任务 6-2 实现“新知书店”后台图书列表的检索类别选择

【任务描述】

要实现“新知书店”图书按类别进行显示，就要具备检索类别的选择，使用 DropDownList 控件实现“新知书店”后台图书列表页中检索类别的选择功能。所使用的检索类别数据表为 Categories 表，要求实现图 6-9 所示的将该表中的数据绑定到指定 DropDownList 中的效果。

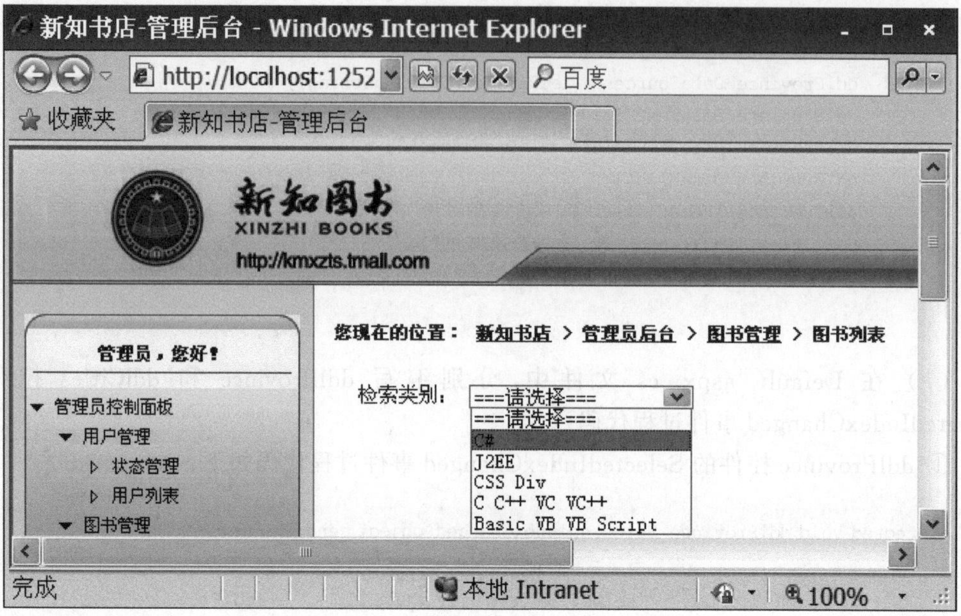

图 6-9 图书列表中的检索类别选择功能效果

【任务实施】

(1) 在文件夹 rw6-2 下创建网站项目 Web,解决方案名称为 BookShop,右击网站项目 Web,将任务 5-2 的站点目录下的文件及文件夹复制至新创建的网站项目 Web 下。

(2) 打开 web. config 配置文件,定义数据库的连接字符串,名为 BookShopConnString,代码如下：

```
<connectionStrings>
    <add name = "BookShopConnString" connectionString = "Server = . ; Database = Province;Uid =
sa; pwd = 123456"/>
</connectionStrings>
```

(3) 在 Web 站点项目的文件夹 Admin 下,根据后台母版页 Admin. master 新建图书列表内容页 BookList. aspx,并从工具箱拖入 DropDownList 控件至页面并修改其 ID 属性为 ddlQueryCategories,代码如下：

```
<asp:Content ID = "Content1" ContentPlaceHolderID = "cphAdmin" runat = "Server">
    检索类别:
    <asp:DropDownList ID = "ddlQueryCategories" runat = "server" Height = "16px">
    </asp:DropDownList>
</asp:Content>
```

(4) 在图书列表页的后置代码文件 BookList. aspx. cs 中,编写 Page_Load 事件过程代码如下所示,实现将图书类别数据绑定到 DropDownList 控件。

```
protected void Page_Load(object sender, EventArgs e)
{
    if (!IsPostBack)
    {
        DataSet ds = new DataSet();                          //建立 DataSet 对象
        string sqlStr = "select * from Categories";
        //从 web.config 配置文件取出数据库连接字符串
        string connStr = WebConfigurationManager.ConnectionStrings["BookShopConnString"].
ConnectionString;
        SqlConnection sqlconn = new SqlConnection(connStr);
        sqlconn.Open();                                      //打开连接
        SqlDataAdapter sda = new SqlDataAdapter(sqlStr, connStr);    //建立 DataAdapter 对象
        sda.Fill(ds);                                        //用 Fill 方法返回的数据,填充 DataSet
        ddlQueryCategories.DataSource = ds;
        ddlQueryCategories.DataTextField = "Name";
        ddlQueryCategories.DataValueField = "Id";
        ddlQueryCategories.DataBind();
        ddlQueryCategories.Items.Insert(0, "===请选择===");
    }
}
```

(5) 运行页面 BookList.aspx,效果如图 6-9 所示。

单 元 小 结

本单元对 ASP.NET 中的数据绑定技术进行了详细讲解,包括属性、表达式、方法等简单数据绑定方式,介绍了 ASP.NET 编程中的几种常见数据源控件,并通过对 RadioButtonList 和 DropDownList 控件进行数据绑定详细讲解了如何实现复杂数据绑定。

单元练习题

一、选择题

1. 关于 SqlDataSource 数据源控件相关属性,说法不正确的是(　　)。

A. 该控件的 ProviderName 属性表示 SqlDataSource 控件连接数据库的提供程序名称

B. ConnectionString 属性表示 SqlDataSource 控件可使用该参数连接到数据库,但是不能从应用程序的配置文件中读取

C. SelectCommand 属性表示 SqlDataSource 控件从数据库中选择数据所使用的 SQL 命令

D. ControlParameter 实际是个控件,在代码中应改写成< asp:ControlParameter >,使用特定控件的值

2. 使用三层架构实现表示层显示学员信息,学员信息中包含的年级(Grade)对象作为一个属性。现在要显示学员的年级名称(gradeName),下列绑定语句正确的是(　　)。

A. <%#Bind("GradeName")%>

B. <%#Bind("Grade. gradeName")%>

C. <%#Eval("GradeName")%>

D. <%#Eval("Grade. gradeName")%>

二、填空题

1. 数据绑定表达式包含在<%# %>分隔符之内，并使用 Eval 和 Bind 方法。________方法用于定义单向(只读)绑定；________方法用于定义双向(可更新)绑定。

2. ObjectDataSource 控件使开发人员能够在保留三层应用程序结构的同时，使用 ASP. NET 数据源控件。完成下面为 ObjectDataSource 控件定义好的 Insert 方法。

```
public void Insert(int id, string name){
        string strcnn = ConfigurationManager.ConnectionStrings
        ["StudentCnnString"].ConnectionString;
        using (SqlConnection sqlConn = new SqlConnection(strcnn)){
        string insertString = "insert into Major values(" + id + ",'" + name + "')";
        SqlCommand sqlCmd = sqlConn. CreateCommand; //创建 SqlCommand 对象
        sqlCmd.CommandText = ;
        sqlConn.Open( );
        sqlCmd.ExecuteNonQuery( );
        sqlConn.Close( );
    }
}
```

三、问答题

1. 什么是数据源控件？ASP. NET 4.0 中提供了几种数据源控件？

2. 比较 SqlDataSource、ObjectDataSource 和 SiteMapDataSource 控件的使用。

单元 7 数据绑定控件的应用

ASP. NET 提供了多种数据绑定控件,用于在 Web 页中显示数据,这些控件具有丰富的功能,如分页、排序、编辑等。开发人员只需要简单配置一些属性,就能够在几乎不编写代码的情况下,快速、高效、正确地完成任务。本单元将详细讲解 GridView、DataList、Repeater、DetailsView 和 FormView 等几个数据控件。

本单元主要学习目标如下:

- 熟练使用数据源控件和数据绑定控件在 Web 页面中输出数据,对后台数据库中的数据进行修改和更新。
- 掌握在 Web 页面中灵活使用 ADO. NET 对象、数据源控件和数据绑定控件实现应用程序功能。
- 掌握 SqlDataSource、ObjectDataSource 数据源控件和 GridView、DataList、Repeater、DetailsView、FormView 等数据绑定控件的功能、属性和事件。

7.1 数据绑定控件

7.1.1 数据绑定控件的层次结构

数据源控件并不能显示数据,将数据显示出来需要使用数据绑定控件。数据绑定控件的层次结构如图 7-1 所示,从中可以看出数据绑定控件跟数据源控件一样可以分为两大类:普通绑定控件(DataBoundControl)和层次化绑定控件(HierachicalDataBoundControl)。其中,普通绑定控件又分为标准型控件(AdRotator)、列表控件(ListControl)和复合型控件(CompositeDataBoundControl)。通常复合型控件用于表格显示。

常见的数据绑定控件如表 7-1 所示。

表 7-1 常见的数据绑定控件

控件名称	说明
GridView	通过表格方式实现数据的展示,其中每列表示一个字段,每行表示一条记录,例如显示图书列表
DataList	以自定义的模板和样式显示数据。对任何重复结构(如表格)的数据均非常有用,可按不同的布局显示行,例如按列或行对数据进行排序
DropDownList	下拉列表控件,例如实现图书分类的修改,分类可以使用下拉菜单的形式给予用户选择
DetailsView	显示单条记录的详细信息,并支持对记录的添加、删除、修改等,例如显示图书的详细页,可以使用该控件

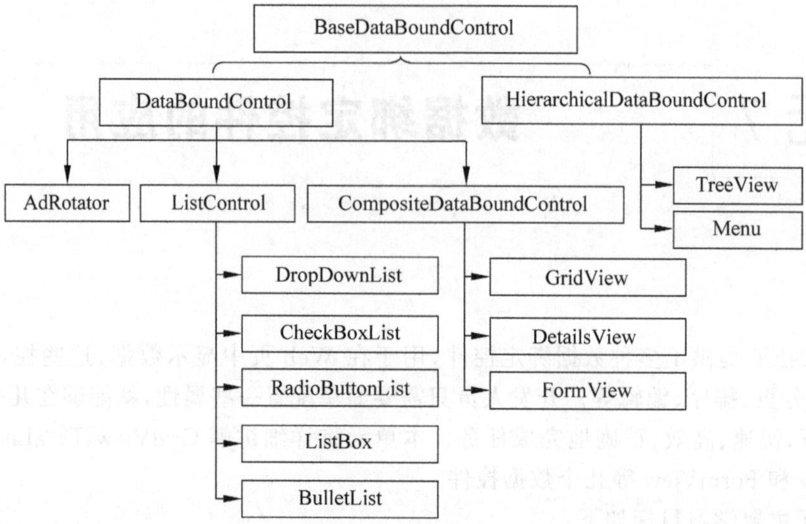

图 7-1　数据绑定控件的层次结构

7.1.2　数据绑定控件与数据源控件

通俗地讲,数据绑定就是把数据源中的数据取出来,显示在窗体的各种控件上,用户可以通过这些控件查看和修改数据,这些修改会自动地保存到数据源中。要使数据绑定控件显示有用的内容,则需要为它们指定数据源(Data Source)。要将这一数据源绑定到控件,可以使用一个单独的数据源控件来为数据绑定控件管理数据。

要执行绑定,应将数据绑定控件的 DataSourceID 属性设置为 SqlDataSource、ObjectDataSource、SiteMapDataSource 等数据源控件。数据源控件连接到数据库、实体类或中间层对象等数据源,然后检索或更新数据,之后,数据绑定控件即可使用这些数据。当数据绑定控件绑定到数据源控件时,无须编写代码或者只需要编写少量额外代码即可执行数据操作。数据绑定控件可以自动利用数据源控件提供的数据服务。

除了设置数据绑定控件的 DataSourceID 属性指定数据源外,还可以通过编写代码在程序运行中动态绑定数据源。

1. 指定数据源控件方式

语法格式为:

```
数据绑定控件 ID.DataSourceID = 数据源控件 ID;
```

例如:

```
<asp:GridView ID = "GridView1" runat = "server" AutoGenerateColumns = "False" DataSourceID =
"SqlDataSource1" EmptyDataText = "没有可显示的记录">
```

或

```
if (!IsPostBack )
{
```

```
    GridView1.DataSourceID = "SqlDataSource1"; //SqlDataSource1 为数据源控件对象
}
```

2. 编码指定数据源方式

语法格式为：

```
数据绑定控件 ID.DataSource = 数据集合;
数据绑定控件 ID.DataBind();
```

说明：在 ASP. NET 中，指定数据源控件的方式和编码指定数据源的方式有以下区别。

(1) 语法不同。指定数据源控件的方式只要指定数据源控件 ID 后即可完成绑定；但编码指定数据源的方式除了指定 DataSource 属性外，还需要使用绑定方法 DataBand 才能完成数据绑定。DataBand 方法将数据源绑定到被调用的服务器控件及其所有子控件上。

(2) 指定数据源控件的方式可以使用数据源控件的功能，如更新、删除等(需要指定相关方法)；但编码指定数据源的方式只能提供绑定的显示，在后续学习中要注意。

ASP. NET 包含了很多支持简单数据绑定的控件，如 TextBox、Label、ListControl、CheckBoxList、RadioButtonList、DropDownList 等，在第 6 单元中详细讲解过 RadioButtonList、DropDownList 的使用，简单数据绑定控件通常只显示单个值。ASP. NET 中的复杂数据绑定控件包括 GridView、DataList、Repeater、DetailsView、FormView 等，复杂数据绑定控件与简单数据绑定控件的区别在于它们可以用更精细的方式来显示数据。

7.2 GridView 控件

GridView 控件可以用表格形式显示、编辑和删除多种不同数据源中的数据。GridView 控件的功能非常强大，开发人员可以不用编写任何代码，通过在 Visual Studio 中拖曳，并在属性面板中设置属性即可，还可以完成分页、排序、外观设置等功能。如果需要自定义格式显示各种数据，GridView 控件也提供了用于编辑格式的模板功能，但是不支持数据的插入。

7.2.1 GridView 控件的常用属性、方法和事件

如果要使用 GridView 控件完成更强大的功能，那么在程序中就需要用到 GridView 控件的属性、方法和事件等，只有通过它们的辅助，才能够更加灵活地使用 GridView 控件。

GridView 控件的常用属性及说明如表 7-2 所示。

表 7-2 GridView 控件的常用属性及说明

属　性	说　明
AllowPaging	指示是否启用分页功能
AllowSorting	指示是否启用排序功能
AutoGenerateColumns	指示是否为数据源中的每个字段自动创建绑定字段
AutoGenerateDeleteButton	指示每个数据行是否添加“删除”按钮
AutoGenerateEditButton	指示每个数据行是否添加“编辑”按钮

续表

属　性	说　明
AutoGenerateSelectButton	指示每个数据行是否添加“选择”按钮
EditIndex	获取或设置要编辑行的索引
DataKeyNames	获取或设置 GridView 控件中的主键字段的名称。多个主键字段间以逗号隔开
DataKeys	用来获取 GridView 中使用 DataKeyNames 设置的每一行主键值的对象集合
DataSource	获取或设置对象，数据绑定控件从该对象中检索其数据项列表
DataMember	当数据源有多个数据项列表时，获取或设置数据绑定控件绑定到的数据列表的名称
DataSourceID	获取或设置控件的 ID，数据绑定控件从该控件中检索其数据项列表
PageCount	获取在 GridView 控件中显示数据源记录所需的页数
PageIndex	获取或设置当前显示页的索引
PageSize	获取或设置每页显示的记录数

GridView 控件的常用方法及说明如表 7-3 所示。

表 7-3　GridView 控件的常用方法及说明

方　法	说　明
DataBind	将数据源绑定到 GridView 控件
FindControl	在当前命名容器中搜索指定的服务器控件
DeleteRow	从数据源中删除位于指定索引位置的记录
Sort	根据指定的排序表达式和方向对 GridView 控件进行排序
UpdateRow	使用行的字段值更新位于指定行索引位置的记录

GridView 控件的常用事件及说明如表 7-4 所示。

表 7-4　GridView 控件的常用事件及说明

事　件	说　明
PageIndexChanged	在 GridView 控件处理分页操作之后发生
PageIndexChanging	在 GridView 控件处理分页操作之前发生
RowCancelingEdit	单击编辑模式中某一行的“取消”按钮时，在该行退出编辑模式之前发生
RowCommand	当单击 GridView 控件中的按钮时发生
RowDeleted	单击某一行的“删除”按钮时，在 GridView 控件删除该行之后发生
RowDeleting	单击某一行的“删除”按钮时，在 GridView 控件删除该行之前发生
RowEditing	单击某一行的“编辑”按钮时，在 GridView 控件进入编辑模式之前发生
RowUpdated	单击某一行的“更新”按钮时，在 GridView 控件对该行进行更新之后发生
RowUpdating	单击某一行的“更新”按钮时，在 GridView 控件对该行进行更新之前发生
SelectedIndexChanged	单击某一行的“选择”按钮时，在 GridView 控件对相应的选择操作进行处理之后发生
SelectedIndexChanging	单击某一行的“选择”按钮时，在 GridView 控件对相应的选择操作进行处理之前发生

说明：在使用 GridView 控件中的 RowCommand 事件时，需要设置 GridView 控件中的按钮（如 Button 按钮）的 CommandName 属性值。CommandName 属性值及其说明如下。

- Cancel：取消编辑操作，并将 GridView 控件返回为只读模式。
- Delete：删除当前记录。
- Edit：将当前记录置于编辑模式。
- Page：执行分页操作，将按钮的 CommandArgument 属性设置为“First”“Last”“Next”“Prev”或页码，以指定要执行的分页操作类型。
- Select：选择当前记录。
- Sort：对 GridView 控件进行排序。
- Update：更新数据源中的当前记录。

7.2.2 使用 GridView 控件绑定数据源

1. 使用数据源控件

使用数据源控件即通过设置 GridView 控件的 DataSourceID 属性将数据源控件绑定到控件上。下面的示例就是使用 GridView 控件做一个显示图书信息列表的页面，除了显示，还有排序、分页等功能。

【示例 7-1】 使用 GridView 数据绑定控件（结合 SqlDataSource 数据源）实现图书信息列表的显示、排序及分页功能。

1）配置 SqlDataSource 数据源

（1）将“新知书店”数据库文件 BookShopPlus.mdf 附加到 SQL Server 2014 数据库中。

（2）在网站项目 WebSite07 下新建文件夹 Ch7_1，添加页面 BookList.aspx。

（3）切换到页面 BookList.aspx 的设计视图，拖放一个 SqlDataSource 控件到页面中，其默认 ID 为 SqlDataSource1，右击 SqlDataSource 控件，在弹出的快捷菜单中，选择“属性”命令，修改其 ID 属性值为 sdBook。

（4）选择 SqlDataSource 控件，单击右上方的箭头符号，选择“配置数据源”选项，弹出“配置数据源”对话框，如图 7-2 所示。

（5）单击“新建连接”按钮，弹出“添加连接”对话框，如图 7-3 所示，在“服务器名”的下拉列表框中直接输入“localhost”“.”或本地计算机名。在“选择或输入数据库名称”的下拉列表框中选中 BookShopPlus 数据库，可单击“测试连接”按钮，查看数据库是否成功连接。如果不成功，则说明服务器或者数据库名称选择或者输入错误。

（6）按图 7-3 所示单击两次“确定”按钮，此时“新建连接”成功的“配置数据源”对话框如图 7-4 所示。

（7）单击“下一步”按钮，如图 7-5 所示，在“将连接字符串保存到应用程序配置文件中”对话框中选中“是，将此连接另存为”复选框。确认将连接字符串保存到配置文件中，另存为 BookShopDbConnString，在下次连接时可以直接使用。另外，将连接字符串和查询字符串写入 web.config 配置文件也能简化工作，程序代码也更清晰。

（8）单击“下一步”按钮，在“配置 Select 语句”对话框中指定需要检索的数据表及其字段，这里选择 Books 表，选中“*”复选框，即所有字段，如图 7-6 所示。

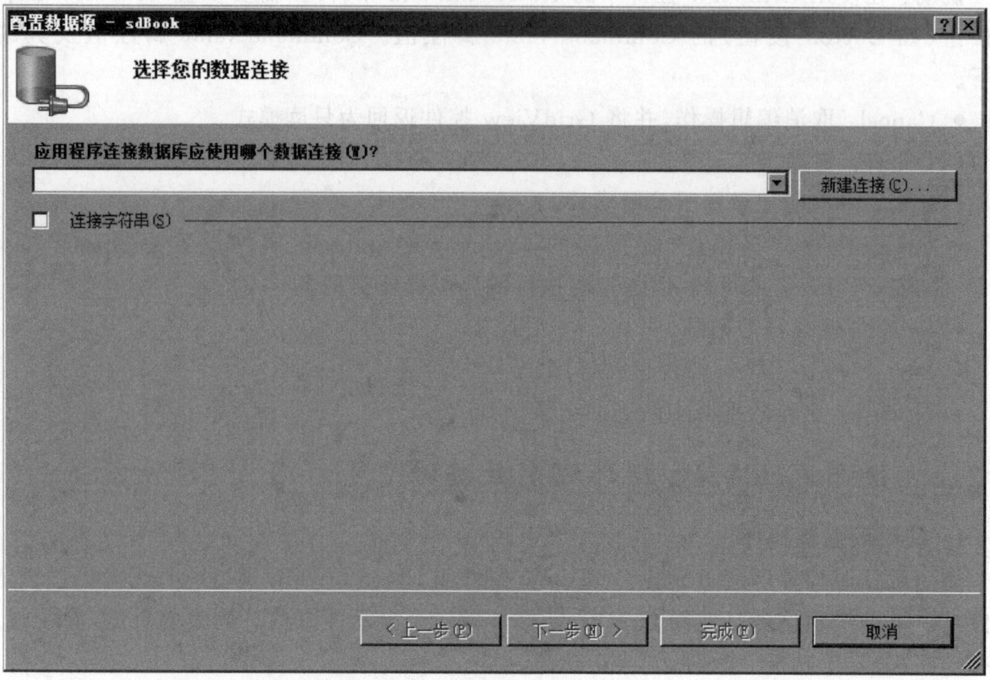

图 7-2 “配置数据源”对话框

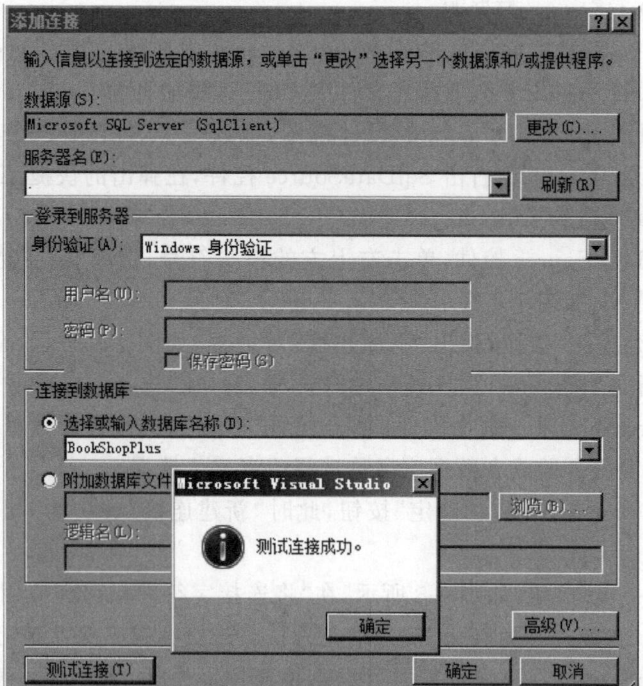

图 7-3 “添加连接”对话框

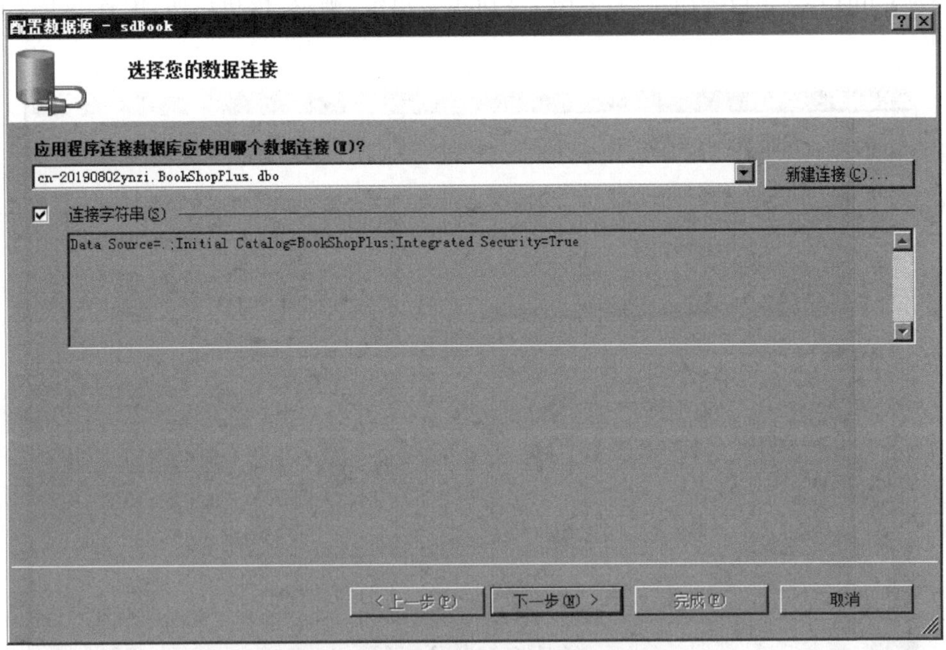

图 7-4 “配置数据源”对话框连接成功后

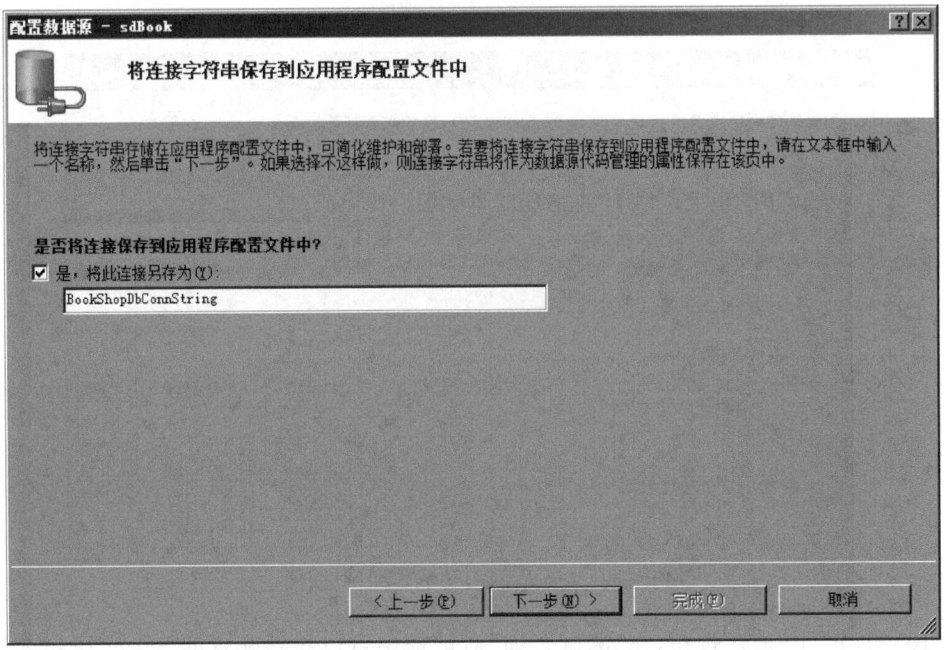

图 7-5 “将连接字符串保存到应用程序配置文件中”界面

(9) 单击“高级”按钮，弹出“高级 SQL 生成选项”对话框，选中“生成 INSERT、UPDATE 和 DELETE 语句”复选框，如图 7-7 所示。单击“确定”按钮返回“配置 Select 语句”对话框，单击 ORDER BY 按钮，在弹出的“添加 ORDER BY 子句”对话框中设置“排序方式"为 UnitPrice 字段降序排列,如图 7-8 所示。单击"确定"按钮返回"配置 Select 语句"对话框。

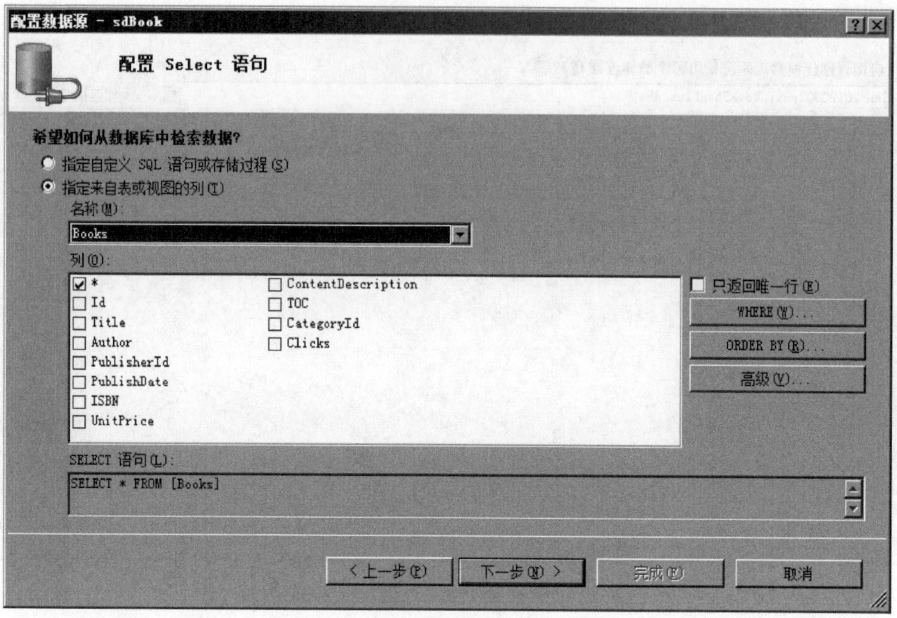

图 7-6 "配置 Select 语句"对话框

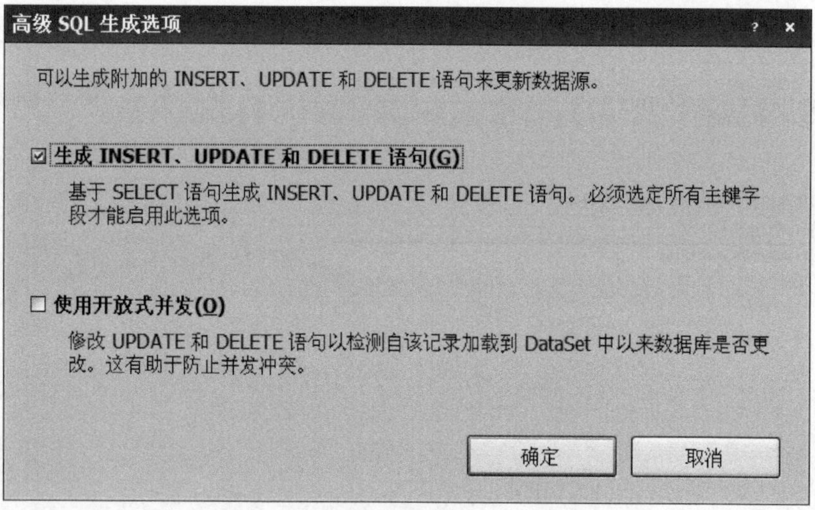

图 7-7 "高级 SQL 生成选项"对话框

(10) 单击"下一步"按钮,在"测试查询"对话框中可以看到配置的 Select 语句效果,如图 7-9 所示,单击"完成"按钮完成对数据源的配置。

通过上述步骤,实现了将一个 SqlDataSource 控件与 SQL Server 数据源的连接。在整个过程中无须编写代码,降低了 Web 数据库编程的难度。本示例中连接到一个 SQL Server 数据库的 SqlDataSource 控件的示例代码如下所示,这些代码是完成上述步骤后自动在 BookList.aspx 页面中生成的。

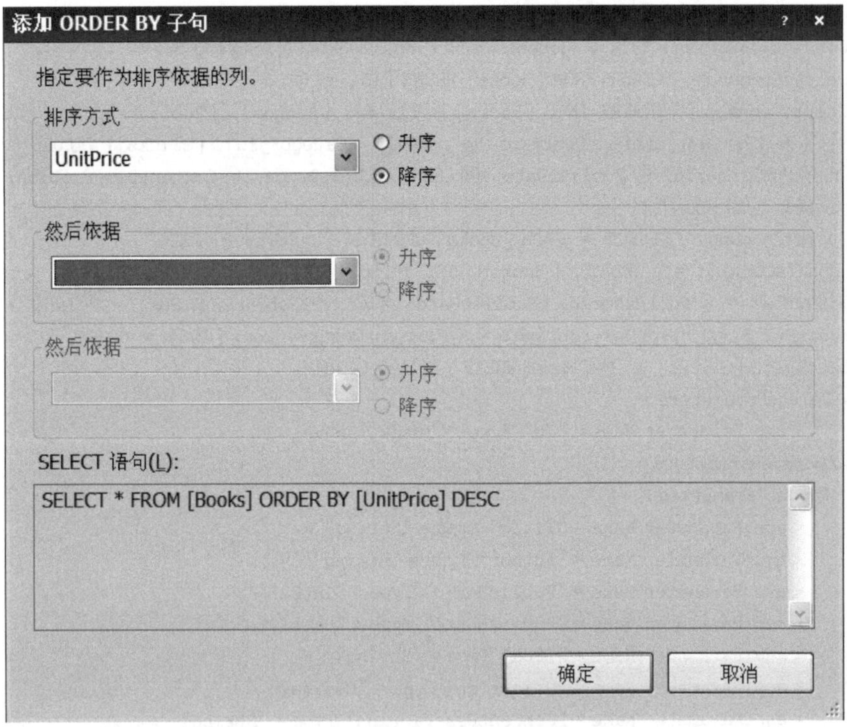

图 7-8 “添加 ORDER BY 子句”对话框

图 7-9 “测试查询”对话框

```
<asp:SqlDataSource ID = "sdBook" runat = "server"
    ConnectionString = "<%$ ConnectionStrings:BookDbConnString %>"
    DeleteCommand = "DELETE FROM [Books] WHERE [Id] = @Id"
    InsertCommand = "INSERT INTO [Books] ([Title], [Author], [PublisherId], [PublishDate],
[ISBN], [UnitPrice],[ContentDescription], [TOC], [CategoryId], [Clicks]) VALUES (@Title, @
Author,@PublisherId, @PublishDate, @ISBN, @UnitPrice, @ContentDescription, @TOC, @
CategoryId, @Clicks)"
    SelectCommand = "SELECT * FROM [Books] ORDER BY [UnitPrice] DESC"
    UpdateCommand = " UPDATE [Books] SET [Title] = @Title, [Author] = @Author,
[PublisherId] = @PublisherId, [PublishDate] = @PublishDate, [ISBN] = @ISBN, [UnitPrice]
= @UnitPrice, [ContentDescription] = @ContentDescription, [TOC] = @TOC, [CategoryId] =
@CategoryId, [Clicks] = @Clicks WHERE [Id] = @Id">
    <DeleteParameters>
        <asp:Parameter Name = "Id" Type = "Int32" />
    </DeleteParameters>
    <InsertParameters>
        <asp:Parameter Name = "Title" Type = "String" />
        <asp:Parameter Name = "Author" Type = "String" />
        <asp:Parameter Name = "PublisherId" Type = "Int32" />
        <asp:Parameter Name = "PublishDate" Type = "DateTime" />
        <asp:Parameter Name = "ISBN" Type = "String" />
        <asp:Parameter Name = "UnitPrice" Type = "Decimal" />
        <asp:Parameter Name = "ContentDescription" Type = "String" />
        <asp:Parameter Name = "TOC" Type = "String" />
        <asp:Parameter Name = "CategoryId" Type = "Int32" />
        <asp:Parameter Name = "Clicks" Type = "Int32" />
    </InsertParameters>
    <UpdateParameters>
        <asp:Parameter Name = "Title" Type = "String" />
        <asp:Parameter Name = "Author" Type = "String" />
        <asp:Parameter Name = "PublisherId" Type = "Int32" />
        <asp:Parameter Name = "PublishDate" Type = "DateTime" />
        <asp:Parameter Name = "ISBN" Type = "String" />
        <asp:Parameter Name = "UnitPrice" Type = "Decimal" />
        <asp:Parameter Name = "ContentDescription" Type = "String" />
        <asp:Parameter Name = "TOC" Type = "String" />
        <asp:Parameter Name = "CategoryId" Type = "Int32" />
        <asp:Parameter Name = "Clicks" Type = "Int32" />
        <asp:Parameter Name = "Id" Type = "Int32" />
    </UpdateParameters>
</asp:SqlDataSource>
```

2）显示内容的选择

切换到页面 BookList.aspx 的设计视图，拖放一个 GridView 控件到页面中，修改其 ID 属性值为 gvBook，在“GridView 任务”菜单的“选择数据源”下拉列表框中选择 sdBook 选项。发现所有字段都显示出来了，如图 7-10 所示，但用户只想显示书名、作者和价格。

选中 GridView 控件，单击右上方的箭头，打开“GridView 任务”菜单，如图 7-11 所示，选择“编辑列”选项，弹出“字段”对话框，如图 7-12 所示。

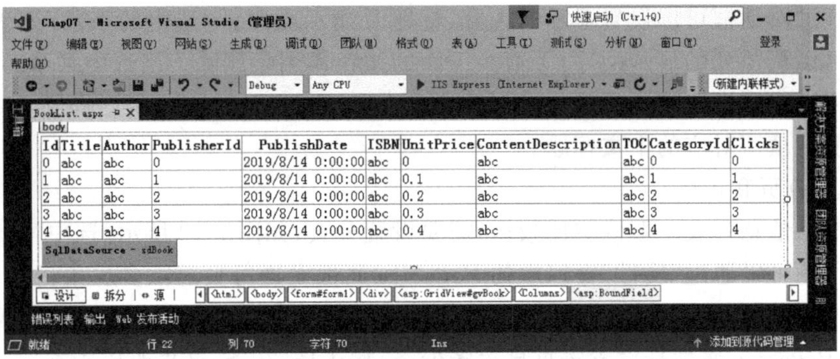

图 7-10　GridView 控件绑定数据源窗后的效果

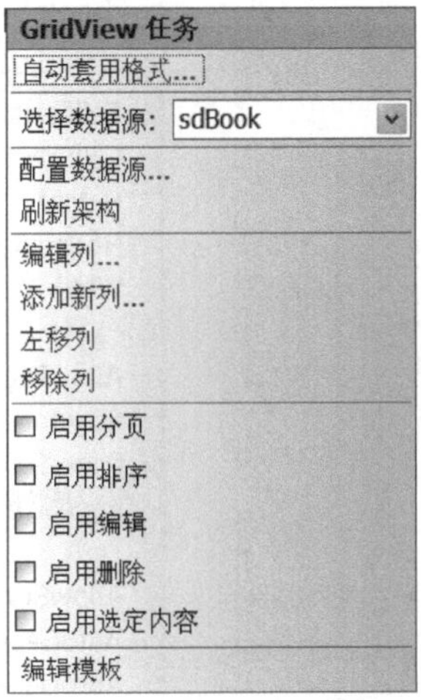

图 7-11　“GridView 任务”菜单

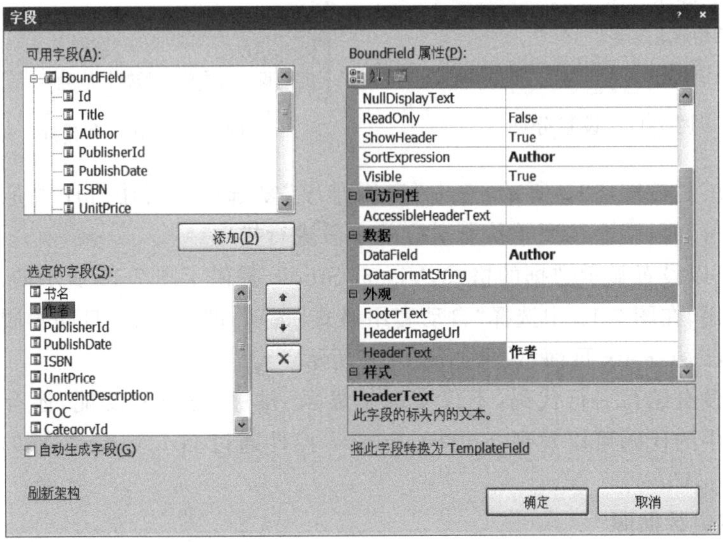

图 7-12　“字段”对话框

在"字段"对话框可以设置显示的内容、标题及显示顺序。"选定的字段"列表旁的上下箭头按钮可以调整列的显示顺序,下箭头下面的按钮作用是删除。当选中某个字段时,在右侧的字段属性中可设置相应属性。此时只需要修改显示的标题头即可,即在 Header Text 栏的属性值中填写对应的中文标题。

3) 设置分页和排序

显示图书信息列表一般内容比较多,需要设置分页,如图 7-13 所示,选中"启用分页"复选框即可。还可以通过"属性"窗口中的 PageSize 属性设置每页显示多少条记录,如图 7-14 所示,AllowPaging 属性设置是否打开分页功能,PageIndex 设置的是当前显示第几页,0 表示第 1 页,PageSize 属性是设置每页显示多少条,默认是 10 条,这里改成 4 条。

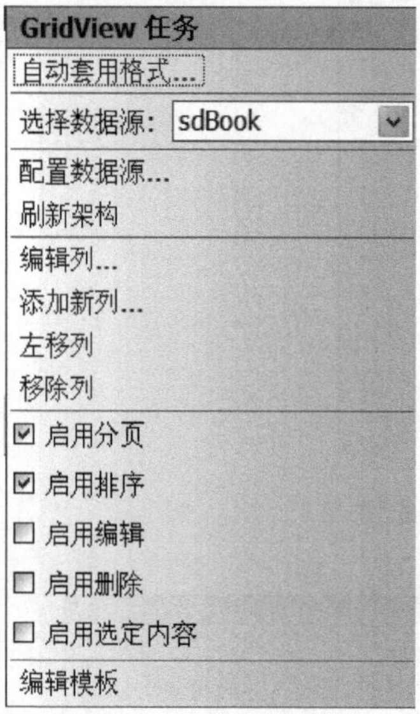

图 7-13　设置分页

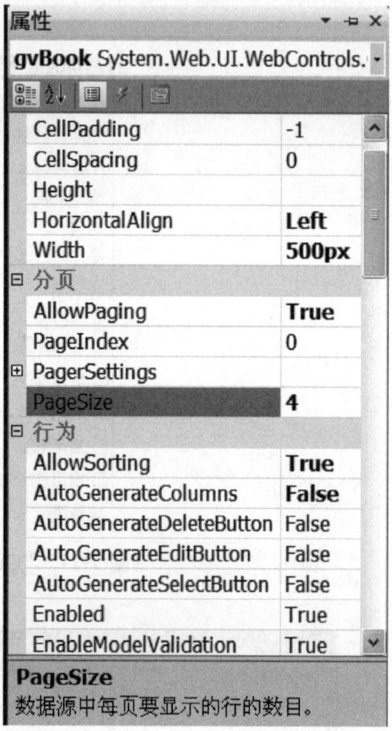

图 7-14　分页和排序

启用排序就是按图 7-13 所示,选中"启用排序"复选框。启用排序就是在单击标题头时,如单击"单价"时,就会按照单价所对应的字段进行排序。

最后,还可以设置显示数据的格式,Visual Studio 提供了图 7-15 所示的几种格式,用户可以方便地套用,在图 7-13 中选择"自动套用格式"选项,即可弹出"自动套用格式"对话框。

运行 BookList.aspx 页面,效果如图 7-16 所示。

整个步骤没有编写一行代码,不仅实现了显示、排序、分页的功能,还有不错的显示效果。查看视图中的代码可以发现,SqlDataSource 控件通过 GridView 控件的 DataSourceID 属性绑定到 GridView。

2. 编码指定数据源

上面使用数据源控件方式轻松实现了图书信息的显示、排序和分页功能,但此种方式灵活性不够,在实际项目中很少使用。下面以"新知书店"用户列表显示为例来介绍编码指定数据源方式。采用编码方式对 GridView 控件进行数据绑定，需要指定其 DataSource 属性，并且使用 DataBind 方法，实际开发项目中基本采用这种方式。

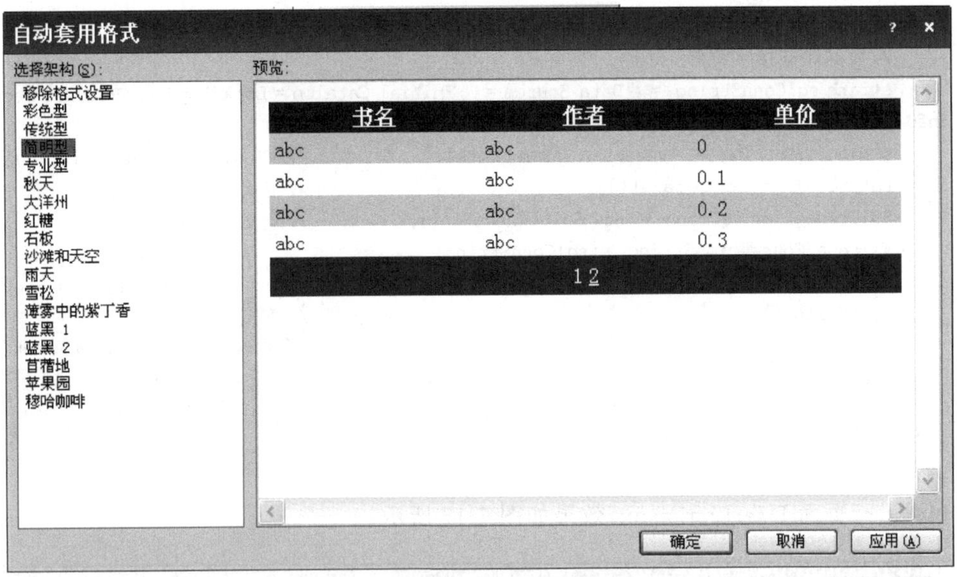

图 7-15 “自动套用格式”对话框

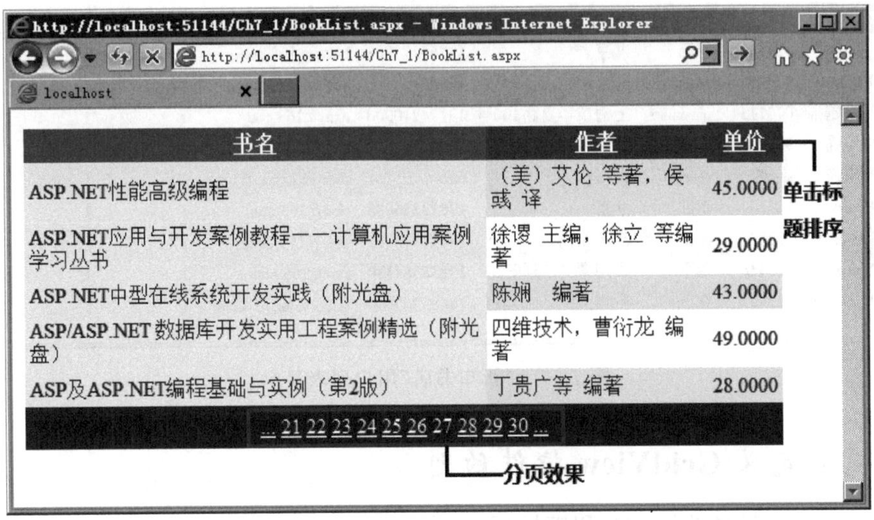

图 7-16 页面 BookList. aspx 运行效果

【示例 7-2】 用编码指定数据源方式实现“新知书店”用户列表显示。

(1) 在网站项目 WebSite07 下新建文件夹 Ch7_2，在文件夹 Ch7_2 中新建 Web 页面 UserList. aspx。

(2) 切换到页面 UserList. aspx 的设计视图，拖放一个 GridView 控件到页面中，并设置其 ID 属性为 gvUser。

(3) 在 UserList. aspx. cs 文件中编写 Page_Load 事件过程，代码如下：

```
protected void Page_Load(object sender, EventArgs e)
{
    if (!IsPostBack)
    {
      //数据库连接字符串
      string sqlConnString = "Data Source = .;Initial Catalog = BookShopPlus;Persist Security
Info = True;User ID = sa;pwd = 123456";
      string sqlString = "select * from Users";                //SQL 语句,查询用户所有信息
      DataSet ds = new DataSet();                              //定义 DataSet 对象
      SqlConnection sqlconn = new SqlConnection();             //定义连接对象
      sqlconn.ConnectionString = sqlConnString;
      SqlDataAdapter sda = new SqlDataAdapter(sqlString, sqlconn);   //定义 DataAdapter 对象
      sda.Fill(ds);                                            //填充 DataSet 对象 ds
      gvUser.DataSource = ds;                                  //将 ds 绑定到 GridView 控件
      gvUser.DataBind();
    }
}
```

(4) 运行页面 UserList.aspx,效果如图 7-17 所示。

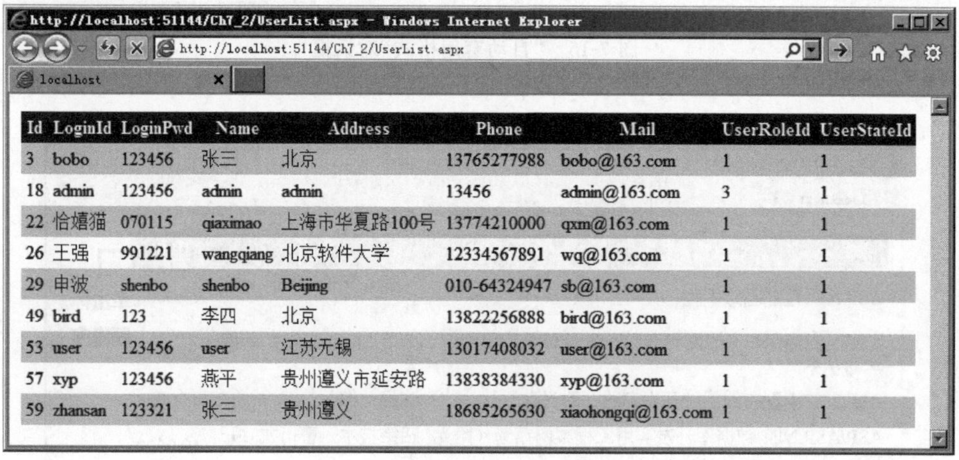

Id	LoginId	LoginPwd	Name	Address	Phone	Mail	UserRoleId	UserStateId
3	bobo	123456	张三	北京	13765277988	bobo@163.com	1	1
18	admin	123456	admin	admin	13456	admin@163.com	3	1
22	恰嬉猫	070115	qiaximao	上海市华夏路100号	13774210000	qxm@163.com	1	1
26	王强	991221	wangqiang	北京软件大学	12334567891	wq@163.com	1	1
29	申波	shenbo	shenbo	Beijing	010-64324947	sb@163.com	1	1
49	bird	123	李四	北京	13822256888	bird@163.com	1	1
53	user	123456	user	江苏无锡	13017408032	user@163.com	1	1
57	xyp	123456	燕平	贵州遵义市延安路	13838384330	xyp@163.com	1	1
59	zhansan	123321	张三	贵州遵义	18685265630	xiaohongqi@163.com	1	1

图 7-17 “新知书店”用户列表显示

7.2.3 自定义 GridView 控件的列

1. GridView 控件的绑定列和模板列

GridView 控件中的每一列由一个 DataControlField 对象表示。默认情况下,AutoGenerateColumns 属性被设置为 true,为数据源中的每个字段创建一个 AutoGeneratedField 对象。将 AutoGenerateColumns 属性设置为 false 时,可以自定义数据绑定列。GridView 控件共包括七种类型的列,分别为:BoundField(普通数据绑定列)、TemplateField(模板数据绑定列)、ButtonField(按钮数据绑定列)、CommandField(命令数据绑定列)、HyperLinkField(超链接数据绑定列)、ImageField(图片数据绑定列)、CheckBoxField(复选框数据绑定列),它们的作用分别如下。

(1) BoundField:用于显示普通文本,是默认的数据绑定列的类型,一般自动生成的列

就是该类型。BoundField 字段的常用属性如表 7-5 所示，需要注意的是 DataFormatString 属性，该属性可以设置显示的格式，常见的格式有以下几种。

- {0:C}，设置显示的内容是货币类型。
- {0:N}，设置显示的内容是数字。
- {0:yy-MM-dd}，设置显示的是日期格式。

表 7-5　BoundField 字段的常用属性

属　　性	说　　明
DataField	指定列将要绑定字段的名称，如果是数据表，则为数据表的字段；如果是对象，则为该对象的属性
DataFormatString	用于格式化 DataField 显示的格式化字符串。例如如果需要指定四位小数，则格式化字符串为{0: F4}；如果需要指定为日期，则格式字符串为{0:d}
ApplyFormatInEditMode	是否将 DataFormatString 设置的格式应用到编辑模式
HeaderText	通常用于显示列名称
ReadOnly	列是否只读，默认情况下，主键字段是只读，只读字段将不能进入编辑模式
Visible	列是否可见。如果设置为 false，则不产生任何 HTML 输出
HtmlEncode	HtmlEncode 默认值为 true，指定是否对显示的文本内容进行 HTML 编码

(2) TemplateField：它允许以模板形式自定义数据绑定列的内容。它是这几种绑定列中最灵活的表现形式，但也是最复杂的，甚至可能需要编写 HTML 代码。GridView 控件的模板列如表 7-6 所示。

表 7-6　GridView 控件的模板列

模　　板	说　　明
AlternatingItemTemplate	为交替项指定要显示的内容
EditItemTemplate	为处于编辑模式中的项指定要显示的内容
FooterTemplate	为对象的脚注部分指定要显示的内容
HeaderTemplate	为标头部分指定要显示的内容
InsertItemTemplate	为处于插入模式中的项指定要显示的内容。只有 DetailsView 控件支持该模板
ItemTemplate	为 TemplateField 对象中的项指定要显示的内容

从表 7-6 可以看出，GridView 控件的模板列有普通项(ItemTemplate)、交替项(AlternatingItemTemplate)、编辑项(EditItemTemplate)、插入项(InsertItemTemplate)、脚注(FooterTemplate)、标头(HeaderTemplate)，GridView 本身还提供空数据项(EmptyDataTemplate)和页导航(PageTemplate)，可以根据需要选择要设置的模板。

(3) ButtonField：这是一个按钮，可以通过 CommandName 设置按钮的命令，通常使用自定义代码实现命令按钮发生之后的操作。

(4) CommandField：CommandField 字段和 ButtonField 字段类似，它提供了创建命令按钮的功能。相比而言，它是一个特殊的字段，显示了用于在数据绑定控件中执行选择、编辑、插入或删除操作的命令按钮,自动生成命令,无须手写代码。

(5) HyperLinkField: HyperLinkField 允许将所绑定的数据以超链接的形式显示出来,可以定义绑定超链接的显示文字、超链接、打开窗口方式等。例如图书需要显示一个指向详细页面的超链接,代码如下:

```
<asp:HyperLinkField DataNavigateUrlFormatString = "DetailsView.aspx?id = {0}
    " DataNavigateUrlFields = "Id" Text = "详细" />
```

(6) ImageField: ImageField 可以在 GridView 控件所呈现的表格中显示图片列,一般来说,它绑定的内容是图片的路径,例如图书的封面,就可以使用 ImageField,代码如下:

```
<asp:ImageField DataImageUrlField = "ISBN" DataImageUrlFormatString = "~/images/BookCovers/
{0}.jpg" HeaderText = "封面">
</asp:ImageField>
```

(7) CheckBoxField: CheckBoxField 可以使用复选框的形式显示布尔类型的数据,注意只有当该控件中有布尔型的数据时才可以使用 CheckBoxField。

注意: 要对 GridView 控件进行自定义列,必须先取消 GridView 自动产生字段的功能,这里只要将 GridView 的 AutoGenerateColumns 属性设置为 false 即可。

2. 绑定列和模板列的应用

以"新知书店"图书列表显示来演示 GridView 控件的绑定列和模板列的应用。

【示例 7-3】 在 GridView 控件中添加绑定列和模板列。

1) 绑定 GridView 控件的数据源

(1) 在网站项目 WebSite07 下新建文件夹 Ch7_3,在文件夹 Ch7_3 中新建 Web 页面 BookList.aspx。

(2) 切换到页面 BookList.aspx 的设计视图,拖放一个 GridView 控件到页面中,并设置其 ID 属性为 gvBook。

(3) 切换到 BookList.aspx.cs 文件,在 BookList.aspx 页面的 Page_Load 事件方法中编写如下代码,实现将数据绑定到 GridView 控件上。

```
protected void Page_Load(object sender, EventArgs e)
{
    if (!IsPostBack)
    {
        //数据库连接字符串
        string connString = ConfigurationManager.ConnectionStrings["BookShop"].
ConnectionString;
        SqlConnection conn = new SqlConnection(connString);    //定义连接对象
        string sqlString = "select top 10 * from Books";       //SQL 语句,查询 10 本图书信息
        DataSet ds = new DataSet();                             //定义 DataSet 对象
        SqlCommand cmd = new SqlCommand(sqlString, conn);
        SqlDataAdapter sda = new SqlDataAdapter(cmd);           //定义 DataAdapter 对象
        sda.Fill(ds);                                           //填充 DataSet 对象 ds
        gvBook.DataSource = ds;                                 //将 ds 绑定到 GridView 控件
```

```
        gvBook.DataBind();
    }
}
```

说明：因图书较多，在没有分页显示的情况下，本示例只查询 10 册图书。

(4) 运行页面 BookList.aspx，发现所查询的记录数据全部显示出来，且 Header 显示的是数据库中的字段名称，样式也不美观。

2) 设置绑定字段

(1) 切换到页面 BookList.aspx 的设计视图，单击 GridView 控件右上方的"只能标记"按钮，在弹出的"GridView 任务"菜单中选择"编辑列"选项，弹出"字段"对话框，如图 7-18 所示，该对话框中可以自定义 GridView 控件的列。

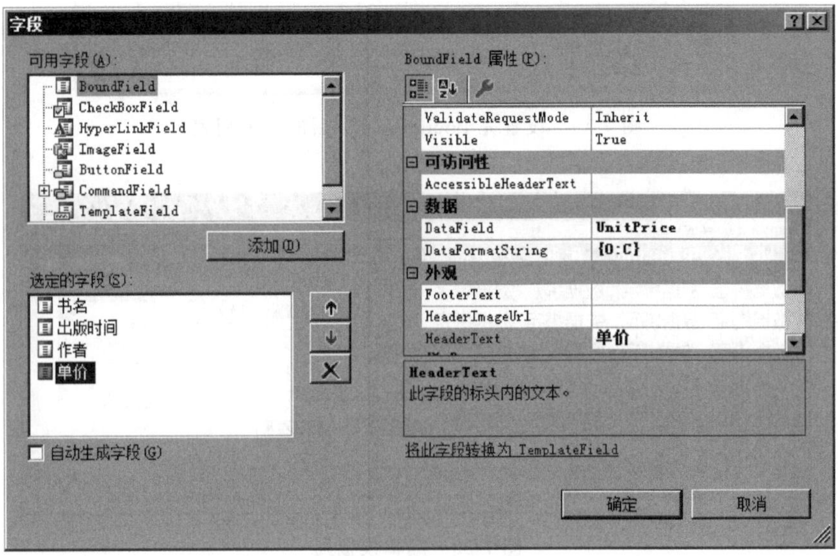

图 7-18　选择绑定列

这里添加四个 BoundField 列，分别用于显示书名、出版日期、作者和单价，并通过 DataField 属性为各个列设置要绑定的字段。因"单价"显示的内容是货币类型，将其 DataFormatString 属性设置为{0:C}，"出版时间"显示的是日期格式，将其 DataFormatString 属性设置为{0:yyyy-MM-dd}，运行效果如图 7-19 所示。

(2) 在图 7-18 所示的"字段"对话框中，添加 HyperLinkField 列，设置图书显示一个指向详情页面的超链接，代码如下：

```
<asp:HyperLinkField DataNavigateUrlFormatString = "DetailsView.aspx?id = {0}
    " DataNavigateUrlFields = "Id" Text = "详细" />
```

(3) 添加模板列，模板列的添加有两种方式：直接添加或者将现有字段转换为模板列。

首先使用直接添加模板列的方式实现"全选"功能。在图 7-18 所示的"字段"对话框中添加 TemplateField 模板列后，就可以在"GridView 任务"菜单中选择"编辑模板"选项，进行模板编辑，如图 7-20 所示。

图 7-19　设置完 BoundField 列后的图书列表

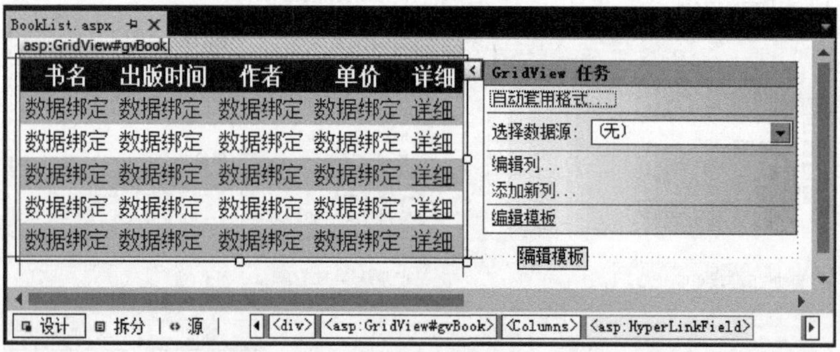

图 7-20　编辑模板列

可以看到，可以将控件直接拖入模板列，这样编辑起来就比较方便。如果不喜欢这种方式，也可以直接在模板中编写如下 HTML 代码。

```
<asp:TemplateField HeaderText = "全选">
    <HeaderTemplate>
        <input type = "checkbox" />全选
    </HeaderTemplate>
    <ItemTemplate>
        <asp:CheckBox ID = "chbSelect" runat = "server" />
    </ItemTemplate>
    <ControlStyle Width = "50px" />
</asp:TemplateField>
```

这段代码就是图 7-21 中看到的模板列的代码，这里只设置了普通项模板和标题头模板。

要实现“全选”功能，需要在 BookList.aspx 页面中添加如下代码，并在 BookList.aspx.cs

文件中对“全选”复选框添加 onclick="GetAllCheckBox(this)"事件。

```
<script language = "javascript">
    function GetAllCheckBox(CheckAll) {
        var items = document.getElementsByTagName("input");
        for (i = 0; i < items.length; i++) {
            if (items[i].type == "checkbox") {
                items[i].checked = CheckAll.checked;
            }
        }
    }
</script>
```

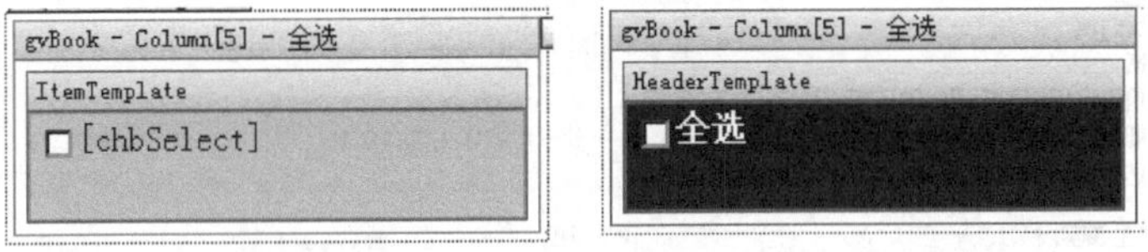

图 7-21　编辑模板列界面

下面介绍自动转换的模板列，将自动生成的书名列转换为模板列，如图 7-22 所示，转换后代码如下：

```
<asp:TemplateField HeaderText = "书名">
    <EditItemTemplate>
        //注意单引号的使用
        <asp:TextBox ID = "TextBox1" runat = "server" Text = '<% # Bind("Title") %>'></asp:
TextBox>
    </EditItemTemplate>
    <ItemTemplate>
        //绑定字段的方法,可以调用 Eval()或 Bind()
        <asp:Label ID = "Label1" runat = "server" Text = '<% # Bind("Title") %>'></asp:Label>
    </ItemTemplate>
</asp:TemplateField>
```

使用 Bind 方法也可以实现在模板列中展示数据，在上述代码中，Bind 方法完全可以用 Eval 方法替代。

3）运行页面 BookList.aspx

按上述步骤完成后，运行页面 BookList.aspx，效果如图 7-23 所示。

说明：Bind 方法和 Eval 方法的区别。Eval 方法以数据字段的名称作为参数，通常被用来在模板中绑定数据并以表达式的形式显示数据；针对使用数据源控件操作数据，是只读方法（单向数据绑定）。例如图书的 ISBN，并不想让用户做任何修改，就可以使用代码 <%# Eval("字段名").ToString().Trim() %>；Eval 还有一个重载方法，可以实现格式化，例如需要显示图书的出版日期，就可以使用<%# Eval("PublishDate", "{0:dd/MM/yyyy}") %>，其中 0 代表对应的 PublishDate 字段，而 dd/MM/yyyy 指明了最终显示文本的格式。Bind 方法支持读/写功能（双向数据绑定），该方法常常与数据控件（如 TextBox 控件)再加上数据源控件(如 ObjectDataSource 控件)一起使用,达到更新数据的目的,例如图书的标题可以修改,可设置为<%Bind("Title")%>,Bind 方法也支持 Eval 方法类似格式化重载方法。

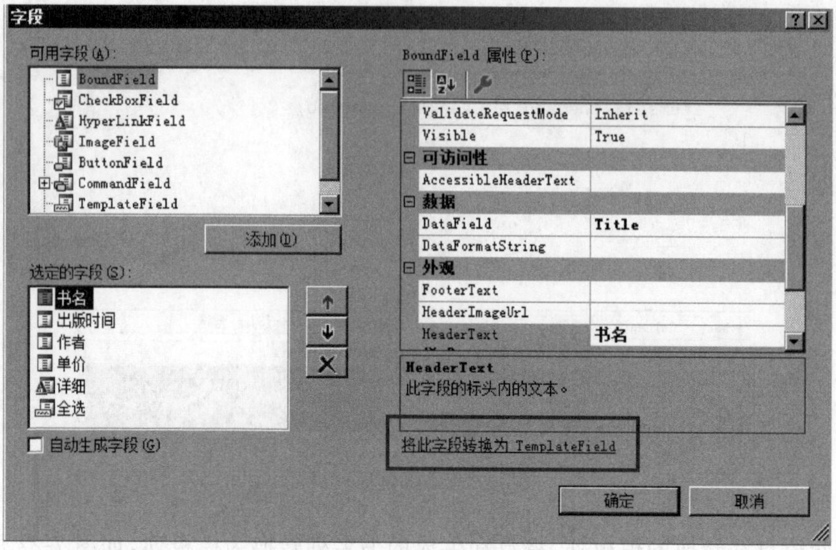

图 7-22　转换成模板列

图 7-23　设置了绑定列和模板列的图书列表页运行效果

7.2.4　使用 GridView 控件分页显示数据

GridView 控件有一个内置分页功能,可支持基本的分页功能。在启动其分页机制前,需要设置 AllowPaging 和 PageSize 属性,AllowPaging 决定是否启用分页功能,PageSize 决定分页时每页显示记录的数目。

【示例 7-4】 在示例 7-3 的基础上，用 GridView 控件内置分页功能实现分页查看数据功能。

(1) 在网站项目 WebSite07 下新建文件夹 Ch7_4，将示例 7-3 对应文件夹 Ch7-3 下的所有文件及文件夹复制至 Ch7_4 文件夹下。

(2) 切换到页面 BookList. aspx 的设计视图，右击 GridView 控件，选择“属性”选项，在其属性窗口中将 GridView 控件的 AllowPaging 属性设置为 True。

(3) 在 GridView 控件的属性窗口中找到 PageSetting，设置其属性如下。

- Mode=“NextPreviousFirstLast”。
- FirstPageText=“首页”(导航到“第一页”显示的文本)。
- LastPageText=“尾页”(导航到“最后一页”显示的文本)。
- NextPageText=“下一页”。
- PreviousPageText=“上一页”。

设置完成后，自动生成如下代码。

```
< PagerSettings FirstPageText = "首页" LastPageText = "尾页" Mode = "NextPreviousFirstLast"
NextPageText = "下一页" PreviousPageText = "上一页" />
```

(4) 在 BookList. aspx. cs 文件中编写 GridView 控件的 PageIndexChanging 事件过程代码如下：

```
protected void gvBook_PageIndexChanging(object sender, GridViewPageEventArgs e)
{
    this.gvBook.PageIndex = e.NewPageIndex;
    this.gvBook.DataSource = getBookDs();
    this.gvBook.DataBind();
}
```

其中，getBookDs 方法获取图书信息，返回值为 DataSet 对象类型，代码如下：

```
static DataSet getBookDs()
{
    //数据库连接字符串
    string connString = ConfigurationManager.ConnectionStrings["BookShop"]
.ConnectionString;
    SqlConnection conn = new SqlConnection(connString);          //定义连接对象
    string sqlString = "select top 10 * from Books";             //SQL 语句，查询 10 本图书信息
    DataSet ds = new DataSet();                                  //定义 DataSet 对象
    SqlCommand cmd = new SqlCommand(sqlString, conn);
    SqlDataAdapter sda = new SqlDataAdapter(cmd);                //定义 DataAdapter 对象
    sda.Fill(ds);                                                //填充 DataSet 对象 ds
    return ds;
}
```

(5) 运行页面 BookList.aspx,效果如图 7-24 所示。

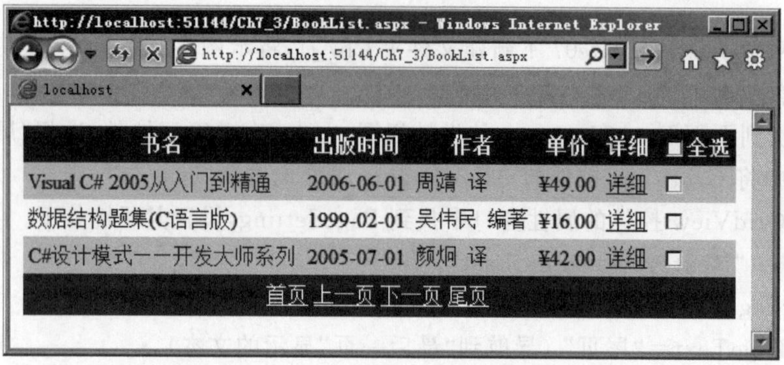

图 7-24 使用 GridView 控件分页显示数据

7.2.5 使用 GridView 控件编辑和删除数据

1. 以可视化方式实现 GridView 控件数据的编辑和删除

以可视化方式实现 GridView 控件数据的编辑和删除,只需要启动 GridView 控件的编辑和删除功能进行简单的配置,就可以完成对数据表的编辑和删除操作,无须编写代码,但需要数据表已经设置了主键。

【示例 7-5】 以可视化方式实现"新知书店"用户的编辑和删除。

(1) 在网站项目 WebSite07 下新建文件夹 Ch7_5,在文件夹 Ch7_5 中新建 UserEdit.aspx 页面。

(2) 切换到页面 UserEdit.aspx 的设计视图,在页面中放置一个 SqlDataSource 控件,ID 属性为系统默认的 SqlDataSource1,添加一个 GridView 控件,ID 属性为 gvUser。

(3) 配置 SqlDataSource 的数据源为 BookShopPlus 数据库中的 Users 表,并将 SqlDataSource 指定为 GridView 控件的数据源。

(4) 分别设置 GridView 控件的 AutoGenerateDeleteButton 和 AutoGenerateEditButton 属性为 True。

(5) 此时,运行页面 UserEdit.aspx,当编辑某记录并单击"更新"按钮时,出现图 7-25 所示的错误信息。实际上,此时单击"删除"按钮也会产生"未指定 DeleteCommand"错误信息,这是因为虽然在 GridView 控件中打开了编辑/删除功能,但编辑/删除操作需要通过 SqlDataSource 控件将更新的结果写回数据库,而在 SqlDataSource 中却没有启用编辑、删除等之类的功能,所以导致上述错误。解决办法是启用 SqlDataSource 的相应 UpdateCommand 和 DeleteCommand 功能,这就需要重新配置 SqlDataSource 数据源的高级选项,如图 7-26 所示。

注意:如果"高级 SQL 生成选项"对话框中的两个选项均为灰色,需要在数据库中设置 Users 数据表的主键,无主键不能自动生成 Update 和 Delete 语句。

(6) 设置完成,再次运行页面 UserEdit.aspx,"编辑""更新""删除"和"取消"按钮均可正常使用,运行效果如图 7-27 所示。

2. 以编程方式实现 GridView 控件数据项的选中、编辑和删除

GridView 控件的按钮列中包括一组"编辑""更新""取消"的按钮,这三个按钮分别触发

Grid View 控件的 RowEditing、RowUpdating、RowCancelingEdit 事件，从而可以实现对指定项的编辑、更新和取消操作的功能；通过 GridView 控件中的“选择”列，可自动实现选中某一行数据的功能；通过 GridView 控件中的“删除”列，并结合 RowDeleting 事件，可实现删除某条记录的功能。

图 7-25　未配置 UpdateCommand 命令时的错误信息

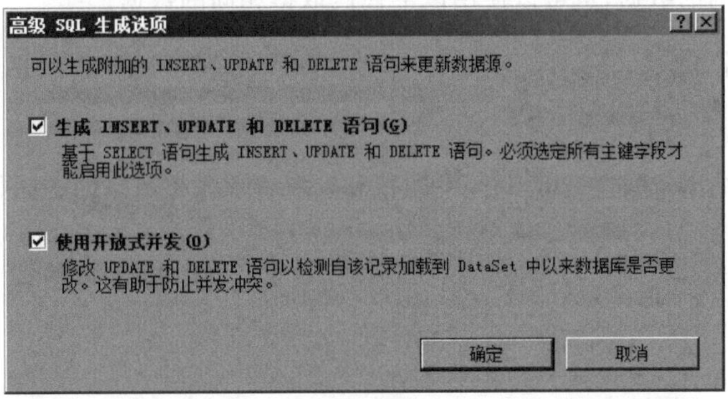

图 7-26　SqlDataSource 配置数据源的高级 SQL 生成选项

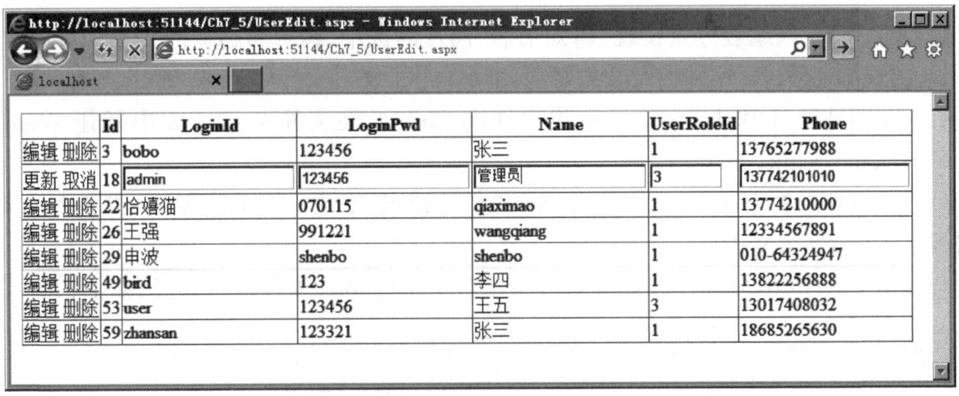

	Id	LoginId	LoginPwd	Name	UserRoleId	Phone
编辑 删除	3	bobo	123456	张三	1	13765277988
更新 取消	18	admin	123456	管理员	3	137742101010
编辑 删除	22	恰嬉猫	070115	qiaximao	1	13774210000
编辑 删除	26	王强	991221	wangqiang	1	12334567891
编辑 删除	29	申波	shenbo	shenbo	1	010-64324947
编辑 删除	49	bird	123	李四	1	13822256888
编辑 删除	53	user	123456	王五	3	13017408032
编辑 删除	59	zhansan	123321	张三	1	18685265630

图 7-27　以可视化方式实现 GridView 控件数据的编辑和删除

GridView 控件数据项的选中、编辑和删除操作中，经常需要获取 GridView 单元格数据，为了更好地理解 GridView 单元格数据的获取，可以先分析 GridView 的结构。GridView 的结构如图 7-28 所示。

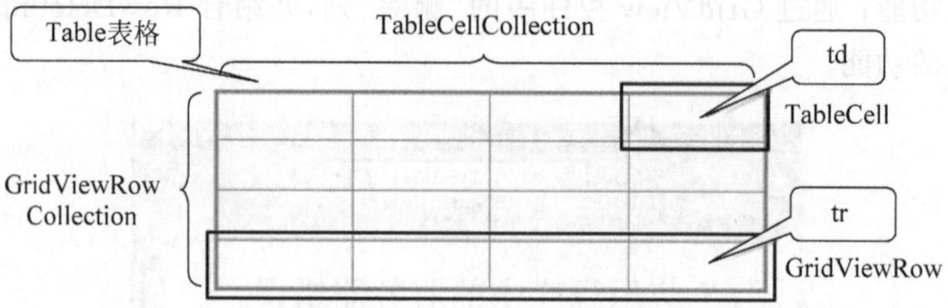

图 7-28　GridView 的结构图

从图 7-28 中可以看出，GridView 是由多个行(GridViewRow)组成的，形式上类似于 Table 中的 tr，DataTable 中的 DataRow。而 GridViewRow 是由一个个单元格组成的，GridView 中单元格的类型是 TableCell。

GridView 的 GridViewRow 是一个集合，可以通过 gvUser. Rows[index]获得一个 GridViewRow 对象(其中 gvUser 为 GridView 控件的对象名)。同理，GridViewRow 中的单元格也是一个集合，可以通过 this. gvUser. Rows[index]. Cell[0]. Text 获取表中第 index+1 行第一列的数据，也可以使用以下代码取得相同的数据。

```
GridViewRow gr = gvUser.Rows[rowIndex];
string text = gr.Cells[0].Text;
```

由此可以归纳出，通过 GridView 中的行和列取得单元格数据的语法如下：

```
GridView 控件 ID.Rows[rowIndex].Cell[columnIndex].Text
```

或

```
GridViewRow gr = GridView 控件 ID.Rows[rowIndex];
string text = gr.Cells[columnIndex].Text;
```

【示例 7-6】 以编程方式实现“新知书店”用户的选中、编辑和删除。

1) 实现 GridView 控件绑定数据源

(1) 在网站项目 WebSite07 下新建文件夹 Ch7_6，在文件夹 Ch7_6 中新建 Web 页面 UserEditDemo. aspx。

(2) 切换到页面 UserEditDemo. aspx 的设计视图，拖放一个 GridView 控件到页面中，并设置其 ID 属性为 gvUser。

(3) 在 UserEditDemo. aspx. cs 文件中编写 Page_Load 事件过程，代码如下：

```
protected void Page_Load(object sender, EventArgs e)
{
    if (!IsPostBack)
    {
        //调用自定义方法绑定数据到控件
```

```
            BindData();
        }
}
```

其中,自定义方法 BindData 实现对 GridView 控件的数据绑定功能,代码如下:

```
public void BindData()
{
    //定义数据库连接字符串
      string   connString   =   ConfigurationManager.  ConnectionStrings  [  "  BookShop "].
ConnectionString;
    string sqlstr = "select * from Users";                    //定义执行查询操作的 SQL 语句
    SqlConnection conn = new SqlConnection(connString);       //创建数据库连接对象
    SqlDataAdapter sda = new SqlDataAdapter(sqlstr, conn);    //创建数据适配器
    DataSet ds = new DataSet();                               //创建数据集
    sda.Fill(ds);                                             //填充数据集
    gvUser.DataSource = ds;                //设置 GridView 控件的数据源为创建的数据集 ds
    gvUser.DataKeyNames = new string[] { "Id" };
                         //将数据库表中的主键字段放入 GridView 控件的 DataKeyNames 属性中
    gvUser.DataBind();                                        //绑定数据库表中数据
}
```

2) 设置模板列

(1) 按照示例 7-3 中所介绍的方法,在 UserEditDemo.aspx 页面中为显示用户信息的 GridView 添加编辑模板,代码如下:

```
<asp:GridView ID = "gvUser" runat = "server" AutoGenerateColumns = "False" DataKeyNames = "Id">
   <Columns>
      <asp:TemplateField HeaderText = "用户名">
          <EditItemTemplate>
            <asp:TextBox ID = "txtLoginId" runat = "server" Text = '<%# Bind("LoginId") %>'>
</asp:TextBox>
          </EditItemTemplate>
          <ItemTemplate>
            <asp:Label ID = "lblLoginId" runat = "server" Text = '<%# Eval("LoginId") %>'>
</asp:Label>
          </ItemTemplate>
      </asp:TemplateField>
      <asp:TemplateField HeaderText = "密码">
          <EditItemTemplate>
            <asp:TextBox ID = "txtPwd" runat = "server" Text = '<%# Bind("LoginPwd") %>'>
</asp:TextBox>
          </EditItemTemplate>
          <ItemTemplate>
            <asp:Label ID = "lblPwd" runat = "server" Text = '<%# Eval("LoginPwd") %>'>
</asp:Label>
          </ItemTemplate>
      </asp:TemplateField>
```

```
        <asp:TemplateField HeaderText = "姓名">
            <EditItemTemplate>
              <asp:TextBox ID = "txtName" runat = "server" Text = '<%# Bind("Name") %>'>
</asp:TextBox>
            </EditItemTemplate>
            <ItemTemplate>
              <asp:Label ID = "lblName" runat = "server" Text = '<%# Eval("Name") %>'></asp:
Label>
            </ItemTemplate>
        </asp:TemplateField>
        <asp:TemplateField HeaderText = "地址">
            <EditItemTemplate>
              <asp:TextBox ID = "txtAddress" runat = "server" Text = '<%# Bind("Address") %>'>
</asp:TextBox>
            </EditItemTemplate>
            <ItemTemplate>
              <asp:Label ID = "lblAddres" runat = "server" Text = '<%# Eval("Address") %>'>
</asp:Label>
            </ItemTemplate>
        </asp:TemplateField>
        <asp:TemplateField HeaderText = "电话">
            <EditItemTemplate>
              <asp:TextBox ID = "txtPhone" runat = "server" Text = '<%# Bind("Phone") %>'>
</asp:TextBox>
            </EditItemTemplate>
            <ItemTemplate>
              <asp:Label ID = "lblPhone" runat = "server" Text = '<%# Eval("Phone") %>'>
</asp:Label>
            </ItemTemplate>
        </asp:TemplateField>
        <asp:TemplateField HeaderText = "邮箱">
            <EditItemTemplate>
              <asp:TextBox ID = "txtMail" runat = "server" Text = '<%# Bind("Mail") %>'>
</asp:TextBox>
            </EditItemTemplate>
            <ItemTemplate>
              <asp:Label ID = "lblMail" runat = "server" Text = '<%# Eval("Mail") %>'></asp:
Label>
            </ItemTemplate>
        </asp:TemplateField>
        <asp:TemplateField HeaderText = "角色">
            <EditItemTemplate>
              <asp:DropDownList ID = "ddlRole" runat = "server">
              </asp:DropDownList>
            </EditItemTemplate>
            <ItemTemplate>
              <asp:Label ID = "lblRole" runat = "server" Text = '<%# getUseRoleName(Eval
("UserRoleId").ToString()) %>'></asp:Label>
            </ItemTemplate>
        </asp:TemplateField>
```

```
        <asp:TemplateField HeaderText = "状态">
            <EditItemTemplate>
              <asp:DropDownList ID = "ddlState" runat = "server">
              </asp:DropDownList>
            </EditItemTemplate>
            <ItemTemplate>
              <asp:Label ID = "lblState" runat = "server" Text = '<% # getUserState(Eval
("UserStateId").ToString()) %>'></asp:Label>
            </ItemTemplate>
        </asp:TemplateField>
        <asp:CommandField HeaderText = "操作" ShowEditButton = "True" />
        <asp:CommandField HeaderText = "删除" ShowDeleteButton = "True" />
    </Columns>
</asp:GridView>
```

当某一行处于编辑状态时，该行需提供 TextBox、DropDownList 等控件供用户输入或选择。编辑状态中的 TextBox 等控件是如何添加的？可以借助编辑模板列 EditTemplate 来实现，在示例 7-3 中实现“全选”功能时，使用过 ItemTemplate 和 HeaderTemplate，分别在普通项和标题头添加了一个复选框。ItemTemplate 提供用于显示信息的模板，而 EditTemplate 提供用于编辑信息的模板。

(2) 在 Web 页面后置文件 UserEditDemo.aspx.cs 中分别编写用于获取用户角色名称和状态名称的方法。

编写用于获取用户角色名称的方法 getUseRoleName(string UserRoleId)，代码如下：

```
protected string getUseRoleName(string UserRoleId)
{
    //定义数据库连接字符串
    string connString = ConfigurationManager.ConnectionStrings["BookShop"].ConnectionString;
    string sqlstr = "select Name from UserRoles where Id = " + UserRoleId; //定义执行查询操
                                                                    //作的 SQL 语句
    SqlConnection conn = new SqlConnection(connString); //创建数据库连接对象
    DataSet ds = new DataSet();
    SqlCommand cmd = new SqlCommand(sqlstr, conn);
    SqlDataAdapter sda = new SqlDataAdapter(cmd);
    sda.Fill(ds);
    return ds.Tables[0].Rows[0][0].ToString();
}
```

编写用于获取用户状态名称的方法 getUserState(string UserStateId)，代码如下：

```
protected string getUserState(string UserStateId)
{
    //获取数据库连接字符串
    string connString = ConfigurationManager.ConnectionStrings["BookShop"].ConnectionString;
```

```
        string sqlstr = "select Name from UserStates where Id = " + UserStateId;
                                                        //定义执行查询操作的 SQL 语句
        SqlConnection conn = new SqlConnection(connString);     //创建数据库连接对象
        DataSet ds = new DataSet();
        SqlCommand cmd = new SqlCommand(sqlstr, conn);
        SqlDataAdapter sda = new SqlDataAdapter(cmd);
        sda.Fill(ds);
        return ds.Tables[0].Rows[0][0].ToString();
    }
```

"用户名""密码""姓名""地址""电话"和"邮箱"列期待用户手动输入信息，因此在 EditItemTemplate 中添加的是 TextBox 控件，注意添加的 TextBox 需要使用 Bind 方法实现编辑状态下的数据绑定。"角色"和"状态"列为避免用户的错误输入，提供 DropDownList 下拉列表框供用户选择。"角色"有管理员、会员和普通用户；"状态"有正常和无效，"角色"和"状态"列中的数据要根据数据库动态更新，这里采用在后置代码中动态绑定方式。

3）添加命令按钮

仅提供了编辑状态下的输入，列表选择控件还不能实现编辑功能，还需要添加命令按钮来触发编辑模式下的事件，这里为 GridView 添加"编辑、更新、取消"和"删除" CommandField 列，并设置该列的标题为"操作"，编辑按钮默认是超链接形式，还可以把它更改为 Button、Image 形式，只要在设计器里设置即可，如图 7-29 所示。

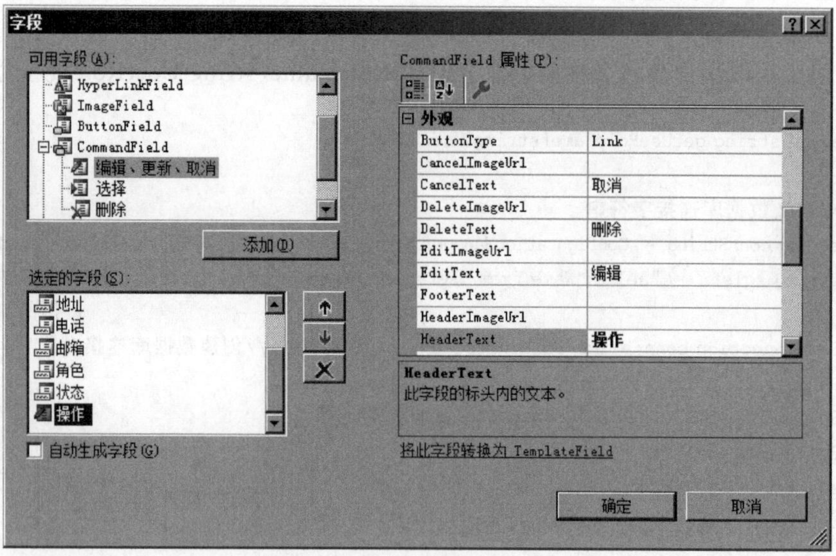

图 7-29　添加并设置命令按钮

运行页面 UserEditDemo.aspx，效果如图 7-30 所示。

4）处理事件

（1）RowEditing 事件。单击图 7-30 中任意一条记录的"编辑"按钮，出现图 7-31 所示的错误页面。

通过错误信息提示很容易分析出错误原因："编辑"按钮触发了 RowEditing 事件，而

RowEditing 事件并没有处理。要解决这个错误，只要编码处理该事件即可。处理该事件之前，先来了解下 RowEditing 事件。单击某一行的“编辑”按钮后，在 GridView 控件进入编辑模式之前，将引发该事件。RowEditing 事件带有两个参数，类型分别是 object 和 GridViewEditEventArgs。其中 GridViewEditEventArgs 对象属性如下。

- NewEditIndex：获取或设置所编辑的行的索引。
- Cancel：将 Cancel 属性设置为 True，可以取消编辑操作。

图 7-30 添加 CommandField 列后的页面运行效果

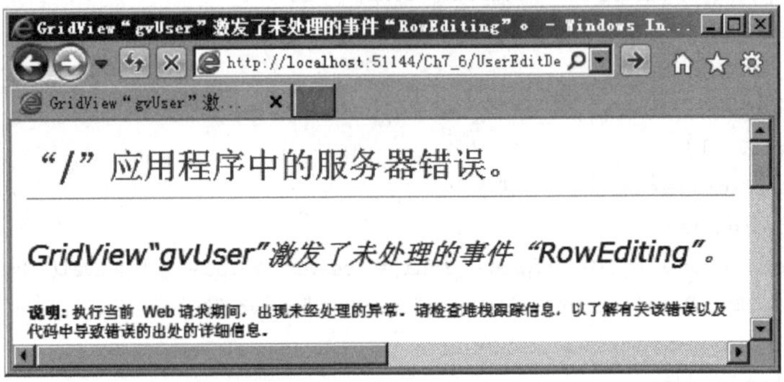

图 7-31 未处理 RowEditing 事件，单击“编辑”按钮效果

在 Web 页面后置文件 UserEditDemo.aspx.cs 中添加 GridView 控件的 RowEditing 事件过程代码如下所示，处理 RowEditing 事件完成用户信息的编辑功能。

```
protected void gvUser_RowEditing(object sender, GridViewEditEventArgs e)
{
    gvUser.EditIndex = e.NewEditIndex;      //设置编辑项
    BindData();
}
```

代码中使用了 GridView 的 EditIndex 属性，该属性可以获取或设置要编辑的行的索引，当该属性被设置为某一行的索引时，该行进入编辑状态。要编辑的行的索引从 0 开始，默认值为－1，表示行没有正在被编辑。

由于"角色"和"状态"列没有设置绑定字段,其内容为空。需要在服务器端编码填充"角色"和"状态"列,并且实现将编辑前某行的"角色"和"状态"信息带到编辑状态,显示到对应列中。

为了实现在编辑状态中默认显示编辑前的"角色"和"状态"信息,可以通过在 EditItemTemplate 中添加一个隐藏控件,使用该隐藏控件的 Value 或 Text 等属性绑定性别编号、职务编号,这样编辑状态中就可以找到该控件,取得 Value 或 Text 等属性值赋给 DropDownList 的 SelectedValue 即可。对于"角色"和"状态"的绑定,只要找到需要编辑行的"角色"和"状态"列的 DropDownList 完成绑定操作即可,编辑行的索引通过 GridViewEditEventArgs 对象的 NewEditIndex 属性得到。

在 ASP.NET 中,HiddenField 控件用来存储非显示值的隐藏字段,其 Value 属性可用来获取或设置隐藏字段的值。在 GridView 中可以通过如下语法得到某一行的控件。

```
GridView 控件 ID.Rows[index].FindControl(要得到的服务器控件 ID)
```

在 Web 页面 UserEditDemo.aspx 中修改"角色"和"状态"对应列的代码,如下所示。

```
<asp:TemplateField HeaderText = "角色">
    <EditItemTemplate>
        <asp:HiddenField ID = "hfRole" runat = "server" Value = '<%#Eval("UserRoleId") %>' />
        <asp:DropDownList ID = "ddlRole" runat = "server">
        </asp:DropDownList>
    </EditItemTemplate>
<%-- 省略其他代码 --%>
</asp:TemplateField>
<asp:TemplateField HeaderText = "状态">
    <EditItemTemplate>
        <asp:HiddenField ID = "hfState" runat = "server" Value = '<%#Eval("UserStateId") %>' />
        <asp:DropDownList ID = "ddlState" runat = "server">
        </asp:DropDownList>
    </EditItemTemplate>
    <%-- 省略其他代码 --%>
</asp:TemplateField>
```

在 Web 页面后置文件 UserEditDemo.aspx.cs 中修改 GridView 控件的 RowEditing 事件过程代码,如下所示:

```
protected void gvUser_RowEditing(object sender, GridViewEditEventArgs e)
{
    gvUser.EditIndex = e.NewEditIndex;      //设置编辑项
    BindData();
    getEditRole(e.NewEditIndex);            //获取并设置"角色"信息的方法
    getEditState(e.NewEditIndex);           //获取并设置"状态"信息的方法
}
```

其中，根据索引绑定编辑状态下的“角色”列表的 getEditRole(e.NewEditIndex)方法代码如下所示，getEditState(e.NewEditIndex)方法与之类似，在此不再列出。

```
private void getEditRole(int index)
{
    //通过行索引找到"角色"下拉框
    DropDownList ddlRole = this.gvUser.Rows[index].FindControl("ddlRole") as DropDownList;
    string connString = ConfigurationManager.ConnectionStrings["BookShop"].ConnectionString;
    string sqlstr = "select * from UserRoles";                   //定义执行查询操作的 SQL 语句
    SqlConnection conn = new SqlConnection(connString);          //创建数据库连接对象
    SqlDataAdapter sda = new SqlDataAdapter(sqlstr, conn);       //创建数据适配器
    DataSet ds = new DataSet();                                  //创建数据集
    sda.Fill(ds);                                                //填充数据集
    ddlRole.DataSource = ds.Tables[0].DefaultView;
    ddlRole.DataValueField = "Id";
    ddlRole.DataTextField = "Name";
    ddlRole.DataBind();
    //通过行索引找到"角色编号"的 HiddenField 控件
    HiddenField hfRole = this.gvUser.Rows[index].FindControl("hfRole") as HiddenField;
    //设置"角色"下拉框的默认值
    ddlRole.SelectedValue = hfRole.Value;
}
```

(2) RowUpdating 事件。在编辑状态下，修改数据后单击“更新”按钮，同样会出现“gvUser 激发了未处理事件 RowUpdating”的错误。单击某一行的“更新”按钮以后，在 GridView 控件对该行进行更新之前，引发该事件。继续完成“用户信息”的更新功能，实现如图 7-32 所示的效果。

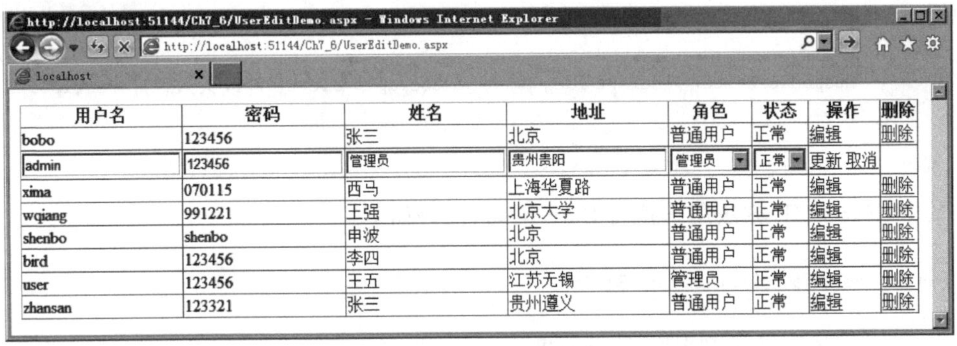

图 7-32　GridView 控件中数据项的选中、编辑和删除

在“编辑”状态下，当用户单击“更新”按钮时，触发 GridView 控件的 RowUpdating 事件，该事件中，首先获得编辑行的主键字段的值，并记录各文本框和 DropDownList 中的值，然后将数据更新至数据库并重新绑定数据，代码如下：

```
protected void gvUser_RowUpdating(object sender, GridViewUpdateEventArgs e)
{
```

```
    //取得编辑行的关键字段的值
    string UserId = gvUser.DataKeys[e.RowIndex].Value.ToString();
    //取得文本框中输入的内容
    string loginId = (this.gvUser.Rows[e.RowIndex].FindControl("txtLoginId") as TextBox).
Text;
    string loginPwd = (this.gvUser.Rows[e.RowIndex].FindControl("txtPwd") as TextBox).
Text;
    string userName = (this.gvUser.Rows[e.RowIndex].FindControl("txtName") as TextBox).
Text;
    string Address = (this.gvUser.Rows[e.RowIndex].FindControl("txtAddress") as TextBox).
Text;
    string TelPhone = (this.gvUser.Rows[e.RowIndex].FindControl("txtPhone") as TextBox).
Text;
    string Email = (this.gvUser.Rows[e.RowIndex].FindControl("txtMail") as TextBox).Text;
    string RoleId = (this.gvUser.Rows[e.RowIndex].FindControl("ddlRole") as DropDownList).
SelectedValue.ToString();
    string stateId = (this.gvUser.Rows[e.RowIndex].FindControl("ddlState") as
DropDownList).SelectedValue.ToString();
    //定义更新操作的 SQL 语句
    string update_sql = "update users set LoginId = '" + loginId + "',LoginPwd = '" +
loginPwd + "',Name = '" + userName + "',Address = '" + Address + "',Phone = '" + TelPhone
+ "', Mail = '" + Email + "', UserRoleId = '" + RoleId + "', UserStateId = '" + stateId +
"'where Id = '" + UserId + "'";
    bool update = ExceSQL(update_sql); //调用 ExceSQL 执行更新操作
    if (update)
    {
        Response.Write("<script language = javascript>alert('修改成功!')</script>");
        //设置 GridView 控件的编辑项的索引为 -1,即取消编辑
        gvUser.EditIndex = -1;
        BindData();
    }
    else
    {
        Response.Write("<script language = javascript>alert('修改失败!');</script>");
    }
}
```

其中,ExceSQL 方法用来执行 SQL 语句,代码如下:

```
public bool ExceSQL(string strSqlCom)
{
    //从配置文件获取数据库连接字符串
    string strCon = ConfigurationManager.ConnectionStrings["BookShop"].ConnectionString;
    //创建数据库连接对象
    SqlConnection sqlcon = new SqlConnection(strCon);
    SqlCommand sqlcom = new SqlCommand(strSqlCom, sqlcon);
    try
    {
        if (sqlcon.State == System.Data.ConnectionState.Closed)
                                                    //判断数据库是否为连连状态
        {
```

```
            sqlcon.Open();
                }
        sqlcom.ExecuteNonQuery();                          //执行 SQL 语句
        return true;
    }
    catch
    {
        return false;
    }
    finally
    {
        sqlcon.Close();                                    //关闭数据库连接
    }
}
```

(3) RowCancelingEdit 事件。在“编辑”状态下，当用户单击“取消”按钮时，触发 GridView 控件的 RowCancelingEdit 事件，该事件中，将当前编辑项的索引设置为－1，表示返回到原始状态下，并重新对 GridView 控件进行数据绑定，代码如下：

```
protected void gvUser_RowCancelingEdit(object sender, GridViewCancelEditEventArgs e)
{
    //设置 GridView 控件的编辑项的索引为 - 1,即取消编辑
    gvUser.EditIndex =  - 1;
    BindData();
}
```

(4) RowDeleting 事件。当用户单击“删除”按钮时，触发 GridView 控件的 RowDeleting 事件，该事件中，使用自定义的 ExceSQL 方法执行 Delete 删除语句，从而删除指定的记录。

5) 测试运行

上述步骤完成后，再次运行页面 UserEditDemo. aspx，“编辑”“更新”“取消”和“删除”按钮均可正常使用，运行效果如图 7-33 所示。

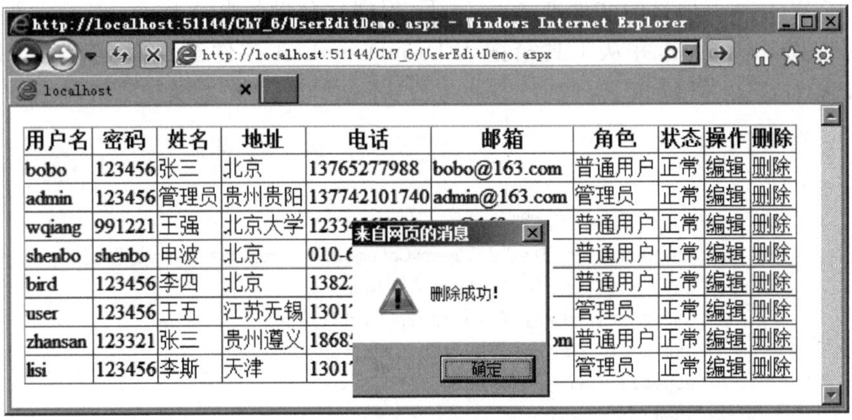

图 7-33　以编程方式实现 GridView 控件数据项的选中、编辑和删除操作

任务 7-1　实现"新知书店"后台图书信息的查询

【任务描述】

实现图 7-34 所示的管理员端图书查询页面，具体要求如下。

- 后台图书列表页面加载默认显示全部图书的书名、作者和单价等信息。
- 实现在 DropDownList 中提供用户书名、内容简介、出版社和作者的关键字查询功能。
- 实现光棒效果、分页效果。
- 当单击"编辑"列时，链接至该图书编辑页面 BookEdite.aspx。

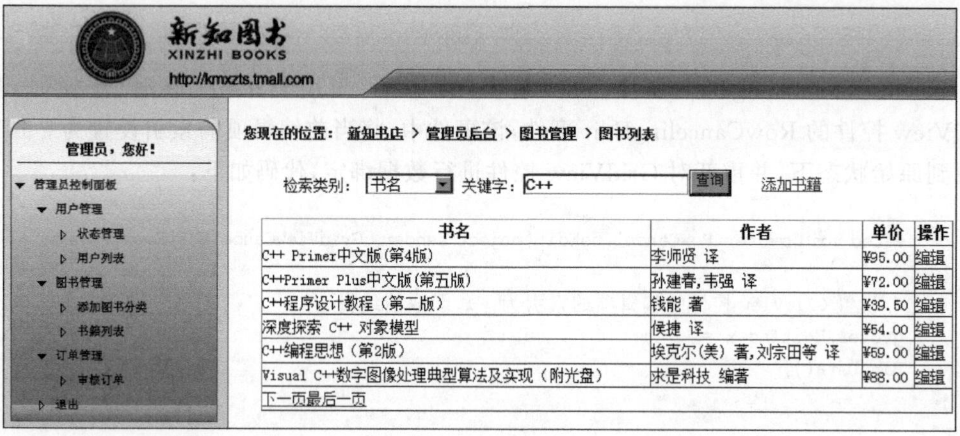

图 7-34　"新知书店"管理员端图书查询页面

【任务实施】

1. Web 页面设计

(1) 在文件夹 rw7-1 下创建网站项目 Web，解决方案名称为 BookShop，右击网站项目 Web，将任务 6-2 的站点目录下的文件及文件夹复制至新创建的网站项目 Web 下。

(2) 在 Web 站点项目的文件夹 Admin 下，根据后台母版页 Admin.master 新建图书列表内容页 BookList.aspx，并从工具箱拖入 DropDownList 控件至页面，修改其 ID 属性为 ddlQueryCategories，代码如下：

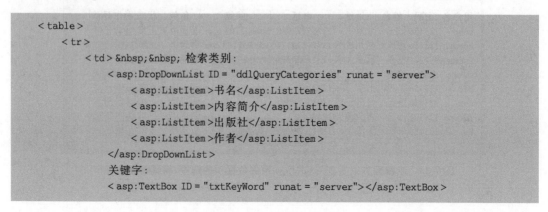

```
<table>
    <tr>
        <td>   检索类别:
            <asp:DropDownList ID = "ddlQueryCategories" runat = "server">
                <asp:ListItem>书名</asp:ListItem>
                <asp:ListItem>内容简介</asp:ListItem>
                <asp:ListItem>出版社</asp:ListItem>
                <asp:ListItem>作者</asp:ListItem>
            </asp:DropDownList>
            关键字:
            <asp:TextBox ID = "txtKeyWord" runat = "server"></asp:TextBox>
```

```
<asp:Button ID="btnQuery" runat="server" Text="查询" OnClick="btnQuery_Click" />
        </td>
        <td style="width: 100px;">   
            <asp:HyperLink ID="hlkAddBook" runat="server" NavigateUrl="~/Admin/
BookAdd.aspx">添加书籍</asp:HyperLink>
        </td>
    </tr>
</table>
```

(3) 从工具箱拖入一个 GridView 控件至 BookList. aspx 页面，修改其 ID 属性为 gvBooks，设置 DataKeyNames 属性值为图书表 Books 的关键字 ID，设置分页相关的 ALLOWPaging、Mode、FirstPageText、LastPageText、NextPageText、PreviousPageText 等属性值，代码如下：

```
<asp:GridView runat="server" ID="gvBooks" AutoGenerateColumns="False" OnRowDataBound=
"gvBooks_RowDataBound" OnPageIndexChanging="gvBooks_PageIndexChanging" AllowPaging=
"True" DataKeyNames="id" Width="740px" PageSize="6" Height="174px">
    <Columns>
        <asp:TemplateField Visible="False">
            <ItemTemplate>
                <asp:Label ID="lblId" runat="server" Text='<%# Bind("Id") %>'></asp:
Label>
            </ItemTemplate>
        </asp:TemplateField>
        <asp:BoundField DataField="Title" HeaderText="书名" />
        <asp:BoundField DataField="Author" HeaderText="作者" />
        <asp:BoundField DataField="UnitPrice" DataFormatString="{0:C}" HeaderText="单
价" />
        <asp:HyperLinkField DataNavigateUrlFields="Id" DataNavigateUrlFormatString=
"BookEdit.aspx?Id={0}" HeaderText="操作" Text="编辑" />
    </Columns>
    <PagerSettings FirstPageText="首页" LastPageText="最后一页" NextPageText="下一页"
PreviousPageText="上一页" Mode="NextPreviousFirstLast" />
</asp:GridView>
```

2. 编写代码，实现程序功能

(1) 在后置代码文件 BookList. aspx. cs 中编写 Page_Load 事件过程，代码如下：

```
protected void Page_Load(object sender, EventArgs e)
{
    if (!IsPostBack)
    {
        BindData();
    }
}
```

BindData 方法实现 GridView 控件的绑定图书功能，代码如下：

```
public void BindData()
{
    //定义数据库连接字符串
       string connString = ConfigurationManager. ConnectionStrings [ " BookShop "].
ConnectionString;
    string sqlstr = "select * from Books";                //定义执行查询操作的 SQL 语句
    SqlConnection conn = new SqlConnection(connString);   //创建数据库连接对象
    SqlDataAdapter sda = new SqlDataAdapter(sqlstr, conn); //创建数据适配器
    DataSet ds = new DataSet();                           //创建数据集
    sda.Fill(ds);                                         //填充数据集
    gvBooks.DataSource = ds;               //设置 GridView 控件的数据源为创建的数据集 ds
    gvBooks.DataKeyNames = new string[] { "Id" };
                       //将数据库表中的主键字段放入 GridView 控件的 DataKeyNames 属性中
    gvBooks.DataBind();                    //绑定数据库表中数据
}
```

(2) 在后置代码文件 BookList.aspx.cs 中编写单击“查询”按钮的 btnQuery_Click 事件过程代码，如下：

```
protected void btnQuery_Click(object sender, EventArgs e)
{
    this.gvBooks.DataSource = getBooks(ddlQueryCategories.SelectedValue, txtKeyWord.Text);
    gvBooks.DataBind();
}
```

其中，getBooks 方法根据“搜索类别”下拉列表框中选择的选项和“关键字”文本框的输入条件进行图书查询，代码如下：

```
private DataSet getBooks(string category, string keyWord)
{
    DataSet ds = new DataSet();
    //获取数据库连接对象
    string connString = ConfigurationManager.ConnectionStrings["BookShop"].ConnectionString;
    SqlConnection conn = new SqlConnection(connString);      //创建数据库连接对象
    SqlCommand cmd = new SqlCommand();                       //创建 SqlCommand 对象
    cmd.Connection = conn;                                   //指定 cmd 的数据库连接对象
    cmd.CommandType = CommandType.StoredProcedure;           //指定执行对象为存储过程
    cmd.CommandText = "sp_QueryBooks";                       //指定要执行的存储过程
    SqlParameter[] para = new SqlParameter[]
    {
       new SqlParameter("@QueryCategory", category.ToString()),
       new SqlParameter("@KeyWord", keyWord)
    };
    cmd.Parameters.AddRange(para);                           //参数赋值
    SqlDataAdapter sda = new SqlDataAdapter(cmd);            //创建数据适配器
    sda.Fill(ds);                                            //创建数据集
```

```
    return ds;
}
```

代码中的存储过程 sp_QueryBooks 实现图书信息的查询功能,代码如下:

```
/* 根据类别和关键字查询书籍 Created in 20190820 */
ALTER PROC [dbo].[sp_QueryBooks]
@QueryCategory NVARCHAR(10), -- 查询类型
@KeyWord NVARCHAR(50) -- 查询关键字
AS
IF(@QueryCategory='书名')
SELECT * FROM Books WHERE Title LIKE '%'+@KeyWord+'%'
ELSE IF(@QueryCategory='内容简介')
SELECT * FROM Books WHERE ContentDescription LIKE '%'+@KeyWord+'%'
ELSE IF(@QueryCategory='作者')
SELECT * FROM Books WHERE Author LIKE '%'+@KeyWord+'%'
ELSE IF(@QueryCategory='出版社')
SELECT Books.* FROM Books INNER JOIN Publishers
ON Books.PublisherId=Publishers.Id
WHERE Publishers.Name LIKE '%'+@KeyWord+'%'
```

(3) 在后置代码文件 BookList.aspx.cs 中,分别编写 GridView 控件的 RowDataBound 和 PageIndexChanging 事件过程代码,如下:

```
/// <summary>
/// 对行进行了数据绑定后的事件方法,实现光棒效果
/// </summary>
protected void gvBooks_RowDataBound(object sender, GridViewRowEventArgs e)
{
    if (e.Row.RowType == DataControlRowType.DataRow)
    {
        e.Row.Attributes.Add("onmouseover", "currentcolor=this.style.backgroundColor;
this.style.backgroundColor='#6699ff'");
        e.Row.Attributes.Add("onmouseout", "this.style.backgroundColor=currentcolor");
    }
}

/// <summary>
/// gvBook 控件页索引改变事件
/// </summary>
protected void gvBooks_PageIndexChanging(object sender, GridViewPageEventArgs e)
{
    this.gvBooks.PageIndex = e.NewPageIndex;
    BindData();
}
```

3. 运行页面 BookList.aspx

运行页面 BookList.aspx,在"搜索类别"下拉列表框中选择"书名"选项,在"关键字"文

本框中输入“C++”,查询结果如图 7-34 所示。

任务 7-2　实现“新知书店”后台图书详细信息的编辑

【任务描述】

在管理端的图书信息列表页面中,单击某一条图书记录对应的“编辑”按钮,如图 7-35 所示,进入当前记录的图书详细信息页面,并以编辑状态显示当前图书记录的详细信息,如图 7-36 所示,在图书详细信息页面中,单击“保存”按钮,将修改后的当前记录的图书详细信息更新到数据库中,修改成功后,给出提示,并将页面跳转到图书信息列表页面,具体要求如下。

- 除出版社、分类、内容摘要外都需要进行非空验证。
- 图书的图片需要实现上传、更新功能,只允许上传 JPG 格式的图片。
- 出版日期需要提供日期选择及格式验证。

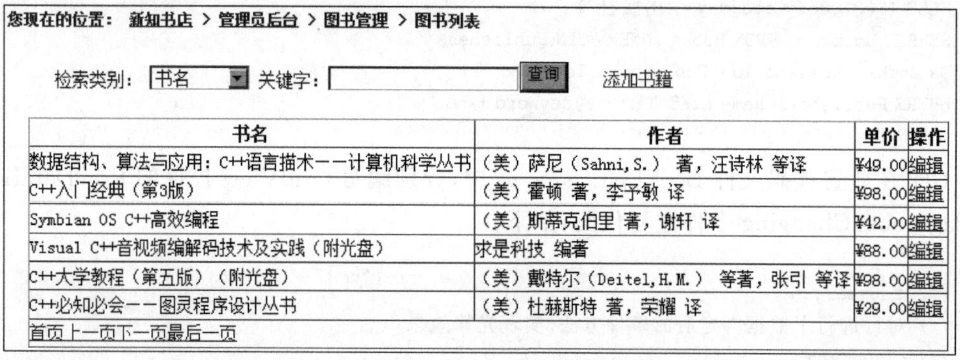

书名	作者	单价	操作
数据结构、算法与应用：C++语言描术——计算机科学丛书	（美）萨尼（Sahni,S.） 著，汪诗林 等译	¥49.00	编辑
C++入门经典（第3版）	（美）霍顿 著，李予敏 译	¥98.00	编辑
Symbian OS C++高效编程	（美）斯蒂克伯里 著，谢轩 译	¥42.00	编辑
Visual C++音视频编解码技术及实践（附光盘）	求是科技 编著	¥88.00	编辑
C++大学教程（第五版）（附光盘）	（美）戴特尔（Deitel,H.M.） 等著，张引 等译	¥98.00	编辑
C++必知必会——图灵程序设计丛书	（美）杜赫斯特 著，荣耀 译	¥29.00	编辑
首页上一页下一页最后一页			

图 7-35　“新知书店”后台图书信息列表页面

【任务实施】

1. Web 页面设计

(1) 在文件夹 rw7-2 下创建网站项目 Web,解决方案名称为 BookShop,右击网站项目 Web,将任务 7-1 的站点目录下的文件及文件夹复制至新创建的网站项目 Web 下。

(2) 在任务 7-1 的基础上为图书列表页 BookList.aspx 中的 GridView 控件对象 gvBooks 添加操作列,这里通过设置 HyperLinkField 列类型字段实现跳转到图书详情页,代码如下:

```
< asp:HyperLinkField DataNavigateUrlFields = "Id" DataNavigateUrlFormatString = "BookEdit.aspx?Id = {0}" HeaderText = "操作" Text = "编辑" />
```

注意:这里编辑的图书是图书信息列表页传递过来的一本特定的图书,所以需要根据传递过来的图书 ID 号获取对应的图书详细信息。

(3) 在 Web 站点项目的文件夹 Admin 下,根据后台母版页 Admin.master 新建图书详细信息编辑内容页面 BookEdit.aspx,根据图 7-36 所示的设计要求,从工具箱拖入 FileUpload、DropDownList、CKeditor 等控件至页面,代码如下:

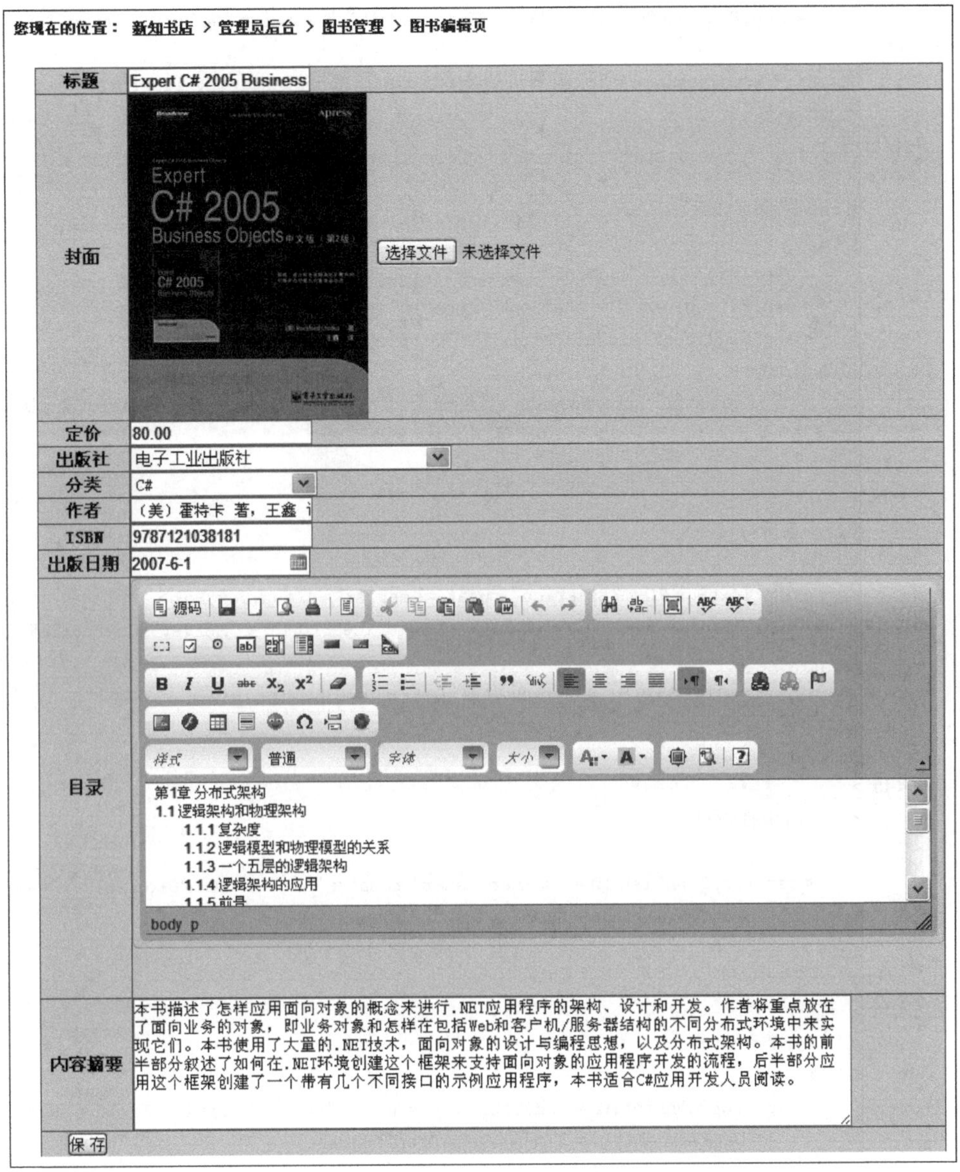

图 7-36 “新知书店”图书详细信息编辑页面

```
<asp:Content ID = "Content1" ContentPlaceHolderID = "cphAdmin" runat = "Server">
  < script  language = " javascript"  type  = " text/javascript"  src  = "../My97DatePicker/
WdatePicker.js"
    charset = "gb2312">
  </script>
  <table cellspacing = "1" cellpadding = "3" class = "table_edit">
    <tr>
        <th>标题</th>
        <td>
            <asp:TextBox ID = "txtTitle" runat = "server"></asp:TextBox>
```

```
            < asp:RequiredFieldValidator ID = "rfvTitle" runat = "server" ControlToValidate
= "txtTitle"
                    ErrorMessage = "标题不可为空!"></asp:RequiredFieldValidator >
        </td>
    </tr>
    < tr >
        < th>封面</th >
        < td>
            < asp:Image ID = "imgBook" runat = "server" />
            < asp:FileUpload ID = "fulBook" runat = "server" />
            < asp:RequiredFieldValidator ID = "rfvBookImage" runat = "server
" ControlToValidate =
                    "fulBook" ErrorMessage = "封面不可为空!"></asp:RequiredFieldValidator >
        </td>
    </tr>
    < tr >
        < th>定价</th >
        < td>
            < asp:TextBox ID = "txtPrice" runat = "server"></asp:TextBox >
            < asp:RequiredFieldValidator ID = "rfvprice" runat = "server" ControlToValidate
= "txtPrice"
                    ErrorMessage = "定价不可为空!"></asp:RequiredFieldValidator >
        </td>
    </tr>
    < tr >
        < th>出版社</th >
        < td>
            < asp:DropDownList ID = "ddlPublisher" runat = "server" DataTextField = "Name"
                    DataValueField = "Id"></asp:DropDownList >
        </td>
    </tr>
    < tr >
        < th>分类</th >
        < td>
            < asp:DropDownList ID = "ddlCategory" runat = "server" DataTextField = "Name"
                    DataValueField = "Id"></asp:DropDownList >
        </td>
    </tr>
    < tr >
        < th>作者</th >
        < td>
            < asp:TextBox ID = "txtAuthor" runat = "server"></asp:TextBox >
                    < asp: RequiredFieldValidator ID = " rfvAuthor " runat = " server "
ControlToValidate =
                    "txtAuthor" ErrorMessage = "作者名不可为空!"></asp:RequiredFieldValidator >
        </td>
    </tr>
    < tr >
        < th> ISBN </th>
```

```
        <td>
            <asp:TextBox ID="txtISBN" runat="server"></asp:TextBox>
            <asp:RequiredFieldValidator ID="rfvIsbn" runat="server" ControlToValidate=
"txtISBN"
                ErrorMessage="ISBN 不可为空!"></asp:RequiredFieldValidator>
        </td>
    </tr>
    <tr>
        <th>出版日期</th>
        <td>
            <asp:TextBox ID="txtPublishDate" runat="server" CssClass="Wdate"
                  onfocus="WdatePicker()"></asp:TextBox>
            <asp:RequiredFieldValidator ID="rfvPublishDate" runat="server"
                 ControlToValidate="txtPublishDate"
                 ErrorMessage="出版日期不可为空!"></asp:RequiredFieldValidator>
        </td>
    </tr>
    <tr>
        <th>目录</th>
        <td>
            <CKEditor:CKEditorControl ID="ftbToc" runat="server" Width="680px"
                      Height="100px"></CKEditor:CKEditorControl><br>
            <asp:RequiredFieldValidator ID="rfvToc" runat="server" ControlToValidate="
ftbToc"
                ErrorMessage="目录不可为空!"></asp:RequiredFieldValidator>
        </td>
    </tr>
    <tr>
        <th>内容摘要</th>
        <td>
            <asp:TextBox ID="txtDesc" runat="server" Height="105px" TextMode=
"MultiLine"
                  Width="600px"></asp:TextBox>
        </td>
    </tr>
    <tr>
        <td colspan="2">
            <asp:Button ID="bntSave" runat="server" Text="保 存" OnClick="bntSave_
Click" />
        </td>
    </tr>
  </table>
</asp:Content>
```

注意：为防止在图书详细信息编辑过程中出错，图书详细信息编辑页面需要获取图书类别和出版社名称，本任务使用两个 DropDownList 控件分别动态绑定出版社和图书分类的全部信息供用户选择。

2. 编写代码，实现程序功能

(1) 在后置代码文件 BookEdit. aspx. cs 中编写页面加载时触发的 Page_Load 事件过

程代码,如下:

```
protected void Page_Load(object sender, EventArgs e)
{
    if (!Page.IsPostBack)
    {
        getCategories();        //绑定图书分类信息
        getPublishers();        //绑定出版社信息
        if (Request.QueryString["id"] == null)
        {
            this.imgBook.Visible = false;
        }
        else
        {
            this.rfvBookImage.Visible = false;
        }
        this.BindData();
    }
}
```

BindData 方法根据 ID 将一本图书的详细信息绑定到 BookEdit. aspx 页面的相应控件中,代码如下:

```
private void BindData()
{
    if (Request.QueryString["id"] != null)
    {
        int Id = Convert.ToInt32(Request.QueryString["id"]);
        //获取数据库连接字符串
            string connString = ConfigurationManager.ConnectionStrings [ " BookShop "].
ConnectionString;
        SqlConnection conn = new SqlConnection(connString);
        conn.Open();
        SqlCommand cmdStudents = new SqlCommand("select * from Books where Id = " + Id,
conn);
        // 创建 SqlDataReader 对象并读取数据
        SqlDataReader dr = cmdStudents.ExecuteReader();
        if (dr.Read())
        {
            this.txtAuthor.Text = dr["Author"].ToString();
            this.txtTitle.Text = dr["Title"].ToString();
            this.txtISBN.Text = dr["ISBN"].ToString();
            this.txtPublishDate.Text = dr["PublishDate"].ToString();
            this.txtPrice.Text = string.Format("{0:f2}", dr["UnitPrice"].ToString());
            this.txtDesc.Text = dr["ContentDescription"].ToString();
            this.ftbToc.Text = dr["TOC"].ToString();
            this.imgBook.ImageUrl = "~/Images/BookCovers/" + dr["ISBN"].ToString() +
".jpg";
        }
```

```
            // 关闭 SqlDataReader
            dr.Close();
            // 关闭 SqlConnection
            conn.Close();
        }
    }
```

用 getPublishers 方法实现将出版社信息绑定到 BookEdit.aspx 页面的 ddlPublisher 控件中，代码如下：

```
private void getPublishers()
{
        string connString = ConfigurationManager.ConnectionStrings["BookShop"].
ConnectionString;
    string sqlstr = "select * from Publishers";                //定义执行查询操作的 SQL 语句
    SqlConnection conn = new SqlConnection(connString);        //创建数据库连接对象
    SqlDataAdapter sda = new SqlDataAdapter(sqlstr, conn);     //创建数据适配器
    DataSet ds = new DataSet();                                //创建数据集
    sda.Fill(ds);                                              //填充数据集
    ddlPublisher.DataSource = ds.Tables[0].DefaultView;
    ddlPublisher.DataValueField = "Id";
    ddlPublisher.DataTextField = "Name";
    ddlPublisher.DataBind();
}
```

用 getCategories 方法实现将图书的分类信息绑定到 BookEdit.aspx 页面的 ddlCategory 控件中，代码与 getPublishers 方法类似，在此不再赘述。

(2) 在后置代码文件 BookEdit.aspx.cs 中编写单击“保存”按钮的 bntSave_Click 事件过程代码，如下：

```
protected void bntSave_Click(object sender, EventArgs e)
{
    string FileName = this.fulBook.FileName;
    if (FileName.Trim().Trim().Length != 0)
    {
        string strpath = Server.MapPath("~/images/BookCovers/" + txtISBN.Text.Trim() +
".jpg");
        fulBook.PostedFile.SaveAs(strpath);      //把图片保存在此路径中
    }
    string Author = txtAuthor.Text;
    string Title = txtTitle.Text;
    string ISBN = txtISBN.Text;
    string PublishDate = txtPublishDate.Text;
    string UnitPrice = txtPrice.Text;
    string ContentDescription = txtDesc.Text;
    string TOC = ftbToc.Text;
    int CategoryId = Convert.ToInt32(ddlCategory.SelectedValue);
    int PublisherId = Convert.ToInt32(ddlPublisher.SelectedValue);;
```

```
    if (Request.QueryString["id"]!= null)
    {
        //定义更新操作的 SQL 语句
        string update_sql = "update Books set Author = '" + Author + "',Title = '" + Title + 
"',ISBN = '" + ISBN + "',PublishDate = '" + PublishDate + "',UnitPrice = '" + UnitPrice + 
"', ContentDescription = '" + ContentDescription + "', TOC = '" + TOC + "', CategoryId = '
" + CategoryId + "', PublisherId = '" + PublisherId + "' where Id = '" + Convert.ToInt32
(Request.QueryString["id"]) + "'";
        bool update = ExceSQL(update_sql);        //调用 ExceSQL 执行更新操作
        if (update)
            Page.RegisterClientScriptBlock("", "<script>alert('书籍修改成功!')</script>");
        else
            Page.RegisterClientScriptBlock("", "<script>alert('书籍修改失败!')</script>");
    }
    else
    {
        //此处编写添加图书代码
        Response.Redirect("~/admin/BookList.aspx");
    }
}
```

其中,ExceSQL 方法用来执行 SQL 语句,代码见示例 7-6。

3. 运行页面 BookEdit.aspx

运行页面 BookEdit.aspx,进行测试。

任务 7-3　实现"新知书店"后台的图书添加功能

【任务描述】

实现图 7-35 中的添加图书功能。

【任务实施】

1. 思路分析

"新知书店"的后台除了可以根据图书编号 ID 修改已经存在的图书详细信息外,还需要有图书的添加功能,可以在图书信息列表页面添加一个"添加书籍"的链接,当管理员单击该链接时,页面将跳转到新增图书信息页面。新增图书信息页面与图书信息修改页面相比,除了不需要传递图书编号这个参数和不需要检索当前图书信息外,其他没有什么区别,可以使用图书信息修改页面完成图书添加功能,这里为了区分,把新增图书信息页面取名为 BookAdd.aspx(代码相同)。可以通过 Request.QueryString["Id"]是否为空来判断当前执行的是修改操作还是新增操作。如果执行的是新增操作,就将图书信息插入 Books 表中。

2. 添加图书信息的实现

添加图书信息页面 BookAdd.aspx 与修改图书详细信息的页面 BookEdit.aspx 一样,不需要修改,后置代码文件也不需要修改。单击页面"保存"按钮的事件方法部分代码如下:

```
if (Request.QueryString["id"]!= null)
{
  ……//此处为修改图书详细信息代码,省略
```

```
    }
    else
    {
        string insert _ sql =  " INSERT Books (Author, Title, ISBN, PublishDate, UnitPrice,
ContentDescription,TOC,CategoryId,PublisherId) VALUES('" + txtAuthor.Text + "','" +
txtTitle.Text + "','" + txtISBN.Text + "','" + txtPublishDate.Text + "','" + txtPrice.Text
+ "','" + txtDesc.Text + "','" + ftbToc.Text + "','" + Convert.ToInt32(ddlCategory.
SelectedValue) + "','" + Convert.ToInt32(ddlPublisher.SelectedValue) + "')";
        ExceSQL(insert_sql);
        Response.Redirect("~/admin/BookList.aspx");
    }
```

任务 7-4　实现“新知书店”后台用户信息的更新

【任务描述】

实现“新知书店”管理端用户信息管理页面，显示用户信息，效果如图 7-37 所示。

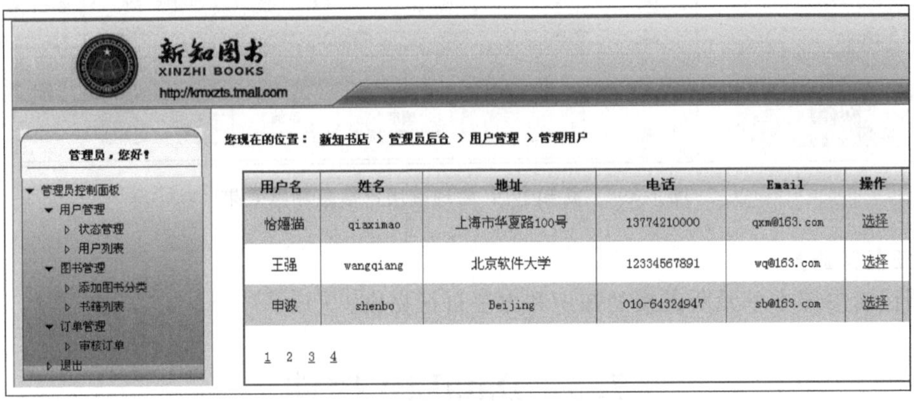

图 7-37　“新知书店”管理端用户信息显示效果

单击图 7-37 中某条记录的“选择”按钮，进入该记录的编辑页面，实现用户信息的编辑更新功能，效果如图 7-38 所示。

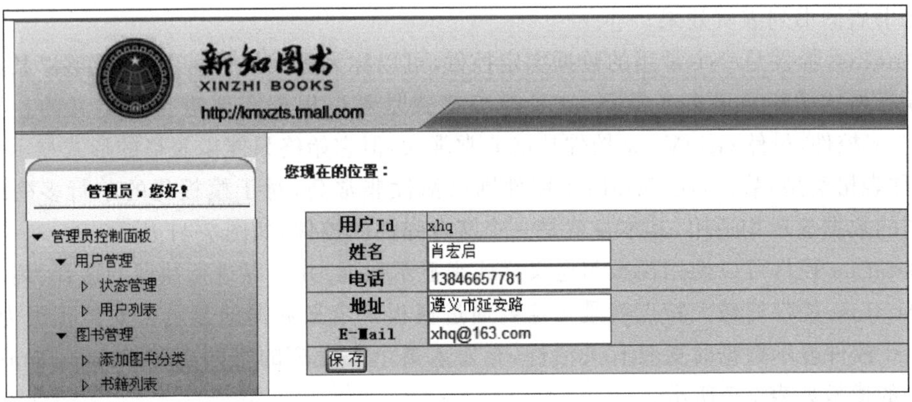

图 7-38　“新知书店”管理端用户信息编辑效果

【任务实施】

请读者参照本单元所讲授的知识和方法自行完成。

任务 7-5 实现"新知书店"后台用户信息的删除

【任务描述】

在任务 7-4 的基础上,实现"新知书店"后台用户信息的单选删除功能,效果如图 7-39 所示。单击一条记录的"删除"按钮,给出提示,如果确认删除则将当前记录删除,否则不执行删除操作。

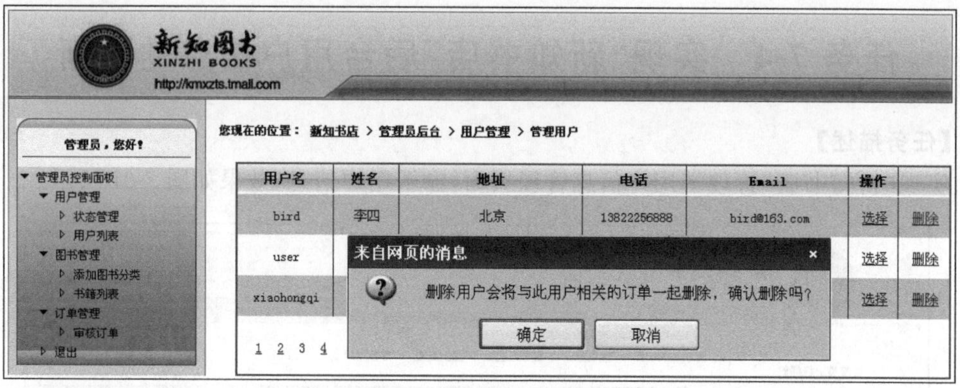

图 7-39 "新知书店"管理端用户信息删除效果

【任务实施】

请读者参照本单元所讲授的知识和方法自行完成。

7.3 DataList 控件

7.3.1 DataList 控件概述

在互联网广泛进入人类生活的今天,很多人都有在网上购物的体验,图 7-40 展示了当当网上书店图书列表页效果。

DataList 控件是一个常用的数据绑定控件,可以称为迭代控件,该控件能够以某种设定好的模板格式循环显示多条数据,这种模板格式是可以根据需要进行自定义的。相比于 GridView 控件,虽然 GridView 控件功能非常强大,但它始终只能以表格的形式显示多行多列(又称表格类型)数据,而 DataList 控件则灵活性非常高,对于模板化的单行多列或者多行单列的数据显示均适用,其本身就是一个富有弹性的控件,如图 7-41 所示。

DataList 控件可以使用模板与定义样式来显示数据,并可以进行数据的选择、编辑和删除。DataList 控件的最大特点就是一定要通过模板来定义数据的显示格式。正因为如此,DataList 控件显示数据时更具有灵活性,开发人员个人发挥的空间也比较大。DataList 控件支持的模板如表 7-7 所示。

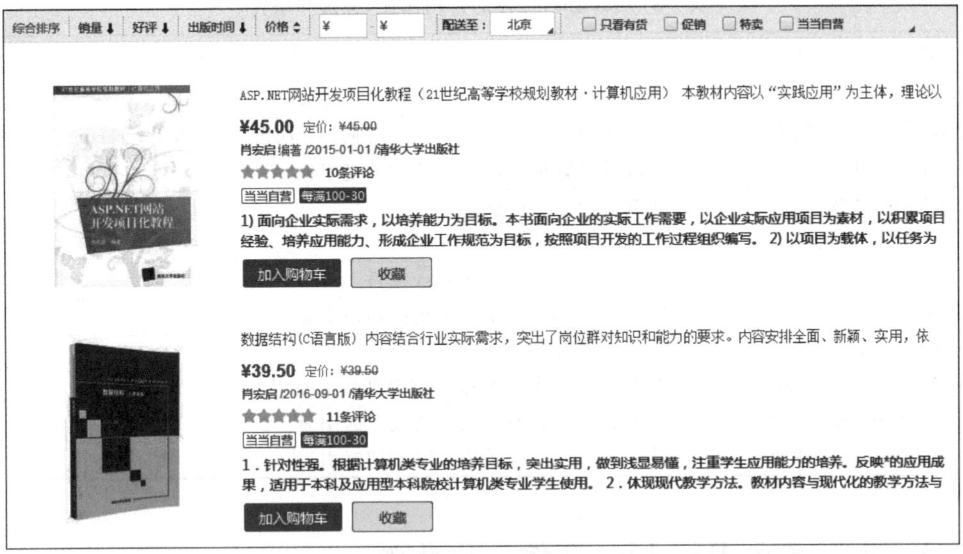

图 7-40　当当网上书店图书列表

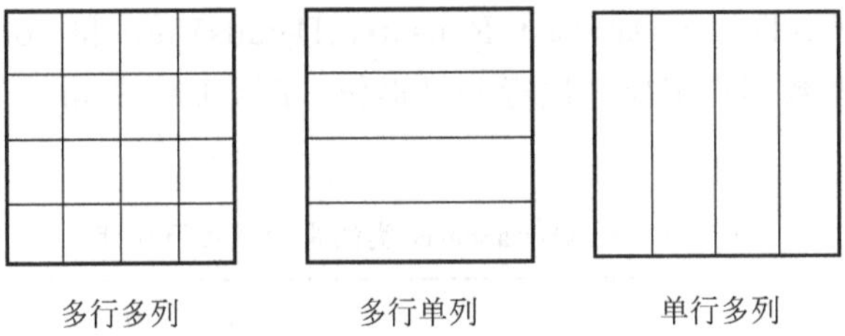

图 7-41　表格形式内容

表 7-7　DataList 控件支持的模板

模　　板	说　　明
ItemTemplate	项模板，包含一些 HTML 元素和控件，将为数据源中的每一行呈现一次这些 HTML 元素和控件
HeaderTemplate	页眉模板，包含在列表的开始处呈现的文本和控件
FooterTemplate	页脚模板，包含在列表的结束处呈现的文本和控件
EditItemTemplate	编辑项模板，指定当某项处于编辑模式中时的布局。此模板通常包含一些编辑控件，如 TextBox 控件
SelectedItemTemplate	选中项模板，包含一些元素，当用户选择 DataList 控件中的某一项时将呈现这些元素
SeparatorTemplate	分隔符模板，包含在每项之间呈现的元素。典型的示例可能是一条直线（一般用<hr>）
AlternatingItemTemplate	交替项模板，包含一些 HTML 元素和控件，将为数据源中的每两行呈现一次这些 HTML 元素和控件

7.3.2　DataList 控件的常用属性、方法和事件

DataList 控件的常用属性、方法和事件如表 7-8 所示。

表 7-8 DataList 控件的常用属性、方法和事件

属性、方法和事件	说 明
RepeatColumns 属性	显示的列数,默认为 0,表示单行或单列显示
RepeatDirection 属性	获取或设置 DataList 的显示方向,Horizontal 为水平,Vertical 为垂直
DataKeyField 属性	获取或设置指定的数据源中的键字段
DataKeys 属性	获取每个记录的键值
CreateItem 方法	创建一个 DataListItem 对象
DataBind 方法	将数据源绑定到 DataList 控件
EditCommand 事件	单击 DataList 中某项编辑按钮时引发
ItemCommand 事件	单击 DataList 中某项按钮时引发
ItemDataBound 事件	将 DataList 中的数据项绑定到数据时引发
UpdateCommand 事件	单击 DataList 中某项更新按钮时引发
DeleteCommand 事件	单击 DataList 中某项删除按钮时引发

7.3.3 分页显示 DataList 控件中的数据

在 DataList 控件实现分页显示数据时,需要借助 PageDataSource 类来实现,该类封装了数据绑定控件(如 GridView、DataList、Repeater、DetailsView 和 FormView 等)的分页相关的属性,以允许这些数据绑定控件执行分页操作。PageDataSource 类的常用属性及说明如表 7-9 所示。

表 7-9 PageDataSource 类的常用属性及说明

属 性	说 明
AllowCustomPaging	获取或设置一个值,指示是否在数据绑定控件中启用自定义分页
AllowPaging	获取或设置一个值,指示是否在数据绑定控件中启用分页
AllowServerPaging	获取或设置一个值,指示是否启用服务器端分页
Count	获取要从数据源使用的项数
CurrentPageIndex	获取或设置当前页的索引
DataSource	获取或设置数据源
DataSourceCount	获取数据源中的项数
FirstIndexInPage	获取页面中显示的首条记录的索引
IsCustomPagingEnabled	获取一个值,该值指示是否启用自定义分页
IsFirstPage	获取一个值,该值指示当前页是否是首页
IsLastPage	获取一个值,该值指示当前页是否是最后一页
IsPagingEnabled	获取一个值,该值指示是否启用分页
IsServerPagingEnabled	获取一个值,指示是否启用服务器端分页支持
PageCount	获取显示数据源中的所有项所需要的总页数
PageSize	获取或设置要在单页上显示的项数
VirtualCount	获取或设置在使用自定义分页时数据源中的实际项数

【示例 7-7】 使用 DataList 控件绑定数据,分页显示"新知书店"的留言信息。

1) 设计 Web 页面

(1) 在网站项目 WebSite07 下新建文件夹 Ch7_7,在文件夹 Ch7_7 中新建 Web 页面

Default.aspx。

(2) 切换到页面 Default.aspx 的设计视图，在页面中添加一个 DataList 控件，ID 属性为 dlBoard。单击 dlBoard 控件右上方的智能标记按钮，在弹出的"DataList 任务"菜单中选择"编辑模板"选项，弹出"dlBoard-项模板"设计窗口，在其中添加一个 4 行 2 列的表格用于布局。把第 1 列的四个单元格合并，在其中放入一个 Image 控件；在第 2 列的第 1 行和第 4 行各添加一个 Label 控件；在第 2 列的第 3 行添加一个 TextBox 控件，设置其 TextMode 属性为 MultiLine。使用 Eval 方法把 UserBoard 表中的四个字段分别绑定到项模板中的四个控件，代码如下：

```
<asp:DataList ID="dlBoard" runat="server">
    <ItemTemplate>
        <table border="1">
            <tr>
                 <td rowspan="4" style="width: 150px; vertical-align: middle; text-align: center;">
                     <asp:Image ID="ImgUser" runat="server" Height="120px" Width="120px" ImageUrl='<%#Eval("photo")%>' />
                </td>
                <td style="width: 350px">用户名: <asp:Label ID="lblName" runat="server" Text='<%#Eval("name")%>'></asp:Label>
                </td>
            </tr>
            <tr>
                <td style="width: 350px">留言内容</td>
            </tr>
            <tr>
                <td>
                     <asp:TextBox ID="txtBoardContext" runat="server" Height="80px" TextMode="MultiLine" Width="350px" Text='<%#Eval("contents")%>'></asp:TextBox>
                </td>
            </tr>
            <tr>
                <td style="text-align: right">留言时间: <asp:Label ID="lblTime" runat="server" Text='<%#Eval("postTime")%>'></asp:Label>
                </td>
            </tr>
        </table>
    </ItemTemplate>
</asp:DataList>
```

(3) 在 dlBoard 控件的下面添加一个 DIV，在其中添加两个 Label 控件和四个 LinkButton 控件，两个 Label 控件分别用来显示当前页面和总页码，四个 LinkButton 控件用于分别转到首页、上一页、下一页、尾页。整个控件项模板的设计界面如图 7-42 所示。

2) 编写代码，实现程序功能

(1) 在所有事件之外定义数据库连接对象，代码如下：

```
SqlConnection conn = new SqlConnection(ConfigurationManager.ConnectionStrings["BookShop"].ConnectionString);
```

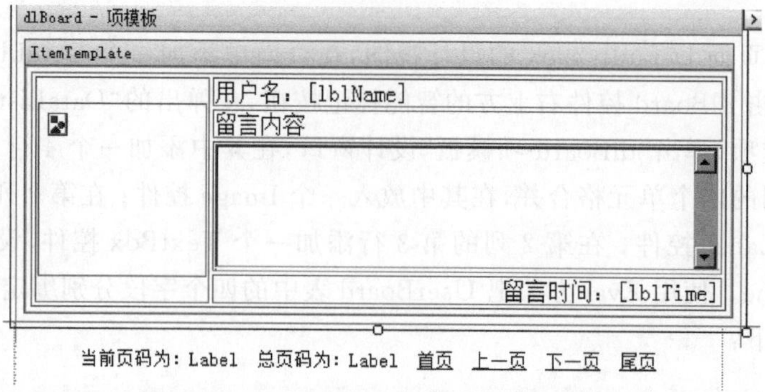

图 7-42 DataList 控件项模板的设计界面

(2) 自定义方法 BindData,用于从数据表 UserBoard 中查询记录绑定到 DataList 控件,然后通过设置 PageDataSource 类实现 DataList 控件的分页功能,代码如下：

```
public void BindData()
{
    int curpage = Convert.ToInt32(this.currPageIndex.Text); //获取当前页数
    PagedDataSource ps = new PagedDataSource();            //定义一个 PagedDataSource 实例
    conn.Open();
    string sqlstr = "select * from UserBoard";
    SqlDataAdapter sda = new SqlDataAdapter(sqlstr, conn);
    DataSet ds = new DataSet();
    sda.Fill(ds, "UserBoard");
    conn.Close();
    ps.DataSource = ds.Tables["UserBoard"].DefaultView;
    ps.AllowPaging = true;                                 //设置数据绑定控件启动分页
    ps.PageSize = 2;                                       //每页显示的记录数量
    ps.CurrentPageIndex = curpage - 1;                     //取得当前页的页码
    this.lbFirs.Enabled = true;
    this.lbPre.Enabled = true;
    this.lbNext.Enabled = true;
    this.lblast.Enabled = true;
    if (curpage == 1)
    {
        this.lbFirs.Enabled = false;                       //不显示首页按钮
        this.lbPre.Enabled = false;                        //不显示"上一页"按钮
    }
    if (curpage == ps.PageCount)
    {
        this.lbNext.Enabled = false;                       //不显示"下一页"
        this.lblast.Enabled = false;                       //不显示"尾页"
    }
    this.pageNum.Text = Convert.ToString(ps.PageCount);
    this.dlBoard.DataSource = ps;
    this.dlBoard.DataKeyField = "Name";
    this.dlBoard.DataBind();
}
```

(3) 在后置代码文件 Default. aspx. cs 中编写 Page_Load 事件过程代码，用于判断页面载入时是否为第一次加载页面，如果是，则把当前页码设为 1，然后调用 BindData 方法对 dlBoard 控件进行数据绑定并分页，代码如下：

```
protected void Page_Load(object sender, EventArgs e)
{
    if (!IsPostBack)
    {
        this.currPageIndex.Text = "1";
        BindData();
    }
}
```

(4) 在后置代码文件 Default. aspx. cs 中分别编写四个 LinkButton 控件的 Click 事件过程代码，如下所示，当单击用于操作分页的 LinkButton 控件时，程序根据当前页码执行指定操作。

```
/// <summary>
/// "首页"按钮事件方法
/// </summary>
protected void lbFirs_Click(object sender, EventArgs e)
{
    this.currPageIndex.Text = "1";
    this.BindData();
}

/// <summary>
/// "上一页"按钮事件方法
/// </summary>
protected void lbPre_Click(object sender, EventArgs e)
{
    this.currPageIndex.Text = Convert.ToString(Convert.ToInt32(this.currPageIndex.Text)
 - 1);
    this.BindData();
}

/// <summary>
/// "下一页"按钮事件方法
/// </summary>
protected void lbNext_Click(object sender, EventArgs e)
{
    this.currPageIndex.Text = Convert.ToString(Convert.ToInt32(this.currPageIndex.Text)
 + 1);
    this.BindData();
}

/// <summary>
/// "尾页"按钮事件方法
```

```
/// </summary>
protected void lblast_Click(object sender, EventArgs e)
{
    this.currPageIndex.Text = this.pageNum.Text;
    this.BindData();
}
```

3）运行页面

运行页面，效果如图 7-43 所示。

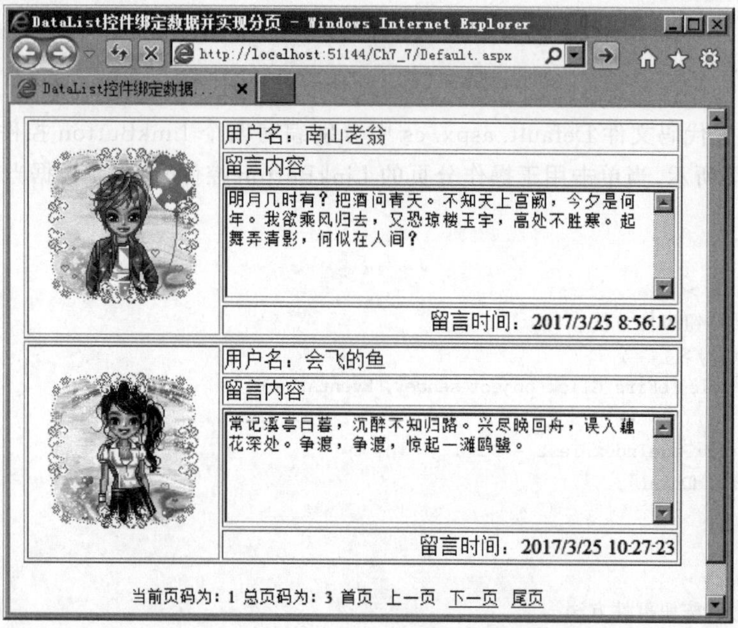

图 7-43　DataList 控件绑定数据并实现分页

7.3.4　在 DataList 控件中编辑与删除数据

DataList 控件使用编辑模板对数据进行编辑。当对 DataList 控件中的数据进行编辑时，需要在 ItemTemplate 模板中放置一个按钮控件，并设置其 CommandName 属性为 Edit，在 EditItemTemplate 模板中放置两个按钮控件，CommandName 属性分别设置为 Update 和 Cancel。此时，单击它们，将事件“传递”到 DataList 控件中，分别映射 EditCommand、UpdateCommand 和 CancelCommand 事件函数，即可处理相应操作。同理，删除数据在 ItemTemplate 中放置按钮控件，CommandName 属性设置为 Delete。

【示例 7-8】　使用 DataList 控件实现“新知书店”用户数据的编辑与删除。

1）设计 Web 页面

(1) 在网站项目 WebSite07 下新建文件夹 Ch7_8，在文件夹 Ch7_8 中新建 Web 页面 Default.aspx。

(2) 切换到页面 Default.aspx 的设计视图，在页面中添加一个 DataList 控件，ID 属性为 dlUserInfo。单击 dlUserInfo 控件右上方的智能标记按钮，在弹出的“DataList 任务”菜单中选择“编辑模板”选项，弹出“dlUserInfo-项模板”设计窗口。

2）编写代码，实现程序功能

(1) 在所有事件之外获取数据库连接字符串，代码如下：

```
private string getConnectionString()
{
    return WebConfigurationManager.ConnectionStrings["BookShop"].ConnectionString;
}
```

(2) 自定义方法 dlUserInfo_Bind，用于从数据表 Users 中查询记录绑定到 DataList 控件，代码如下：

```
private void dlUserInfo_Bind()
{
    using (SqlConnection connection = new SqlConnection(getConnectionString()))
    {
        SqlCommand command = new SqlCommand();
        command.Connection = connection;
        command.CommandType = CommandType.Text;
        command.CommandText = "SELECT * FROM Users";
        SqlDataAdapter sda = new SqlDataAdapter(command);
        connection.Open();
        DataTable dt = new DataTable();
        sda.Fill(dt);
        dlUserInfo.DataSource = dt;
        dlUserInfo.DataKeyField = "Id";
        dlUserInfo.DataBind();
        dt.Dispose();
        sda.Dispose();
        connection.Close();
    }
}
```

(3) 在后置代码文件 Default. aspx. cs 中编写 Page_Load 事件过程代码，调用 dlUserInfo_Bind 方法对 dlUserInfo 控件进行数据绑定，代码如下：

```
protected void Page_Load(object sender, EventArgs e)
{
    if (!IsPostBack)
    {
        dlUserInfo_Bind();
    }
}
```

(4) 在后置代码文件 Default. aspx. cs 中为 dlUserInfo 控件添加 EditCommand、UpdateCommand、CancelCommand 和 DeleteCommand 事件过程代码，实现编辑和删除功能，代码如下：

```
//DataList 的 EditCommand 事件
protected void dlUserInfo_EditCommand(object source, DataListCommandEventArgs e)
{
    //设置编辑项,为当前选中项
    this.dlUserInfo.EditItemIndex = e.Item.ItemIndex;
    dlUserInfo_Bind();      //绑定数据
}
//DataList 的 CancelCommand 事件
protected void DataList1_CancelCommand(object source, DataListCommandEventArgs e)
{
    //设置编辑项索引为 -1,取消编辑
    this.dlUserInfo.EditItemIndex = -1;
    dlUserInfo_Bind();      //绑定数据
}
//DataList 的 UpdateCommand 事件,在事件中操作数据库,修改数据,并刷新
protected void dlUserInfo_UpdateCommand(object source, DataListCommandEventArgs e)
{
    string LoginId = ((TextBox)e.Item.FindControl("txtLoginId")).Text.Trim();
    string Name = ((TextBox)e.Item.FindControl("txtName")).Text.Trim();
    string Phone = ((TextBox)e.Item.FindControl("txtPhone")).Text.Trim();
    string Mail = ((TextBox)e.Item.FindControl("txtEmail")).Text.Trim();
    string Address = ((TextBox)e.Item.FindControl("txtAddress")).Text.Trim();

    int Id = Convert.ToInt32(this.dlUserInfo.DataKeys[e.Item.ItemIndex].ToString());
    string sql = string.Format("update Users set LoginId = '" + LoginId + "',Name = '" + Name
+ "', Phone ='" + Phone + "',Mail = '" + Mail + "',Address = '" + Address + "'where Id = "
+ Id);
    SqlConnection conn = new SqlConnection(getConnectionString());
    SqlCommand cmd = new SqlCommand(sql, conn);
    try
    {
        conn.Open();
        cmd.ExecuteNonQuery();
        conn.Close();
    }
    catch (SqlException en)
    {
        this.dlUserInfo.EditItemIndex = -1;
    }
    this.dlUserInfo.EditItemIndex = -1;
    dlUserInfo_Bind();
}
/// <summary>
/// DataList 的 DeleteCommand 事件,在事件中操作数据库,删除数据
/// </summary>
protected void dlUserInfo_DeleteCommand(object source, DataListCommandEventArgs e)
{
    //取得某一列的值
    int Id = Convert.ToInt32(dlUserInfo.DataKeys[e.Item.ItemIndex].ToString());    //取得
                                                                                    //主键
```

```
        using (SqlConnection connection = new SqlConnection(getConnectionString()))
        {
            SqlCommand command = new SqlCommand();
            command.Connection = connection;
            command.CommandType = CommandType.Text;
            command.CommandText = "Delete users where Id = " + Id;
            connection.Open();
            try
            {
                command.ExecuteNonQuery();
                command.Dispose();
                connection.Close();
            }
            catch (Exception ex)
            {
                Response.Write("< script > alert(" + ex.Message + ")</script >");
            }
            finally
            {
                command.Dispose();
                connection.Close();
            }
            dlUserInfo.EditItemIndex = -1;
            dlUserInfo_Bind();
        }
    }
```

3）运行页面

运行页面，效果如图 7-44 所示。

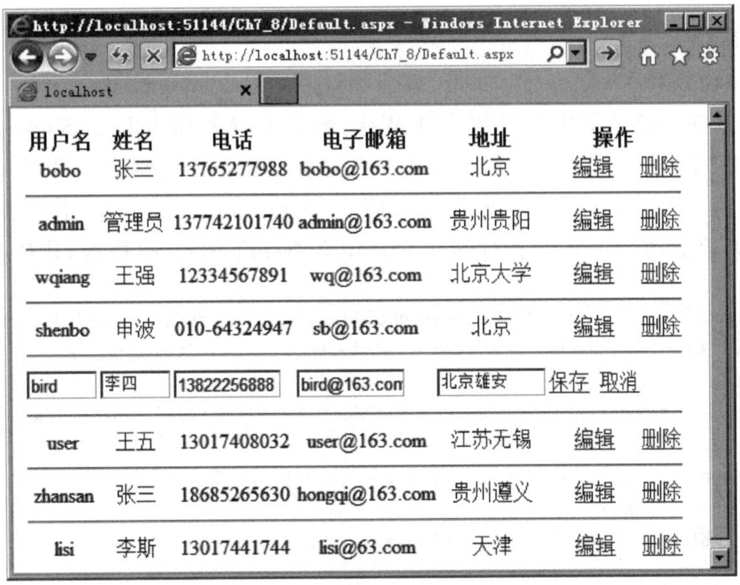

图 7-44　DataList 控件中的数据编辑和删除

任务 7-6 实现“新知书店”前台图书列表显示功能

【任务描述】

- 为“新知书店”添加图书列表显示功能，要求显示点击率前五位的图书信息，包括图书封面、图书标题、作者、内容描述和价格信息。
- 图书标题和封面要求实现链接功能，内容描述要求只显示前 180 个字符。
- 如果当前图书信息为空，页面将跳转到前台默认页面，效果如图 7-45 所示。

图 7-45 “新知书店”前台图书列表显示(局部)

【任务实施】

1. Web 页面设计

(1) 在文件夹 rw7-6 下创建网站项目 Web，解决方案名称为 BookShop，右击网站项目 Web，将任务 7-2 的站点目录下的文件及文件夹复制至新创建的网站项目 Web 下。

(2) 在站点项目 Web 下，根据前台母版页 Common.master 创建内容页 BookList.aspx，并从工具箱拖动 DataList 控件至页面并定义 ItemTemplate 模板，代码如下：

```
<asp:Content ID = "Content1" ContentPlaceHolderID = "cphHeader" runat = "Server">
    <link href = "Css/channel.css" rel = "stylesheet" type = "text/css" />
</asp:Content>
<asp:Content ID = "Content2" ContentPlaceHolderID = "cphContent" runat = "Server">
    <div class = "main">
        <asp:datalist id = "dlBooks" runat = "server" datakeyfield = "Id">
        <ItemTemplate>
        <table id = "tbBooks" class = "list_area">
            <tr>
                <td rowspan = "2" class = "td_left">
```

```
                    <a href = "BookDetail.aspx?bid = <% # Eval("Id") %>">
                        <% -- <img alt = "" src = "<% # GetUrl(Eval("ISBN").ToString())
%>" />-- %>
                        <img alt = "" src = '<% # Eval("ISBN","Images/BookCovers/{0}.
jpg") %>'/>
                    </a>
                </td>
                <td class = "td_right">
                    <a href = "BookDetail.aspx?bid = <% # Eval("Id") %>" name = "link_prd_
name" target = "_blank" class = "b_title" id = "link_prd_name">
                        <% # Eval("Title") %></a>
                </td>
            </tr>
            <tr>
                <td align = "left">
                    <span>
                        <% # Eval("Author") %></span><br /></span>
                    <br />
                    <span>
                        <% # StringUtility.CutString(Eval("ContentDescription"),150) %>
</span>
                </td>
            </tr>
            <tr>
                <td align = "right" colspan = "2">
                    价格: <span class = "red">
                        <% # StringUtility.ToMoney(Eval("UnitPrice")) %></span>
                </td>
            </tr>
        </table>
        </ItemTemplate>
        <SeparatorTemplate>
        </SeparatorTemplate>
    </asp:datalist>
    </div>
</asp:Content>
```

获取图书封面用< img alt＝"" src＝'<% # Eval("ISBN","Images/BookCovers/{0}.jpg")% > ' 的方式，它是 Eval 的一个重载方法，非常重要，要使用熟练。用 Eval("ContentDescription")获取图书内容描述，将它作为 CutString(object content, int num)方法的参数，用于截取前 180 个字符。CutString 方法定义在 Web 站点项目的文件夹 App_Code 下的 StringUtility.cs 类文件中，代码如下：

```
/// <summary>
/// 截断字符串
/// </summary>
public static string CutString(object content, int num)
{
```

```
    if (content.ToString().Length > num - 2)
        return content.ToString().Substring(0, num - 2) + "...";
    else
        return content.ToString();
}
```

2. 编写代码,实现程序功能

在后置代码文件 BookList.aspx.cs 中编写页面加载时触发的 Page_Load 事件过程代码,如下:

```
protected void Page_Load(object sender, EventArgs e)
{
    if (!IsPostBack)
    {
        this.BindData();
    }
}
```

使用 BindData 方法获取五本点击率最高的图书信息,代码如下:

```
private void BindData()
{
    //定义数据库连接字符串
      string  connString  =  ConfigurationManager. ConnectionStrings [ " BookShop "].
ConnectionString;
    string sqlstr = "select top 5 * from Books Order By Clicks DESC";
                                                    //定义执行查询操作的 SQL 语句
    SqlConnection conn = new SqlConnection(connString);     //创建数据库连接对象
    SqlDataAdapter sda = new SqlDataAdapter(sqlstr, conn); //创建数据适配器
    DataSet ds = new DataSet();                             //创建数据集
    sda.Fill(ds);                                           //填充数据集
    dlBooks.DataSource = ds;                  //设置 DataList 控件的数据源为创建的数据集 ds
    dlBooks.DataKeyField = "Id";
                                 //将数据库表中的主键字段放入 DataList 控件的 DataKeyField 属性中
    dlBooks.DataBind();                                     //绑定数据库表中数据
}
```

3. 运行页面 BookList.aspx

运行页面 BookList.aspx,效果如图 7-45 所示。

任务 7-7　实现“新知书店”前台图书列表显示的排序和分页

【任务描述】

◆ 实现每页显示五条图书记录,分页功能如图 7-46 所示。

◆ 实现“新知书店”图书列表页“按出版日期排序”和“按价格排序”功能,如图 7-47 所示。

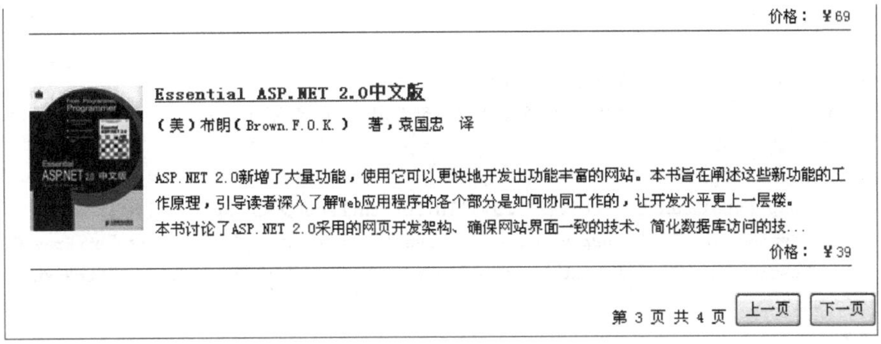

图 7-46 “新知书店”前台图书列表分页页面

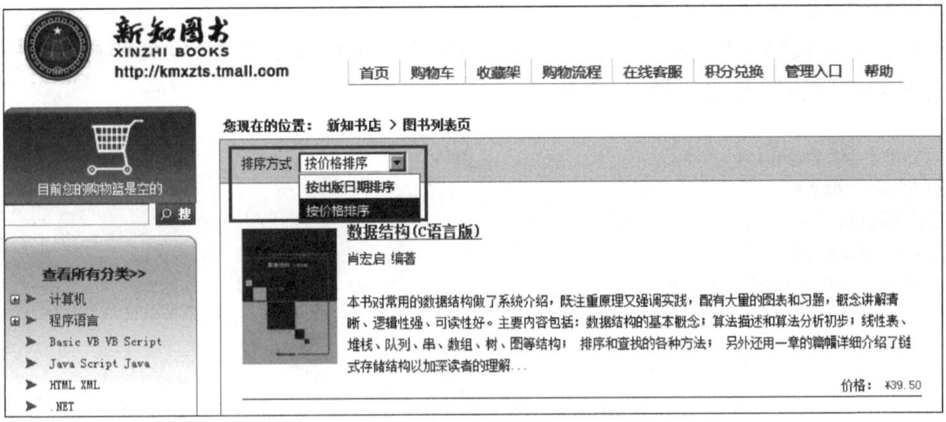

图 7-47 “新知书店”前台图书列表排序功能

◆ 实现单击 TreeView 的分类名，显示该分类下的全部图书信息。

【任务实施】

1. Web 页面设计

（1）在文件夹 rw7-7 下创建网站项目 Web，解决方案名称为 BookShop，右击网站项目 Web，将任务 7-6 的站点目录下的文件及文件夹复制至新创建的网站项目 Web 下。

（2）在站点项目 Web 的 BookList.aspx 页面中，拖入 DropDownList、Button 控件和 Label 标签控件，代码如下：

```
<asp:Content ID = "Content1" ContentPlaceHolderID = "cphContent" runat = "Server">
<div class = "main">
    <div class = "list_asc">
        <! -- choice order type -- >
        <div class = "type_choice f_left">
            排序方式
            <asp:DropDownList ID = "ddlOrder" runat = "server" AutoPostBack = "true"
                              OnSelectedIndexChanged = "ddlOrder_SelectedIndexChanged">
                <asp:ListItem Value = "1">按出版日期排序</asp:ListItem>
                <asp:ListItem Value = "2">按价格排序</asp:ListItem>
            </asp:DropDownList>
```

```
            </div>
        </div>
        <asp:DataList ID = "dlBooks" runat = "server">
         <%-- ItemTemplate 模板代码在任务 7-6 中定义过,省略 -- %>
        </asp:DataList>
        <div class = "pages">
            <asp:Label runat = "server" ID = "lblCurrentPage"></asp:Label>
            <asp:Button ID = "btnPrev" runat = "server" Text = "上一页" OnClick = "btnPrev_Click" />
            <asp:Button ID = "btnNext" runat = "server" Text = "下一页" OnClick = "btnNext_Click" />
        </div>
    </div>
    </asp:Content>
```

2. 编写代码,实现程序功能

(1) 在后置代码文件 BookList.aspx.cs 中的所有事件方法之外,定义和初始化实现排序和分页功能时所需要的变量,代码如下:

```
private int PageSize = 5;
/// <summary>
/// 当前页
/// </summary>
public int CurrentPageIndex
{
    set
    {
        ViewState["CurrentPageIndex"] = value;
    }
    get
    {
        return Convert.ToInt32(ViewState["CurrentPageIndex"]);
    }
}
/// <summary>
/// 总页数
/// </summary>
public int PageCount
{
    set
    {
        ViewState["PageCount"] = value;
    }
    get
    {
        return Convert.ToInt32(ViewState["PageCount"]);
    }
}
/// <summary>
/// 当前分类 Id
/// </summary>
```

```
private int CategoryId
{
    get
    {
        return (int)ViewState["CategoryId"];
    }
    set
    {
        ViewState["CategoryId"] = value;
    }
}

/// <summary>
/// 当前排序字段
/// </summary>
private string SortField
{
    get
    {
        if (ViewState["SortField"] == null)
            return "PublishDate";
        return (string)ViewState["SortField"];
    }
    set
    {
        ViewState["SortField"] = value;
    }
}
```

说明：每次单击“上一页”或“下一页”按钮会造成页面回传，需要在与服务器交互中保持当前图书分类、排序和页数等条件，因为该分页和排序信息仅需要在该页面有效，之前学过的 Session、Cookie、Application 状态保持方式并不合适。此处，用页面级的状态保持对象 ViewState，使用页面级状态保持方式的好处就是不影响其他页面的分页。ViewState 的用法和 Session 一样，语法格式为 ViewState["名称"]＝值(或者 ViewState. Add("名称",值))。事实上，ViewState 对象的状态保持方式是在页面上放置一个隐藏域< input type＝"hidden"name＝"_VIEWSTATE"value＝"">，每次回传，该隐藏域的内容也一起回传，从而进行状态信息的保持。

(2) 在后置代码文件 BookList. aspx. cs 中编写页面加载时触发的 Page_Load 事件过程代码，如下：

```
protected void Page_Load(object sender, EventArgs e)
{
    if (!IsPostBack) //首次加载，赋初值
    {
        this.CurrentPageIndex = 1;
        try
```

```
        {
            this.CategoryId = Convert.ToInt32(Request.QueryString["typeid"]);
        }
        catch
        {
            this.CategoryId = -1;
        }
        this.BindList();
    }
}
```

其中,BindList 方法用来借助 PagedDataSource 类的相关属性实现数据的排序和分页功能,并将分页和排序后的数据绑定到 DataList 控件上,代码如下:

```
public void BindList()
{
    //获取数据库连接对象
    string connString = ConfigurationManager.ConnectionStrings["BookShop"].
ConnectionString;
    SqlConnection conn = new SqlConnection(connString);      //创建数据库连接对象
    SqlCommand cmd = new SqlCommand();                       //创建 SqlCommand 对象
    cmd.Connection = conn;                                   //指定 cmd 的数据库连接对象
    cmd.CommandType = CommandType.StoredProcedure;           //指定执行对象为存储过程
    cmd.CommandText = "sp_GetBooksByCategoryIdAndSortField";//指定要执行的存储过程
    SqlParameter[] paras = new SqlParameter[]
    {
        new SqlParameter("@CategoryId", CategoryId ),
        new SqlParameter("@SortField", SortField)
    };
    cmd.Parameters.AddRange(paras);                          //参数赋值
    DataSet ds = new DataSet();
    SqlDataAdapter sda = new SqlDataAdapter(cmd);            //创建数据适配器
    sda.Fill(ds);                                            //创建数据集

    PagedDataSource pds = new PagedDataSource();             //定义一个 PagedDataSource 实例
    pds.AllowPaging = true;                                  //设置数据绑定控件启用分页
    pds.CurrentPageIndex = CurrentPageIndex - 1;             //使用状态保持保存当前页数
    if (ds == null)
        Response.Redirect("~/Default.aspx");
    pds.DataSource = ds.Tables[0].DefaultView;               //指定 PagedDataSource 数据源
    pds.PageSize = this.PageSize;                            //设置每页记录数
    this.PageCount = pds.PageCount;
    this.lblCurrentPage.Text = "第" + CurrentPageIndex + "页,共" + this.PageCount + "页";
    this.dlBooks.DataSource = pds;             //将 DataList 的数据源设置成 PagedDataSource
    this.dlBooks.DataBind();
}
```

存储过程 sp_GetBooksByCategoryIdAndSortField 的代码如下:

```
ALTER PROCEDURE [dbo].[sp_GetBooksByCategoryIdAndSortField]
@SortField VARCHAR(20), -- 排序方式
@CategoryId INT -- 图书类别
AS
-- 根据出版社时间和价格关键字进行排序获取图书列表
IF(@SortField = 'PublishDate')
BEGIN
    select * from books where CategoryId = @CategoryId ORDER BY PublishDate
END
ELSE IF(@SortField = 'UnitPrice')
BEGIN
    select * from books where CategoryId = @CategoryId ORDER BY UnitPrice
END
```

(3) 在后置代码文件 BookList.aspx.cs 中,编写下拉列表框 ddlOrder 控件发生改变(排序方式改变)时触发 SelectedIndexChanged 事件的代码,如下:

```
/// <summary>
/// 下拉列表选项发生改变的事件方法(排序方式变化)
/// </summary>
protected void ddlOrder_SelectedIndexChanged(object sender, EventArgs e)
{
    if (ddlOrder.SelectedValue == "1")
    {
        this.SortField = "PublishDate";
    }
    else
    {
        this.SortField = "UnitPrice";
    }
    this.CurrentPageIndex = 1;
    this.BindList();
}
```

(4) 在后置代码文件 BookList.aspx.cs 中,分别编写"上一页""下一页"两个 Button 控件的 Click 事件过程代码,如下所示,当单击用于操作分页的 Button 控件时,程序根据当前页码执行指定操作。

```
/// <summary>
/// "下一页"按钮事件方法
/// </summary>
protected void btnNext_Click(object sender, EventArgs e)
{
    this.CurrentPageIndex++;
    this.BindList();                    //取得数据源并绑定
    SetEnable(CurrentPageIndex);        //设置按钮状态
}
/// <summary>
```

```
/// "上一页"按钮事件方法
/// </summary>
protected void btnPrev_Click(object sender, EventArgs e)
{
    this.CurrentPageIndex--;
    this.BindList();                    //取得数据源并绑定
    SetEnable(CurrentPageIndex);        //设置按钮状态
}
```

其中,SetEnable 方法用于根据当前页数 CurrentPageIndex 改变"上一页""下一页"按钮的可用状态,代码如下:

```
/// <summary>
/// 设置按钮的可用性
/// </summary>
/// <param name="pageCount"></param>
private void SetEnable(int pageCount)
{
    //如果当前页时最后一页
    if (CurrentPageIndex >= this.PageCount)
    {
        btnNext.Enabled = false;
    }
    else
    {
        this.btnNext.Enabled = true;
    }

    if (CurrentPageIndex <= 1)
    {
        btnPrev.Enabled = false;
    }
    else
    {
        this.btnPrev.Enabled = true;
    }
}
```

3. 运行页面 BookList.aspx

运行页面 BookList.aspx,效果如图 7-46 和图 7-47 所示。

7.4 Repeater 控件

7.4.1 Repeater 控件概述

Repeater 控件是一个最原始的数据显示控件,该控件允许通过为列表中显示的每一项重复使用指定的模板来自定义布局。Repeater 控件也是基于模板的方式,其支持的模板如

表 7-10 所示。但 Repeater 不会自动生成任何用于布局的代码，甚至没有一个默认的外观，它完全是通过开发人员自己编写的模板来控制，而且也只能通过源代码视图进行模板的编辑。从表 7-10 可知，与 DataList 相比，Repeater 的可用模板更少，没有编辑和选择模板，由于不能自动生成任何 HTML 标签，所以带来了效率上的提升，也使精确展示数据成为可能。

表 7-10　Repeater 控件支持的模板

模　板	说　明
ItemTemplate	项模板，包含一些 HTML 元素和控件，将为数据源中的每一行呈现一次这些 HTML 元素和控件
HeaderTemplate	页眉模板，包含在列表的开始处呈现的文本和控件
FooterTemplate	页脚模板，包含在列表的结束处呈现的文本和控件
SeparatorTemplate	分隔符模板，包含在每项之间呈现的元素。典型的示例可能是一条直线（分隔符）
AlternatingItemTemplate	交替项模板，包含一些 HTML 元素和控件，将为数据源中的每两行呈现一次这些 HTML 元素和控件

7.4.2 Repeater 控件的常用属性、方法和事件

Repeater 控件同其他 ASP. NET 控件一样，包含属性、方法和事件。Repeater 控件的常用属性、方法和事件如表 7-11 所示。

表 7-11　Repeater 控件的常用属性、方法和事件

属性、方法和事件	说　明
Items 属性	获取 Repeater 控件中的 RepeaterItem 对象的集合
ItemTemplate 属性	获取或设置 System. Web. UI. ITemplate，它定义如何显示 Repeater 控件中的项
DataSource 属性	获取或设置为填充列表提供数据的数据源
DataMember 属性	获取或设置 DataSource 中要绑定到控件的特定表
DataSourceID 属性	获取或设置数据源控件的 ID 属性，Repeater 控件应使用它来检索其数据源
EnableTheming 属性	获取或设置一个值，该值指示主题是否应用于此控件
模板属性	表 7-10 中的模板，也是 Repeater 控件的属性
DataBind 方法	将数据源绑定到 Repeater 控件
DataBinding 事件	当服务器控件绑定到数据源时发生
ItemCommand 事件	当单击 Repeater 控件中的按钮时发生
ItemCreated 事件	当在 Repeater 控件中创建一项时发生
ItemDataBound 事件	该事件在 Repeater 控件中的某一项被数据绑定后但尚未呈现在页面上时发生
PreRender 事件	在加载 Control 对象之后、呈现之前发生

7.4.3 分页显示 Repeater 控件中的数据

【示例 7-9】 编辑 Repeater 控件的模板，实现“新知书店”图书信息的分页显示与删除

功能。

1) 设计 Web 页面

(1) 在网站项目 WebSite07 下新建文件夹 Ch7_9，在文件夹 Ch7_9 中新建 Web 页面 Default. aspx。

(2) 切换到页面 Default. aspx 的设计视图，在页面中添加一个 Repeater 控件，ID 属性为 rpBooks；切换至源代码视图，定义页眉模板、项模板及交替项模板，代码如下：

```
<asp:Repeater ID = "rpBooks" runat = "server" OnItemCommand = "rpBooks_ItemCommand">
    <HeaderTemplate>
        <tr>
            <th>编号</th>
            <th>书名</th>
            <th>作者</th>
            <th>出版社</th>
            <th>出版时间</th>
            <th>单价</th>
            <th>操作</th>
        </tr>
    </HeaderTemplate>
    <ItemTemplate>
        <tr>
            <td><% #Eval("Id") %></td>
            <td><a href = "BookDetail.aspx?bid = <% # Eval("Id") %>" target = "_blank">
<% # Eval("Title") %></a></td>
            <td><% #Eval("Author") %></td>
            <td><% #getPublisherName(Eval("PublisherId").ToString()) %></td>
            <td><% #Eval("publishDate","{0:yyyy - mm - dd}") %></td>
            <td><% # Eval("UnitPrice","{0:C}") %></td>
            <th><asp:Button ID = "btnDel" runat = "server" Text = "删除" CausesValidation
= "false" CommandArgument = '<% #Eval("Id") %>'/></th>
        </tr>
    </ItemTemplate>
    <AlternatingItemTemplate>
        <tr style = "background - color: #ccc;">
            <td><% #Eval("Id") %></td>
            <td><a href = "BookDetail.aspx?bid = <% # Eval("Id") %>" target = "_blank">
<% # Eval("Title") %></a></td>
            <td><% #Eval("Author") %></td>
            <td><% #getPublisherName(Eval("PublisherId").ToString()) %></td>
            <td><% #Eval("publishDate","{0:yyyy - mm - dd}") %></td>
            <td><% # Eval("UnitPrice","{0:C}") %></td>
            <th><asp:Button ID = "btnDel" runat = "server" Text = "删除" CausesValidation
= "false" CommandArgument = '<% #Eval("Id") %>'/></th>
        </tr>
    </AlternatingItemTemplate>
    <SeparatorTemplate>
    </SeparatorTemplate>
</asp:Repeater>
```

(3) 在 rpBooks 控件的下面添加一个 DIV,在其中添加两个 Label 控件和四个 LinkButton 控件,两个 Label 控件分别用来显示当前页面和总页码,四个 LinkButton 控件用于分别转到首页、上一页、下一页、尾页。

2) 编写代码,实现程序功能

(1) 在所有事件之外获取数据库连接字符串,代码如下:

```
private string getConnectionString()
{
    return WebConfigurationManager.ConnectionStrings["BookShop"].ConnectionString;
}
```

(2) 自定义方法 BindData,用于从数据表 Books 中查询记录绑定到 Repeater 控件,然后通过设置 PageDataSource 类实现 Repeater 控件的分页功能,代码如下:

```
public void BindData()
{
    using (SqlConnection conn = new SqlConnection(getConnectionString()))
    {
        int curpage = Convert.ToInt32(this.currPageIndex.Text); //获取当前页数
        PagedDataSource ps = new PagedDataSource();          //定义一个 PagedDataSource 实例
        conn.Open();
        string sqlstr = "select top 20 * from Books";
        SqlDataAdapter da = new SqlDataAdapter(sqlstr, conn);
        DataSet ds = new DataSet();
        da.Fill(ds, "Books");
        conn.Close();
        ps.DataSource = ds.Tables["Books"].DefaultView;
        ps.AllowPaging = true;                               //设置数据绑定控件启动分页
        ps.PageSize = 5;                                     //每页显示的记录数量
        ps.CurrentPageIndex = curpage - 1;                   //取得当前页的页码
        this.lbFirs.Enabled = true;
        this.lbPre.Enabled = true;
        this.lbNext.Enabled = true;
        this.lblast.Enabled = true;
        if (curpage == 1)
        {
            this.lbFirs.Enabled = false;                     //不显示首页按钮
            this.lbPre.Enabled = false;                      //不显示"上一页"按钮
        }
        if (curpage == ps.PageCount)
        {
            this.lbNext.Enabled = false;                     //不显示"下一页"
            this.lblast.Enabled = false;                     //不显示"尾页"
        }
        this.pageNum.Text = Convert.ToString(ps.PageCount);
        this.rpBooks.DataSource = ps;
        this.rpBooks.DataBind();
    }
}
```

(3) 在后置代码文件 Default.aspx.cs 中编写 Page_Load 事件过程代码,用于判断页面载入时是否为第一次加载页面，如果是，则把当前页码设为 1，然后调用 BindData 方法对 rpBooks 控件进行数据绑定并分页，代码如下：

```
protected void Page_Load(object sender, EventArgs e)
{
    if (!IsPostBack)
    {
        this.currPageIndex.Text = "1";
        BindData();
    }
}
```

（4）在后置代码文件 Default. aspx. cs 中分别编写四个 LinkButton 控件的 Click 事件过程代码，如下所示，当单击用于操作分页的 LinkButton 控件时，程序根据当前页码执行指定操作。

```
/// <summary>
/// "首页"按钮事件方法
/// </summary>
protected void lbFirs_Click(object sender, EventArgs e)
{
    this.currPageIndex.Text = "1";
    this.BindData();
}

/// <summary>
/// "上一页"按钮事件方法
/// </summary>
protected void lbPre_Click(object sender, EventArgs e)
{
    this.currPageIndex.Text = Convert.ToString(Convert.ToInt32(this.currPageIndex.Text)
- 1);
    this.BindData();
}

/// <summary>
/// "下一页"按钮事件方法
/// </summary>
protected void lbNext_Click(object sender, EventArgs e)
{
    this.currPageIndex.Text = Convert.ToString(Convert.ToInt32(this.currPageIndex.Text)
+ 1);
    this.BindData();
}

/// <summary>
/// "尾页"按钮事件方法
/// </summary>
protected void lblast_Click(object sender, EventArgs e)
{
    this.currPageIndex.Text = this.pageNum.Text;
```

```
        this.BindData();
    }
```

(5) 在后置代码文件 Default. aspx. cs 中编写单击"删除"按钮时触发的 rpBooks_ItemCommand 事件过程代码,如下:

```
protected void rpBooks_ItemCommand(object source, RepeaterCommandEventArgs e)
{
    int Id = Convert.ToInt32(e.CommandArgument);      ////取得某一列的值
    using (SqlConnection connection = new SqlConnection(getConnectionString()))
    {
        SqlCommand command = new SqlCommand();
        command.Connection = connection;
        command.CommandType = CommandType.Text;
        command.CommandText = "Delete Books where Id = " + Id;
        connection.Open();
        try
        {
            command.ExecuteNonQuery();
            command.Dispose();
            connection.Close();
            BindData();                                //重新绑定数据
        }
        catch (Exception ex)
        {
            Response.Write("<script>alert(" + ex.Message + ")</script>");
        }
        finally
        {
            command.Dispose();
            connection.Close();
        }
    }
}
```

3) 运行页面

运行页面,效果如图 7-48 所示。

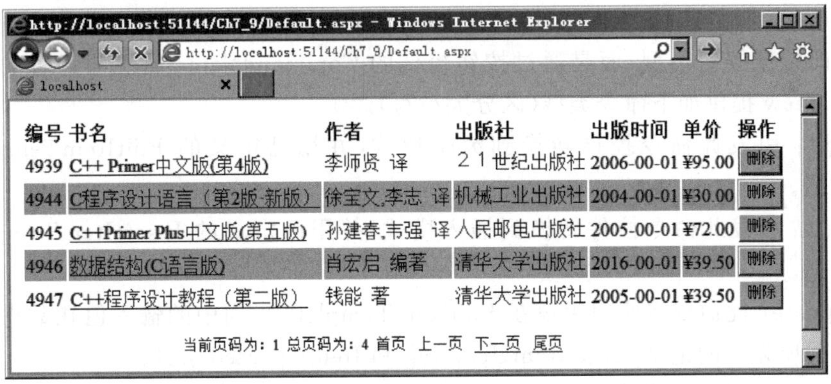

图 7-48 分页显示 Repeater 控件中的数据,并实现删除

7.5 其他数据绑定控件

至此,已经详细讲解了复杂数据绑定控件 GridView、DataList、Repeater 的使用,在这些控件的讲解过程中,发现它们的使用和要注意的问题大同小异。除了上述控件之外,ASP.NET 还提供了 DetailsView、FormView、ListView 和 DataPager 控件,在此不再详细阐述它们的使用,只做简单介绍,在后续章节结合单元任务的实施再演示它们的使用方法。

7.5.1 DetailsView 控件

DetailsView 控件可以一次显示一个数据记录。当需要深入研究数据库文件中的某一个记录时,DetailsView 控件就可以大显身手。DetailsView 经常在主控/详细方案中与 GridView 控件配合使用。用户使用 GridView 控件来选择列,用 DetailsView 来显示相关的数据。

DetailsView 控件依赖于数据源控件的功能执行诸如更新、插入和删除记录等任务。DetailsView 控件不支持排序。DetailsView 控件可以自动对其关联数据源中的数据进行分页,但前提是数据由支持 ICollection 接口的对象表示或基础数据源支持分页。DetailsView 控件提供用于在数据记录之间导航的用户界面(UI)。如果要启用分页行为,需要将 AllowPaging 属性设置为 true。多数情况下,上述操作的实现无须编写代码。

DetailView 有一个 DefaultMode 属性,控制默认的显示模式,该属性有三个可选值。

- DetailsViewMode.Edit:编辑模式,用户可以更新记录的值。
- DetailsViewMode.Insert:插入模式,用户可以向数据源中添加新记录。
- DetailsViewMode.ReadOnly:只读模式,这是默认的显示模式。

7.5.2 FormView 控件

FormView 控件提供了内置的数据处理功能,只需绑定到支持这些功能的数据源控件,并进行配置,无须编写代码就可以实现对数据的分页和增删改功能。

要使用 FormView 内置的增、删、改功能需要为更新操作提供 EditItemTemplate 和 InsertItemTemplate 模板,FormView 控件显示指定的模板以提供允许用户修改记录内容的用户界面。

FormView 控件的各个项通过自定义模板来呈现,控件并不提供内置的实现某一功能(如删除)的特殊按钮类型,而是通过按钮控件的 CommandName 属性与内置的命令相关联。FormView 提供如下命令类型(区分大小写)。

- Edit:引发此命令控件转换到编辑模式,并用已定义的 EditItemTemplate 呈现数据。
- New:引发此命令控件转换到插入模式,并用已定义的 InsertItemTemplate 呈现数据。
- Update:此命令将使用用户在 EditItemTemplate 界面中的输入值在数据源中更新当前所显示的记录,引发 ItemUpdating 和 ItemUpdated 事件。
- Insert:此命令用于将用户在 InsertItemTemplate 界面中的输入值在数据源中插入

一条新的记录，引发 ItemInserting 和 ItemInserted 事件。

- Delete：此命令删除当前显示的记录，引发 ItemDeleting 和 ItemDeleted 事件。
- Cancel：在更新或插入操作中取消操作和放弃用户输入值，然后控件会自动转换到 DefaultMode 属性指定的模式。

7.5.3 ListView 控件

ListView 控件是 ASP. NET 3.5 提供的新控件，很好地集成了 GridView、DataList 和 Repeater 的优点。类似于 GridView，它支持数据编辑、删除和分页；类似于 DataList，它支持多列和多行布局；类似于 Repeater，它允许完全控制控件生成的标记。ListView 通过模板显示和管理数据，其支持的模板属性和事件如表 7-12 所示。

表 7-12 ListView 控件支持的模板属性和事件

模板属性和事件	说　明
<LayoutTemplate>模板属性	控件的容器。它可定义一个放置单独数据项(像 Reviews)的位置，然后通过 ItemTemplate 和 AlternatingItemTemplate 表示的数据项作为容器的子元素添加。它还可能包含一个 DataPager 对象
<ItemTemplate>模板属性 <AlternatingItemTemplate>模板属性	项模板、交替项模板，定义控件的只读模式。当一起使用时，奇偶行有着不同的外观(通常是不同的背景色)
<SelectedItemTemplate>模板属性	允许定义当前活动或选择项的外观
<InsertItemTemplate>模板属性 <EditItemTemplate>模板属性	这两个模板允许定义用于插入和更新列表中的项的用户界面。通常，将文本框、下拉列表和其他服务器控件等放置到这些模板中，将它们与底层数据源绑定
<ItemSeparatorTemplate>模板属性	定义放置在列表中项之间的标记。可用于在项之间添加线、图像或其他标记
<EmptyDataTemplate>模板属性	在控件无数据显示时显示。可以添加文本或其他标记，告诉用户无数据显示
AfterLabelEdit 事件	在编辑了标签后，引发该事件
BeforeLabelEdit 事件	在用户开始编辑标签前，引发该事件
ColumnClick 事件	在单击一个列时，引发该事件
ItemActivate 事件	在激活一个选项时，引发该事件

ListView 中至少必须包含两个模板：LayoutTemplate 和 ItemTemplate。LayoutTemplate 模板是 ListView 用来显示数据的布局模板，ItemTemplate 则是每一条数据的显示模板，将 ItemTemplate 模板放置在 LayoutTemplate 模板中可以实现定制的布局。

7.5.4 DataPager 控件

DataPager 控件是 ASP. NET 3.5 提供的新控件。在 ASP. NET 的前几个版本中，分页只是通过一些控件(如 GridView 和 DetailsView)内置的功能实现或是通过手动编写代码实现(基于存储过程的分页，由于比较复杂，本书没有阐述，有兴趣的读者可自行查找资料)。

DataPager 是个单独的控件，可用它来扩展另一个数据绑定控件。目前，只能使用 DataPager 为 ListView 控件提供分页功能，将 DataPager 与 ListView 控件关联后，分页将自动完成。将 DataPager 与 ListView 控件关联有两种方法。

(1) 在 ListView 控件的 LayoutTemplate 模板中定义它。此时,DataPager 将明确它给哪个控件提供分页功能。

(2) 在 ListView 控件外部定义它。需要将 DataPager 的 PagedControlID 属性设置为有效 ListView 控件的 ID。如果想将 DataPager 控件放到页面不同的地方,例如 Footer 或 SideBar 区域,也可以在 ListView 控件的外部进行定义。

DataPager 控件包括两种样式,一种是"上一页""下一页"的文本样式,另一种是数字样式,如图 7-49 所示。

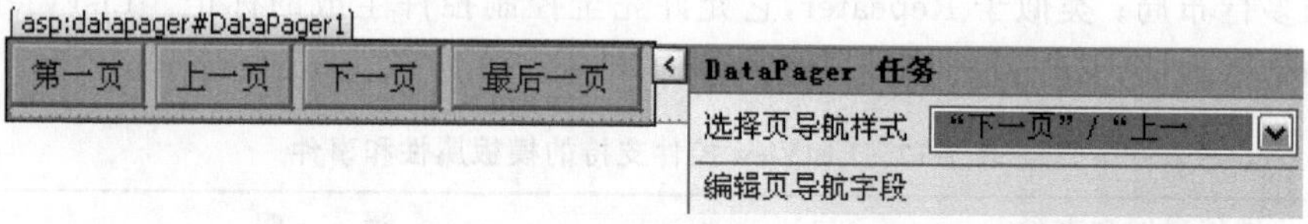

文本样式

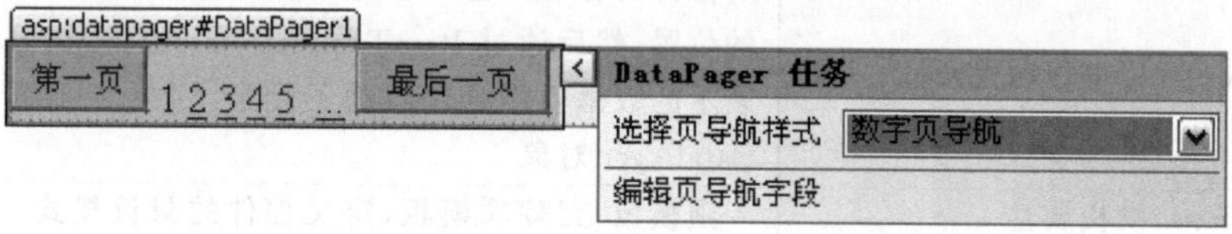

数字样式

图 7-49 DataPager 控件的样式

当使用"上一页""下一页"样式时,DataPager 控件的 HTML 实现代码如下:

```
<asp:DataPager ID = "DataPager1" runat = "server">
  <Fields>
    <asp:NextPreviousPagerField ButtonType = "Button" ShowFirstPageButton = "True"
        ShowLastPageButton = "True" />
  </Fields>
</asp:DataPager>
```

当使用数字样式时,DataPager 控件的 HTML 实现代码如下:

```
<asp:DataPager ID = "DataPager1" runat = "server">
  <Fields>
    <asp:NextPreviousPagerField ButtonType = "Button" ShowFirstPageButton = "True"
        ShowNextPageButton = "False" ShowPreviousPageButton = "False" />
    <asp:NumericPagerField />
    <asp:NextPreviousPagerField ButtonType = "Button" ShowLastPageButton = "True"
        ShowNextPageButton = "False" ShowPreviousPageButton = "False" />
  </Fields>
</asp:DataPager>
```

除了可以通过默认的方法来显示分页样式以外,还可以通过向 DataPager 中的 Fields 中添加 TemplatePagerField 的方法来自定义分页样式。在 TemplatePagerField 中添加

PagerTemplate，在 PagerTemplate 中添加任何服务器控件，这些服务器控件可以通过实现 TemplatePagerField 的 OnPagerCommand 事件来实现自定义分页。

任务 7-8　实现"新知书店"前台图书详细信息显示

【任务描述】

实现任务 7-7 中，单击图 7-47 所示图书的封面或名称时，链接到页面 BookDetailsView.aspx 显示该图书的详细信息，效果如图 7-50 所示。

图 7-50　"新知书店"前台图书详细信息页面运行效果

【任务实施】

DetailsView 控件一次可以显示一条记录，当需要详细显示数据库文件中的某一条记录时，使用 DetailsView 控件就非常方便。

1. Web 页面设计

(1) 在文件夹 rw7-8 下创建网站项目 Web，解决方案名称为 BookShop，右击网站项目 Web，将任务 7-7 的站点目录下的文件及文件夹复制至新创建的网站项目 Web 下。

(2) 基于前台母版页 Common.master 创建内容页 BookDetailsView.aspx，并从工具箱拖入 DetailsView 控件至页面。从左边工具箱的数据分类中选择 SqlDataSource 控件，拖动到 BookDetailsView.aspx 中，设置其 ID 属性为 sdBooks。

2. 配置数据源控件

(1) 按照本单元示例 7-1 中步骤(1)～(8)配置数据源和数据连接。

(2) 选择数据表,单击"下一步"按钮,在"配置 Select 语句"对话框中指定需要检索的数据表及其字段,这里选择 Books 表,选中"＊"复选框,即所有字段,如图 7-51 所示。

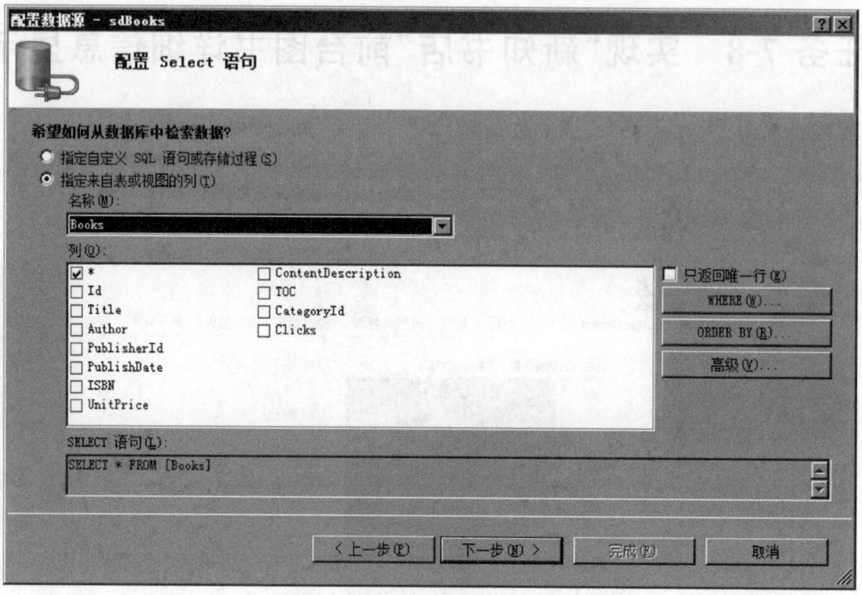

图 7-51　SqlDataSource 控件的"配置 Select 语句"对话框

(3) 在图 7-51 中单击 WHERE 按钮,在弹出的对话框中设置查询条件,如图 7-52 所示。设置查询源为 QueryString,QueryString 字段为在 BookList.aspx 页面中链接字段中设置的 bid,单击"添加"按钮,完成条件设置,代码如下所示。

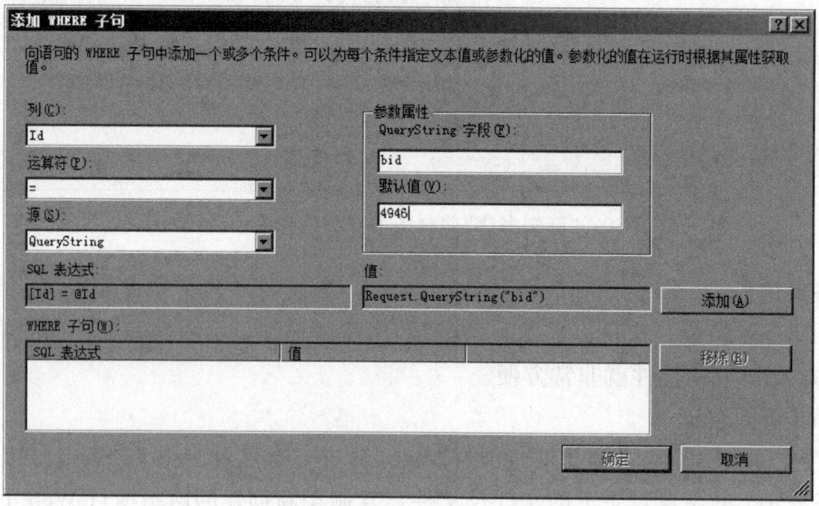

图 7-52　SqlDataSource 控件的"添加 WHERE 子句"对话框

```
<asp:SqlDataSource ID = "sdBooks" runat = "server" ConnectionString = "Data Source = .;Initial
Catalog = BookShopPlus; Integrated Security = True" ProviderName = " System. Data. SqlClient"
SelectCommand = "SELECT * FROM [Books] WHERE ([Id] = @Id)">
```

```
        <SelectParameters>
            <asp:QueryStringParameter DefaultValue = "4946" Name = "Id" QueryStringField = "bid"
Type = "Int32" />
        </SelectParameters>
</asp:SqlDataSource>
```

3. 配置 DetailsView 控件

(1) 在 DetailsView 控件中单击右侧的智能标记，在弹出的菜单中选择"选择数据源"菜单项，选择 sdBooks 选项，完成数据源设置。至此，在图书列表页 BookList. aspx 中单击某一图书的标题或封面，就会链接到选中图书的详细信息显示页面 BookDetailsView. aspx。

(2) 从运行 BookDetailsView. aspx 页面显示的效果可以看出，图书的详细信息内容均已经显示出来，但比较混乱。为达到显示美观的效果，对 DetailsView 控件的相关属性进行设置，并在"DetailsView 任务"菜单中选择"编辑字段"选项，在弹出的"字段"对话框中对以数据表字段自动生成的对应字段进行调整，如图 7-53 所示，具体设置方式与 GridView 的字段设置相似，在此不予赘述。需要注意的是，为了显示"购买"按钮，把"单价"字段转换成模板。设置完成后重新运行，效果如图 7-50 所示。

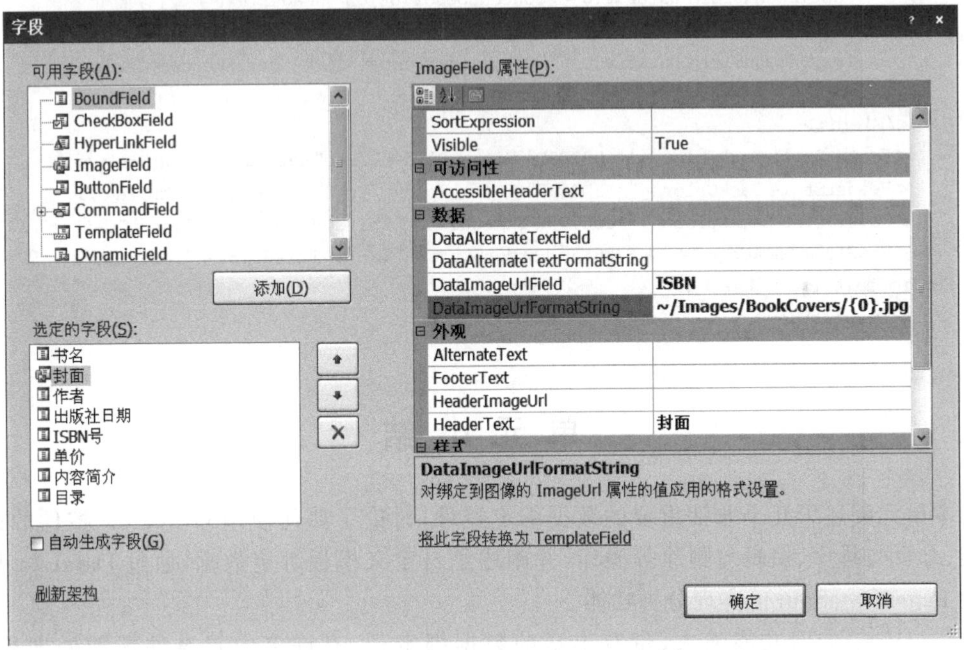

图 7-53　DetailsView 控件的"字段"对话框

切换到 BookDetailsView. aspx 页面源视图，可以看到设置完后生成的代码如下：

```
<asp:DetailsView ID = "dvShowBook" runat = "server" AutoGenerateRows = "False" CellPadding =
"4" DataSourceID = "sdBooks" ForeColor = "#333333" GridLines = "None" Height = "50px"
HorizontalAlign = "Center" Width = "650px">
    <AlternatingRowStyle BackColor = "White" ForeColor = "#284775" />
    <CommandRowStyle BackColor = "#E2DED6" Font - Bold = "True" />
```

```
    <EditRowStyle BackColor = "#999999" />
    <FieldHeaderStyle BackColor = "#E9ECF1" Font-Bold = "True" HorizontalAlign = "Center"
        VerticalAlign = "Middle" Width = "80px" Wrap = "False" />
    <Fields>
        <asp:BoundField DataField = "Title" HeaderText = "书名" SortExpression = "Title" />
        <asp:ImageField DataImageUrlField = "ISBN" DataImageUrlFormatString = "~/Images/
BookCovers/{0}.jpg" HeaderText = "封面"></asp:ImageField>
        <asp:BoundField DataField = "Author" HeaderText = "作者" SortExpression = "Author" />
        <asp:BoundField DataField = "PublishDate" HeaderText = "出版社日期" SortExpression
= "PublishDate" />
        <asp:BoundField DataField = "ISBN" HeaderText = "ISBN 号" SortExpression = "ISBN" />
        <asp:TemplateField HeaderText = "单价" SortExpression = "UnitPrice">
            <ItemTemplate>
                <asp:Label ID = "Label1" runat = "server" Text = '<%# Bind("UnitPrice",
"{0:C}") %>'></asp:Label>
                <a href = '<%# Eval("id","/ShoppingCart.aspx? = {0}") %>'> <img src =
"Images/Common/buy.gif" /></a>
            </ItemTemplate>
        </asp:TemplateField>
        <asp:BoundField DataField = "ContentDescription" HeaderText = "内容简介"
                        SortExpression = "ContentDescription" />
        <asp:BoundField DataField = "TOC" HeaderText = "目录" HtmlEncode = "False"
                        SortExpression = "TOC" />
    </Fields>
    <FooterStyle BackColor = "#5D7B9D" Font-Bold = "True" ForeColor = "White" />
    <HeaderStyle BackColor = "#5D7B9D" Font-Bold = "True" ForeColor = "White" />
    <PagerStyle BackColor = "#284775" ForeColor = "White" HorizontalAlign = "Center" />
    <RowStyle BackColor = "#F7F6F3" BorderStyle = "Solid" ForeColor = "#333333"
HorizontalAlign = "Left" />
</asp:DetailsView>
```

单元小结

本单元阐述了几个非常重要的数据绑定控件，讨论了如何使用 GridView 控件的选择功能、分页与排序、编辑与删除等操作，并阐述了自定义模板绑定数据，通过 DataList 控件结合 PagedDataSource 实现分页功能。

GridView 自身功能强大，带有丰富的数据绑定列，有许多内置事件帮助处理程序，GridView 内置了分页、排序功能，开发效率高，但是占用资源也比较高；DataList 的模板不如 GridView 多，以表的形式呈现数据，通过 DataList 可以使用不同的布局显示数据记录，本身不带分页、排序功能；Repeater 不提供任何布局，即不会生成任何 HTML 代码，需要用户通过编辑模板实现布局功能，开发的周期长。在性能方面，Repeater 高于 DataList，DataList 高于 GridView。GridView 通常用于表格化数据处理，而 DataList 和 Repeater 多用于单行多列、多行单列结构的数据处理。

单元练习题

一、选择题

1. 如果希望在 GridView 控件中显示"上一页"和"下一页"的导航栏，则 PagerSettings 的 Mode 属性为(　　)。

A. Numeric　　B. NextPrevious　　C. 上一页　　D. 下一页

2. 在 GridView 控件中，如果定制了列，又希望排序，则需要在每一列设置(　　)属性。

A. SortExpression　　B. Sort　　C. SortField　　D. DataFieldText

3. 在 ListView 控件中，如果希望每行有 4 列数据，应设置(　　)属性。

A. GroupItemCount　　B. RepeatColumn　　C. RepeatLayout　　D. RepeatNumber

4. 下面关于 ListView 控件的 LayoutTemplate 和 ItemTemplate 模板说法错误的是(　　)。

A. 标识定义控件的主要布局的是根模板

B. LayoutTemplate 模板包含一个占位符对象，例如表行(tr)、div 或 span 元素

C. LayoutTemplate 模板是 ListView 控件所必需的

D. LayoutTemplate 内容不必包含一个占位符控件

5. 下面关于 ListView 控件和 DataPager 控件说法错误的是(　　)。

A. ListView 就是 GridView 和 Repeater 的结合体，它既具有 Repeater 控件的开放式模板，又具有 GridView 控件的编辑特性

B. ListView 控件本身不提供分页功能，但是可以通过另一个控件 DataPager 来实现分页的特性

C. 在 ListView 中，布局定义与数据绑定不可以分开在不同的模板中，只能展现数据

D. DataPager 控件能支持实现 IPageableItemContainer 接口的控件，ListView 是现有控件中唯一实现此接口的控件

6. 已知数据库连接字符串，要通过编程获取数据库中 Employees 表中数据，并绑定到 GridView 控件上。后台编写代码如下，空白处的代码应为(　　)。

```
string strcnn = ConfigurationManager.ConnectionStrings["StudentCnnString"].ConnectionString;
using (SqlConnection conn = new SqlConnection(strcnn))
{
    DataSet ds = new DataSet( );
    SqlDataAdapter da = new SqlDataAdapter("select * from Employees", ________);
    da.Fill(ds);
    GridView1.________ = ds.Tables[0];
    ________
}
```

A. conn，DataSource，GridView1. DataBind()

B. connString，DataSource，GridView1. DataBind()

C. connString,DataSourceID,GridView1.DataBind()

D. conn,DataSourceID,GridView1.DataBind()

7. (　　)能够保持页面级的状态。

A. ViewState　　B. Session　　C. Cookie　　D. Application

8. 下面关于DataList控件和Repeater控件的描述中,错误的是(　　)。

A. 这两种数据控件都允许使用模板显示数据

B. Repeater控件可以使用较少的代码实现丰富的显示效果

C. 使用DataList时,可以设定一些属性来进行个性化输出

D. 调用这两种控件的DataBind方法时实现数据与控件的绑定操作

9. 将显示在DataList上的数据进行分页,需要用到PagedDataSource类,该类封装了与分页相关的属性,其中表示总页数的属性是(　　)。

A. CurrentPageIndex　　B. Count

C. PageCount　　D. PageSize

二、填空题

1. GridView控件的________属性表示获取或设置一个值,该值指示是否为数据源中的每个字段自动创建绑定字段。

2. ListView控件有多种模板,其中,________标识定义控件的主要布局的根模板;________标识组布局的内容;________标识为便于区分连续项,而为交替项呈现的内容。

3. 在GridView控件上绑定了一列CheckBox控件,当表头CheckBox控件选中时,在GridView控件中的CheckBox全选;当取消表头CheckBox控件选择时,GridView控件中的CheckBox全不选。该GridView控件代码如下:

```
<asp:GridView ID = "GridView1" runat = "server" AutoGenerateColumns = "False"
    DataKeyNames = "MajorId" DataSourceID = "SqlDataSource1">
    <Columns>
        <asp:TemplateField>
            <HeaderTemplate>
                <asp:CheckBox ID = "CheckBox2" runat = "server" AutoPostBack = "True" Text =
"全选" oncheckedchanged = "CheckChange" />
            </HeaderTemplate>
            <ItemTemplate>
                <asp:CheckBox ID = "CheckBox1" runat = "server" />
            </ItemTemplate>
        </asp:TemplateField>
        <asp:BoundField DataField = "MajorId" HeaderText = "MajorId" ReadOnly = "True" />
        <asp:BoundField DataField = "MajorName" HeaderText = "MajorName" />
    </Columns>
</asp:GridView>
<asp:SqlDataSource ID = "SqlDataSource1" runat = "server"
ConnectionString = "<% $ ConnectionStrings:StuConnectionString %>"
SelectCommand = "SELECT * FROM [Major]"></asp:SqlDataSource>
```

为实现题目所述的功能,必须实现GridView控件表头CheckBox控件的oncheckedchanged事件代码,实现代码如下:

```
protected void CheckChange(object sender, EventArgs e)
{
    CheckBox cb = (CheckBox)________;
    if (cb.Text == "全选")
       {
           foreach (GridViewRow gv in this.GridView1.Rows)
           {
               CheckBox cd = (CheckBox)gv.FindControl("________");
               cd.Checked = cb.Checked;
           }
       }
}
```

三、问答题

1. 分析 GridView、DataList 和 Repeater 三个控件的特点(分析各自的功能、效率,并说明在哪种情况下使用)。

2. 简单介绍 GridView 控件,并举例说明 GridView 控件的使用方法。

3. 简述 ListView 控件及该控件显示和编辑数据的方法。

4. 比较 GridView、DetailView、FormView 和 ListView 控件的使用。

单元 8　使用三层架构搭建系统框架

在中、大型 ASP. NET 网站项目开发过程中,如果功能模块复杂,需要很多部门协作才能完成,这时就有必要设计一个完善的系统框架。在软件体系架构设计中,分层式结构是最常见,也是最重要的一种结构,本单元将通过"新知书店"项目来详细介绍三层架构的搭建,并探讨在实际 ASP. NET 项目开发中应用三层架构的更多细节。

本单元主要学习目标如下。

- 了解 ASP. NET 中的三层架构。
- 学会使用三层架构搭建系统框架。
- 理解三层架构中每一层的主要功能。
- 理解三层架构中各层之间的逻辑关系。

8.1　系统架构设计和分层

8.1.1　系统架构设计

到目前为止,已经完成"新知书店"项目的页面框架的搭建,从现在开始将学习三层架构在 ASP. NET 中的应用,理解多层结构思想在项目开发中的突出优势。

搭建什么样的系统架构取决于项目的具体需求,有的企业网站只是公司的介绍,数据库的内容可能只有几篇新闻。在这种情况下,基本不需要做太多的系统架构设计工作,有一个通用的数据库访问类就足够了。有的站点非常庞大,如新浪、网易等网站,这类项目往往需要很多部门的协作才能完成,而且由于功能模块复杂,程序员也有各自的分工:有负责用户管理模块的,有负责权限管理模块的。如果在模块功能上有交叉,就有必要制定一个统一的标准,大家都按照一致的标准来执行,这时就需要设计一个完善的系统架构。

高内聚、低耦合是系统架构设计的原则,高内聚是指每一层都有统一的职能,对外不公开,低耦合是指层与层之间相互独立。例如根据客户需求变动,要求将基于三层架构的 WinForms 应用程序"MySchool"项目改成 Web 应用程序,那么只需要重新编写"MySchool"项目的表示层,继续使用原来的业务逻辑层和数据访问层即可,而不需要全部重新开发。使用多层结构时,还必须注意要遵循不能跨层访问的原则。

8.1.2　三层架构概述

在软件体系设计中,分层式结构是最常见,也最重要的一种结构。微软公司推荐的分层式结构一般分为三层,从下至上分别为数据访问层(DAL)、业务逻辑层(BLL)和表示层

(UI)。三层架构(3-Tier Architecture)是基于模块化程序设计的思想,为实现分解应用程序的需求,而逐渐形成的一种标准模式的模块划分方法。

三层架构的软件系统不必为了业务逻辑上的微小变化而修改整个程序,只需要修改业务逻辑层中的方法(函数)即可,增强代码的可重用性,便于不同层次的开发人员之间的合作,只要遵循一定的标准就可以进行并行开发,最终将各个部分拼接到一起构成最终的应用程序。

说明:所谓"分层",就是将应用程序按照不同的功能划分成不同的模块加以实现,其中每一层实现应用程序一个方面的逻辑功能。

1. 三层架构的构成

三层架构包含数据访问层(DAL)、业务逻辑层(BLL)和表示层(UI),分层的目的是为了体现"高内聚、低耦合"的思想,各层之间的关系如图 8-1 所示。

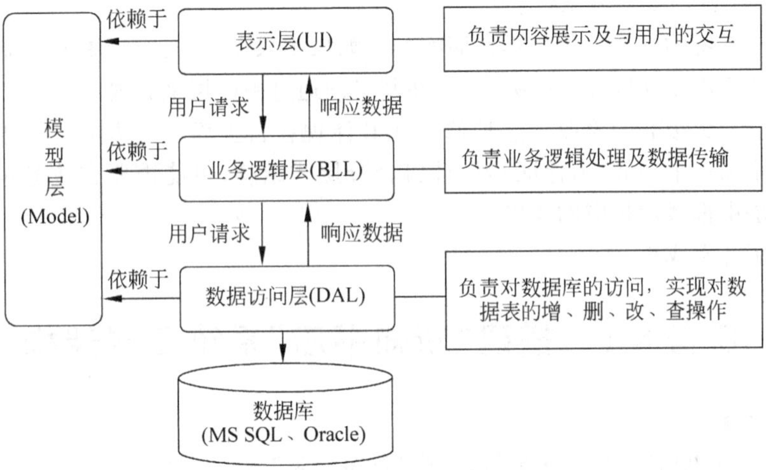

图 8-1　三层架构各层之间的关系

各层的功能和作用如下。

- 数据访问层(DAL):负责对数据库的访问,主要实现对数据表的增、删、改、查操作。
- 业务逻辑层(BLL):负责业务处理和数据传递,它包含了与核心业务相关的逻辑,实现业务规则和业务逻辑。业务逻辑层处于数据访问层与表示层之间,还作为表示层和数据访问层的桥梁,实现数据的传递和处理,起到了数据交换中承上启下的作用,对于数据访问层而言,它是调用者;对于表示层而言,它却是被调用者。
- 表示层(UI):负责内容的展示和与用户的交互。它位于最外层(最上层),离用户最近,给予用户直接的体验。通俗地讲,就是展现给用户的界面。该层主要完成两个任务:从业务逻辑层获取数据并显示;与用户进行交互,将相关数据送回业务逻辑层进行处理。

模型层(Model)是标准和规范,它包含了与数据库表相对应的实体类,作为数据容器贯穿各层之间,用于传递数据。

三层架构中各层的依赖顺序是:表示层依赖业务逻辑层,业务逻辑层依赖数据访问层,表示层、业务逻辑层和数据访问层都依赖模型层。层是一种弱耦合的结构,三层之间的依赖是向下的,上层可以使用上层的功能,而下层不能使用上层的功能,改变上层的设计对于其调用的下层而言没有任何影响。例如,单独修改表示层(即网站的页面)不会影响到下面的业务逻辑层和数据访问层。分层设计具有便于应用程序维护和重用等优点。

2. 三层架构的优缺点

三层架构的优点如下所示:

◆ 开发人员可以只关注整个结构中的其中某一层。
◆ 可以很容易用新的实现来替换原有层次的实现。
◆ 可以降低层与层之间的依赖。
◆ 提高应用程序内聚程度、降低应用程序耦合程度。
◆ 有利于标准化。
◆ 利于各层逻辑的复用。
◆ 在后期维护时,极大地降低了维护成本和维护时间。

三层架构的缺点如下所示:

◆ 降低了系统的性能。这是不言而喻的。如果不采用分层式结构,很多业务可以直接造访数据库来获取相应的数据,现在却必须通过中间层来完成。
◆ 有时会导致级联的修改。这种修改尤其体现在自上而下的方向。如果在表示层中需要增加一个功能,为保证其设计符合分层式结构,可能需要在业务逻辑层和数据访问层中都增加相应的代码。
◆ 增加了开发成本。

任务 8-1 搭建"新知书店"系统三层架构

【任务描述】

以开发"新知书店"管理系统为例,完成"新知书店"系统三层架构的搭建。文件结构如图 8-2 所示。

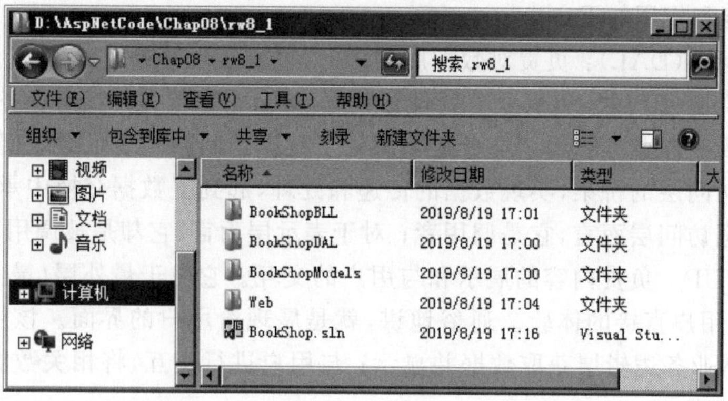

图 8-2 "新知书店"系统三层架构的文件结构

【任务实施】

(1) 创建解决方案 BookShop,运行 Visual Studio 2017,在 Visual Studio 2017 菜单栏中选择"文件"→"新建项目"命令,弹出"新建项目"对话框,在"新建项目"对话框中,展开已安装的模板中的“其他项目类型”节点，选择“Visual Studio 解决方案”选项，在中间窗口选择“空白解决方案”选项，在目录 D:\AspNetCode\Chap08\rw8_1 中新建一个名为 BookShop 的空白解决方案。

(2) 添加模型层，右击解决方案 BookShop，选择“添加”→“新建项目”命令，在“添加新项目”对话框中选择“类库”选项，如图 8-3 所示，新建一个名为 BookShopModels 的类库。

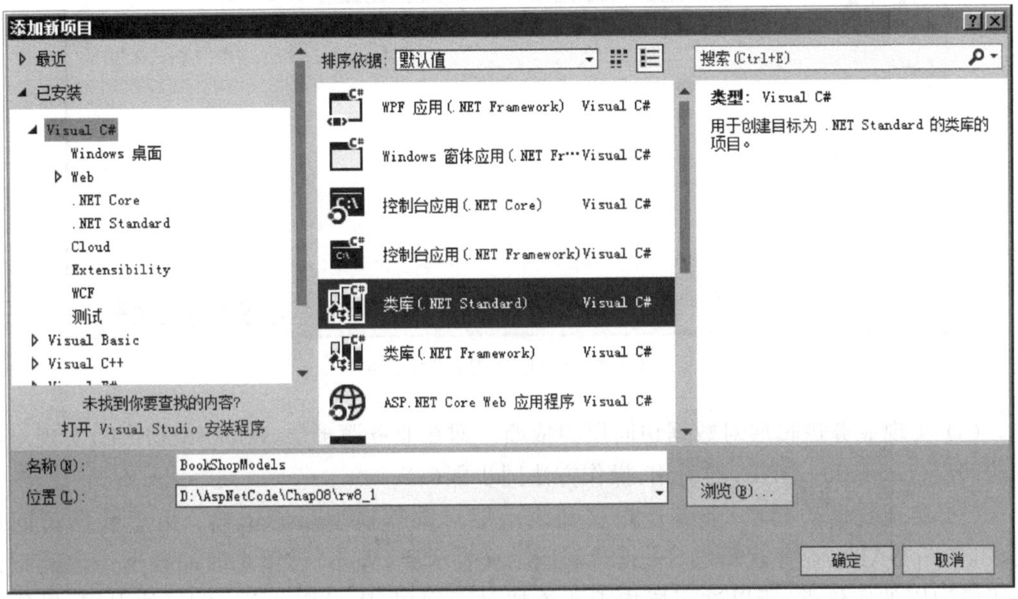

图 8-3 选择“类库”选项

(3) 按照步骤(2)的方法，依次新建名为 BookShopDAL 的数据访问层和名为 BookShopBLL 的业务逻辑层。

(4) 添加表示层。右击解决方案 BookShop，选择“添加”→“新建网站”命令，表示层的网站项目存放位置要选择解决方案所在文件夹，将表层网站项目命名为 Web，如图 8-4 所示。

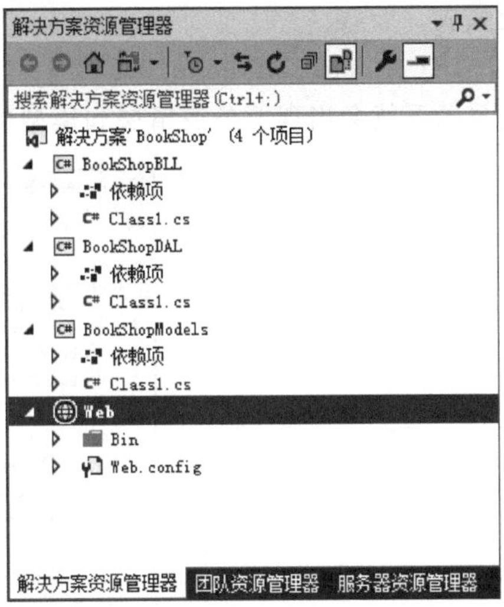

图 8-4 “解决方案资源管理器”面板中的效果

数据访问层一般命名为 DAL，或解决方案名+DAL，这里取名为 BookShopDAL；业务逻辑层一般取名为 BLL，这里取名为 BookShopBLL。

提示：*每一层的命名不是一成不变的，要根据实际项目综合考虑。*

经过刚才的四个步骤，基于三层架构的系统架构已经初步搭建成功。但每一层都是各自独立的，它们之间没有任何联系，因此需要给各层之间建立依赖关系。各层之间相互依赖是它们良好协作的关键。

(5) 实现表示层对业务逻辑层的依赖。在“解决方案资源管理器”面板中，右击表示层

(Web),在弹出的快捷菜单中选择"添加引用"命令。在弹出的"引用管理器"对话框中选择"项目"选项卡,选中项目名称 BookShopBLL,单击"确定"按钮,如图 8-5 所示。

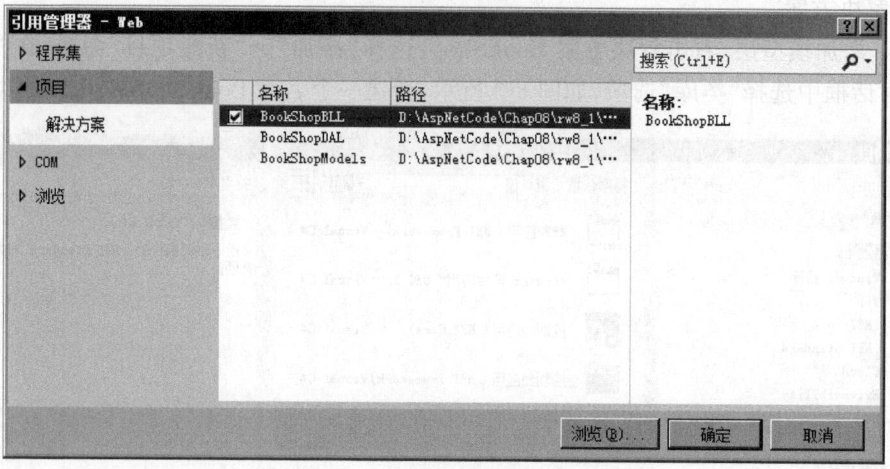

图 8-5 "引用管理器"对话框

(6) 实现业务逻辑层对数据访问层的依赖。即在业务逻辑层(BookShopBLL)实现对数据访问层(BookShopDAL)的引用,操作方法同步骤(5)。

(7) 实现数据访问层、业务逻辑层和表示层对数据模型层的依赖。由于数据访问层(BookShopDAL)、业务逻辑层(BookShopBLL)、表示层(Web)三层之间的数据传递类型是基于模型层的实体类,所以这三层均需要添加对模型层(BookShopModels)的引用,操作步骤与前面类似,在此不做详细讲解。至此,基于三层架构的"新知书店"系统架构才算真正搭建完成。

(8) 在 Visual Studio 2017 菜单栏中选择"生成"→"生成解决方案"命令,在表示层的引用目录下就会出现业务逻辑层和模型层的项目名称,如图 8-6 所示。

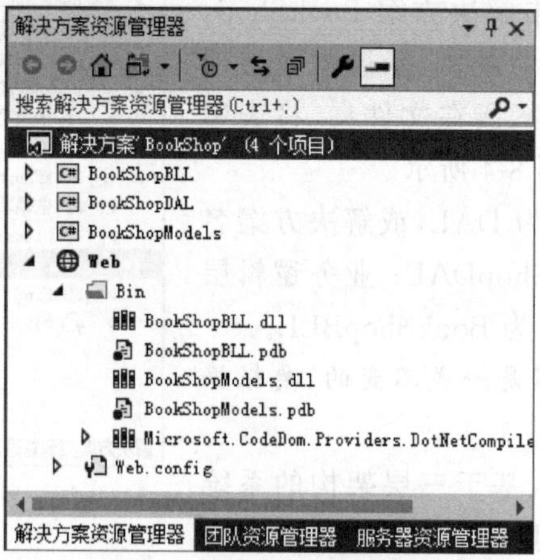

图 8-6 Web 表示层的引用

8.2 “新知书店”系统功能分析

8.2.1 “新知书店”系统功能概述

“新知书店”系统参照成熟的商业网站，如当当网、卓越亚马逊网等，采用B/S架构，有多个功能模块，分为前台和后台两部分：前台包括图书展示和销售（图书类别列表、图书详细信息显示、图书搜索、购物车管理、订单生成与付款等）、网站用户中心（客户登录、会员资料修改、收藏夹、图书评论等）、首页与图书推荐、其他辅助信息发布等功能模块；后台包括用户信息管理、订单管理、图书类别与详细信息管理、采购与库存管理、配送管理、财务管理、系统管理等功能模块。考虑到有的业务需要特定条件才能实现，另外限于篇幅因素，这里采用简单化处理，例如付款、采购、库存、配送、财务等模块在本系统中不予实现，只选取了主要功能模块来进行实现。

8.2.2 “新知书店”系统总体功能结构设计

总体功能结构设计的主要任务是将整个系统合理地划分为多个功能模块，正确地处理模板之间与模块内部的联系以及它们之间的调用关系和数据联系，并定义整个模板的内部结构。通过调查了解及对商业网站的分析，“新知书店”系统分为前台展示系统和后台管理系统，前台展示系统分为网站首页、图书列表、图书详细信息、图书搜索、购物车管理、用户中心、订单生成、用户登录、资料修改、发布评论等功能模块；而后台管理系统分为系统管理、类别管理、图书管理、用户管理、订单管理、图书推荐、通知发布等功能模块。“新知书店”系统总体功能结构如图 8-7 所示。

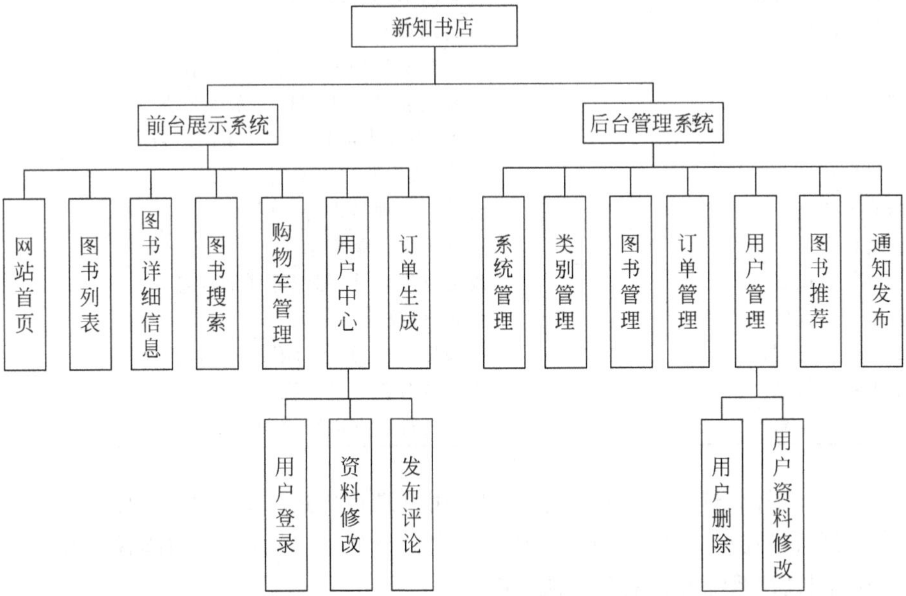

图 8-7 “新知书店”系统总体功能结构图

8.2.3 “新知书店”系统主要用例描述与功能流程

“新知书店”系统主要从用户和网站管理员的角度出发来进行，系统参与者有游客、会员和管理员三种用户。游客可以浏览图书信息，没有注册为会员，所以不能添加图书到购物车、下订单、购买图书等；会员是注册了的用户角色，所以能够浏览图书、添加图书到购物车、下订单、购买图书，也能够修改自己的信息、购物车的信息和订单的信息等；管理员具有后台管理的所有功能，包括前台功能。系统分为前台和后台两个主要实现流程来进行，前台为客户网上购书流程，后台为后台系统管理应用。

1. “新知书店”网站系统用例

确定“新知书店”系统的参与者后，必须确定参与者所使用的用例，用例是参与者与系统交互过程中需要系统完成的任务。识别用例的最好方法是从参与者的角度开始分析，这一过程可通过提出“要系统做什么?”这样的问题来完成。由于系统中存在三种类型的参与者，经过详细分析，从这三种类型的参与者角度出发分析得出，系统具有表 8-1 所示的用例。

表 8-1 “新知书店”网站系统用例

用例名称	描　述
登录	会员登录系统
注册	游客注册成为会员
查看新书预览	BOOKSHOP 中的新增书籍
浏览购物车物品	查询当前的购买物品信息
搜索图书	查询需要购买的图书
图书高级搜索	按一个或多个信息查询图书
浏览图书列表	显示查询的书籍列表
浏览图书详细信息	查看图书的详细信息
分类查看图书	按类别查看书籍
购买书籍	将需要购买的书籍放入购物车
浏览公告	查看当前 BOOKSHOP 系统公告
浏览广告	显示，系统当前轮换图片中的广告
支付订单	结算，跳出并登录支付宝页面
修改密码	会员和管理员进行密码修改
查询订单	查看历史订单信息
收货信息设置	设置收货地址、邮编等详细信息
订单查看或修改	查看，修改订单信息
维护公告，广告	管理员添加、修改、删除等广告管理
维护用户信息	管理员对会员进行维护
维护图书信息	管理员对图书进行维护

由于篇幅的限制，这里只选取几个典型的用例进行描述。需要说明的是，在后续单元中并非所有用例所描述的功能都实现，只作为需求分析列出，供有兴趣的读者扩展。

2. “新知书店”系统前台的程序流程图

用户进入“新知书店”网站，浏览图书，如果要购买图书，需要注册并登录，看到喜欢的图书加入购物车，进行结算、付款等。图 8-8 展示了用户进入“新知书店”系统前台后的基本操作流程。

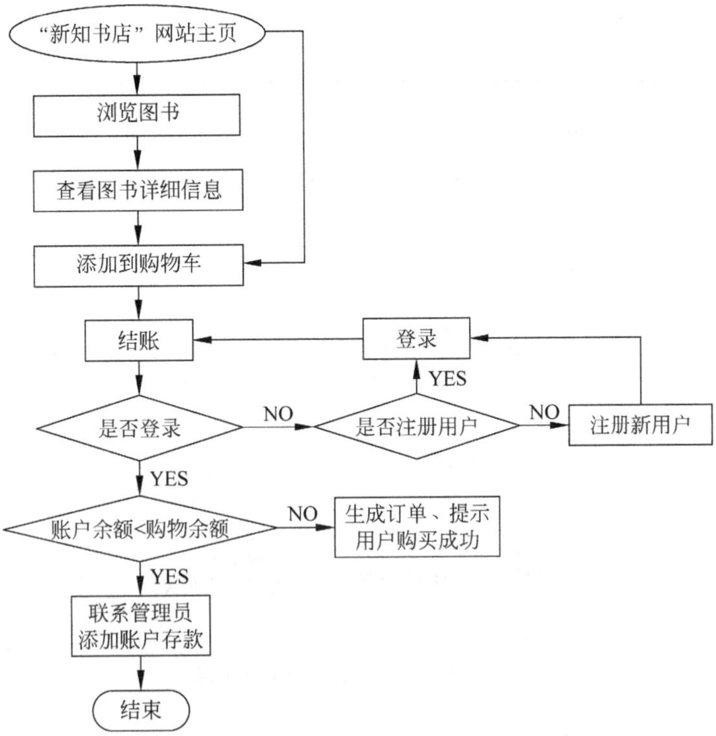

图 8-8 "新知书店"系统前台的程序流程图

3. 浏览图书列表用例分析与描述

浏览图书列表用例图如图 8-9 所示。

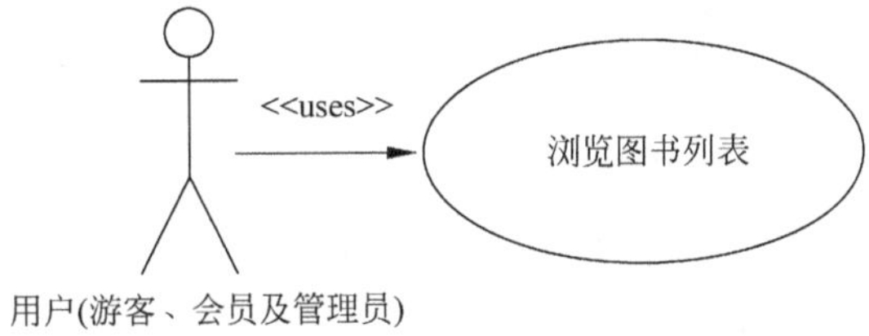

图 8-9 浏览图书列表用例图

浏览图书列表用例的细化描述如表 8-2 所示。

表 8-2 浏览图书列表用例的细化描述

用例名称	浏览图书列表
用例描述	显示查询的书籍列表
参与者	图书管理员、会员用户及游客(所有顾客)
基本操作流程	① 用户单击 Default. aspx 或 BookList. aspx 页面中的某图书类别 ② 系统显示该类别的子类别。该过程一直持续下去,直到没有子类别为止,此时系统将显示最小子类别中的图书 ③ 用户单击某本图书的封面或标题,系统调用"浏览图书详细信息"用例

续表

可选操作流程	如果系统在指定的类别中没有找到任何图书,则跳转到首页 Default. aspx 页面,以指出这一点并提示顾客选择其他类别

浏览图书列表交互页面如图 8-10 所示。

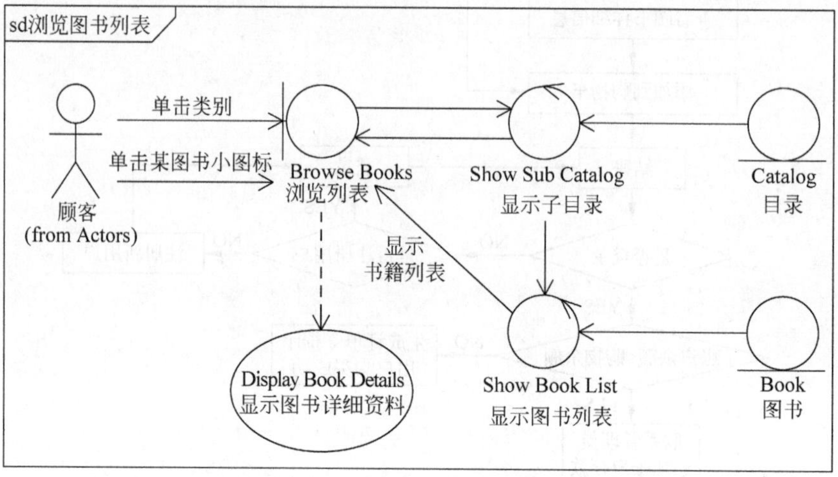

图 8-10　浏览图书列表交互页面

4. 登录用例分析与描述

登录用例图如图 8-11 所示。

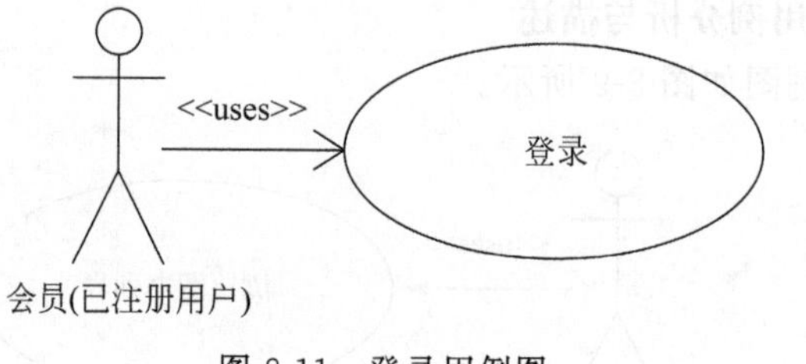

图 8-11　登录用例图

登录交互页面如图 8-12 所示。

登录用例的细化描述如表 8-3 所示。

表 8-3　登录用例的细化描述

用例名称	登录
用例描述	会员登录系统
参与者	会员(已注册用户)
基本操作流程	① 用户单击主页中的"登录"链接,系统显示 LogIn. aspx 页面,用户输入其用户 ID 和密码,然后提交登录信息 ② 系统根据永久性账号数据对登录信息进行验证 ③ 登录成功,返回到主页

可选操作流程	如果用户单击 LogIn.aspx 页面上的“还没注册?”链接，系统将调用“注册”用例 如果用户输入的用户 ID 不正确，系统将显示一条消息，以指出这一点并提示用户输入其他的 ID 或单击“注册新账户”链接 如果用户输入的密码不正确，系统将显示一条消息，以指出这一点并提示用户重新输入密码

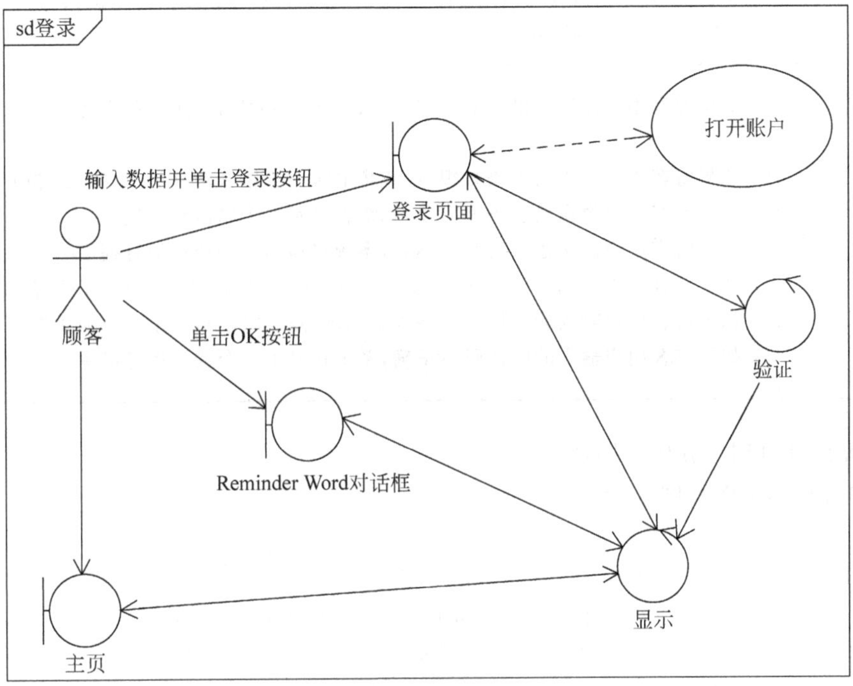

图 8-12　登录交互页面

5. 注册账户用例分析与描述

注册账户用例图如图 8-13 所示。

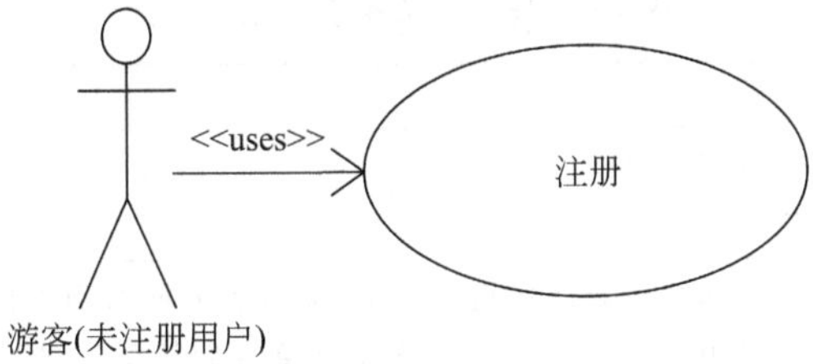

图 8-13　注册账户用例图

注册账户用例的细化描述如表 8-4 所示。

表 8-4　注册账户用例的细化描述

用例名称	注册账户
用例描述	游客注册成为会员
参与者	游客
基本操作流程	① 游客用户输入其 E-mail 地址、密码(两次)、手机号码以及系统自动生成的图片验证码后提交注册信息 ② 系统确保游客用户提供的数据是有效的,然后使用这些数据进行保存(其中密码要求使用 MD5 加密形式保存)后,系统返回到首页,首页上的登录链接更换显示为"您好,用户的 E-mail 名"和一个"退出"链接
可选操作流程	如果游客用户没有提供 E-mail 或 E-mail 地址格式不正确,系统将显示一个错误消息提示 如果游客用户提供的密码太短,系统将显示一个错误消息提示(6～10 位) 如果游客用户提供的密码太简单,系统将显示一个错误消息提示 如果游客用户两次输入的密码不同,系统将显示一个错误消息提示 如果游客用户要创建的 E-mail 账号已经存在,系统将显示一个错误消息提示 如果游客用户输入的手机号码格式不正确,系统将显示一个错误消息提示 如果游客用户输入的验证码不正确,系统将显示一个错误信息提示

6. 查询订单用例分析与描述

查询订单用例图如图 8-14 所示。

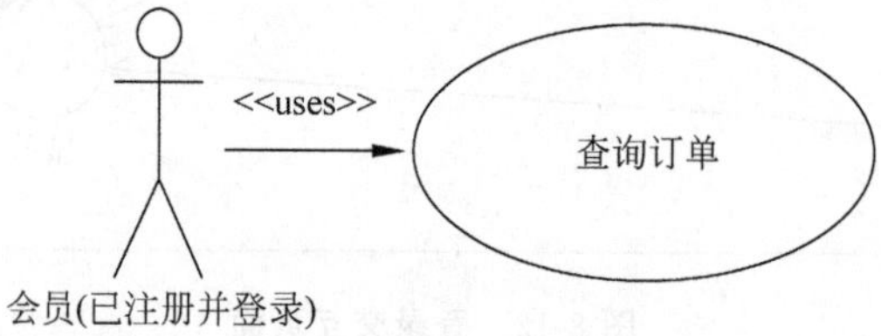

图 8-14　查询订单用例图

查询订单用例的细化描述如表 8-5 所示。

表 8-5　查询订单用例的细化描述

用例名称	查询订单
用例描述	查看历史订单信息
参与者	会员用户
基本操作流程	用户以列表形式查看历史订单信息,系统返回所有历史订单信息 用户输入订单单号、订单状态、选择订单日期任意信息后,选择查询功能,系统根据查询信息内容返回数据库内容,查询订单信息
可选操作流程	用户输入错误的订单号码,系统返回空白订单信息 用户输入空白订单号码,系统提示用户输入订单号码

其他用例读者可以加以细化描述,这里不予全部列出。

8.3 “新知书店”系统架构设计

8.3.1 “新知书店”系统架构概述

“新知书店”系统功能需求分析完成之后，得到的文档就是需求规格说明书，系统设计的任务就是对需求分析中的各功能模块描述、数据字典等进行物理实现，如公共类、每个功能模块实现(业务逻辑)、模块之间的接口、数据库、系统各部分界面、应用系统配置等的设计，形成的系统设计文档可以作为编码的依据。

当前大多数信息管理系统或动态网站其实都是对业务信息的管理，这些都离不开数据库。通过需求分析中的实体进行分析，画出实体联系(E-R)图，对关系型数据库进行设计，是系统设计中的重要组成部分。

在“新知书店”网站系统实现时，可以采用面向对象的设计方法(OOD)和主流的三层架构设计模式，根据用例图、数据及业务流程图的描述，进行数据库表及视图的设计、表示层(UI，即页面)设计、业务逻辑层(BLL)设计、数据访问层(DAL)设计。

8.3.2 数据库的设计

根据前面的业务需求分析可知，“新知书店”系统主要对图书、用户及订单等对象进行有效管理，实现图书信息浏览及管理、用户管理与在线购物等功能，通过需求分析可确定该系统涉及的实体有图书、用户、购物车、订单等。

可以用表格说明数据库表，表 8-6～表 8-14 为“新知书店”系统主要数据库表的描述。在“新知书店”系统需求分析中，图书类别尽管只是图书的一个属性，但数据库设计中一般将其分离并创建成单独的表，这是一种面向对象(OOP)的思想，这样做有利于系统的扩展，便于使用。订单包括多种图书且数量不一，因此用两张表共同体现订单实体，在 Orders 表中存放订单的基本信息(订单编号、所属用户编号、下订单的时间及总价)；在 OrderBook 表中则存放订单的详细信息，每条记录体现某条订单记录所包含的某种图书的购买信息。

1. 图书信息表 Books

Books 表用来记录图书的信息，其结构如表 8-6 所示。

表 8-6 Books 表结构

序号	字段名	数据类型	主键	外键	允许空	说明
1	ID	int	是	是	否	图书编号，自增
2	Title	nvarchar			否	图书名称
3	Author	nvarchar			否	作者姓名
4	PublisherId	int			否	出版社编号
5	PublishDate	datetime			否	出版日期
6	ISBN	nvarchar			否	图书出版号
7	UnitPrice	money			否	单价
8	ContentDescription	nvarchar			是	内容简介
9	TOC	nvarchar			是	目录

续表

序号	字段名	数据类型	主键	外键	允许空	说明
10	CategoryId	int			否	图书分类编号
11	Clicks	int			否	点击数

2. 图书分类表 Categories

Categories 表用来存储图书类别信息,其结构如表 8-7 所示。

表 8-7 Categories 表结构

序号	字段名	数据类型	主键	外键	允许空	说明
1	ID	int	是	是	否	图书分类编号
2	Name	nvarchar			否	分类名称
3	PId	int			是	父类编号
4	SortNum	int			是	排序号

3. 订单表 Orders

Orders 表用于存储每笔订单的基本信息,其结构如表 8-8 所示。

表 8-8 Orders 表结构

序号	字段名	数据类型	主键	外键	允许空	说明
1	ID	int	是	是	否	订单编号
2	OrderDate	datetime			否	订购日期
3	UserId	int			否	所属用户编号
4	TotalPrice	decimal			否	总金额
5	state	int			否	状态

4. 订单详细信息表 OrderBook

OrderBook 表用于存储订单的详细信息,其结构如表 8-9 所示。

表 8-9 OrderBook 表结构

序号	字段名	数据类型	主键	外键	允许空	说明
1	ID	int	是		否	编号,自动增量
2	OrderID	int			否	订单编号
3	BookID	int			否	图书编号
4	Quantity	int			否	数量
5	UnitPrice	money			否	单价

5. 出版社信息表 Publishers

Publishers 表用于存储出版社基本信息,其结构如表 8-10 所示。

表 8-10 Publishers 表结构

序号	字段名	数据类型	主键	外键	允许空	说明
1	ID	int	是	是	否	出版社编号
2	Name	nvarchar			否	出版社名称

6. 购物车信息表 TemporaryCart

TemporaryCart 表用于存储用户购物的信息,其结构如表 8-11 所示。

表 8-11　TemporaryCart 表结构

序号	字段名	数据类型	主键	外键	允许空	说明
1	ID	int	是		否	购物车编号
2	CreateTime	datetime			否	创建时间
3	BookId	int			否	图书编号
4	UserId	int			否	所属用户编号

7. 用户角色表 UserRoles

UserRoles 表用于存储系统用户角色信息,其结构如表 8-12 所示。

表 8-12　UserRoles 表结构

序号	字段名	数据类型	主键	外键	允许空	说明
1	ID	int	是	是	否	角色 ID
2	Name	nvarchar			否	角色名称

8. 用户状态表 UserStates

UserStates 表用于存储系统用户状态信息,其结构如表 8-13 所示。

表 8-13　UserStates 表结构

序号	字段名	数据类型	主键	外键	允许空	说明
1	ID	int	是	是	否	状态编号
2	Name	nvarchar			否	状态名称

9. 用户基本信息表 Users

Users 表用于存储用户的基本信息,其结构如表 8-14 所示。

表 8-14　Users 表结构

序号	字段名	数据类型	主键	外键	允许空	说明
1	ID	int	是	是	否	用户编号
2	LoginId	nvarchar			否	登录名
3	LoginPwd	nvarchar			否	登录密码
4	Name	nvarchar			否	用户真实姓名
5	Address	nvarchar			否	地址
6	Phone	nvarchar			否	电话
7	Mail	nvarchar			是	电子邮箱
8	UserRoleId	int			否	角色编号
9	UserStateId	int			否	状态编号

8.3.3 表示层(UI)设计

表示层(UI)设计主要运用 HTML 或 ASP.NET 来设计,重点是页面的设计。表示层一方面是用户访问“新知书店”的窗口,另一方面也是管理员操作结果的展示,在设计时要求能满足功能需求,方便用户,美观大方。图 8-15 所示为用户管理模板中管理员查看用户信息的界面。

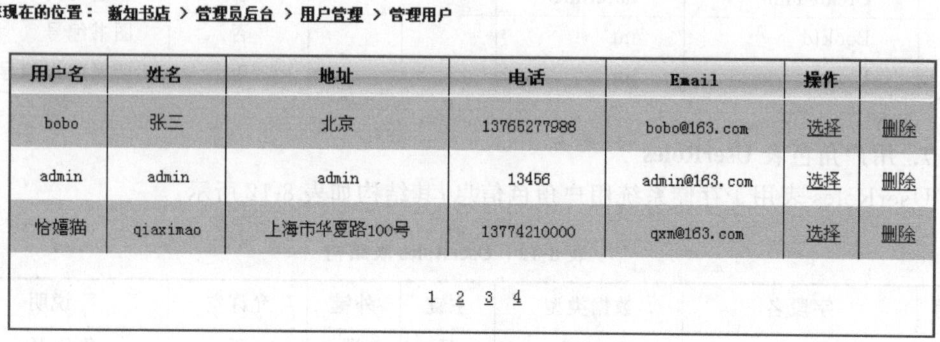

您现在的位置: 新知书店 > 管理员后台 > 用户管理 > 管理用户

用户名	姓名	地址	电话	Email	操作	
bobo	张三	北京	13765277988	bobo@163.com	选择	删除
admin	admin	admin	13456	admin@163.com	选择	删除
恰嬉猫	qiaximao	上海市华夏路100号	13774210000	qxm@163.com	选择	删除

1 2 3 4

图 8-15 管理员查看用户信息界面

8.3.4 业务逻辑层(BLL)设计

业务逻辑层(BLL)负责业务处理和数据传递,它包含了与核心业务相关的逻辑,实现业务规则和业务逻辑。业务逻辑层处于数据访问层与表示层之间,还作为表示层和数据访问层的桥梁,实现数据的传递和处理,起到了数据交换中承上启下的作用,对于数据访问层而言,它是调用者;对于表示层而言,它却是被调用者。图 8-16 所示为用户注册流程图,图 8-17 所示为用户管理业务逻辑层类图。

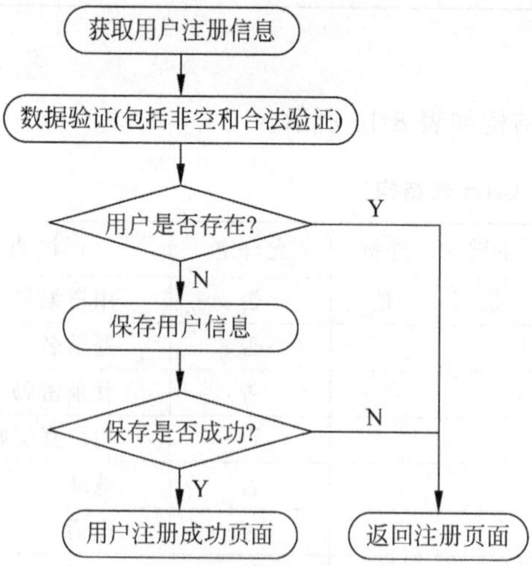

图 8-16 用户注册流程图

图 8-17 用户管理业务逻辑层类图

8.3.5 数据访问层(DAL)设计

数据访问层(DAL)封装了操作数据表的方法,设计时首先将数据库连接类单独设计或将数据库连接字符串写在配置文件 web.config 中,在具体模块的数据访问层类调用。用户管理模块的用户注册数据访问层类图如图 8-18 所示。

图 8-18　用户注册数据访问层类图

这里读者需要注意的是,本节不是整个“新知书店”系统模块的设计,而是系统中功能模块的设计思路与步骤,具体到任务,以用户管理模块的用户注册为例进行介绍。

任务 8-2　实现三层架构下的“新知书店”用户注册功能

【任务描述】

- 在“新知书店”的三层架构下实现用户注册功能。
- 先判断用户是否存在。如果存在,就显示“用户名已存在,请重新输入!”的对话框;否则,将用户信息添加到 User 表中。

【任务实施】

1. 用户注册相关实体类的实现

实体类统一放在模型层,与数据库中的表相对应,是描述一个业务实体的“类”。整个应用系统业务所涉及的对象(例如“新知书店”中的图书、用户等)都可以看成是业务实体类,从数据存储的角度来看,业务实体类就是存储应用系统信息的数据表。将每个数据表中的字段定义成属性,并将这些属性用一个类封装——这个类就称为“实体类”,三层架构之间的数据传递就是通过传输实体对象来达到目的。

(1) 类的命名。模型层中实体类的命名一般和所对应的表名一致,数据表中有些表名以“s”结尾,例如“新知书店”中的用户表 Users 是复数形式,但实体类一般以单数形式 User 表示。

(2) 实体类比较简单,根据数据库中的字段编写对应的变量和属性即可,除了构造方法以外,实体类一般没有其他方法(很多情况下把构造方法也省略了,但不建议这么做)。

(3) 外键的处理。根据前面的需求分析可知,用户有状态之分(无效、有效),也有角色之分(普通用户、会员或者管理员),这些内容在数据库中表现为外键关系,处理这些关系一般有两种方式:使用外键表 ID 或者使用外键对象。使用外键表 ID 的方式比较简单,但使用外键对象的方式是当前非常流行的方式。许多开源的代码体系中都使用外键对象的方式处理,这种方式的好处是,可以依据外键类直接访问外键的其他属性。例如“新知书店”的用户有角色之分(UserRole),使用外键类就可以用以下方式访问角色名称。

```
user.UserRole.Name
```

其中,user 表示用户表对应的实体类对象。

(4) 用户注册相关实体类的编写。“新知书店”用户表有两个外键表(UserStates 和

UserRoles),如图 8-19 所示。

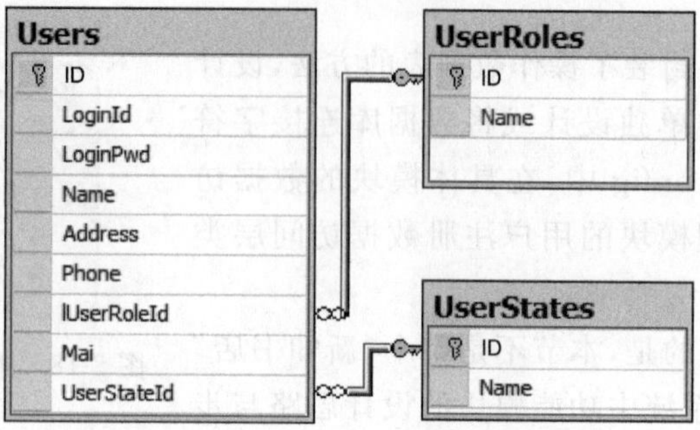

图 8-19　用户表及其外键表

根据图 8-19 所示的用户表及其外键表,需要创建三个对应的实体类,如图 8-20 所示。

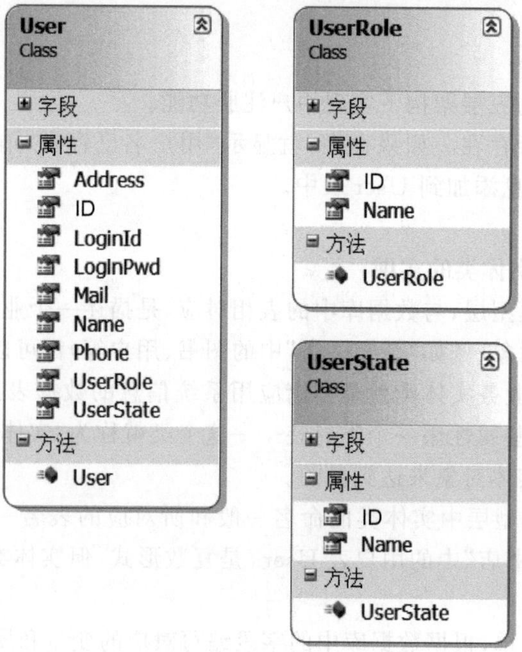

图 8-20　用户类、用户角色类及用户状态类

在项目 BookShopModels 中分别新建类文件 User.cs、UserRole.cs 和 UserState.cs,三个类文件的代码如下所示。

UserRole.cs 的实现代码如下:

```
using System;
using System.Collections.Generic;
using System.Text;
namespace BookShop.Models
{
    [Serializable()]            //将实体类标记为可序列化,保证数据在不同途径中传递的正确性
    public class UserRole
```

```
    {
        private int id;
        private string name = String.Empty;
        public UserRole() { }
        public int Id         //角色编号
        {
            get { return this.id; }
            set { this.id = value; }
        }
        public string Name   //角色名称
        {
            get { return this.name; }
            set { this.name = value; }
        }
    }
}
```

UserState. cs 的实现代码如下：

```
using System;
using System.Collections.Generic;
using System.Text;
namespace BookShop.Models
{
    [Serializable()]
    public class UserState
    {
        private int id;
        private string name = String.Empty;
        public UserState() { }
        public int Id            //用户状态编号
        {
            get { return this.id; }
            set { this.id = value; }
        }
        public string Name      //用户状态名称
        {
            get { return this.name; }
            set { this.name = value; }
        }
    }
}
```

User. cs 的实现代码如下：

```
using System;
using System.Collections.Generic;
using System.Text;
namespace BookShop.Models
```

```
{
    [Serializable()]
    public class User
    {
        private int id;
        private UserState userState;
        private UserRole userRole;
        private string loginId = String.Empty;
        private string loginPwd = String.Empty;
        private string name = String.Empty;
        private string address = String.Empty;
        private string phone = String.Empty;
        private string mail = String.Empty;
        public User() { }
        public int Id
        {
            get { return this.id; }
            set { this.id = value; }
        }
        public UserState UserState   //用户状态,采用用户状态类作为 UserState 属性的类型
        {
            get { return this.userState; }
            set { this.userState = value; }
        }
        public UserRole UserRole     //用户角色
        {
            get { return this.userRole; }
            set { this.userRole = value; }
        }
        public string LoginId         //登录名
        {
            get { return this.loginId; }
            set { this.loginId = value; }
        }

        public string LoginPwd        //登录密码
        {
            get { return this.loginPwd; }
            set { this.loginPwd = value; }
        }

        public string Name            //真实姓名
        {
            get { return this.name; }
            set { this.name = value; }
        }

        public string Address         //地址
        {
```

```
            get { return this.address; }
            set { this.address = value; }
        }

        public string Phone         //电话号码
        {
            get { return this.phone; }
            set { this.phone = value; }
        }

        public string Mail          //邮件地址
        {
            get { return this.mail; }
            set { this.mail = value; }
        }
    }
}
```

2. 用户注册数据访问层的实现

数据访问层封装了与数据库交互的操作,包括对数据表的增、删、改、查操作(C:Create、D:Delete、U:Update、R:Retrieve)。数据访问层针对每个数据表提供增、删、改、查操作,不做业务逻辑的判断。

使用 ADO. NET 连接数据库需要编写固定格式的代码,例如使用 SqlConnection 实现数据连接,使用 SqlCommand 执行 SQL 命令,使用 SqlDataReader 读取数据,使用 DataSet 结合 SqlDataAdapter 实现断开式数据库操作等。在前面的内容中,我们要在每个数据访问层的方法中编写重复的 ADO. NET 代码,本节使用一个封装了 ADO. NET 方法的类——SqlHelper 类,用来提高数据访问代码的可重用性。

(1) 针对模型层中的每一个类,数据访问层有一个对应的数据访问类。例如针对 User 实体类,有一个对应的 UserService 类,负责处理有关 Users 表的数据处理。

(2) 数据库操作方法分析。刚才提到,数据访问层就是处理数据的增、删、改、查,所以编写的 UserService 类中的处理方法也围绕这四点。

增(Create)——一般增加的方法很简单,针对用户类的增加方法如下:

```
public void AddUser(User user)
```

删(Delete)——删除方法如下,一般根据 ID 执行删除操作:

```
public  bool DeleteUserById(int id)
```

改(Update)——修改的方法也很单一,典型的修改方法如下:

```
public  bool ModifyUser(User user)
```

查(Retrieve)——典型的查询方法如下:

```
public  List<User> GetUsers()
public  User GetUserById(int id)
public  User GetAdminUserByLoginId(string loginId)
private  List<User> GetUsersBySql(string safeSql)
```

在返回多个结果(结果集合)时,可以使用泛型集合 List<User>的形式,它是 User 对对象列表,当访问用户姓名这个字段时,可以写为:

```
string name = user[0].Name;//假设返回的对象集合为 user
```

针对 ID 进行的查询是非常常见的查询方法,而针对登录名进行的查询是用户类特有的(在其他类中,如果有 Name 属性,可能会有针对 Name 的查询)。需要注意的是通过 SQL 语句查询的方法 GetUsersBySql,由于需要 SQL 语句作为参数,不能在业务逻辑层调用此方法,所以设置为 private 访问权限。数据访问层就是增、删、改、查,它不需要进行业务逻辑的判断。

(3) 过去进行数据库的访问操作都是非常程式化的步骤:创建连接对象→打开链接→执行 SQL 语句或存储过程→返回结果→关闭连接。每次都编写重复的代码,不同的部分只有 SQL 语句。为防止这种情况,将比较程式化的内容提取出来编写成 SqlHelper 类。

SqlHelper 类中应该包含常用的对数据库操作的方法,图 8-21 所示为 SqlHelper 类的类图。

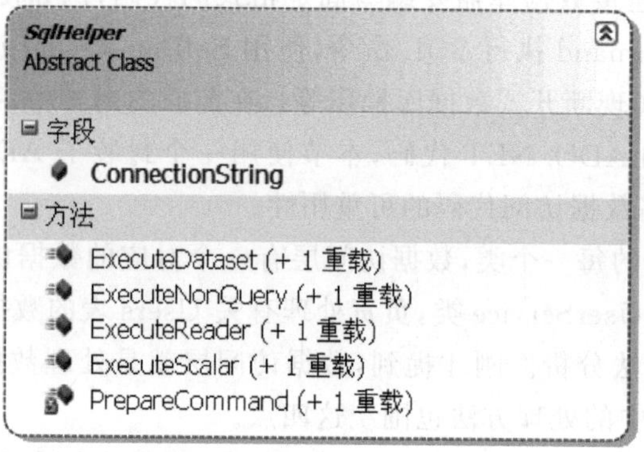

图 8-21　SqlHelper 类的类图

这里 SqlHelper 类中只用到了图 8-21 中的几个方法。为了今后便于扩展以及提高代码的重用率,将 SqlHelper 类定义成抽象的,该类中有连接属性,另外,还有一些数据库的操作方法。

- ExecuteNonQuery 方法是执行 SQL 语句或者存储过程后,返回受影响的行数。
- ExecuteSalar 方法是执行 SQL 语句或者存储过程后,返回第一行的第一列,例如插入新记录,需要返回自增的 ID。
- ExecuteReader 方法是执行 SQL 语句或者存储过程后,返回一个 DataReader。
- ExecuteDataSet 方法是执行 SQL 语句或者存储过程后,返回一个 DataSet。
- PrepareCommand 方法是构建一个 Command 对象供类的内部方法调用。它有两个重载方法，其中传 params object[] parameterValues 类型参数的方法会自动获取存储过程的参数名，只需要传参数值即可，使用起来非常方便。

(4) 用户注册数据访问层的编写。在 BookShopDAL 项目中新建类文件 UserService. cs、UserStateService. cs 和 UserRoleService. cs，由于篇幅限制，这里只列出 UserService. cs 的代码。

下面介绍 UserService. cs 类中重要方法的实现代码。

增——添加新用户(AddUser)，返回添加后的用户对象，代码如下所示。

```
/// <summary>
/// 添加新用户,返回添加后的用户对象
/// </summary>
/// <param name = "user"></param>
/// <returns></returns>
public void AddUser(User user)
{
    string sql  = "INSERT Users (LoginId, LoginPwd, Name, Address, Phone, Mail, UserRoleId,
                UserStateId)" + "VALUES (@LoginId, @LoginPwd, @Name, @Address, @Phone,
                @Mail, @UserRoleId, @UserStateId)";           //拼接 SQL 语句
    sql  += " ; SELECT @@IDENTITY";                           //获取最新添加的用户 ID
    SqlParameter[] para  =  new SqlParameter[]
    {
        new SqlParameter("@UserStateId", user.UserState.Id), //FK
        new SqlParameter("@UserRoleId", user.UserRole.Id),    //FK
        new SqlParameter("@LoginId", user.LoginId),   //将 user 对象的属性作为参数
        new SqlParameter("@LoginPwd", user.LoginPwd),
        new SqlParameter("@Name", user.Name),
        new SqlParameter("@Address", user.Address),
        new SqlParameter("@Phone", user.Phone),
        new SqlParameter("@Mail", user.Mail)
    };
    user.Id  =  Convert.ToInt32(SqlHelper.ExecuteScalar(this.connection, CommandType.Text,
sql, para));
}
```

删——一般情况下，删除也是针对单一用户的操作，根据 ID 删除(DeleteUserById)的代码如下所示。

```
/// <summary>
/// 根据 id 删除用户
/// </summary>
/// <param name = "id"></param>
public bool DeleteUserById(int id)
{
    string sql  =  @"DELETE OrderBook WHERE OrderID IN(SELECT Orders.Id FROM Orders
                INNER JOIN Users ON Orders.UserId = Users.Id WHERE UserId = @Id)
                DELETE Orders where UserId = @Id
                DELETE Users WHERE Id  =  @Id";
```

```
    SqlParameter[] para = new SqlParameter[]
    {
      new SqlParameter("@Id", id)
    };
    return SqlHelper.ExecuteNonQuery(this.connection, CommandType.Text, sql, para) > 0;
}
```

改——修改用户状态(ModifyUserState)的代码如下所示。

```
/// <summary>
/// 更改会员状态
/// </summary>
/// <param name="id"></param>
/// <param name="status"></param>
public bool ModifyUserState(int id, UserStates state)//以用户状态为参数
{
    //执行拼接的 SQL 语句,更新数据库对应列
    string sql = "Update users SET userstateid = " + Convert.ToByte(state) + " WHERE Id =
@UserId";
    return SqlHelper.ExecuteNonQuery(this.connection, CommandType.Text, sql,
                                                            new SqlParameter("@UserId",
id)) > 0;
}
```

查——以执行 SQL 语句查询(GetUsersBySql)和查询所有用户(GetUsers)的方法代码如下所示。

```
/// <summary>
/// 依据 sql 语句查询用户
///private 方法,提供用于执行的 SQL 语句并返回 User 对象集合的方法,该方法不对业务逻辑层
///公开,仅供数据访问层内部调用
/// </summary>
/// <param name="safeSql"></param>
/// <returns></returns>
private List<User> GetUsersBySql(string safeSql)
{
    List<User> list = new List<User>();
    DataSet ds = SqlHelper.ExecuteDataset(this.connection, CommandType.Text, safeSql);
    if (ds.Tables.Count > 0)
    {
        DataTable dt = ds.Tables[0];
        foreach (DataRow row in dt.Rows)
        {
            User user = new User();
            user.Id = (int)row["Id"];
            user.LoginId = (string)row["LoginId"];
            user.LoginPwd = (string)row["LoginPwd"];
            user.Name = (string)row["Name"];
            user.Address = (string)row["Address"];
```

```
            user.Phone = (string)row["Phone"];
            user.Mail = (string)row["Mail"];
            user.UserState = new UserStateService().GetUserStateById((int)row
["UserStateId"]); //FK
            user.UserRole = new UserRoleService().GetUserRoleById((int)row
["UserRoleId"]); //FK
            list.Add(user);
        }
    }
    return list;
}

/// <summary>
/// 查询所有用户
/// </summary>
/// <returns></returns>
public List<User> GetUsers()
{
    string sqlAll = "SELECT * FROM Users"; //返回所有用户的 SQL 语句
    return GetUsersBySql(sqlAll);
}
```

上面的增、删、改、查功能在本任务中只会用到 AddUser 方法，列出其他方法是为了示范说明，当然，在以后的任务中会陆续用到。

3. 用户注册业务逻辑层的实现

业务逻辑层是表示层与数据访问层的桥梁，负责业务处理和数据传递，该部分的方法一般与实际需求相关，如“新知书店”的用户注册，实际上不仅仅是添加一条记录那么简单的事情，它还包含了验证登录名 LoginId 是否已存在等业务逻辑。

(1) 类的命名。业务逻辑层里面的类也是与模型层中的类相对应的一系列类，一般命名为实体类＋Manager，如用户处理的类就命名为 UserManager。

(2) 业务逻辑层里面类的方法的编写。业务逻辑层应该提供哪些方法一般根据实际需求来确定，例如页面上有用户登录的功能，就可以考虑在业务逻辑层创建一个对应的用户登录的方法(像 Login 这样的方法不建议出现在数据访问层，理论上，数据访问层应该只看到基本的 CRUD 操作)。

```
/// <summary>
/// 登录验证
/// </summary>
/// <param name="loginId">登录名</param>
/// <param name="loginPwd">登录密码</param>
/// <param name="validUser">输出用户</param>
/// <returns>返回 true 表示成功</returns>
public bool LogIn(string loginId, string loginPwd, out User validUser)
{
    User user = new UserService().GetUserByLoginId(loginId);      //判断用户是否存在
    if (user == null)
```

```
    {
        validUser = null;                  //用户名不存在
        return false;
    }
    if (user.LoginPwd == loginPwd)         //判断用户的密码是否输入正确
    {
        validUser = user;
        return true;
    }
    else
    {
        validUser = null;                  //密码错误
        return false;
    }
}
```

这个方法根据表示层(Web)提交过来的用户名和密码,判断是否为合法用户,如果是合法用户,则返回 true。这个方法的形参 validUser 前使用了 out 关键字,当某个方法需要有多个返回值时,可以用它来传递返回值,out 在这里的作用是返回一个用户对象,即当用户合法时,将该用户对象返回,以备在表示层中调用,例如将该用户对象的相关信息存入 Session 或者 Cookie。

如果页面上还需要有用户注册功能,就在业务逻辑层再创建一个用户注册的方法,代码如下:

```
/// <summary>
/// 注册新用户
/// </summary>
/// <param name = "user"></param>
/// <returns></returns>
public bool Register(User user)
{
    if (LoginIdExists(user.LoginId))
    {
        return false;
    }
    else
    {
        AddUser(user); //添加用户的方法
        return true;
    }
}
```

注册方法返回一个布尔值,这是因为注册时需要对用户名进行重名判断,如果用户名重复,则返回注册失败提示。

上面的两个方法都是对业务逻辑处理,业务逻辑层还常常用作表示层和数据访问层之间的数据传递,如要返回所有用户的列表,可以编写如下方法:

```
/// <summary>
/// 获得所有用户
/// </summary>
/// <returns></returns>
public List<User> GetUsers()
{
    return new UserService().GetUsers();
}
```

该方法没有业务逻辑上的处理，但是由于表示层不可以直接访问数据访问层的代码，所以该方法仅仅是调用了一下数据访问层的相关方法，为表示层提供所需要的数据。

鉴于业务逻辑层肩负着表示层和数据访问层之间的桥梁的作用，一般数据访问层公开的方法会在业务逻辑层有个相对应的方法。对于 GetUsers 方法，数据层是读出 Users 表中的所有记录，表示层是要展示一个所有用户的列表，而业务逻辑层只是它们中间的桥梁。

4. 用户注册表示层的实现

表示层用于显示数据和接收用户输入的数据，为用户提供一种交互式操作的界面。它带给用户直接的体验，可以说前面的几层是基础，表示层是最终呈现。在 ASP. NET 中，表示层就是整个 Web 站点，具体的内容要根据需求的内容而来。“新知书店”有用户系统模块，自然就需要有相关的用户登录、注册和管理等页面；图书系统也要有图书管理、图书列表和图书详细信息展示等页面；在线销售还需要购物车、订单管理等页面。

在表示层，如果仅仅供用户展现内容，可能只需要将控件绑定数据即可，不需要编写任何代码；如果需要和用户交互，就要编写相关的事件代码。例如管理员登录页，管理员单击“登录”按钮的事件，就需要进行用户输入内容的非空验证，然后通过调用业务逻辑层的相关方法判断用户名和密码是否匹配，编写代码验证用户的身份是否为管理员等。

用户注册表示层除了将接收的用户注册信息传递给业务逻辑层处理外，还需要做一系列的注册信息验证，例如各种输入内容的非空验证、两次输入密码的比较验证、电子邮箱格式的合法性验证，以及为防止系统被恶意注册要求用户输入验证码等。下面完成用户注册表示层的实现。

先在表示层 Web 项目中按任务 4-4 的步骤完成母版页 common. master 的设计，然后基于母版页 common. master 创建用户注册内容页 Register. aspx，任务 2-1 已经编写过代码，在此不予赘述。

编写用户注册页面后置代码文件 Register. aspx. cs 的代码，如下：

```
…
using BookShop.BLL;
using BookShop.Models;
public partial class Register : System.Web.UI.Page
{
    protected void Page_Load(object sender, EventArgs e)
    {
        if (!IsPostBack)
        {
```

```
            snCode.Create();
        }
    }
    protected void btnSubmit_Click(object sender, EventArgs e)
    {
        if (!CeckCode())
        {
            Page.RegisterClientScriptBlock("alert", "<script>alert('验证码错误!')</script>");
            return;
        }
        User user = new User();
        user.LoginId = this.txtLoginId.Text;
        user.LoginPwd = this.txtLoginPwd.Text;
        user.Name = this.txtName.Text;
        user.Address = this.txtAddress.Text;
        user.Phone = this.txtTele.Text;
        user.Mail = this.txtEmail.Text;
        UserManager manager = new UserManager();
        if (!manager.Register(user))
        {
          Page.RegisterClientScriptBlock("alert", "<script>alert('用户名已使用,请重新输入!')
</script>");
        }
        else
        {
          Page.RegisterClientScriptBlock("alert", "<script>alert('注册成功,请登录!');window.
location='../default.aspx'</script>");
        }
    }
    protected bool CeckCode()
    {
        if (snCode.CheckSN(txtCode.Text.Trim()))      //判断验证码输入是否正确
        {
            return true;
        }
        else
        {
            snCode.Create();                            //如果验证码输入不正确,则生成新验证码
            return false;
        }
    }
}
```

用户注册页运行效果如图 8-22 所示,输入注册信息,单击“确定了,马上提交”按钮后将提示注册成功提示信息。

图 8-22 用户注册页运行效果图

单 元 小 结

本单元主要介绍了三层架构的搭建，并结合“新知书店”系统的功能需求和架构设计分析深入探讨了三层架构下应用程序的开发过程。

三层架构就是将整个业务应用划分为模型层、数据访问层、业务逻辑层和表示层，创建清晰而独立的分层结构可以使应用程序更易于修改。例如，清晰的层次使程序员无须修改数据访问层代码就可以修改用户界面。

三层架构中各层的依赖顺序是：表示层依赖业务逻辑层，业务逻辑层依赖数据访问层，表示层、业务逻辑层和数据访问层都依赖模型层。

模型层是三层架构之间数据传递的载体，负责保障对数据库的支持和一致性，它包含了与数据库表相对应的实体类。使用实体类更符合面向对象编辑的思想，通常把一个表封装成一个类。

搭建基于三层架构的系统基本框架的步骤为：搭建模型层→搭建数据访问层→搭建业务逻辑层→搭建表示层→添加各层之间的相互依赖。

单元练习题

一、选择题

1. 现在需要使用三层架构搭建某网上专卖店的网站上增加一个满 1000 送 200 的促销方案,在(　　)实现是最佳方式。

A. 模型层　　B. 表示层　　C. 数据访问层　　D. 业务逻辑层

2. 在 ASP. NET 中,如果创建一个用户登录页面,使用用户表 Users(Name,PassWord)中的数据,要求使用三层架构实现,下列说法中(　　)是错误的。

A. 模型层通常包含与 Users 表相对应的实体类
B. 数据访问层封装了与 Users 表相关的增、删、改、查的操作
C. 判断输入账号是否合法的方法必须在表示层实现
D. 表示层负责内容的展示和与用户的交互

3. 下列说法不正确的是(　　)。

A. 数据访问层需要添加模型层的引用
B. 业务逻辑层需要添加数据访问层的引用
C. 表示层需要添加数据访问层、业务逻辑层和模型层的引用
D. 模型层需要添加数据访问层的引用

二、填空题

1. ASP. NET 应用程序的架构一般可以分为三层:________、________和________,其中________是通过 Web 窗体页面实现的。

2. ________是三层架构之间数据传递的载体。

三、问答题

1. 使用分层架构应遵守哪些原则?
2. 模型层的作用是什么?
3. 数据访问层的功能是什么?

单元 9　ASP. NET MVC 编程基础

ASP. NET MVC 与 ASP. NET WebForm 是目前 ASP. NET 的两种主流开发方式，ASP. NET WebForm 和 ASP. NET MVC 是并行的，也就是说，ASP. NET MVC 不会取代 ASP. NET WebForm，而是多了一种选择。本单元将介绍 MVC 的相关概念及 MVC 应用程序的结构、相关约定和规则，重点讲解控制器、视图及模型的创建过程，并以不同的示例为载体分别深入介绍使用数据库优先和代码优先两种方式开发 MVC 应用程序的完整过程。

本单元主要学习目标如下。

◆ 了解 MVC 页面的运行过程。

◆ 了解 MVC 应用程序的结构及相关约定和规则。

◆ 掌握控制器、视图及模型的创建过程。

◆ 掌握使用 MVC 开发简单程序的过程。

9.1　MVC 概述

9.1.1　MVC 和 WebForm

1. WebForm 模式

ASP. NET WebForm 的开发更接近可视化设计，即开发者只需要从设计面板中拖放控件就可以完成用户界面设计，接着在后台代码中实现逻辑代码的设计即可完成 Web 页面功能。

微软公司设计了一个完整的 Web 开发环境，使得构建 Web 应用有了新的体验，开发人员只需在一个可视化设计器中拖放控件，并且在表单中设置属性即可。与此同时，开发人员可以编写代码来响应事件，这使得对于程序逻辑的操作变得非常直观。WebForm 模型提供了一个高度抽象的框架，使入门变得非常容易；但是它也容易造成一些问题，因为它在很多方面将开发人员和 Web 机制隔离开来。

WebForm 让开发人员能够轻松地拖放控件，并且通过响应页面和控件的各种事件来快速地开发 Web 应用。这一点很不错，但是这种高度的抽象使很多开发人员完全忽略了甚至从没有了解过在这背后 HTML 是如何运作的，这往往会产生无法通过校验的 HTML 代码，或者是一些非常冗余、难以管理的 HTML 布局，这对于页面设计人员非常不友好。同时，如果没有合理地控制 ViewState，很容易得到一个包含大量 ViewState 的页面，它的尺寸远远超过所需的内容，最终使页面的打开异常缓慢。

WebForm 模式的优点包括：使用方便，入门容易；有丰富的控件和服务端组件；支持事件模型开发,可以迅速地搭建 Web 应用。

WebForm 模式的缺点包括:封装性太强;对服务器控件的控制非常不容易;ViewState 处理浪费资源和服务器带宽。

2. MVC 模式

1) MVC 概述

MVC 的全名是 Model View Controller,即模型(Model)—视图(View)—控制器(Controller),它强制性地使应用程序的输入、处理和输出分开。MVC 将应用程序分成三个核心部件,即模型、视图、控制器,它们各自处理自己的任务。视图是用户看到并与之交互的界面,对 Web 应用程序来说,视图就是由 HTML 元素组成的界面。模型表示数据和业务规则,它在 MVC 中拥有最多的处理任务。控制器接收用户的输入并调用模型和视图完成用户的需求,当用户单击 Web 页面中的超链接和发送 HTML 表单时,请求首先被控制器捕获。控制器本身不输出任何信息和做任何业务处理,它只是接收请求并决定调用哪个模型去处理请求,然后再确定用哪个视图来显示返回的数据。

2) MVC 的版本

ASP. NET MVC1 于 2009 年发布,MVC2 于 2010 年发布,MVC3 于 2011 年发布,MVC4 于 2012 年发布,MVC5 于 2013 年发布。本书采用的开发工具是 Visual Studio 2017,Visual Studio 2017 中自带了 MVC5,所以本单元的讲述以 MVC5 为对象。

3) MVC 模式的优点

多个视图对应一个模型,减少了代码的维护量,模型发生改变时易于维护;一个应用被分为三层,有时改变其中的一层就能满足应用的改变;有利于软件工程化管理,由于不同的层各司其职,每一层不同的应用具有某些相同的特征,有利于通过工程化、工具化产生管理程序代码。

4) MVC 模式的缺点

(1) 增加了系统结构和实现的复杂性。对于简单的界面,如果严格遵循 MVC,使模型、视图与控制器分离,会增加结构的复杂性,并可能产生过多的更新操作,降低运行效率。

(2) 视图与控制器间的连接过于紧密。视图与控制器是相互分离的,但又是联系紧密的部件,视图没有控制器的存在,其应用是很有限的,反之亦然,这样就影响了它们的独立重用。

(3) 视图对模型数据的低效率访问。依据模型操作接口的不同,视图可能需要多次调用才能获得足够的显示数据。另外,对未变化数据的不必要的频繁访问也将损害操作性能。

3. 两种模式不具备可比性

MVC 和 WebForm 并不具备可比性,它们是不同的开发模式,在各自的应用上都有优缺点,也有各自的适用场合,并没有哪个开发模式好的说法。一般来说,如果想要开发效率高、开发速度快,就考虑使用 WebForm 模式;如果希望性能高或者大量使用 JavaScript、jQuery 等,就比较适合采用 MVC 模式。

9.1.2 MVC 页面的运行机制

在传统的 Web 应用开发中,对页面的请求一定是对某个文件进行访问,例如当用户访问/home/abc. aspx 时,在服务器的系统目录中一定存在 abc. aspx 这个页面。对于传统的页面请求过程用户也非常容易理解，因为在服务器上存在 home 文件夹，在 home 文件夹下存在 abc. aspx 页面，所以才能够进行相应的页面访问。

在 ASP. NET MVC 开发模型中，当用户发出页面请求时，可能服务器中并不存在相应的页面，而可能是服务器中的某个方法，因此页面请求的地址不能够按照传统的概念进行分析。这让初学者在一开始觉得非常不适应。

如果要了解 ASP. NET MVC 应用程序的页面请求地址，需要先了解 ASP. NET MVC 的页面请求模型，如图 9-1 所示。

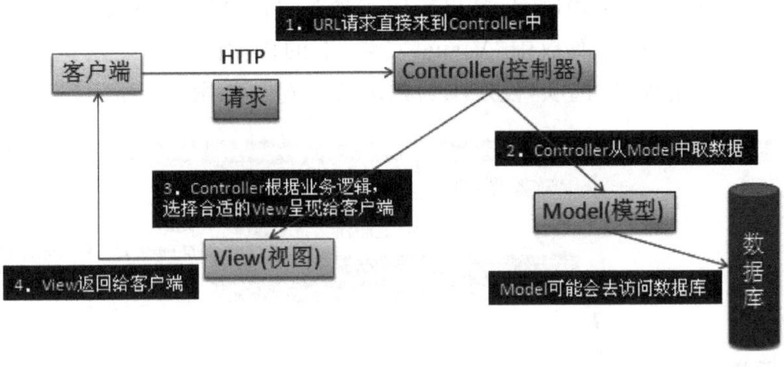

图 9-1　MVC 的页面请求模型

ASP. NET MVC 开发模型包括三个模块，分别为 Models（模型）、Views（视图）、Controllers（控制器），各自处理各自的任务。

- Models 负责与数据库进行交互。
- Views 负责页面的呈现，包括样式控制、数据的格式化输出等。
- Controllers 负责处理页面的请求，给用户呈现相应的页面。

如图 9-1 所示，与传统的页面请求和页面运行方式不同的是，当用户进行 ASP. NET MVC 程序的页面请求时，该请求首先会被发送到 Controllers 中，开发人员能够在 Controllers 中创建相应变量并将请求发送到 Views 中，Views 会使用在 Controllers 中通过编程方式创建的相应变量并呈现页面在浏览器中。当用户在浏览器中对 Web 应用进行不同的页面请求时，该运行过程将会循环反复。

9.2　ASP. NET MVC 应用程序

9.2.1　创建 ASP. NET MVC 应用程序

创建 ASP. NET MVC 应用程序的一般步骤如下。

- 新建项目：新建 MVC 项目。
- 引用 EF：添加 EntityFramework. dll 和 EntityFramework. SqlServer. dll。
- 创建模型类：创建对应于表结构的实体类。
- 创建控制器：包括实现业务功能的控制器方法。
- 创建视图：用于展示提交数据或结果数据。

◆ 进行模型、视图和控制器的综合调试。

其中,创建控制器与视图没有严格的先后顺序。EF即Entity Framework,是ADO.NET中的一套支持开发面向数据的软件应用程序技术,是对ADO.NET更高层次的封装。MVC项目中引入EF后,通过数据库上下文类DbContext的对象实现对物理数据库的查询。数据库上下文类一般存放在系统文件夹Models里。

【示例9-1】 创建一个简单的ASP.NET MVC应用程序。

1) 创建ASP.NET MVC项目

(1) 打开Visual Studio 2017,在菜单栏中选择“文件”→“新建项目”命令,在弹出的“新建项目”对话框中,单击左侧面板中“Visual C#”下的Web选项,之后选择中间面板中的“ASP.NET Web应用程序”选项,设定项目的名称、位置,如图9-2所示。

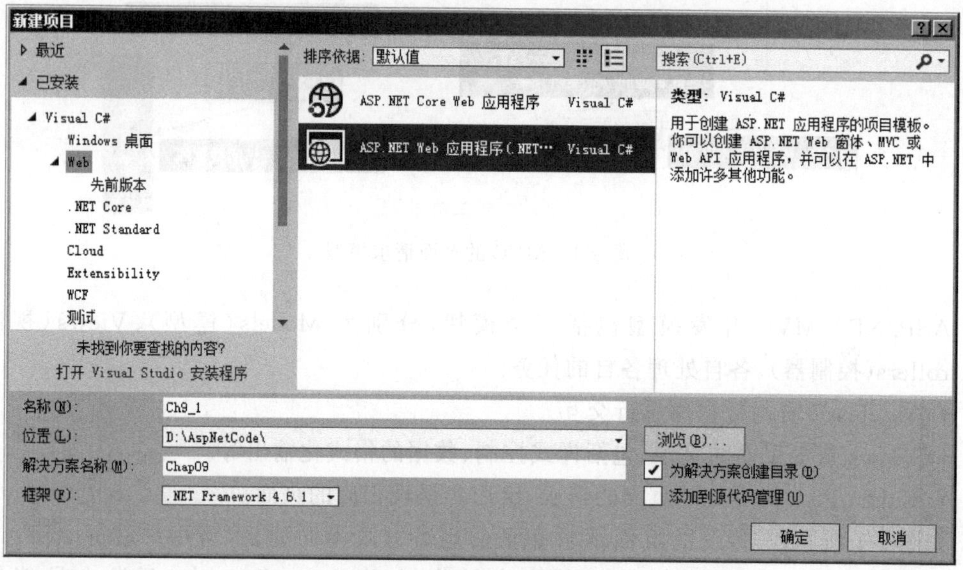

图9-2 “新建项目”对话框

(2) 单击“新建项目”对话框中的“确定”按钮,弹出“新建ASP.NET Web应用程序”对话框,在其中选择MVC模板,如图9-3所示。

(3) 如果想更改模板默认使用的身份验证方式,可以单击“更改身份验证”按钮,弹出“更改身份验证”对话框,在其中选择需要的身份验证方式,如图9-4所示。

(4) 单击“更改身份验证”对话框中的“确定”按钮,返回到“新建ASP.NET Web应用程序”对话框,单击其中的“确定”按钮,至此完成创建ASP.NET MVC项目的操作。

2) 创建控制器

在“解决方案资源管理器”中,右击项目下的文件夹Controllers,在弹出的快捷菜单中选择“添加”→“控制器”命令,弹出“添加基架”对话框,在其中选择“MVC5控制器-空”选项,如图9-5所示。

单击“添加”按钮,弹出“添加控制器”对话框,如图9-6所示,在“添加控制器”对话框中修改控制器名称为FirstController,注意千万不能删除名称中的Controller关键字,控制器名称以Controller为后缀。

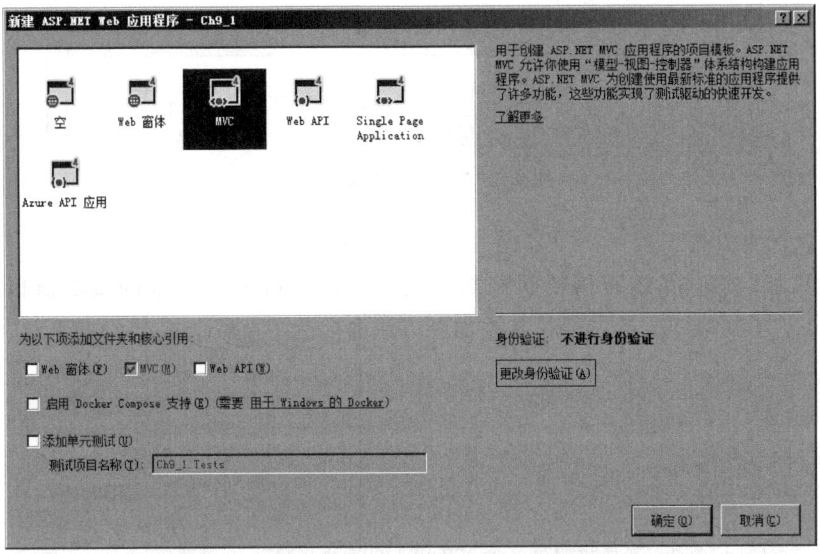

图 9-3 "新建 ASP.NET Web 应用程序"对话框

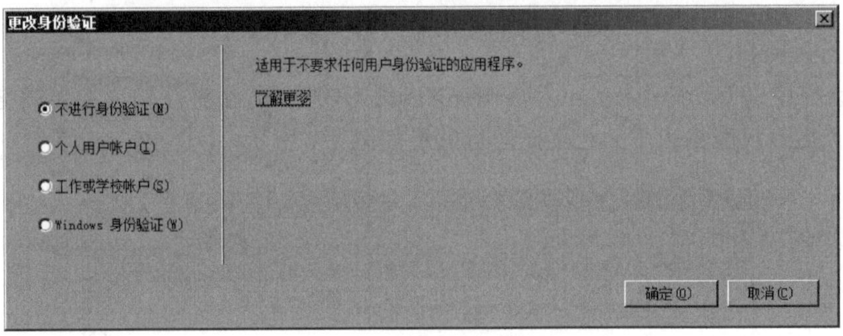

图 9-4 "更改身份验证"对话框

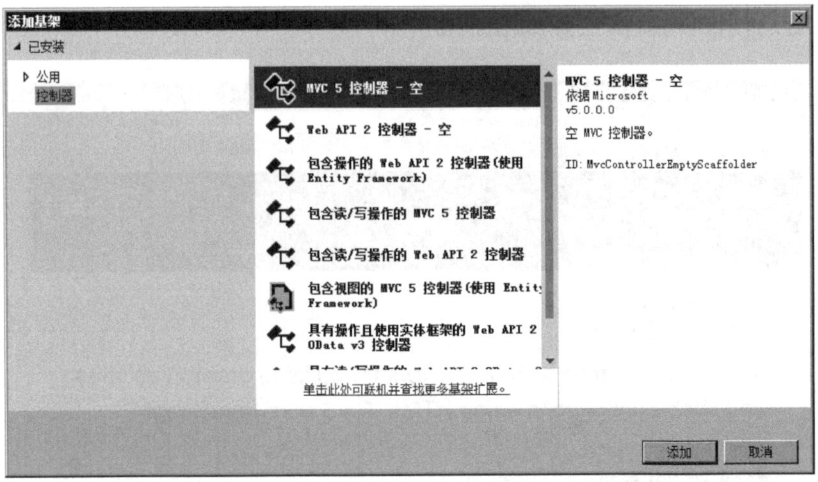

图 9-5 "添加基架"对话框

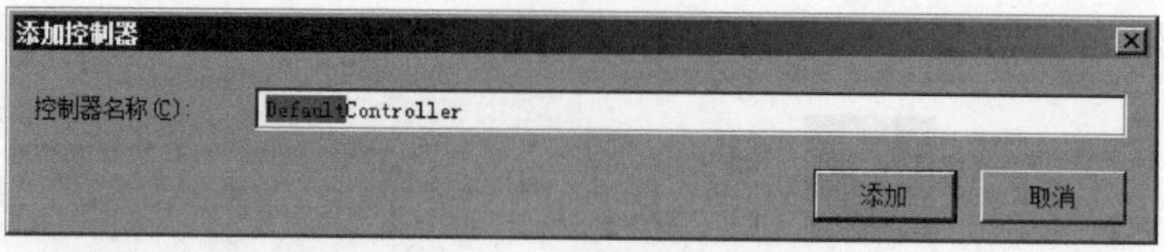

图 9-6 “添加控制器”对话框

3）创建行为方法

单击“添加”按钮，系统直接转到控制器文件 FirstController.cs 的编辑窗口，发现已自动生成 Index 方法，将该方法删除，并添加新方法命名为 GetString，代码如下：

```
public class FirstController : Controller
{
    // GET: First
    public String GetString()
    {
        return "您好，这是我的第一个 ASP.NET MVC5 程序!";
    }
}
```

4）运行并测试

在地址栏中以 ControllerName/ActionName 形式输入，注意在输入控制器名称时不能输入 Controller，只能输入 First，页面运行效果如图 9-7 所示。

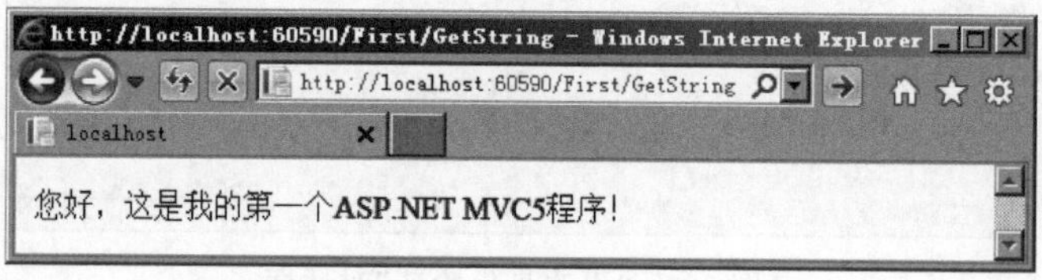

图 9-7 页面运行效果

按 F5 键运行，出现默认主页，如图 9-8 所示。

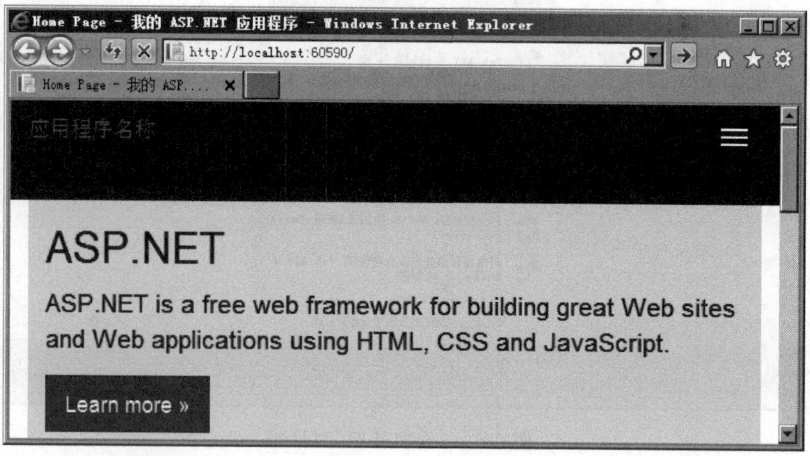

图 9-8 默认主页的运行效果

9.2.2 ASP.NET MVC 应用程序的结构

1. 应用程序的项目结构图

用 Visual Studio 创建一个新的 ASP.NET MVC 应用程序后，将自动向这个项目中添加一些文件和目录，这些默认文件和目录提供了一个可以运行的应用程序的基本结构，包括首页、关于页面、一个未经处理的错误页面以及一个 Project_Readme.html 页面。示例 9-1 中生成的项目结构如图 9-9 所示。

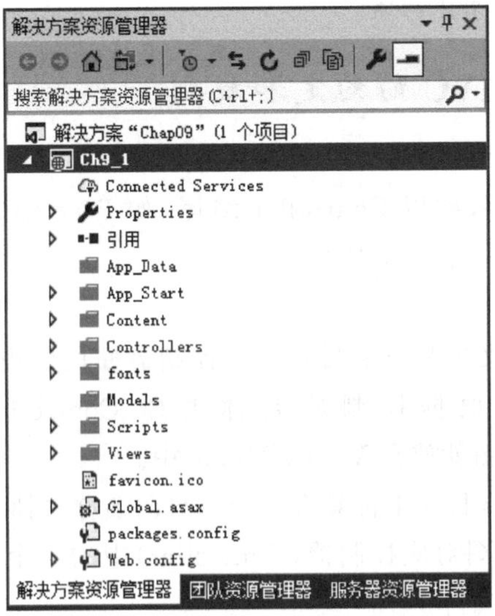

图 9-9 示例 9-1 中生成的项目结构

2. 项目结构中目录或文件的功能

(1) App_Data：用来存储数据库文件、XML 文件或者应用程序需要的一些其他数据。

(2) App_Start：该文件夹包含应用程序的配置逻辑文件，其中的 RouteConfig.cs 用来配置 MVC 应用程序的系统路由路径。

(3) Content：用来存放应用程序中需要用到的一些静态资源文件，如图片和 CSS 样式文件。Content 目录默认情况下包含了本项目用到的.css 文件 Site.css，以及一个文件夹 themes，themes 中主要存放 jQuery UI 组件中要用到的图片和 CSS 样式。

(4) Controllers：用于存放所有控制器类，默认情况下该目录下面有两个控制器——HomeController(负责主页的请求处理)和 AccountController(身份验证)。控制器负责处理请求，并决定哪一个 Action 执行，充当一个协调者的角色。

(5) fonts：该文件夹用于存储 MVC 应用程序可能用到的字体文件。

(6) Models：用于存放应用程序的核心类(实体模型类)、数据持久化类或者视图模型。如果项目比较大，可以把这些类单独放到一个项目中。目录中默认包含了一个 AccountModels.cs.类，该类中包含了一系列和身份验证相关的类，它是项目默认为用户提供的一个模板。

(7) Scripts：用于存放项目中用到的 JavaScript 文件，默认情况下，系统自动添加了一系列的.js 文件，包含 jQuery 和 jQuery 验证等 js。

(8) Views：包含了许多用于用户界面展示的模板，这些模版都是使用 Rasor 视图来展示的，子目录对应着控制器相关的视图。

(9) Global. asax：存放在项目根目录下，代码中包含应用程序第一次启动时的初始化操作，如路由注册。

(10) Web. config：同样存在于项目根目录下，包含 ASP. NET MVC 正常运行所需的配置信息。

(11) favicon. ico：存在于应用程序根目录下，应用程序的图标文件，在浏览器显示，名称不能更改，可以使用其他图片替换。

9.2.3 ASP. NET MVC 的约定和规则

1. 关于控制器的约定

每个 Controller 类的名称以 Controller 结尾，如 ProductController、HomeController 等。这些类都放在 Controllers 目录中。

2. 关于视图的约定

应用程序的所有视图放在 Views 目录下。控制器使用的视图在 Views 目录的一个子目录中，这个子目录是根据控制器名称去掉 Controller 后缀来命名的，例如 HomeController 使用的视图就放在 Views/Home 中。

每一个控制器在 Views 目录下都具有一个以自己名称去掉 Controller 后缀命名的文件夹，该文件夹下的每一个视图对应控制器(Controller)中的一个方法(Action)，视图名称与方法名称一致。

3. 视图命名和寻址的规则

在控制器中，使用 View 方法调用视图，返回和动作方法同名的视图，但是却没有显示提供视图的位置，其实这里依赖的就是视图的寻址规则，即会按照规则从规定的路径去寻找视图。

这个寻址规则就是：从 Views 文件夹下和控制器名称去掉 Controller 后缀后同名的文件夹中寻找，例如在控制器 HomeController 中，如果 Index 动作返回 View，则调用的视图为 Views/Home/Index. cshtml。

4. MVC 程序默认启动页面

MVC 程序默认启动页面是在 App_Star 文件夹下的 RouteConfig. cs 文件中进行设置的。默认创建的 RouteConfig. cs 文件中定义了路由的匹配规则，代码如下：

```
public static void RegisterRoutes(RouteCollection routes)
{
    routes.IgnoreRoute("{resource}.axd/{ * pathInfo}");
    routes.MapRoute(
        name: "Default",
        url: "{controller}/{action}/{id}",
        defaults: new { controller = "Home", action = "Index", id = UrlParameter.Optional }
    );
}
```

在上述代码中，url："{controller}/{action}/{id}"定义了路由规则。默认的路由表包含了一个路由，名为 defaults，defaults 路由将 URL 的第一部分映射到控制器名，将 URL 的第二部分映射到控制器动作，将 URL 的第三个部分映射到一个叫作 id 的参数。

例如，使用/Home/Index/3 访问系统，系统会把 Home 映射到控制器名，从而自动到 Controllers 目录中找到名为 HomeController 的控制器，然后把 Index 作为上面找到的控制器中的 Index 操作方法，最后将 3 作为 Index 方法的参数传入，得到相应的结果。

9.3 MVC 控制器(Controller)

9.3.1 深入理解控制器

MVC 控制器(Controller)负责响应请求，在必要的时候会调用模型(Model)来获取数据或者修改数据。每一个针对应用程序的请求，都是通过控制器自由地选择合适的方法来处理。控制器的动作方法称为 Action，用于响应客户端请求，并调用相应的视图向浏览器输出信息。控制器就像一位导游，接受游客的游览请求，导游会安排所有游览行程并将不同的景色展现在游客面前。

控制器动作方法返回的类型称为动作结果，即 ActionResult。ASP.NET MVC 支持六种标准类型的动作结果。

- ◆ ViewResult：代表 HTML 及标记。
- ◆ EmptyResult：代表无结果。
- ◆ RedirectResult：代表重定向到一个新的 URL。
- ◆ RedirectToRouteResult：代表重定向到一个新的控制器动作。
- ◆ JsonResult：代表一个 JSON(JavaScript Object Notation)结果，它可以用于 AJAX 应用程序。
- ◆ ContentResult：代表文本结果。

通常情况下，控制器动作并不直接返回一个动作结果，而是调用 Controller 基类的下列方法之一。

- ◆ View：返回一个 ViewResult 结果。
- ◆ Redirect：返回一个 RedirectResult 动作结果。
- ◆ RedirectToAction：返回一个 RedirectToAction 动作结果。
- ◆ RedirectToRoute：返回一个 RedirectToRoute 动作结果。
- ◆ Json：返回一个 JsonResult 动作结果。
- ◆ Content：返回一个 ContentResult 动作结果。

如果想向浏览器返回一个视图，就调用 View 方法；如果想要将用户从一个控制器动作重定向到另一个，就调用 RedirectToAction 方法。

ContentResult 动作结果很特别，可以使用 Content 方法将动作结果作为纯文本返回，例如：

```
public class StatusController : Controller
{
    public ContentResult Index()
    {
        return Content("Hello World!");
    }
}
```

在上面代码中,当调用 StatusController.Index 动作时,并没有返回一个视图,而是向浏览器返回了原始的文本"Hello World!"。

如果一个控制器动作返回一个结果,而这个结果并非一个动作结果,例如返回一个日期或者整数,那么结果将自动被包装在 ContentResult 中,例如:

```
public class WorkController : Controller
{
    public DateTime Index()
    {
        return DateTime.Now;
    }
}
```

上述代码中的 Index 动作返回了一个 DateTime 对象。ASP.NET MVC 自动将 DateTime 对象转换为一个字符串,并且将 DateTime 值包装在一个 ContentResult 中,浏览器将会以纯文本的方式收到日期和时间。

9.3.2 创建控制器

1. 添加控制器

在"解决方案资源管理器"中,右击项目下的文件夹 Controllers,在弹出的快捷菜单中选择"添加"→"控制器"命令,弹出"添加基架"对话框,在其中选择"MVC5 控制器-空"选项,单击"添加"按钮,弹出"添加控制器"对话框,在"添加控制器"对话框中修改控制器名称,注意千万不能删除名称中的 Controller 关键字,控制器名称以 Controller 为后缀。单击"添加"按钮,系统直接转到控制器文件的编辑窗口。

创建好一个控制器后,在 Views 目录下就会多了一个子目录,子目录名称以控制器名称去掉 Controller 后缀而得。

2. 编写操作方法

新添加的控制器已经有一个 Index 方法,可以根据需要修改这个方法实现需要的功能,也可以添加新方法。

9.4 MVC 视图(View)

9.4.1 深入理解视图

当用户通过浏览器来访问 Web 应用程序时,用户感觉不到控制器和模型的存在,用户对应用程序的第一印象以及与应用程序的交互都是从视图开始的。

视图的职责是向用户提供用户界面，视图所需要输出的数据由控制器提供。在 ASP. NET MVC 中，视图又称视图模板，是以. cshtml 为后缀的文件，集中保存在 Views 文件夹中。

Views 文件夹存储的是与用户界面相关的文件，其中包含三类子文件夹。

◆ Home 子文件夹用于存储如 home 页和 about 页之类的应用程序页面。

◆ Shared 文件夹用于存储控制器间分享的视图(母版页和布局页)，放在里面的视图文件，在其他地方不需要指定路径就可以访问到。

◆ 新建一个控制器时，将在 Views 文件夹里自动产生一个子文件夹，这个子文件夹自动以该控制器名称去掉 Controller 后缀后命名，用于存放. cshtml 视图文件。

在下面的代码中含有一个简单的控制器 HomeController，HomeController 中有两个控制器动作，称为 Index 和 Details。

```
public class HomeController : Controller
{
    public ActionResult Index()
    {
        return View();
    }
    public ActionResult Details()
    {
        return RedirectToAction("Index");
    }
}
```

如果调用第一个动作 Index，则返回一个视图，大多数动作都将返回一个视图；如果调用第二个动作 Details，则返回一个 RedirectToActionResult，它可以将请求重定向到 Index 动作。

9.4.2 创建视图

1. 添加视图

(1) 在控制器文件的代码编辑窗口中定义动作方法的任意地方右击，然后从弹出的快捷菜单中选择“添加视图”命令，在弹出的“添加视图”对话框中根据需要选择模板、模型类等。

(2) 找到 Views 目录下要添加视图的控制器对应的子文件夹，右击，在弹出的快捷菜单中根据需要选择添加的视图的类型，一般选择“MVC5 视图页(Razor)”选项。

2. 向视图中添加内容

根据设计需要向视图中添加内容，视图是一个标准的、可以包含脚本的 HTML 文档，可以使用脚本来向视图中添加动态内容。

9.4.3 视图模板引擎

引擎是一个程序的支持部分。视图中通常会含有一些程序代码，这些代码是无法直接发送给浏览器的,视图引擎的作用是对视图进行转换并向浏览器输出标准 HTML 的内容,这个过程一般称为渲染(Render)。

MVC 自带的视图引擎有两种,一种是 Razor,以.cshtml 后缀的文件作为视图文件;另一种是 ASPX,以.aspx 后缀的文件作为视图文件。Razor 支持两种文件类型,分别是.cshtml 和.vbhtml,其中.cshtml 的服务器代码使用 C# 的语法,.vbhtml 的服务器代码使用 VB.NET 的语法,本书均使用 C#语法。

Razor 其实是一种服务器代码和 HTML 代码混写的代码模板,类似于没有后置代码的.aspx 文件。Razor 从 ASP.NET MVC3 开始引入,它具有更智能的语法,并以@{}取代以往的<% %>,使语句变得更加简洁;而 ASPX 则是一直沿袭使用以往的 ASPX,它的一个优点是能够拖动控件,使用比较方便。ASPX 更符合 ASP.NET 程序员的习惯,和 WebForm 兼容,而且在 MVC2 及以前的版本,它是唯一的选择,但是 ASP.NET MVC 已不再支持它。

Razor 引擎简化了输入,直接@就可以开始编写代码了,显得更加简洁。用 Razor 编写一个视图模板文件时,将所需的字符和键盘敲击次数降到了最低,并实现了快速、流畅的编码工作流程,所以推荐使用 Razor,语法更人性化。

Razor 不是编程语言,它是服务器端标记语言,允许向网页中嵌入基于服务器的代码。Razor 拥有十分智能的感应输入提示,用任何文本编辑器都可以进行编写。Razor 的主要语法规则如下所示。

◆ Razor 代码封装于@{ … }中。
◆ 变量和函数以@开头。
◆ 代码语句以分号结尾。
◆ 字符串由引号包围。
◆ 代码对大小写敏感。
◆ 文件的扩展名是.cshtml。

9.4.4 布局页

布局页有助于使应用程序中的多个视图保持一致的外观。布局页相当于 WebForm 里的母版页,但是布局页提供了更加简洁的语法和更大的灵活性。

可以使用布局页为网站定义公共模板,公共模板包含一个或多个占位符,应用程序中的其他视图为它提供内容。在一个项目中可以定义一个或多个布局页,ASP.NET MVC 默认创建的布局页_Layout.cshtml 位于~/Views/Shared 目录中。下面是一个简单的布局页的内容:

```
<!DOCTYPE html>
<html>
<head>
    <title>@ViewBag.Title - 我的 ASP.NET 应用程序</title>
</head>
<body>
    <h1>@ViewBag.Title</h1>
    <div class="container body-content"> @RenderBody()</div>
```

```
</body>
</html>
```

在上面的布局代码中,@RenderBody()是一个占位符,用来表示使用这个布局的视图可以插入内容的区域。

如果不明确使用 Layout 属性指明视图的布局页,那么视图将默认使用_Layout. cshtml 布局页;如果想改变默认布局页的使用,可以在视图中使用 Layout 属性设置。

如果不想用任何布局页,则可将 Layout 属性设置为 null,代码如下:

```
@{
    Layout = null;
}
```

9.5 MVC 模型(Model)

9.5.1 深入理解模型

模型(Model)在 MVC 模式中担任着数据总管的角色,负责数据的存取与跟业务有关的计算服务。模型可以保存、创建、更新和删除数据的对象。

在“解决方案资源管理器”中,右击 Models 文件夹,选择“添加”→“类”命令,对类进行命名,然后单击“添加”按钮,就可以添加一个模型类,所有的模型类都位于 Models 文件夹下。每个模型类的对象对应于数据库表的一条记录。

9.5.2 创建模型

ASP. NET MVC 借助微软的 EF 来创建模型,EF 即 Entity Framework,是 ADO. NET 中的一套支持开发面向数据的软件应用程序技术,是对 ADO. NET 更高层次的封装。EF 提供了三种方式来创建模型,在这三种方式中,开发人员都是直接针对模型类进行编程,而不是数据库,模型类和数据库之间的转换由 EF 自动进行管理。

1. 数据库优先

数据库优先即 Database First,在数据库已经存在的情况下,通过由 EF 提供的工具将数据库转换生成模型类及数据库上下文类。

2. 模型优先

模型优先即 Model First,通过可视化工具来建立模型,再由工具自动生成数据库及相关的模型类。

3. 代码优先

代码优先即 Code First,从字面上理解就是代码先行,直接编写模型类和数据库上下文类的代码,然后 EF 根据实体结构生成所对应的数据库。

9.6 ASP. NET MVC 开发示例

9.6.1 用户信息列表显示

1. 相关知识和技术

1) 强类型视图

ViewBag 是一个动态对象,它提供了一种便利的、后期绑定的方法来将信息从控制器传递到视图中。但是在视图中,通过 ViewBag 传递的对象没有确切的类型,这就无法获得编译时语法检查和智能提示的功能。在视图中可以通过 Model 变量来直接引用控制器方法传递的对象,但在不特别说明的情况下,Model 变量也没有确切的类型。要想使 Model 变量具有明确的类型,可以在视图中用@model 指令进行声明,这样的视图就称为强类型视图。使用强类型视图后,可以获得编译时类型检查和智能提示的功能特性。

2) Html. DisplayFor

Html. DisplayFor 辅助方法一般在强类型视图中使用,用来显示实体类相应的属性值,例如下面的代码:

```
@Html.DisplayFor(modelItem => item.userName)
```

它输出用户对象的姓名,可替换为:

```
@item.usertName
```

2. 实现过程

【示例 9-2】 创建一个展示用户信息列表的 ASP. NET MVC 应用程序。

本示例采用数据库优先方式创建数据模型,创建强类型视图,在控制器中使用数据库上下文获取数据。

1) 创建 ASP. NET MVC Web 应用程序项目

在 Visual Studio 2017 中打开解决方案 Chap09,在"解决方案资源管理器"中右击解决方案 Chap09,在弹出的快捷菜单中选择"添加"→"新建项目"命令,按示例 9-1 中介绍的方法继续完成名为 Ch9_2 的 ASP. NET MVC Web 应用程序项目的创建。

2) 建立实体数据模型

(1) 选中 Models 文件夹,单击鼠标右键,选择"添加"→"新建项"命令,弹出"添加新项"对话框,在该对话框的左侧"已安装"下选择"Visual C#"选项,然后选择中间面板中的"ADO. NET 实体数据模型"选项,在底部填写名称,可以与数据库名相同,如图 9-10 所示,然后单击"确定"按钮。

(2) 在弹出的"实体数据模型向导"对话框中,选择"来自数据库的 EF 设计器"选项,如图 9-11 所示。

(3) 单击"下一步"按钮,在弹出的窗口中单击"新建连接"按钮,弹出"连接属性"对话框,在该对话框中进行数据源、服务器名、身份验证和数据库的选择,本示例中,数据库为

BookShopPlus。

(4) 配置完步骤(3)中的信息并单击“确定”按钮，弹出“实体数据模型向导”对话框，在该对话框中选中“是，在连接字符串中包括敏感数据”单选按钮，如图 9-12 所示。

(5) 单击“下一步”按钮，跳转到“选择您的数据库对象和设置”界面。本示例暂时用不到视图或存储过程，所以只选择“表”即可，如图 9-13 所示，单击“完成”按钮。

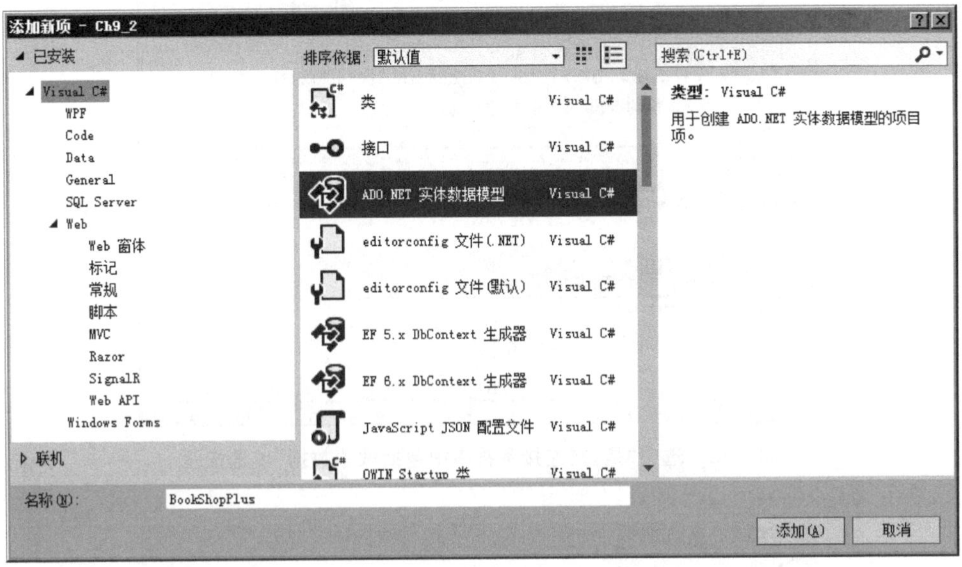

图 9-10　选择“ADO. NET 实体数据模型”选项

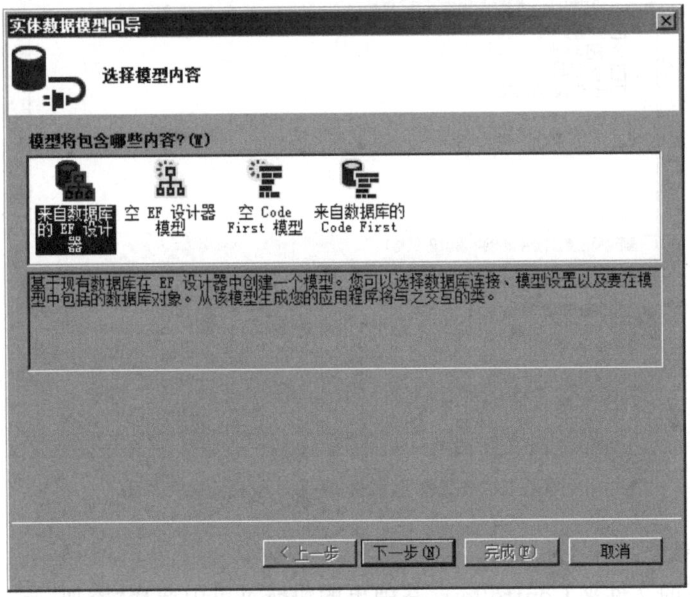

图 9-11　选择“来自数据库的 EF 设计器”选项

等待生成完成，编辑器自动打开模型图页面以展示关联性，这里直接关闭即可。打开“解决方案资源管理器”中的 Models 文件夹，会发现里面多了一个 BookShopPlus. edmx 文件,这就是模型实体和数据库上下文类。

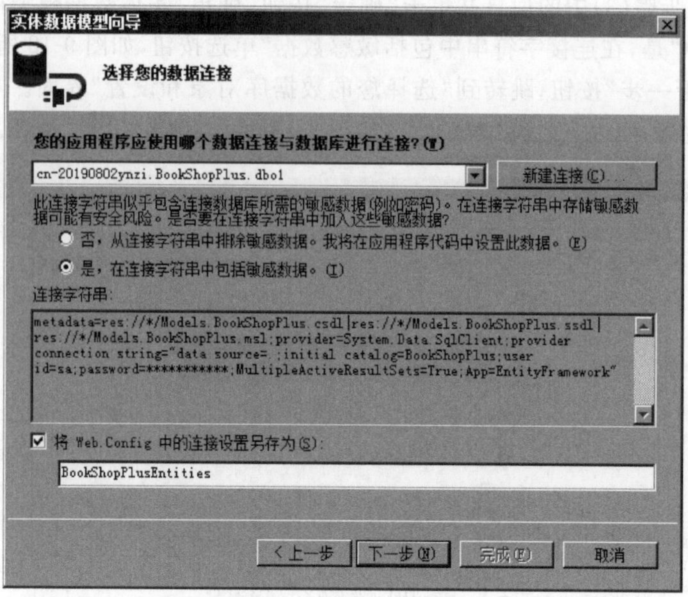

图 9-12　选中“是,在连接字符串中包括敏感数据”单选按钮

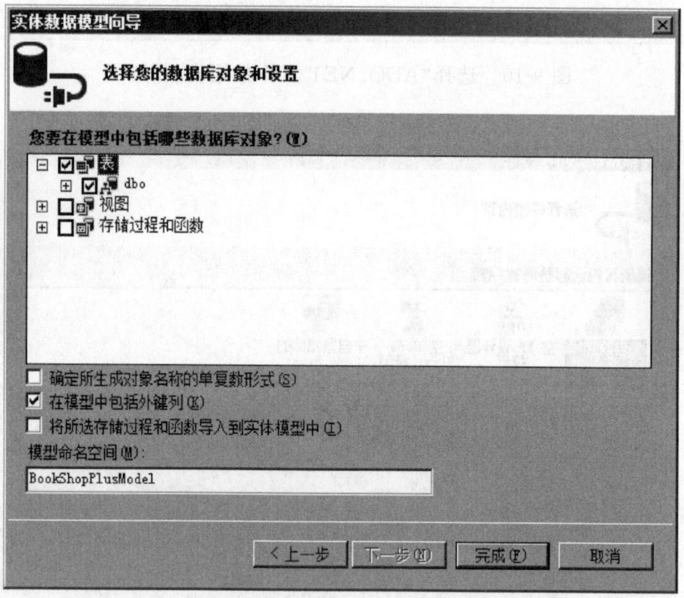

图 9-13　“选择您的数据库对象和设置”界面

3) 添加控制器

右击项目下的文件夹 Controllers,在弹出的快捷菜单中选择“添加”→“控制器”命令,弹出“添加基架”对话框,在其中选择“MVC5 控制器-空”选项,单击“添加”按钮,弹出“添加控制器”对话框,修改控制器名称为 UserInfoController。

添加对实体数据模型命名空间的引用,代码如下:

```
using Ch9_2.Models;
```

创建一个数据库上下文对象，并修改 Index 方法，在其中将用户信息列表对象通过 Model 属性传递给视图，代码如下：

```
public class UserInfoController : Controller
{
    private BookShopPlusEntities bsp = new BookShopPlusEntities();
    public ActionResult Index()
    {
        return View(bsp.Users.ToList());
    }
}
```

4）添加视图

在控制器 UserInfoController 的操作方法 Index 的定义代码的任何位置右击，在弹出的快捷菜单中选择“添加视图”命令，弹出“添加视图”对话框，在其中选择模板和模型类。单击“添加”按钮，Visual Studio 2017 会自动生成视图 Index.cshtml，将视图文件的代码修改如下：

```
@model IEnumerable<Ch9_2.Models.Users>
@{
    ViewBag.Title = "新知书店用户信息列表";
}
<h2>Index</h2>
<table class="table">
    <tr>
        <th>用户名</th>
        <th>密码</th>
        <th>姓名</th>
        <th>地址</th>
        <th>电话</th>
        <th>电子邮箱</th>
    </tr>
    @foreach (var item in Model)
    {
        <tr>
            <td>@item.LoginId</td>
            <td>@item.LoginPwd</td>
            <td>@item.Name</td>
            <td>@item.Address</td>
            <td>@item.Phone</td>
            <td>@item.Mail</td>
        </tr>
    }
</table>
```

说明：首行使用@model 声明本视图是强类型视图；通过 foreach 循环将所有的用户信

息以表格形式输出到网页。

此时，按 F5 键运行，地址栏输入.../UserInfo/Index，效果如图 9-14 所示。

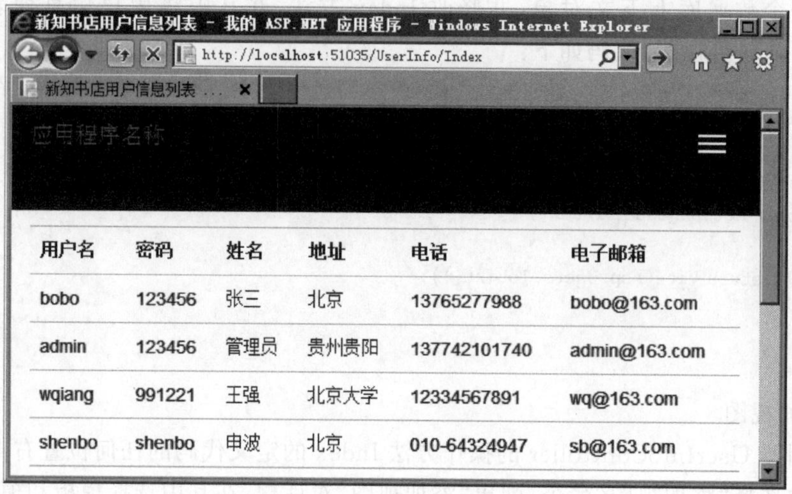

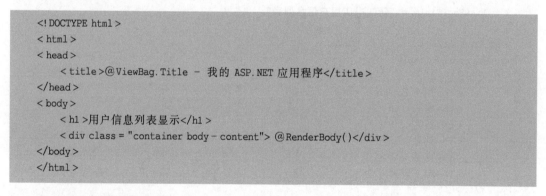

图 9-14 用户信息列表显示页面运行效果(一)

5）修改布局页

在位于"～/Views/Shared"目录下的_Layout.cshtml 布局文件中去掉一些无用的代码以简化页面，修改后的页面布局代码如下：

```
<!DOCTYPE html>
<html>
<head>
    <title>@ViewBag.Title - 我的 ASP.NET 应用程序</title>
</head>
<body>
    <h1>用户信息列表显示</h1>
    <div class="container body-content"> @RenderBody()</div>
</body>
</html>
```

6）修改站点默认首页

由于项目运行时默认运行 HomeController 控制器的 Index 方法，为了让项目自动跳转到 UserInfoController 控制器的 Index 方法，修改 App_Start 文件夹下的 RouteConfig.cs 文件的 default 路由，代码如下：

```
defaults: new { controller = "UserInfo", action = "Index", id = UrlParameter.Optional }
```

7）运行项目

按 F5 键，站点自动跳转到 UserInfoController 控制器的 Index 方法，显示用户信息列表，效果如图 9-15 所示。

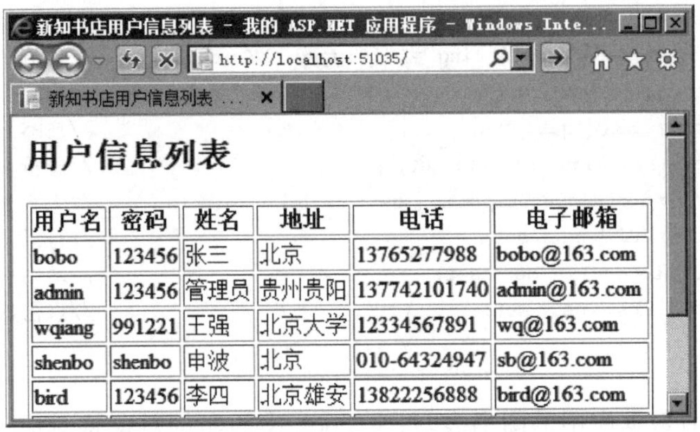

图 9-15　用户信息列表显示页面运行效果（二）

9.6.2　实现图书的查询功能

1. 相关知识和技术

1）使用代码优先方式创建模型的步骤

（1）编写实体模型对象类。

（2）编写数据库上下文类。

（3）设置连接字符串。

2）主键约定

如果一个模型类中有一个属性的名称符合以下两个要求中的任何一个，那么代码优先模式将自动推断这个属性为主键。

（1）属性的名称为 ID（大小写不敏感）。

（2）属性的名称为“类名＋ID”。

2. 实现过程

【示例 9-3】　创建一个实现图书查询功能的 ASP. NET MVC 应用程序。

本示例采用代码优先方式创建实体数据模型，通过编写简单的类来创建模型对象。

1）创建 ASP. NET MVC Web 应用程序项目

在 Visual Studio 2017 中打开解决方案 Chap09，在“解决方案资源管理器”中右击解决方案 Chap09，在弹出的快捷菜单中选择“添加”→“新建项目”命令，按示例 9-1 中介绍的方法继续完成名为 Ch9_3 的 ASP. NET MVC Web 应用程序项目的创建。

2）创建实体数据模型

选中 Models 文件夹，右击，选择“添加”→“类”命令，弹出“添加新项”对话框，将类文件名命名为 Book. cs，单击“添加”按钮后，Visual Studio 2017 自动打开类文件以供用户编辑，在 Book. cs 中编写代码，如下所示。

```
public class Book
{
    public int Id { get; set; }                    //图书 ID,默认作为主键
    public string Title { get; set; }              //书名
    public string Author { get; set; }             //作者
```

```
    public int PublisherId { get; set; }                            //出版社 ID(外键)
    [DisplayFormat(DataFormatString = "{0:yyyy - MM - dd}")]        //控制日期的显示格式
    public System.DateTime PublishDate { get; set; }                //出版日期
    public string ISBN { get; set; }                                //ISBN
    public decimal UnitPrice { get; set; }                          //单价
    public string ContentDescription { get; set; }                  //内容梗概
    public string TOC { get; set; }                                 //目录
    public int CategoryId { get; set; }                             //图书分类 ID(外键)
    public int Clicks { get; set; }                                 //点击次数
}
```

Book 类对应着数据库中的图书表，每个 Book 类的实例对象将对应于数据库中图书表的一个记录行，Book 类的每个属性对应于数据库表的相应列字段。

3）创建数据库上下文类

右击 Models 文件夹，添加一个名为 BookDBContext 的类，BookDBContext.cs 代码如下：

```
public class BookDBContext : DbContext
{
    public BookDBContext()
        : base("name = BookDBContext")
    {
    }
    public DbSet < Book > books { get; set; }
}
```

注意添加命名空间的引用：using System.Data.Entity;。

数据库上下文类 BookDBContext 代表了实体框架中图书数据的上下文，这个类负责提取、存储和更新 Book 类在数据库中对应的实例数据。

4）创建连接字符串

BookDBContext 类负责在需要的时候连接数据库，并且管理着 Book 对象实例和数据库中图书表记录行之间的映射关系。

BookDBContext 要连接到哪个数据库，这个信息要在应用程序根目录下的 Web.config 文件中指定，代码如下：

```
< connectionStrings >
  < add name = " BookDBContext" connectionString = " Data Source = .; Initial Catalog = BookShopPlus; Integrated Security = True" providerName = "System.Data.SqlClient"/>
</connectionStrings >
```

5）修改 HomeController 控制器

如果不想设置修改站点默认首页，可以不创建新的控制器，直接修改系统自动创建的 HomeController 控制器，修改后的代码如下：

```
public class HomeController : Controller
{
    private BookDBContext db = new BookDBContext();
    public ActionResult Index(string Title)
    {
        var blist = db.books.Where(b => b.Title.Contains(Title));
        return View(blist);
    }
}
```

注意引入模型所在的命名空间：using Ch9_3.Models;;。

在 HomeController.cs 中先创建了一个数据库上下文类对象 db，通过 db 可以访问所有数据集。在 HomeController 控制器的方法 Index 中使用 LINQ 操作来查询图书名中包含 Title 的所有图书。

6）创建 Index 视图

由于项目在创建时已经为 HomeController 控制器的 Index 方法创建了视图，所以需要在"解决方案资源管理器"中将 Views/Home 文件夹下的视图全部删除。然后在控制器 HomeController 的操作方法 Index 的定义代码的任何位置单击鼠标右键，在弹出的快捷菜单中选择"添加视图"命令，弹出"添加视图"对话框，在其中选择模板和模型类。

单击"添加"按钮后，由于采用了 List 支架模板，系统自动根据 Book 模型的属性生成输出图书列表的表标记，对代码做适当修改，并删除一些不需要的表标记，修改后的 Index.cshtml 文件代码如下：

```
@model IEnumerable<Ch9_3.Models.Book>
@{
    ViewBag.Title = "图书查询";
}
<br>
@using (Html.BeginForm("index", "home", FormMethod.Get))
{
    <p>
        图书名称：@Html.TextBox("Title")<br />
        <input type="submit" value="查询" />
    </p>
}
<table border="1">
    <tr>
        <th>书号</th>
        <th>书名</th>
        <th>作者</th>
        <th>出版社</th>
        <th>出版日期</th>
        <th>定价</th>
    </tr>
```

```
    @foreach (var item in Model)
    {
        <tr>
            <td>@item.Id</td>
            <td>@item.Title</td>
            <td>@item.Author</td>
            <td>@item.PublishDate</td>
            <td>@item.UnitPrice</td>
            <td>@Html.DisplayFor(modelItem => item.Clicks)</td>
        </tr>
    }
</table>
```

说明：此处修改了布局页，但未列出，请读者自行查看资源包中的相关代码。

7）运行项目

按 F5 键，站点自动跳转到 HomeController 控制器的 Index 方法，显示图书查询界面，在文本框中输入相关文字，运行效果如图 9-16 所示。

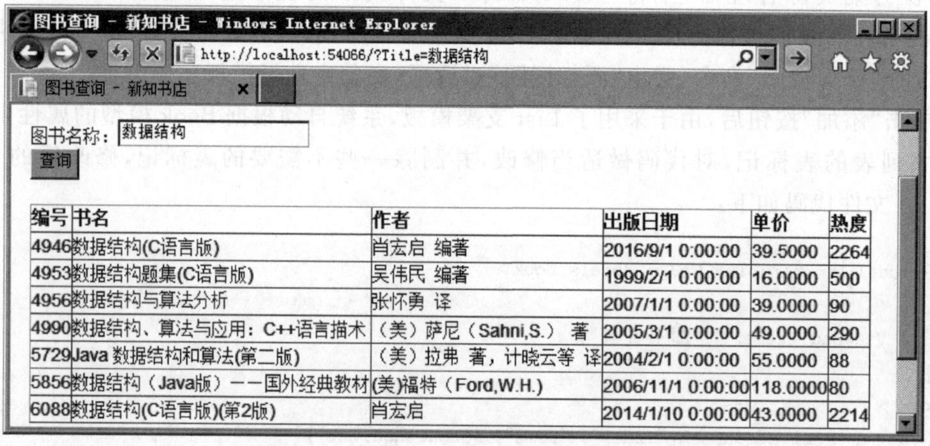

图 9-16　图书查询结果页面运行效果

任务 9-1　实现“新知书店”用户信息管理功能

【任务描述】

“新知书店”用户信息管理 Web 应用程序提供用户信息列表展示、用户查询与简单管理功能，其中管理功能包括用户信息新增、删除和修改，要求基于本单元学习的 MVC 实现用户信息管理功能，运行效果如图 9-17～图 9-20 所示。为简化操作，本任务没有考虑外键的关联处理。

【任务实施】

请读者参照本单元所讲授的知识和方法自行完成。

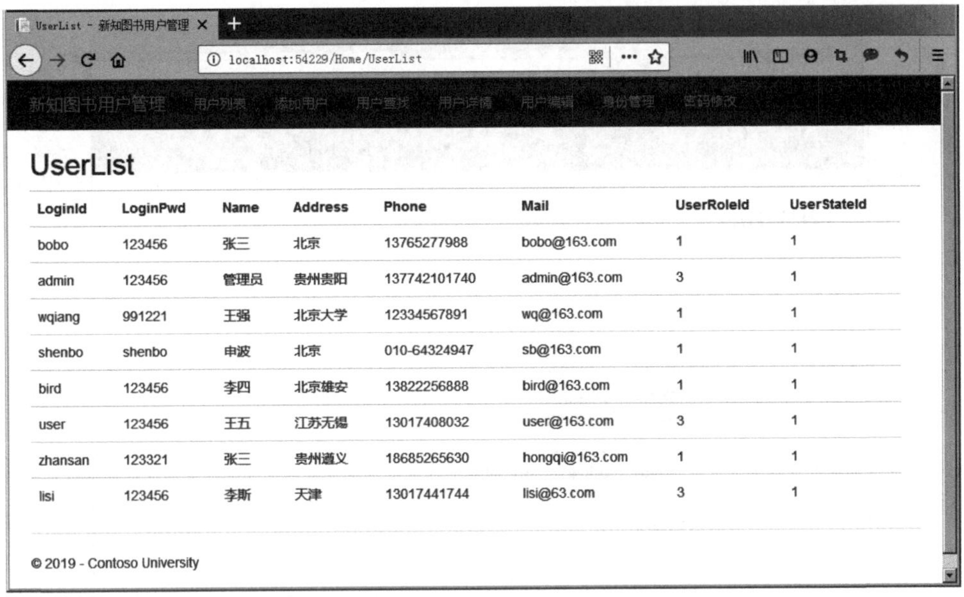

UserList

LoginId	LoginPwd	Name	Address	Phone	Mail	UserRoleId	UserStateId
bobo	123456	张三	北京	13765277988	bobo@163.com	1	1
admin	123456	管理员	贵州贵阳	137742101740	admin@163.com	3	1
wqiang	991221	王强	北京大学	12334567891	wq@163.com	1	1
shenbo	shenbo	申波	北京	010-64324947	sb@163.com	1	1
bird	123456	李四	北京雄安	13822256888	bird@163.com	1	1
user	123456	王五	江苏无锡	13017408032	user@163.com	3	1
zhansan	123321	张三	贵州遵义	18685265630	hongqi@163.com	1	1
lisi	123456	李斯	天津	13017441744	lisi@63.com	3	1

© 2019 - Contoso University

图 9-17 “新知书店”后台用户信息列表页面

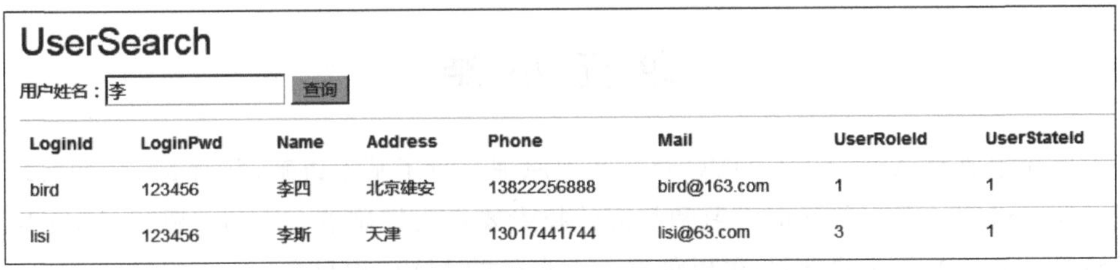

UserSearch

用户姓名：李 查询

LoginId	LoginPwd	Name	Address	Phone	Mail	UserRoleId	UserStateId
bird	123456	李四	北京雄安	13822256888	bird@163.com	1	1
lisi	123456	李斯	天津	13017441744	lisi@63.com	3	1

图 9-18 “新知书店”后台用户信息查找页面

UserEdit/Del

LoginId	LoginPwd	Name	Address	Phone	Mail	UserRoleId	UserStateId	
bobo	123456	张三	北京	13765277988	bobo@163.com	1	1	Edit | Delete
admin	123456	管理员	贵州贵阳	137742101740	admin@163.com	3	1	Edit | Delete
wqiang	991221	王强	北京大学	12334567891	wq@163.com	1	1	Edit | Delete
shenbo	shenbo	申波	北京	010-64324947	sb@163.com	1	1	Edit | Delete
bird	123456	李四	北京雄安	13822256888	bird@163.com	1	1	Edit | Delete
user	123456	王五	江苏无锡	13017408032	user@163.com	3	1	Edit | Delete
zhansan	123321	张三	贵州遵义	18685265630	hongqi@163.com	1	1	Edit | Delete
lisi	123456	李斯	天津	13017441744	lisi@63.com	3	1	Edit | Delete

图 9-19 “新知书店”后台用户信息编辑/删除页面

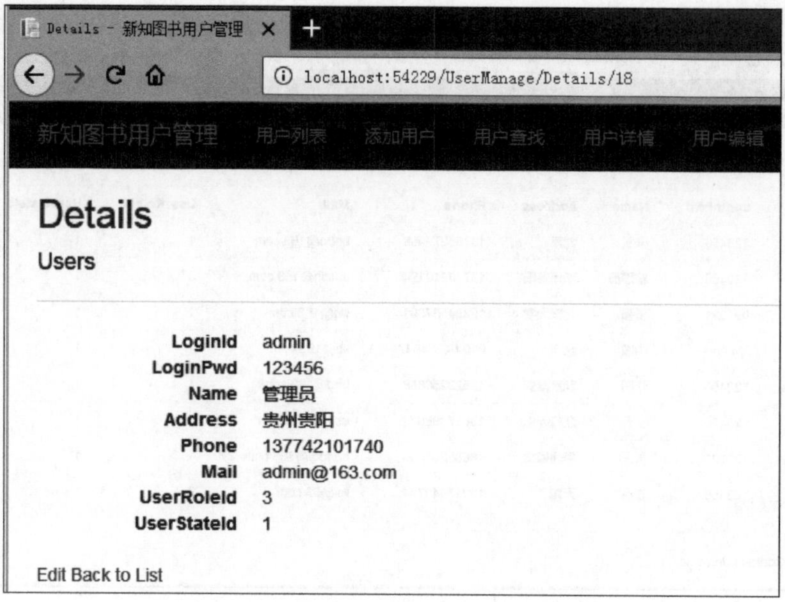

图 9-20 “新知书店”后台用户信息详情页面

单 元 小 结

本单元主要对 ASP. NET MVC 及其实现原理进行了基本讲解,并对 MVC 的实现过程进行了深入讲解。在本单元应学习和掌握的技术要点为控制器、Action、视图、Models 和路由机制等。通过本单元的学习,可以创建一个自己的 MVC 项目。

单元练习题

一、选择题

1. 在 ASP. NET MVC 项目中默认(　　)文件夹存放数据库、XML 文件或应用程序所需的其他数据。

　A. App_Start　　B. App_Data　　C. Content　　D. Models

2. 在 ASP. NET MVC 项目中默认(　　)文件含有网站正确运行所必需的配置细节,包括数据库连接字符串等。

　A. Web. config　　B. Global. asax　　C. Site. css　　D. Config. cs

3. 在(　　)文件中定义了将一个 URL 模式映射到控制器或动作的路由。

　A. App_Start 下的 RouteConfig. cs　　B. App_Start 下的 Bundles. cs

　C. App_Start 下的 Filters. cs　　D. App_Start 下的 Controller. cs

4. MVC 不是一种(　　)。

　A. 编程语言　　B. 开发架构　　C. 开发观念　　D. 程序设计模式

5. 默认的 ASP. NET MVC 站点的访问路径是(　　)。

A. /Home/Index　　B. Default. aspx　　C. Home. aspx　　D. Index

二、填空题

1. MVC 将软件开发过程分割为三个单元，分别为________、视图和控制器。

2. ________目录是存放由 MVC 应用程序所使用的各种 JavaScript 文件的地方。

3. 如果想将用户从一个控制器动作重定向到另一个，需要调用________方法。

4. ________文件夹用于存储控制器间分享的视图，放在里面的视图文件在其他地方不需要指定路径就可以访问到。

5. EF 提供了三种方式来创建模型，分别是________、模型优先和代码优先。

三、简答题

1. 什么是 MVC?

2. 简述 MVC 页面的运行机制。

3. 控制器中的 Action 方法是代表一个视图吗?

单元 10 “新知书店”购物功能的设计与实现

通过前面单元的学习，已经掌握了如何开发简单的 ASP. NET 程序，还学习了 Web 控件和表单数据验证；通过学习统一网站风格，掌握了如何使用母版页，并能够使用各种数据绑定控件显示数据；还理解了适用于企业的三层架构 Web 应用程序和 ASP. NET MVC Web 应用程序。本单元以指导学习方式完成“新知书店”购物功能的设计与实现。

本单元主要学习目标如下。

- 三层架构的搭建和编写。
- 创建母版页和站点导航。
- 根据母版页创建内容页。
- 使用验证控件和脚本对用户输入的数据进行验证。
- 使用 GridView 和 DataList 显示数据。
- 实现数据库分页功能。
- 配置文件的使用。
- 购物车的业务需求、功能设计与实现。

任务 10-1　设计“新知书店”购物车商品实体类

【任务描述】

“新知书店”购物车商品实体需要保存图书的信息及该书的购买数量。

参考代码如下：

```
public class ShoppingItem
{
    private Book book;
    private int quantity;
    public Book Book            //采用图书类型作为 Book 属性的类型
    {
        get { return book; }
        set { book = value; }
    }
    public int Quantity         //图书购买数量
    {
        get { return quantity; }
        set { quantity = value; }
    }
```

```
    public ShoppingItem()      //构造方法
    {

    }
    public ShoppingItem(Book book, int quantity)
    {
        this.book = book;
        this.quantity = quantity;
    }
}
```

任务 10-2　设计"新知书店"购物车类的业务逻辑

【任务描述】

所有的网上购物系统中，都实现了购物车功能，其过程与在商场将需要购买的物品装入购物车类似，如图 10-1 所示。

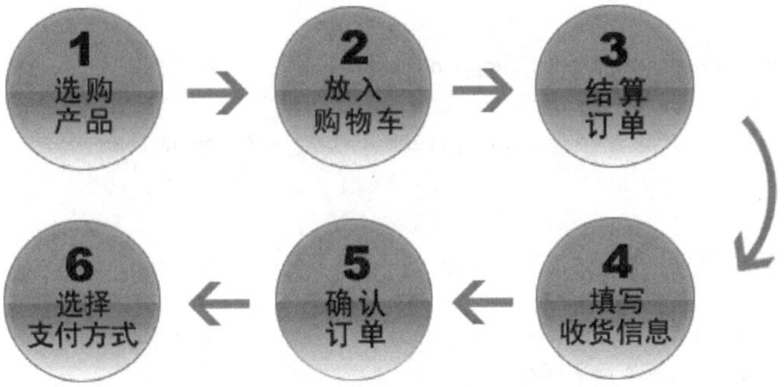

图 10-1　网上购物流程

从用户选取商品到结算订单的整个过程都是在使用购物车进行数据的存储，那么如何实现购物车呢?

购物车一般具有以下功能。

- 把商品装入购物车。
- 显示购物车中的商品。
- 编辑购物车中的商品，主要是商品数量，并重新计算商品总价。
- 移除购物车中的商品。
- 清空购物车中的商品。

本书为侧重购物车的关键业务逻辑，对购物流程中填写收货信息及支付等不予分析。

主要代码如下：

```
public class ShoppingManager
{
    private List<ShoppingItem> shoppingItems;
    private User user;
```

```
public User User
{
    get { return user; }
    set { user = value; }
}

/// <summary>
/// 获得购物车图书列表
/// </summary>
public List<ShoppingItem> ShoppingItems
{
    get
    {
        if (this.shoppingItems == null)
            this.shoppingItems = new List<ShoppingItem>();
        return this.shoppingItems;
    }
    set { this.shoppingItems = value; }
}

public ShoppingManager(object shoppingItems)
{
    this.ShoppingItems = shoppingItems as List<ShoppingItem>;
}

public ShoppingManager(object shoppingItems, object user)
{
    this.ShoppingItems = shoppingItems as List<ShoppingItem>;
    this.User = user as User;
}

/// <summary>
/// 添加图书
/// </summary>
/// <param name="bookId"></param>
public void AddItem(int bookId)
{
    bool hadBuy = false;
    foreach (ShoppingItem item in this.ShoppingItems)
    {
        if (item.Book.Id == bookId)
        {
            hadBuy = true;
            item.Quantity += 1;
            break;
        }
    }
    if (!hadBuy)
    {
        Book book = new BookService().GetBookById(bookId);
```

```
            this.ShoppingItems.Add(new ShoppingItem(book, 1));
        }
    }

    /// <summary>
    /// 删除图书
    /// </summary>
    /// <param name = "bookId"></param>
    public void RemoveItem(int bookId)
    {
        for (int i = 0; i < this.ShoppingItems.Count; i++)
        {
            if (this.ShoppingItems[i].Book.Id == bookId)
            {
                this.ShoppingItems.Remove(this.ShoppingItems[i]);
            }
        }
    }

    /// <summary>
    /// 更新购买图书数量
    /// </summary>
    /// <param name = "bookId"></param>
    /// <param name = "quantity"></param>
    public void UpdateQuantity(int bookId, int quantity)
    {
        foreach (ShoppingItem item in this.ShoppingItems)
        {
            if (item.Book.Id == bookId)
            {
                item.Quantity = quantity;
                break;
            }
        }
    }

    /// <summary>
    /// 由购物车生成订单
    /// </summary>
    public void MakeOrder()
    {
        if (this.user != null && this.ShoppingItems.Count > 0)
            new OrderService().MakeOrder(this.ShoppingItems, this.user,true);
    }

    /// <summary>
    /// 计算总价
    /// </summary>
    public decimal TotalPrice
    {
```

```
            get
            {
                decimal totalPrice = 0;
                foreach (ShoppingItem item in this.ShoppingItems)
                {
                    totalPrice += item.Quantity * item.Book.UnitPrice;
                }
                return totalPrice;
            }
        }
    }
```

这里要注意的是,因为最终的数据是通过订单模块存入数据库中的,所以只在业务逻辑层构建了 ShoppingManager 类,而没有在数据访问层的代码。

任务 10-3　实现"新知书店"购物车界面设计及显示

【任务描述】

实现"新知书店"购物车界面设计及绑定数据并显示的功能,购物车显示及编辑功能如图 10-2 所示(注意:在本书配套资源中,购物车页面 ShoppingCart.aspx 的正常显示需要从解决方案 BookShop 下的 BookDetail.aspx 页面中单击"购买"按钮进行链接;从页面 BookDetailsView.aspx 中单击"购买"按钮的方式没有实现,读者可以进行思考,并实现)。

部分重要代码如下:

```
protected void Page_Load(object sender, EventArgs e)
{
    User user = Session["CurrentUser"] as User;
    if (user == null)
    {
        Page.RegisterClientScriptBlock("", "<script>alert('登录超时,请重新登录!');
                                    document.location='Login.aspx';</script>");
        return;
    }

    if (!IsPostBack) //首次加载
    {
        if (Session["Cart"] != null)
        {
            ShoppingManager manager = new ShoppingManager(Session["Cart"], user);
            this.gvCart.DataSource = manager.ShoppingItems;
            this.gvCart.DataBind();
            this.ltrSalary.Text = string.Format("{0:F}", manager.TotalPrice);
        }
    }
}
```

运行购物车页面 ShoppingCart.aspx，效果如图 10-2 所示。

图 10-2 “新知书店”购物车效果

任务 10-4 实现“新知书店”购物车的增、删、改

【任务描述】

实现向“新知书店”购物车中添加购买图书、修改购买数量、删除购买图书及计算总价的功能。

难点提示：可以通过 GridView 实现向购物车添加记录并显示；分别实现 GridView 中修改、删除和取消按钮的事件处理。

部分参考代码如下：

```
/// <summary>
/// 结算生成订单
/// </summary>
protected void btnCheckOut_Click(object sender, EventArgs e)
{
    ShoppingManager manager = new ShoppingManager(Session["Cart"], Session
["CurrentUser"]);
    if (manager.ShoppingItems.Count == 0)
    {
        Page.RegisterClientScriptBlock("", "<script>alert('您的购物车为空，
                    请先将图书放入购物车!');document.location = 'BookList.aspx';
</script>");
        return;
    }
```

```
        if (manager.User == null)
        {
            Page.RegisterClientScriptBlock("", "<script>alert('登录超时,请重新登录!');
                                                    document.location='Login.aspx';</script>");
            return;
        }
        manager.MakeOrder();
        Session.Remove("Cart");
        Page.RegisterClientScriptBlock("", "<script>alert('结算成功,请等待审批订单!');
                                                document.location='BookList.aspx';</script>");

    }

    /// <summary>
    /// GridView 删除按钮处理事件
    /// </summary>
    protected void gvCart_RowDeleting(object sender, GridViewDeleteEventArgs e)
    {
        ShoppingManager manager = new ShoppingManager(Session["Cart"]);
        Label lblBookId = this.gvCart.Rows[e.RowIndex].FindControl("lblBookId") as Label;
        int bookId = int.Parse(lblBookId.Text);
        manager.RemoveItem(bookId);
        Session["Cart"] = manager.ShoppingItems;
        this.gvCart.DataSource = manager.ShoppingItems;
        this.gvCart.DataBind();
        this.ltrSalary.Text = string.Format("{0:F}", manager.TotalPrice);
    }

    /// <summary>
    /// GridView 取消按钮处理事件
    /// </summary>
    protected void gvCart_RowCancelingEdit(object sender, GridViewCancelEditEventArgs e)
    {
        this.gvCart.EditIndex = -1;
        this.gvCart.DataSource = Session["Cart"] as List<ShoppingItem>;
        this.gvCart.DataBind();
    }

    /// <summary>
    /// GridView 更新按钮处理事件
    /// </summary>
    protected void gvCart_RowUpdating(object sender, GridViewUpdateEventArgs e)
    {
        ShoppingManager manager = new ShoppingManager(Session["Cart"]);
        foreach (GridViewRow dr in this.gvCart.Rows)
        {
            Label lblBookId = this.gvCart.Rows[e.RowIndex].FindControl("lblBookId") as Label;
            TextBox txtQuantity = this.gvCart.Rows[e.RowIndex].FindControl("txtQuantity") as
TextBox;
            int bookId = int.Parse(lblBookId.Text);
```

```
        int quantity = int.Parse(txtQuantity.Text);
        manager.UpdateQuantity(bookId, quantity);
    }

    Session["Cart"] = manager.ShoppingItems;
    this.gvCart.EditIndex = -1;
    this.gvCart.DataSource = manager.ShoppingItems;
    this.gvCart.DataBind();
    this.ltrSalary.Text = string.Format("{0:F}", manager.TotalPrice);
}

/// <summary>
/// GridView 数据绑定后激发的事件
/// </summary>
protected void gvCart_RowDataBound(object sender, GridViewRowEventArgs e)
{
    if (e.Row.RowType == DataControlRowType.DataRow)
    {
        LinkButton lbtnDelete = e.Row.FindControl("lbtnDelete") as LinkButton;
        lbtnDelete.Attributes.Add("onclick", "return confirm('确定删除吗?')");
    }
}

/// <summary>
/// GridView 编辑按钮处理事件
/// </summary>
protected void gvCart_RowEditing(object sender, GridViewEditEventArgs e)
{
    this.gvCart.EditIndex = e.NewEditIndex;
    this.gvCart.DataSource = Session["Cart"] as List<ShoppingItem>;
    this.gvCart.DataBind();
}
```

单元小结

本单元以综合练习的方式要求分阶段完成“新知图书”前台购物车功能的设计与实现，依次从购物车的需求分析、设计与实现、购物车的界面设计与显示、购物车的编辑(增、删、改)给出了需求描述和操作提示。读者通过完成本单元的操作任务，能熟练掌握 Web 网站购物功能的实现方法和技术。

参考文献

[1] 陈承欢. ASP.NET 网站开发实例教程[M]. 北京:高等教育出版社,2011.
[2] 陈长喜,谢树龙. ASP.NET 程序设计基础教程[M].2 版. 北京:清华大学出版社,2011.
[3] 宁云智,刘志成. ASP.NET 程序设计实例教程[M].2 版. 北京:人民邮电出版社,2011.
[4] 董义革,王萍,刘杨. ASP.NET 网站建设项目实战[M]. 北京:北京邮电大学出版社,2013.
[5] 韩颖,卫琳. ASP.NET 4.5 动态网站开发基础教程[M]. 北京:清华大学出版社,2017.
[6] 尚展垒,唐思均. ASP.NET 程序设计[M]. 北京:人民邮电出版社,2017.
[7] 涂俊英. ASP.NET 程序设计实例教程[M]. 北京:清华大学出版社,2018.
[8] 徐占鹏,苗彩霞. ASP.NET 程序设计[M].2 版. 北京:高等教育出版社,2019.
[9] 沈士根,叶晓彤. Web 程序设计——ASP.NET 实用网站开发[M].3 版. 北京:清华大学出版社,2019.

图书资源支持

感谢您一直以来对清华版图书的支持和爱护。为了配合本书的使用，本书提供配套的资源，有需求的读者请扫描下方的“书圈”微信公众号二维码，在图书专区下载，也可以拨打电话或发送电子邮件咨询。

如果您在使用本书的过程中遇到了什么问题，或者有相关图书出版计划，也请您发邮件告诉我们，以便我们更好地为您服务。

资源下载、样书申请

书圈

扫一扫，获取最新目录

课 程 直 播

我们的联系方式：

地　　址：北京市海淀区双清路学研大厦 A 座 701

邮　　编：100084

电　　话：010-83470236　010-83470237

资源下载：http://www.tup.com.cn

客服邮箱：2301891038@qq.com

QQ：2301891038（请写明您的单位和姓名）

用微信扫一扫右边的二维码，即可关注清华大学出版社公众号“书圈”。